Herbert Schneider-Obermann

Kanalcodierung

Datenkommunikation
von D. Conrads

Verstärkertechnik
von D. Ehrhardt

Berechnungs- und Entwurfsverfahren der Hochfrequenztechnik
von R. Geißler, W. Kammerloh und H. W. Schneider

Entwurf analoger und digitaler Filter
von O. Mildenberger

Mobilfunknetze
von R. Eberhardt und W. Franz

Optoelektronik
von D. Jansen

Optische Nachrichtentechnik
von D. Opielka

Übertragungstechnik
von O. Mildenberger

Kanalcodierung
von H. Schneider-Obermann

Digitale Signalverarbeitung
von Ad. v. d. Enden und N. Verhoeckx

System- und Signaltheorie
von O. Mildenberger

Graphen – Algorithmen – Netze
von F. Kaderali und W. Poguntke

Vieweg

Herbert Schneider-Obermann

Kanalcodierung

Theorie und Praxis fehlerkorrigierender Codes

mit 86 Abbildungen

Herausgegeben von Otto Mildenberger

ISBN 978-3-528-03101-5   ISBN 978-3-322-90946-6 (eBook)
DOI 10.1007/978-3-322-90946-6

Vorwort

In allen Bereichen der Nachrichtentechnik nimmt gegenwärtig der Anteil der digitalen Signalverarbeitung zu. Die bisherige analoge Fernmeldeinfrastruktur soll bis zur Jahrhundertwende auf Digitaltechnik umgestellt werden. Auch für den Bereich der beweglichen Landfunkdienste zeichnen sich ähnliche Entwicklungen ab. So ist geplant, ein weltumspannendes, mobiles digitales Kommunikationsystem (UMTS – Universal Mobile Telecommunication System) zu Beginn des neuen Jahrtausends zu realisieren.

Vor diesem Hintergrund scheint es kaum notwendig zu sein, darauf hinzuweisen, daß die Kanalcodierung ein unverzichtbarer Bestandteil der neuen Kommunikationsysteme ist. Die Verfahren der Kanalcodierung werden auch in zukünftigen Übertragungssystemen einen wichtigen Platz einnehmen, so daß Studierende und auch bereits in der Praxis tätige Ingenieurinnen und Ingenieure verschiedenster Fachrichtungen sie genauso beherrschen müssen wie andere klassische Basisbausteine ihres Wissens.

Das vorliegende Buch wendet sich deshalb sowohl an alle Studierenden der Nachrichtentechnik, Informatik und Mathematik – zwischen deren Fächern die Informations- und Codierungstheorie ein Bindeglied darstellt – als auch durch seinen Praxisbezug an alle diejenigen, die in der industriellen Entwicklung vor konkreten Designfragen eines Übertragungssystems stehen. Aufgrund seiner didaktischen Konzeption beinhaltet das Buch viele Beispiele und versucht so, den Lernstoff insbesondere auch den Studierenden der Fachhochschulen zu vermitteln. Hierin unterscheidet sich dieses Buch von der anderen Fachliteratur, die, je nach Anspruch – häufig schwer verständlich ist oder mathematische Exaktheit vermissen läßt.

Das vorliegende Buch behandelt in unterschiedlich gewichtigen Abschnitten, die je nach Vorkenntnissen unabhängig voneinander gelesen werden können, wesentliche Teile der Codierungstheorie. Es kann aufgrund der Größe des Sachgebietes keinen Anspruch auf Vollständigkeit erheben. Das Kapitel 1 *Codierung für zuverlässige Übertragung* stellt anhand der Entwicklungsgeschichte der Kanalcodierung heute häufig verwendete Codes vor und benennt exemplarisch einige Anwendungen für aktuelle Übertragungsstrategien.

Kapitel 2 *Grundbegriffe und Codebeispiele* wendet sich an die Leserinnen und Leser ohne Vorkenntnisse in der Kanalcodierung. Ein erster motivierender Blick in dieses Fachgebiet wird so möglich, ohne sich in die abstrakte Welt endlicher Zahlenkörper einarbeiten zu müssen. Die in diesem Kapitel eingeführten Grundbegriffe werden in den nachfolgenden Abschnitten ausführlicher und exakter behandelt.

Im Kapitel 3 *Einführung in die Algebra* wird die unumgängliche Mathematik in zusammenhängender Form, unterstützt von vielen Beispielen, dargestellt. Die weiteren thematischen Abschnitte des Buches, in denen die einzelnen Codes erläutert werden, bleiben aber auch ohne vollständiges Durcharbeiten dieses mathematischen Kapitels verständlich. Es wurde an zentraler Stelle eingefügt, damit die den verschiedenen Codes zugrundeliegende Mathematik ihren Zusammenhang behält. Die Leserinnen und Leser erhalten jeweils zu Beginn der nachfolgenden Kapitel Hinweise auf die für diese Codes relevanten Abschnitte in Kapitel 3.

Die nachfolgenden Abschnitte behandeln dann die in heutigen Systemen eingesetzten Codes zur Fehlererkennung und Fehlerkorrektur sowie deren Decodierverfahren. In Kapitel 4 *Lineare Codes* und Kapitel 5 *Zyklische Codes* werden zur Beschreibung der Codier- und Decodierverfahren ganz wesentlich Matrizen und rückgekoppelte Schieberegister verwendet, um Vorwissen des Grundstudiums zu aktivieren.

Die Reed-Solomon-Codes und die BCH-Codes sind in den Kapiteln 6 und 7 beschreiben. Für ihr Verständnis sind Kenntnisse der endlichen Zahlenkörper, wie sie in Kapitel 3 beschrieben sind, notwendig. In diesen Abschnitten werden die algebraischen Decodiermethoden – insbesondere der Euklidsche Divisionsalgorithmus und der Berlekamp-Massey-Algorithmus – zur Decodierung von Blockcodes erläutert.

Im Kapitel 8 *Bündelfehler korrigierende Codes* sind einige Anwendungen dieser Codes aus der Praxis beschrieben. Der letzte große Abschnitt des Buches behandelt die Faltungscodes. Ihre Beschreibung fällt durch die sehr beispielhafte Darstellung des Lernstoffes auf. Sie liegt aber im Wesen dieser Codes, dessen Erkennbarkeit nicht hinter unnötigen Formalismus versteckt werden soll.

Der Autor wünscht allen Leserinnen und Lesern viel Freude beim Lernen und beim Entdecken neuer Zusammenhänge.

Rüsselsheim, im Dezember 1997   H. Schneider-Obermann

Inhaltsverzeichnis

Kapitel 1

Codierung für zuverlässige digitale Übertragung und Speicherung

1.1 Einführung

Bereits 1948 hat C. E. Shannon[57] in seiner berühmten informationstheoretischen Arbeit gezeigt, daß es unter Verwendung geeigneter, langer fehlerkorrigierender Codes möglich ist, Daten trotz eines gestörten Kanals beliebig zuverlässig zu übertragen, solange die Informationsrate unterhalb der Grenze liegt, die durch die Kanalkapazität bestimmt ist. Im Anschluß an diese Arbeit, die einen Meilenstein in der Geschichte der Nachrichtenübertragung darstellt, entwickelten sich rasch und in großer Zahl mathematische Theorien fehlererkennender und fehlerkorrigierender Codes.

Im Jahre 1950 gelang es erstmals C. W. Hamming, eine mathematische Beschreibung einer Klasse von systematischen einfehlerkorrigierenden Codes zu formulieren und die Berechnung einer Schranke für die erreichbare Fehlersicherheit bei der Verwendung solcher Blockcodes anzugeben. Vier Jahre später wurden von D. E. Muller und I. S. Reed mehrfehlerkorrigierende Blockcodes angegeben. Diese nach ihnen benannten Reed-Muller-Codes fanden 1964 in der Raumfahrt eine Anwendung und werden heute, bedingt durch ihre orthogonalen Eigenschaften, für Übertragungssysteme vorgeschlagen, die Codemultiplexverfahren verwenden.

R. C. Bose, D. K. Ray–Chaudhuri und A. Hocquenghem [7] entwickelten 1960 die nach ihnen benannte große Klasse der BCH-Codes. Diese BCH-Codes gehören, ebenso wie die im gleichen Jahr von I. S. Reed und G. Solomon entwickelten RS-Codes, zu der Klasse der zyklischen Blockcodes, die in der Lage sind, auch mehrere Fehler eines Codewortes zu korrigieren. Die Algorithmen zur Codierung und Decodierung dieser Blockcodes lassen sich mit Hilfe von algebraischen Verfahren beschreiben. So gab im gleichen Jahr W. W. Peterson einen Decodieralgorithmus für die Klasse der binären BCH-Codes an, der von D. C. Gorenstein und A. Zierler [27] auch für nichtbinäre BCH- und RS-Codes verallgemeinert werden konnte. Bis 1966 dauerte es noch, bis es E. R. Berlekamp durch die Entwicklung eines effizienten iterativen Decodieralgorithmus gelang, den Einzug der algebraischen Codier- und Decodierverfahren in praktische Übertragungssysteme möglich zu machen.

Faltungscodes wurden zuerst von Elias[17] 1955 als eine Alternative zu den Blockcodes eingeführt. Kurze Zeit später wurden von Wozencraft die sequentielle und von J. L. Massey 1963 die Schwellwert-Decodierung für Faltungscodes veröffentlicht, die in der Folge Anwendungen in der digitalen Übertragungstechnik nach sich zogen. Der große Durchbruch gelang den Faltungscodes 1967 durch die von Viterbi vorgeschlagene *"maximum likelihood decodierung"*, die, bedingt durch ihre einfache Implementierbarkeit, in den frühen 70er Jahren erste Anwendungen in der Raumfahrt fand. Erst die Kanalcodierung vermag beim Design von Übertragungs- und Speichersystemen die Anforderungen an hohe Zuverlässigkeit zu erfüllen und wurde so zu einem integralen Bestandteil der modernen Kommunikationstechnik.

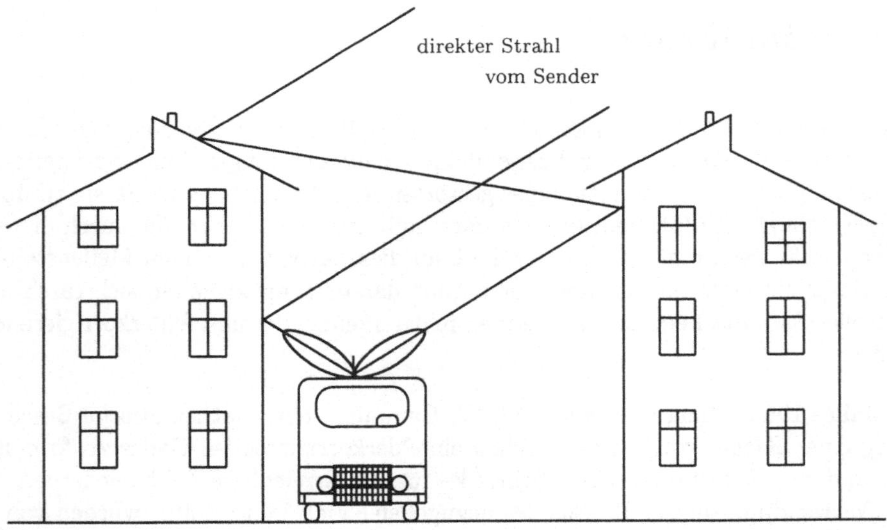

Abbildung 1.1: Empfangssituation von Kraftfahrzeugen im Stadtgebiet

In modernen, digitalen Mobilfunksystemen gewinnt neben der Sprachübertragung die schnelle Übertragung von Daten eine wachsende Bedeutung. Sie liegt u.a. in der Möglichkeit begründet, Zugangsmöglichkeiten zu Großrechnern und Netzwerken für einen mobilen Einsatzplatz zu eröffnen.

Für die Datenübertragung ist es unabdingbar, trotz großen Datendurchsatzes eine möglichst fehlerfreie Übertragung zu gewährleisten. In den modernen Digitalfunksystemen mit Übertragungsraten größer als 10 kbit/s werden normalerweise Restbitfehlerraten kleiner als 10^{-6} gefordert. Dieser Anspruch erweist sich aufgrund der starken Signaleinbrüche beim Mobilfunk, bedingt durch die Vielzahl der dort vorherrschenden Störungen wie Mehrwegeeffekte, Abschattungen u.a. (vgl. Abb. 1.1), als problematisch.

Auch für die digitale Übertragung von Sprache muß die für den Sprachdecoder verbleibende Restbitfehlerrate auf ein erträgliches Maß – festzustellen durch subjektive Hörtests – verringert werden. Hierbei, wie auch für viele andere Anwendungsfälle, kommt es nicht nur darauf an, möglichst viele der bei der Übertragung aufgetretenen Fehler zu korrigieren, sondern auch eine möglichst sichere Fehlererkennung der in den wichtigsten Sprachparametern verbliebenen Fehlern zu erhalten.

Fast selbstverständlich ist heute der Umgang mit digital aufgezeichneter und digital übertragener Musik geworden. Hierbei entscheiden nicht mehr Kratzer, wie auf der alten Schallplatte, oder die Zündfunken eines elektrischen Gerätes über die Wiedergabequalität der Aufzeichnung, sondern ein Algorithmus, der in der Lage ist, durch Fehlerverteilung, Korrektur und Interpolation das Wiedergabeergebnis fehlerfrei erscheinen zu lassen.

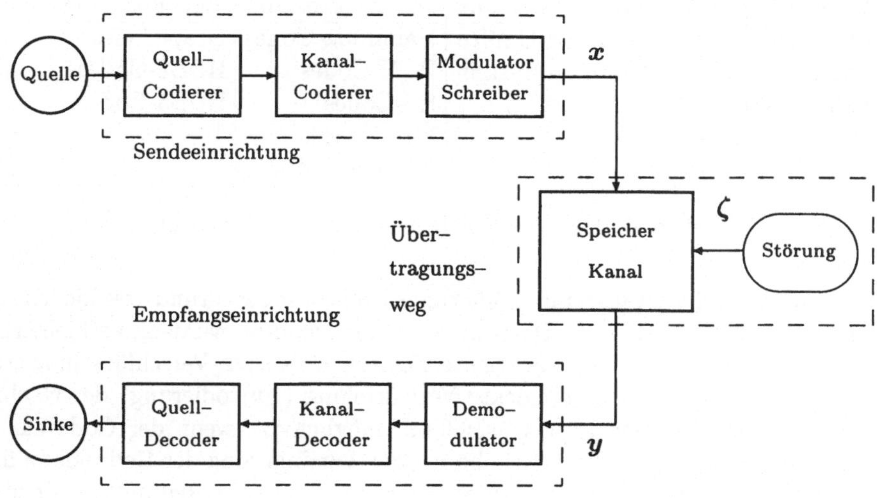

Abbildung 1.2: Aufbau einer Nachrichtenstrecke

In Abb. 1.2 sind einige der Gemeinsamkeiten zwischen Speicher- und Übertragungssystemen zu erkennen. Beide benötigen eine Nachrichtenquelle, die sowohl eine Person (wenn die Nachricht z. B. Sprache ist) als auch eine Maschine (wenn die Nachricht z. B. ein Programm ist) sein kann. Die von der Quelle abgegebene Information wird dann quellcodiert, was üblicherweise eine Datenkompression bewirkt,

bevor diese Daten vom Kanalcodierer mit Redundanz versehen über einen Modu-
lator oder eine Schreibeinheit auf den Kanal bzw. in den Speicher gelangen. Ein
solcher Übertragungskanal kann leitungsgebunden sein (z. B. Telefonkabel aus Kup-
fer, Glasfaser- oder Koaxialkabel) oder auch einen der verschiedenen Funkkanäle
repräsentieren. Als Speichermedium können die heute üblichen verschiedenartigen
elektrischen oder magnetischen Speicher gedacht werden. Jedes dieser physikali-
schen Medien wird von spezifischen Störungen beeinflußt, die durch die Störquelle
ζ repräsentiert werden.

In der Empfangseinrichtung werden die zur Sendeeinrichtung dualen Module in um-
gekehrter Reihenfolge durchlaufen und bewirken so eine Rückabbildung der übertragenen Nachricht zur Sinke. Der Kanaldecoder hat hierbei die Aufgabe, die
Kanalcodierung rückgängig zu machen und den Einfluß der Störung zu eliminie-
ren. Das Hauptanliegen dieses Buches ist es, für verschiedene Übertragungskanäle
bzw. Speichermedien geeignete Entwurfs- und Implementierungshilfen für kanalangepaßte Codier- und Decodierverfahren bereitzustellen. Zum Abschluß der Einleitung zeigt die Tabelle 1.1 eine Abgrenzung der Kanalcodierung von anderen Codierungsarten.

Quellcodes zur Datenkompression	Codes zur Verschlüsselung	Codes zur Fehlerkorrektur	Codes zur spektralen Signalformung
Strich/Morsecode	Playfair-Chiffre	Hamming-Codes	Gray-Codes
Shannon-Code	Vernam-System	BCH-Codes	HDB3-Codes
Fano-Code		RS-Codes	HDB5-Codes
Huffman-Code		Fire-Codes	
		Faltungscodes	

Tabelle 1.1: Verschiedene Arten der Codierung

Die in Tabelle 1.1 aufgelisteten Codierungsarten besitzen grundverschiedene Auf-
gaben. Quellcodes, die zur Datenkompression genutzt werden, verkleinern die
natürliche Redundanz[1] eines Nachrichtensignals. Codes zur Verschlüsselung stellen
in der Regel lediglich eine geschickte Verwürfelung (Umcodierung) der Nachricht
dar, so daß ein *Abhören* der Nachricht nur möglich ist, wenn der Code zur Verschlüsselung bekannt ist. Eine Erhöhung oder Verringerung der Redundanz findet
nicht statt. Fehlerkorrigierende Codes fügen der Nachricht Redundanz hinzu, damit der Empfänger in der Lage ist, Fehler zu korrigieren, die bei der Übertragung
aufgetreten sind. Die ersten Codes, die zur spektralen Formung verwendet wurden,
sind die sogenannten Leitungscodes. Sie nehmen in Kombination mit dem Modulationsverfahren Einfluß auf die Form des Spektrums des Signals, um bestimmte
Eigenschaften wie z.B. Gleichstromfreiheit oder Taktrückgewinnung zu erreichen.

---

[1]Natürliche Redundanz besteht z.B. bei Textnachrichten in den statistischen Abhängigkeiten
von benachbarten Buchstaben und Worten.

1.2 Übertragungskanal und Speichermedium

Aufgabe der Kanalcodierung ist es, verrauschte Nachrichten durch die auf der Sendeseite bereits hinzugefügte Redundanz auf der Empfangsseite möglichst fehlerfrei, d.h. unverrauscht wiedergeben zu können. Die Kanalcodierung stellt somit ein wichtiges nachrichtentechnisches Instrument dar, das geeignet ist, den Signal-Rauschabstand zu verbessern. Im weiteren möchte der Autor jedoch – einerseits um Mißverständnisse zu vermeiden, andererseits der Allgemeinheit wegen – anstatt von einer verrauschten Nachricht von einer gestörten Nachricht sprechen. Das Rauschen stellt ja nur eine bestimmte Störart dar, wenngleich auch eine sehr wichtige. Insbesondere moderne mobile Kommunikationssysteme, auf die später noch ausführlicher eingegangen wird, unterliegen einer Vielzahl weiterer Störeinflüsse. Wichtige Störeinflüsse sind:

- Mehrwegeausbreitung ,

- Symbolinterferenz ,

- Abschattung .

Sie erfordern eine besonders leistungsstarke und kanalangepaßte Codierung.

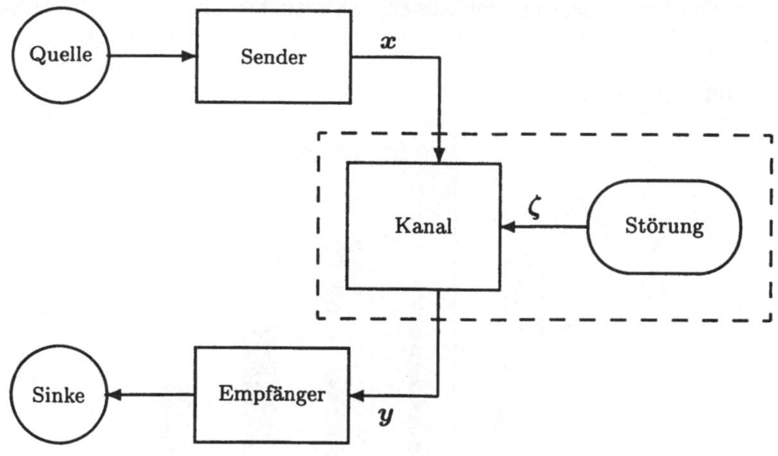

Abbildung 1.3: Vereinfachter Aufbau einer Nachrichtenstrecke

Eine Untersuchung des Störverhaltens der Übertragungskanäle bzw. Speichermedien ist deshalb von grundlegender Bedeutung für die Möglichkeiten der in diesem Buch zu konzipierenden Codier- und Übertragungsverfahren. In diesem Abschnitt wird die Wirkung der Störung auf den Übertragungskanal beschrieben (Abb. 1.3). Das Kanalmodell besteht hierbei nicht nur aus dem Übertragungsmedium, sondern beinhaltet auch die Einflüsse, die sich durch die zur Nachrichtenaufbereitung notwendigen Komponenten (vgl. Abb. 1.2) ergeben. Hierdurch wird eine vereinfachte

Beschreibung der Übertragungsstrecke möglich. Durch die Einwirkung der Störung auf den Kanal entstehen Symbolfehler, so daß Kanal und Störung zusammen durch die bedingte Wahrscheinlichkeit $p(x|y)$ charakterisiert werden.

Die daraus resultierenden Beschreibungsmöglichkeiten der Fehlerstruktur des Kanals durch: Einzel- oder Bündelfehler, Bit- oder Zeichenfehlerwahrscheinlichkeit, Gauß'scher- oder Fadingkanal, sind eine unabdingbare Voraussetzung für die geeignete Wahl eines angepaßten Übertragungsverfahrens. Eine Untersuchung des Übertragungsverhaltens sollte hierbei einen 'prinzipiellen Beispielcharakter' besitzen:

- beispielhaft, weil die zeitvarianten Kanäle nur durch einen möglichst charakteristischen Repräsentanten vertreten sein können,

- prinzipiell, weil die hierfür verwendeten statistischen Beschreibungsmethoden und Ergebnisse dann für viele digitale Kanäle Gültigkeit besitzen sollen.

Zur Charakterisierung können Häufigkeitsverteilungen des Störabstandes (Signal-Noise-Ratio SNR) betrachtet werden, aber auch fehlerfreie und fehlerbehaftete Abschnitte des Datenstroms, die ebenfalls ein wesentliches Merkmal der Kanalstruktur darstellen.

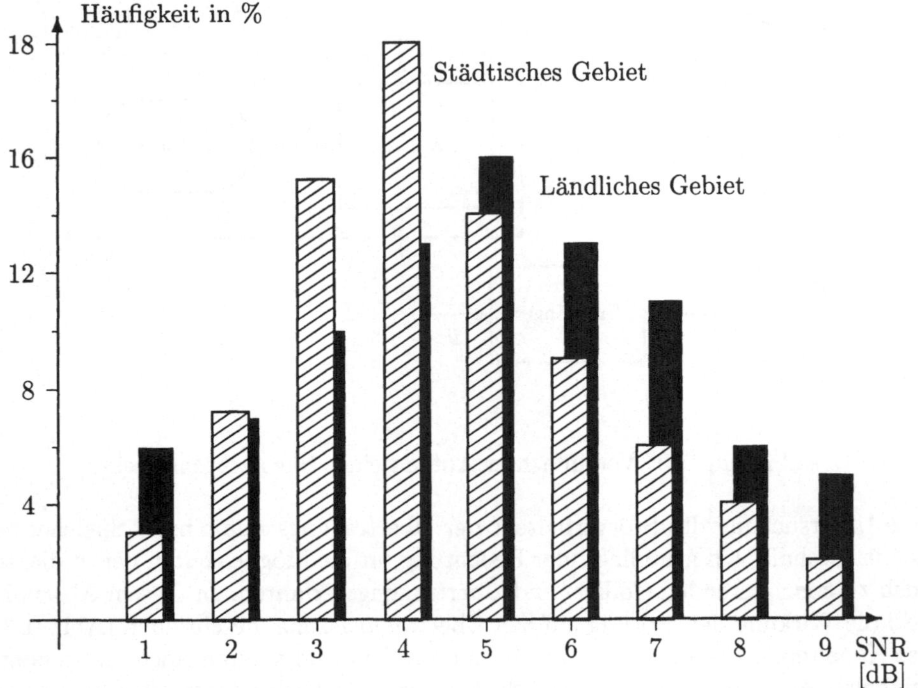

Abbildung 1.4: Häufigkeitsverteilungen der SNR-Werte in verschiedenen Gebieten

Von besonderer Bedeutung ist die Beschreibung der statistischen Abhängigkeiten von zeitlich benachbarten Kanalzuständen. Diese Dependenzen besitzen einen wesentlichen Einfluß auf die Effektivität möglicher Übertragungskonzepte. Für Wiederholverfahren – Automatic Repeat Request – ist die Frage relevant, ob eine sofortige Wiederholung eines nicht decodierbaren Codewortes sinnvoll ist, oder ob eine Hinzufügung von Wartezeiten zu den ohnehin vorhandenen Verzögerungszeiten die Übertragungsrate verbessern kann. Wichtig sind jedoch nicht nur die dabei erzielten Einzelergebnisse, sondern auch die unterschiedlichen Methoden, die hierfür verwendet werden.

1.3 Fehlerstrukturen und Kanalmodelle

Die Aufgabe jeder Modellbildung ist es, Teilaspekte der Wirklichkeit möglichst genau nachzuzeichnen und dabei das Modell so einfach zu gestalten, daß es applizierbar bleibt. Zwischen diesen beiden Forderungen gilt es – für die jeweilige Anwendung – einen sinnvollen Kompromiß zu finden. Aus der Literatur sind die Modelle von Gilbert [26], Elliott [18], Fritchmann [23] und Swoboda [59] bekannt. Dieser kurze Abschnitt soll Verständnis für zwei grundsätzlich verschiedene Arten von Übertragungsmedien, deren unterschiedliche Fehlerstrukturen und die daraus abgeleiteten Kanalmodelle wecken.

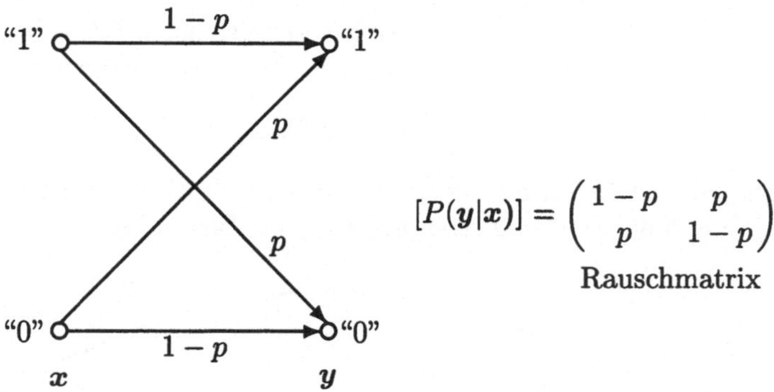

$$[P(y|x)] = \begin{pmatrix} 1-p & p \\ p & 1-p \end{pmatrix}$$

Rauschmatrix

Abbildung 1.5: Der gedächtnislose symmetrische Binärkanal

Beim *gedächtnislosen Kanal* übt die Störung einen Einfluß auf die übertragene Nachricht aus, der von einem Nachrichtensymbol zum anderen statistisch unabhängig ist. Ein solcher Kanal (z. B. eine Funkstrecke Satellit – Feststation) kann häufig durch ein BSC-Modell (binary symmetric channel) dargestellt werden. Dieses Kanalmodell ist in Abb. 1.5 dargestellt. Jedes übertragene Bit, unabhängig ob es sich um eine "1" oder eine "0" handelt, wird mit der gleichen Fehlerwahrscheinlichkeit p gestört, d.h. in das jeweils andere Bit verfälscht. Demzufolge wird jedes übertragene Bit mit der Wahrscheinlichkeit $1 - p$ richtig übertragen.

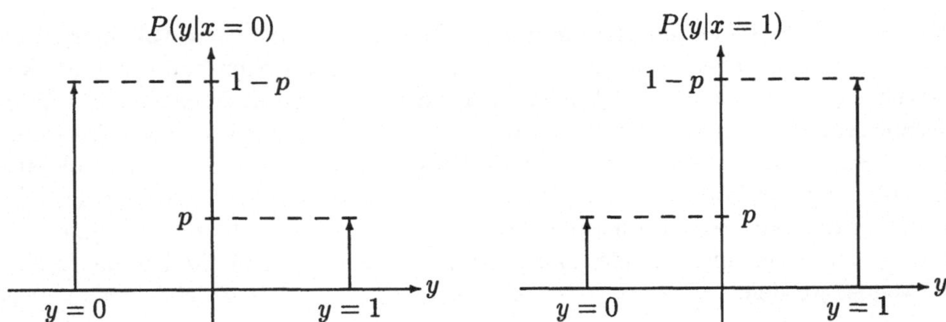

Abbildung 1.6: Wahrscheinlichkeitsdichtefunktionen des BSC

Gedächtnislos ist dieser Kanal deshalb, weil diese Wahrscheinlichkeit p nicht davon abhängig ist, ob eines der zuvor übertragenen Bits korrekt oder falsch empfangen wurde. Stellen wir uns ein Gedankenexperiment vor, bei dem eine Zeitlang Nullen bzw. Einsen gesendet werden, so ergeben sich auf der Sendeseite die Wahrscheinlichkeitsdichtefunktionen, wie sie in Abb. 1.6 dargestellt sind.

Beim *Kanal mit Gedächtnis* übt die Störung einen Einfluß auf die übertragene Nachricht aus, der von einem Nachrichtensymbol zum anderen statistisch abhängig ist. Aus der Literatur sind die Modelle zur Kanalbeschreibung von Gilbert [26], Elliott [18], Fritchmann [23] und Swoboda [59] bekannt. Bei diesen Modellen handelt es sich um Markoff–Ketten erster Ordnung, d.h. um Modelle, bei denen ein Ereignis X_k – zum Zeitpunkt k – nur vom vorhergehenden Ereignis X_{k-1} statistisch abhängt. Das Modell wird hierbei durch die Übergangswahrscheinlichkeiten:

$$P_{ij} = P(X_k = a_j | X_{k-1} = a_i) \ ,$$

bestimmt. Sie geben an, mit welcher Wahrscheinlichkeit ein Ereignis X_k den Zustand a_j annimmt, wenn das Ereignis X_{k-1} im Zustand a_i war.

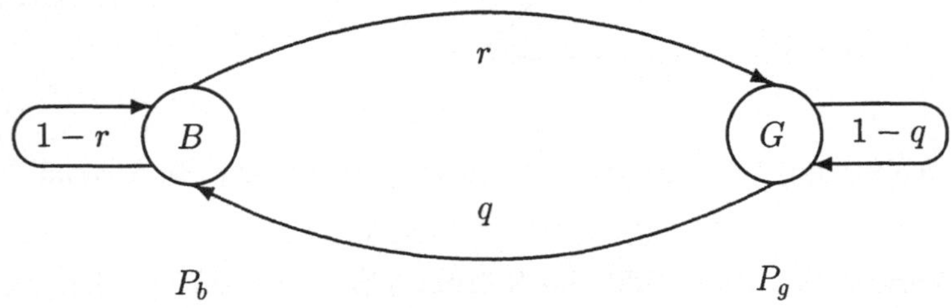

Abbildung 1.7: Das Gilbert–Elliot–Modell

Ein solcher Kanal (z. B. eine Funkstrecke Auto – Feststation) weist in der Regel eine Bündelung der Fehler auf. Ein einfaches Modell, das geeignet ist, eine Bündelstruktur der Fehler zu beschreiben, ist das **Gilbert–Elliott–Modell** (GE–Modell). Es besitzt die zwei Zustände B für *bad* (schlechter Zustand, Burst) und G für *good* (guter Zustand, kein Fehlerbündel). Charakterisiert wird das Modell durch die unterschiedlichen Bitfehlerwahrscheinlichkeiten P_b und P_g in den Zuständen B und G und durch die Übergangswahrscheinlichkeiten:

$$q = P\left(Z^{(n+1)} = B \mid Z^{(n)} = G\right), \qquad (1.1)$$

$$r = P\left(Z^{(n+1)} = G \mid Z^{(n)} = B\right), \qquad (1.2)$$

wobei Z für Zustand (B oder G) steht. Die beiden Zustände B und G des Modells können durch je ein BSC Modell in ihrer Funktion beschrieben werden, wobei die Fehlerwahrscheinlichkeit P_g im guten Zustand sehr viel kleiner ist, als die Fehlerwahrscheinlichkeit P_b im schlechten Zustand ($P_g << P_b$). Charakterisiert der schlechte Zustand B z. B. einen kurzzeitigen Empfangsausfall, so beträgt $P_b = 0.5$, da dann rein zufällige Bits detektiert werden. Die Wahrscheinlichkeiten r und q des Modells bestimmen die jeweilige Aufenthaltsdauer in den Zuständen B und G und sind deshalb ein Maß für die Bündelung der Fehler. In dem Kapitel 8 *Bündelfehler korrigierende Codes* wird speziell auf fehlerkorrigierende Codes eingegangen, die besonders effizient bei starker Fehlerbündelung sind.

1.4 Blockcodes versus Faltungscodes

Über die Verschiedenartigkeit von Block- und Faltungscodes, über jeweilige Vor- und Nachteile ist schon viel Falsches gesagt worden, gerade so, als seien sie zwei miteinander streitende Geschwister. *"Faltungscodes sind heuristische, mathematisch nicht zu analysierende Konstrukte"*, sagen die einen, während die anderen behaupten: *"Blockcodes sind nur gut für mathematische papers, Faltungscodes dagegen für die praktische Anwendung"*. Diese falschen Aussagen sind von der Anwendungsgeschichte dieser Codes längst überholt worden, so berechtigt sie sich vielleicht einmal in der Vergangenheit angehört haben. Heute sind wir eher geneigt – je nach Anwendungsfall – mal der einen, mal der anderen Codeform den Vorzug zu geben.

Abbildung 1.8: Symbol eines Blockcoders

In der Codeverschachtelung finden sich Block- und Faltungscodes sogar gleichberechtigt nebeneinander wieder, um die Vorteile beider Codetypen miteinander zu kombinieren. Im folgenden sollen kurz einige der charakteristischen Merkmale dieser Codetypen dargestellt werden.

Ein Block-Coder unterteilt einen sequentiellen digitalen Informationsstrom in Blöcke $i = (i_0, i_1, \ldots, i_{k-1})$, bestehend aus k Informationssymbolen. Der Block-Coder transformiert ein Informationswort $i = (i_0, i_1, \ldots, i_{k-1})$ in ein Codewort $c = (c_0, c_1, \ldots, c_{n-1})$, $n \geq k$.

Codewort	Information	Prüfstellen
	$k = 4$	$m = 4$
c_0	0 0 0 0	0 0 0 0
c_1	0 0 0 1	0 1 1 1
c_2	0 0 1 0	1 1 0 1
c_3	0 0 1 1	1 0 1 0
c_4	0 1 0 0	1 1 1 0
c_5	0 1 0 1	1 0 0 1
c_6	0 1 1 0	0 0 1 1
c_7	0 1 1 1	0 1 0 0
c_8	1 0 0 0	1 0 1 1
c_9	1 0 0 1	1 1 0 0
c_{10}	1 0 1 0	0 1 1 0
c_{11}	1 0 1 1	0 0 0 1
c_{12}	1 1 0 0	0 1 0 1
c_{13}	1 1 0 1	0 0 1 0
c_{14}	1 1 1 0	1 0 0 0
c_{15}	1 1 1 1	1 1 1 1

Tabelle 1.2: Beispiel eines (n, k) Blockcodes, $n = 8$, $k = 4$

Handelt es sich wie in Tabelle 1.2 um einen binären Code, so gibt es genau 2^k verschiedene Codewörter. Hierdurch wird sofort deutlich, daß eine Codetabelle für große k zumindest sehr unübersichtlich wird. Das Verhältnis von $k/n = R$ wird als Coderate bezeichnet. Sie ist ein Maß für die durch durch den Coder hinzugefügte Redundanz $m = n - k$. Je kleiner R ist, desto größer ist die Redundanz. Ein solcher Coder ist gedächtnislos und kann durch eine einfache logische Schaltung realisiert werden. Die Redundanz und die mathematische Struktur eines solchen Codes garantieren, daß der Code eine bestimmte Menge Fehler erkennen bzw. korrigieren kann.

Ein Faltungs-Coder transformiert ebenfalls k Informationsbits in n codierte Bits. Im Unterschied zu den Blockcodes hängen die n Ausgangsbits eines Faltungscoders nicht nur von den k Eingangsbits ab, sondern auch von den m vorhergehenden Bits, wenn m die Gedächtnislänge des Faltungs-Coders ist. Der entstehende Code wird als (n, k, m)-Faltungscode oder *convolutional code* bezeichnet.

In Abb. 1.9 ist ein einfacher halbratiger Faltungs-Coder mit einem Gedächtnis von $m = 2$ dargestellt. Die Eingangsbits gelangen ohne Verzögerung über die Exor-

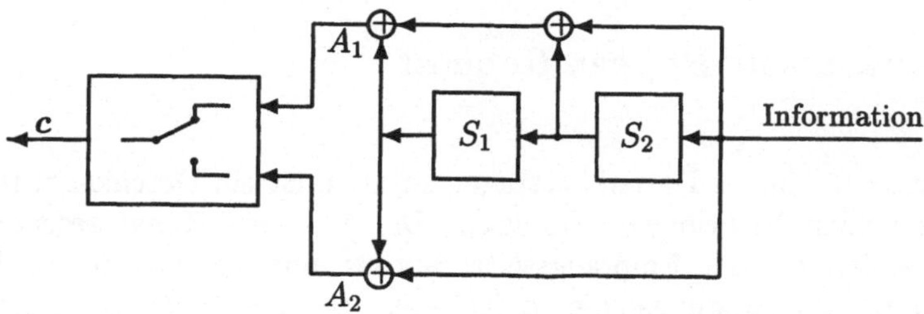

Abbildung 1.9: Beispiel eines Faltungs-Coders

Verknüpfungen, wo sie mit den im Gedächtnis gespeicherten Bits verknüpft werden, an den Ausgang. Der Schalter vor dem Ausgang bewirkt, daß zuerst das obere Bit (A_1), und dann das untere Bit (A_2) in den sequentiellen Ausgangsbitstrom gelangt.

1.5 Übertragungsstrategien

Neben der Sprachübertragung gewinnt bei modernen, digitalen Mobilfunksystemen die schnelle Übertragung von Daten wachsende Bedeutung. Für diese beiden Anwendungen bestehen jedoch grundsätzlich verschiedene Anforderungen an ein geeignetes Übertragungsverfahren.

Hauptziele der Sprachübertragung sind es, Verständlichkeit und einen subjektiv guten Höreindruck zu erreichen. Hierfür ist das Erkennen von Übertragungsfehlern mit anschließender Korrektur durch Ausnutzung von hinzugefügter Redundanz oder Interpolation unter Verwendung der natürlichen Redundanz von Sprache erforderlich. Um eine möglichst kurze und konstante Zeitverzögerung zu erreichen, ist eine geschickt angepaßte Quellencodierung notwendig.

Für die Datenübertragung hingegen spielt die möglichst fehlerfreie Übertragung die Hauptrolle. Gewöhnlich können, abhängig von der Anwendung, nur Restbitfehlerwahrscheinlichkeiten von 10^{-10} (bei Computerdaten) bis 10^{-6} (bei Telefax) – das entspricht, bei einer Übertragungsrate von z. B. 9,6 kbit/s, einem Bitfehler alle 30 Stunden (bzw. alle 2 Minuten) – toleriert werden. Zusätzlich besteht häufig der Wunsch, trotz erheblicher Schwankungen der Übertragungseigenschaften auf den Mobilfunkstrecken einen festen Datendurchsatz zu gewährleisten.

In diesem Abschnitt werden einige der Komponenten heute üblicher Datenübertragungsverfahren (vgl. [10],[12],[13]) vorgestellt und klassifiziert:

- **Automatic Repeat Request (ARQ)**,

- **Forward Error Correction (FEC)**,

- **Interleaving**,

- **Adaptive Codierung**.

1.5.1   Automatic Repeat Request

Voraussetzung für dieses Datenübertragungssystem ist ein Datenkanal mit Übertragung in beiden Richtungen (Duplex). Die über den Kanal gesendeten Codewörter werden auf der Empfangsseite geprüft[2] und im ungestörten Fall ausgegeben. Sind Übertragungsfehler aufgetreten, so müssen die gestörten Datenblöcke nochmals gesendet werden. Bei ARQ unterscheidet man verschiedene Möglichkeiten der Wiederholung im Fehlerfall:

- Wiederholung einer festen Anzahl der letzten Datenblöcke,

- selektive Wiederholung einzelner fehlerhafter Blöcke.

Beide Varianten weisen Vor- und Nachteile auf. Bei der selektiven Wiederholung wird zwar Übertragungszeit gespart, jedoch treten Datenorganisationsprobleme bezüglich der Reihenfolge der Blöcke auf. Ferner setzt selektives ARQ eine Quittung an den Sender voraus, die zumindest die Adresse der fehlerhaften Blöcke enthalten muß. Eine Quittung, einer im Wiederholfall fest vereinbarten Anzahl von Datenblöcken, ist stets einfacher (vgl. Abschnitt 1.5.4).

Der Vorteil des ARQ–Verfahrens liegt in sehr hohen Übertragungsraten, die bei einem Kanal mit niedriger Bitfehlerrate erreicht werden. Bei konstant hohen oder wechselnden Bitfehlerraten ist eine Übertragung ohne Fehlerkorrektur nicht effizient.

1.5.2   Forward Error Correction

Im Unterschied zu ARQ werden bei FEC-Verfahren zusätzlich zur Information Prüfstellen nicht nur zur reinen Fehlererkennung, sondern auch zur Fehlerkorrektur gesendet. Hierdurch können Übertragungsfehler, die in einem Teil des Datentelegramms liegen, korrigiert werden. Über die Korrekturfähigkeit des Codes hinaus gestörte Datenblöcke können abhängig vom gewählten Code häufig noch erkannt werden oder führen bei zu vielen Fehlern zur Abgabe von unerkannt falschen Daten. Ein FEC–Verfahren, das die im Mittel benötigte Redundanz zur Fehlerkorrektur verwendet, versagt ohne ARQ bei einem zeitvarianten Kanal: Für die guten Kanalabschnitte ist die Redundanz recht ineffizient eingesetzt und für die schlechten Kanalabschnitte nicht ausreichend.

---

[2]Neben der Information werden einige wenige Zeichen zur reinen Fehlererkennung mitgesendet.

1.5.3   Interleaving

Während der Dauer eines schlechten Kanalabschnittes können Bündelfehler eine Länge erreichen, die die Korrekturfähigkeit des gewählten Codes übersteigen. Interleaving versucht diese langen Fehlerbündel zu zerschneiden und auf mehrere Codewörter zu verteilen. Dieses Prinzip beruht darauf, daß einzelne Zeichen der Codewörter derart über die Zeit verteilt werden, daß durch Bündelfehler in jedem einzelnen Codewort nicht mehr Symbole zerstört werden, als der Korrekturfähigkeit des Codes entspricht. Zu diesem Zweck werden die Codewörter in Teilstücke aufgeteilt, und diese zeitlich voneinander entfernt übermittelt. Die Zeichen werden somit während der gleichen Zeit, nur in einer anderen Reihenfolge, gesendet. Das Verfahren kann mit einer Matrix veranschaulicht werden, in der die Information zeilenweise codiert, jedoch spaltenweise übertragen wird.

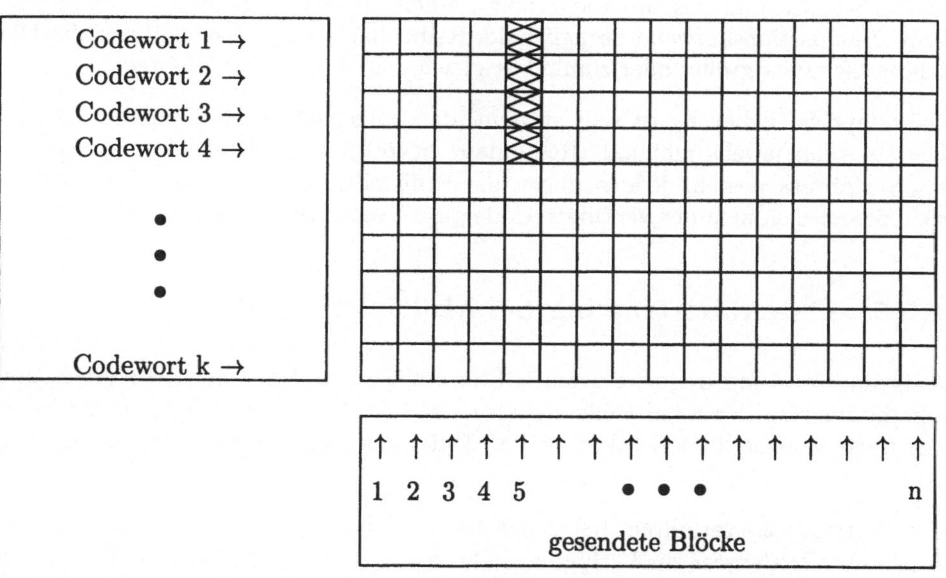

Abbildung 1.10: Darstellung eines Blockinterleaving

In Bild 1.10 tritt beim Senden des fünften Blockes ein Fehlerbündel auf, das sich über vier aufeinanderfolgende Symbole erstreckt. Durch das Interleaving verteilt sich dieses Fehlerbündel auf vier Codewörter, in denen jetzt nur noch ein Symbol verfälscht ist. Die Korrekturfähigkeit eines Codes muß sich demnach nicht mehr an dem längsten zu erwartenden Fehlerbündel orientieren, sondern an der Anzahl von Fehlern, die nach erfolgtem Deinterleaving im Codewort verbleiben. Das Interleaving stellt somit ein Verfahren dar, das geeignet ist, Redundanz einzusparen. Es muß jedoch auch berücksichtigt werden, daß das Interleaving eine zusätzliche Zeitverzögerung bewirkt, die umso größer wird, je länger die zu übertragenen Blöcke sind.

1.5.4 Adaptive Verfahren

Adaptive Verfahren werden mit dem Grundgedanken entwickelt, eine sichere Übertragung bei gleichzeitiger Minimierung der hierfür benötigten Prüfstellen zu gewährleisten. Diese Verfahren passen die Fehlerkorrekturfähigkeit selbsttätig den momentanen Störungen an, indem sie die ARQ- und FEC-Verfahren kombinieren. Zu diesem Zweck überträgt der Sender zunächst k Informationsstellen und einige Prüfzeichen zur Fehlererkennung. Anschließend werden solange Prüfstellen übertragen, bis der Empfänger mit großer Zuverlässigkeit die k Informationszeichen richtig rekonstruieren kann. Der Empfänger muß somit am Ende der Übertragung nur ein Stoppsignal an den Sender übermitteln, wodurch angezeigt wird, daß der Empfänger keine weiteren Prüfstellen zur Korrektur der aufgetretenen Fehler benötigt. Da die Prüfzeichen keine Wiederholung von Informationszeichen darstellen, entfällt die Mitteilung an den Sender, welche Zeichen fehlerhaft übertragen wurden und deshalb wiederholt werden müssen. Aus diesem Grund tritt kein Organisationsaufwand bezüglich der Reihenfolge von Blöcken auf und der Datendurchsatz ist größer oder zumindest gleich dem des ARQ-Verfahrens.

Die adaptive Codierung ist sehr effizient, da – angepaßt an die Eigenschaften des Kanals – nur jeweils minimale Redundanz benötigt wird. Das Kernproblem dieses Verfahrens besteht jedoch darin, die Prüfstellen eines längeren Codes so zu reduzieren, daß auch der verkürzte Code gute Decodiereigenschaften besitzt.

1.5.5 Datenübertragung bei Multiplexverfahren

Aufgrund zeit- und frequenzvarianter Störeinflüsse auf dem Übertragungsweg und der daraus resultierenden Fehlerstruktur des Kanals kommen oft Kombinationen der oben vorgestellten Strukturen von Datenübertragungssystemen zur Anwendung.

Für Zeitmultiplexverfahren, bei denen für die Übertragung und Decodierung ein konstantes Zeitfenster zur Verfügung steht, erweist sich ein geblockt adaptives Verfahren als günstig. Die Abbildung 1.11 zeigt die Struktur für ein solches Verfahren.

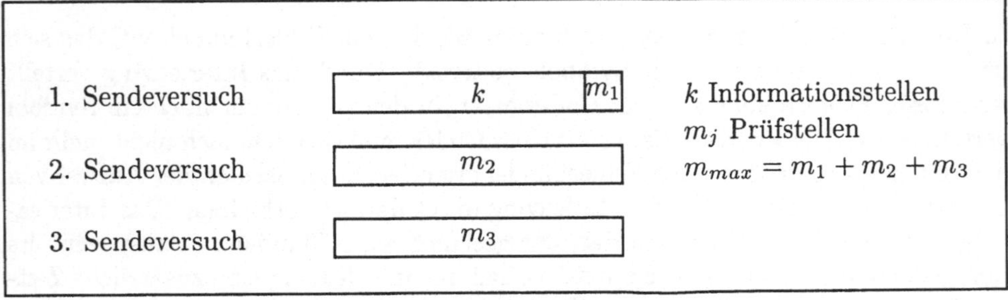

Abbildung 1.11: Struktur für geblockt adaptive Verfahren

Hierbei wird im ersten Sendeversuch die Information zusammen mit einigen wenigen Prüfzeichen m_1 zur Fehlererkennung oder auch zur Fehlerkorrektur weniger Fehler gesendet. Erfolgt danach kein Stoppsignal, sind also Fehler aufgetreten und reicht die Korrekturfähigkeit des Codes nicht aus, so werden weitere m_2 Prüfstellen blockweise im zweiten Sendeversuch, bzw. wenn nötig im dritten Sendeversuch m_3 Prüfstellen übertragen.

Eine weitere Eigenschaft des geblockt adaptiven Verfahrens wird deutlich, wenn man die Übertragungsrate des Codes über der Kanalsymbolfehlerwahrscheinlichkeit aufträgt, wie in Bild 1.12 dargestellt.

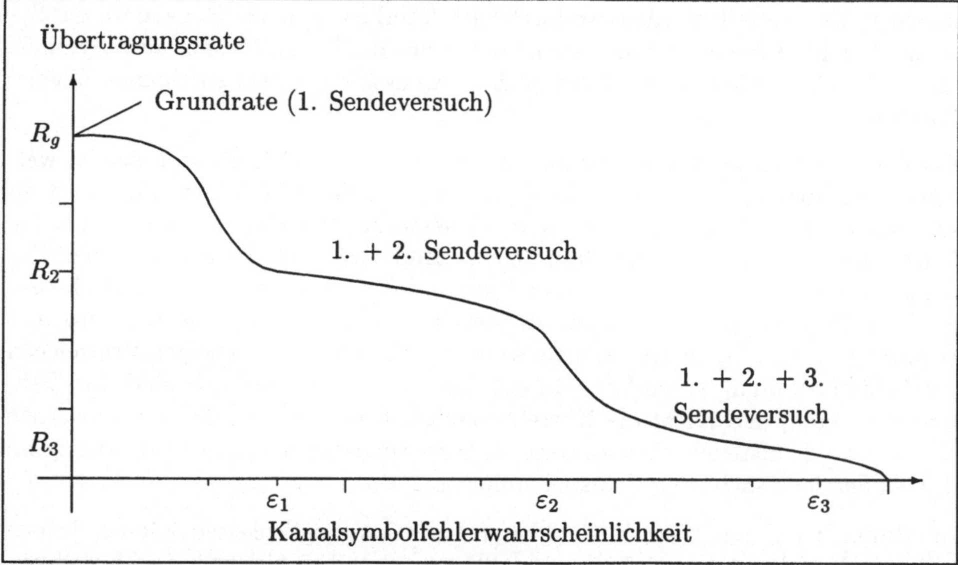

Abbildung 1.12: Übertragungsrate in Abhängigkeit von der Kanalsymbolfehlerwahrscheinlichkeit ε

Es ist zu erkennen, daß die Übertragungsrate bei einer bestimmten Grundrate beginnt. Ab der Symbolfehlerwahrscheinlichkeit ε_1 reicht die Korrekturfähigkeit des Codes oft nicht mehr aus und weitere Prüfstellen, die die Übertragungsrate verringern, müssen zur Korrektur herangezogen werden. Am *Plateau* ε_2 bis ε_3 werden im Mittel zwei Sendeversuche zur Korrektur verwendet, bis auch diese nicht mehr ausreichen und ein zusätzlicher dritter Sendeversuch notwendig wird.

Da sich im Mobilfunk gute Übertragungsabschnitte oft mit sehr schlechten abwechseln, wird zusätzlich zum geblockt adaptiven Verfahren die Eigenschaft von bestimmten Codes (z.B. Reed–Solomon–Codes) ausgenutzt, Information alleine aus einer entsprechenden Anzahl richtiger Zeichen des Codewortes zurückzugewinnen. Das Verfahren ist so konstruiert, daß allein aus *einem* der möglichen Sendeversuche die Fehlerkorrektur vollzogen bzw. die Information rekonstruiert werden kann.

Weiterhin kann eine Kombination mehrerer Sendeversuche herangezogen werden, um die aufgetretenen Fehler zu korrigieren.

Voraussetzung für dieses Verfahren ist aber, daß der Informationsteil sowohl mit dem ersten Prüfteil m_1 als auch mit dem Prüfteil m_2 korrigierbar ist. Außerdem müssen m_1 und m_2 so gewählt werden, daß sie zusammen mit den k Informationsstellen ein Codewort bilden.

Werden beim digitalen Mobilfunk Symbole übertragen, die aus mehreren Bits bestehen (z.B. Bytes), so bietet sich ein Reed-Solomon-Code an, wobei die maximale Codewortlänge n durch den gewählten endlichen Zahlenkörper (siehe Kapitel 3) festgelegt ist. Diese maximale Anzahl kann über mehrere Sendeversuche (hier: maximal drei) verteilt werden, wodurch auch Interleaving in die Struktur dieses Systems eingeht. Können in einem Benutzerrahmen der Länge N mehr als n Symbole untergebracht werden, so lassen sich mehrere Codewörter direkt aufeinanderfolgend übertragen.

Reichen zwei weitere Sendeversuche, in denen nur Prüfzeichen nachgesendet werden, nicht aus, wird das ARQ–Verfahren angewandt. Die Information wird also noch einmal gesendet und es wird so versucht, mit den schon vorhandenen Prüfstellen das Codewort zu decodieren. Bild 1.13 faßt die Struktur der Datenübertragungsstrategie noch einmal zusammen. Innerhalb eines Zeitschlitzes kann ein Benutzerrahmen übertragen werden. Im ersten Sendeversuch werden je Codewort c_j nur k_{1j} Informationsbits zusammen mit einigen wenigen Prüfzeichen zur Fehlererkennung gesendet. Erfolgt danach kein Stoppsignal, sind also Fehler aufgetreten, und reicht die Korrekturfähigkeit des Codes nicht aus, so werden weitere m_{2j} Prüfstellen blockweise im zweiten Sendeversuch, bzw. wenn nötig im dritten Sendeversuch m_{3j}, Prüfstellen übertragen.

Im Hinblick auf die Vielzahl denkbarer Variationsmöglichkeiten können jedoch nicht alle Verfahren vorgestellt werden. Stellvertretend sei hier kurz die Möglichkeit einer rahmenweise gekoppelten Wiederholung nach Fehlererkennung, und die Variante einer blockweise selektiven Wiederholung genannt. Während die gekoppelte Wiederholung eine einfache und robuste Variante darstellt – mit niedriger Restfehlerwahrscheinlichkeit – bietet die selektive Wiederholung eine größere Übertragungsrate, jedoch bei erhöhtem Protokollaufwand. Ebenso bieten alle weiteren Varianten jeweils Vorzüge und Nachteile, die erst bewertet werden können, wenn genau definierte Anforderungen an die Datenübertragung existieren.

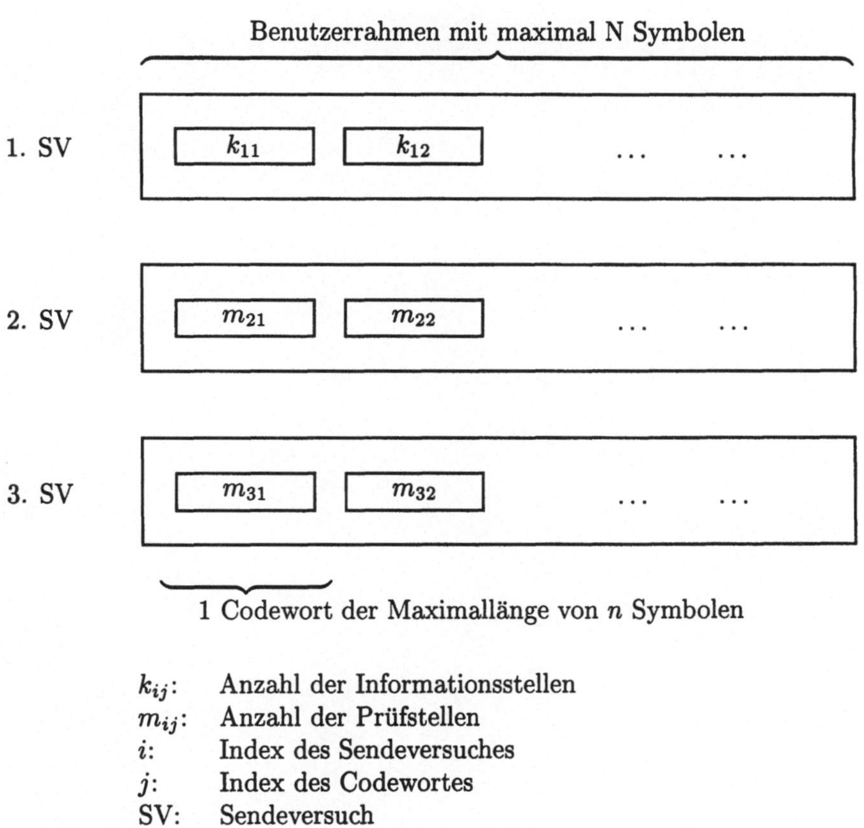

k_{ij}:   Anzahl der Informationsstellen
m_{ij}:   Anzahl der Prüfstellen
i: Index des Sendeversuches
j: Index des Codewortes
SV: Sendeversuch

Abbildung 1.13: Datenstruktur in einem Zeitmultiplexsystem

Kapitel 2

Grundbegriffe und Codebeispiele

Die Betrachtung des Problems der Codekonstruktion stellt uns zunächst vor die Aufgabe, wichtige Grundbegriffe zu definieren und zu erklären. Die Lösung dieser Aufgabe besitzt gleichzeitig einfache und schwierige Anteile, denn einige Grundbausteine der Codierung sind für die naturwissenschaftlich interessierten Leserinnen und Leser leicht verständlich, während andere eine Einlassung in die moderne Algebra auf endlichen Zahlenkörpern erfordern.

Aus diesem Grund wird in diesem ersten Abschnitt zunächst auf komplizierte mathematische Beschreibung der Begriffe zugunsten einer beispielhaften Erklärung verzichtet. Eine mathematisch formulierte Begriffsdefinition erfolgt dann im Anschluß an das Kapitel 3 *Einführung in die Algebra,* in den jeweiligen Abschnitten, die bestimmte Codeklassen behandeln.

Für die folgenden Beispiele wird vorausgesetzt, daß die betrachteten Codes C binär sind, also Codes, die aus Codewörtern c bestehen, deren n Elemente c_i nur aus der Menge $\{0, 1\}$ sind:

$$c = (c_0, c_1, \ldots, c_{n-1}) \quad c \in C \;\succ\; c_i \in \{0, 1\}.$$

Diese Vereinfachung stellt jedoch keine prinzipielle Einschränkung dar, denn wie wir später noch sehen werden, gelten die folgenden Überlegungen ähnlich für andere Zahlenkörper. Mit der Zahlenmenge $\{0, 1\}$ wird in Kapitel 3 der Zahlenkörper $GF(2)$ eingeführt.

2.1   Aufbau eines Codewortes

Ein Codewort c eines Codes $\mathcal{C}$ besteht aus einer Anzahl von n Elementen c_i eines
festgelegten Zahlenkörpers. Diese n Elemente setzen sich aus einer Anzahl von
k Informationszeichen und einer Anzahl von m Prüfelementen zusammen, so daß
gilt: $n = k + m$.

Codewort mit $n = k + m$ Symbolen

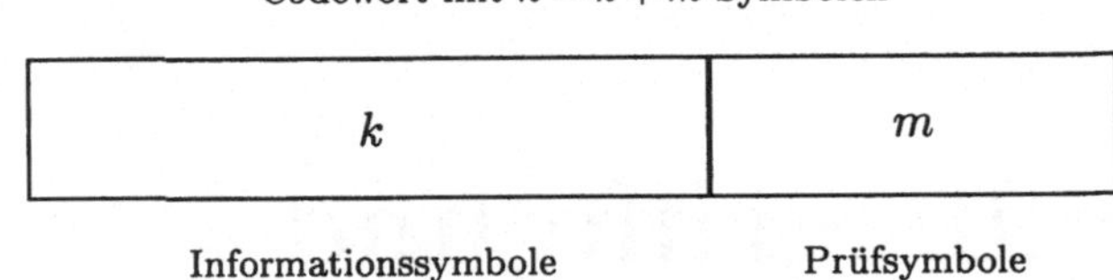

Informationssymbole   Prüfsymbole

Abbildung 2.1: Aufbau eines Codewortes

Ein Maß zur Beurteilung eines Codes ist die Coderate:

$$R = \frac{k}{n}. \tag{2.1}$$

Sie gibt das Verhältnis der Anzahl von k Informationsstellen zur Gesamtstel-
lenanzahl n an. Lassen sich die k Informationselemente direkt aus dem Codewort
herauslesen, so sprechen wir von einem systematischen Code, anderenfalls von einem nicht systematischen Code.

2.2   Fehlervektor und Empfangsvektor

Ein Codewort c kann bei der Übertragung über einen Kanal gestört werden. Diese
Störung soll durch einen additiven Fehlervektor: $f = (f_0, f_1, \ldots, f_{n-1})$, $f_i \in$
$\{0, 1\}$, der ebenfalls aus einer Anzahl von n Elementen besteht, modelliert werden.
Die Vektoraddition (siehe Abb. 2.2) von Codevektor (Codewort c) und Fehlervektor f ergibt den Empfangsvektor r.

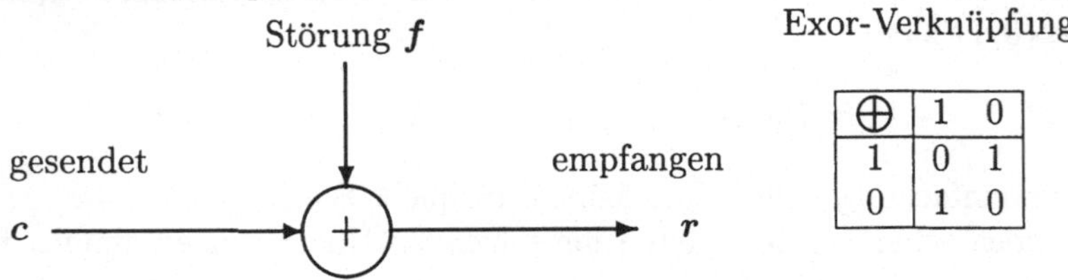

Abbildung 2.2: Additiver Fehler auf dem Übertragungskanal

Für die Vektoraddition gilt: $r = c + f \iff r_i = c_i \oplus f_i$. Diese Exor-
Verknüpfung (siehe Abb. 2.2) der Komponenten von c und f ergibt den Vektor
$r = (r_0, r_1, \ldots, r_{n-1})$.

2.3 Der Repetition Code

Ein erstes und einfaches Beispiel eines fehlerkorrigierenden Codes ist der sogenannte Repetition Code. Vervielfacht man ein Informationselement durch Wiederholung, so entsteht hieraus ein REPETITION CODE (Wiederhol-Code). Ist die
Codewortlänge ungerade, so können durch eindeutige Mehrheitsentscheidung:

$$E = \frac{n-1}{2} \tag{2.2}$$

Fehler korrigiert werden. Die Anzahl der Prüfstellen beträgt $m = n - 1$. Wir
stellen fest, daß es nur $2^k = 2^1 = 2$ verschiedene Codewörter gibt:

$$c_0 = (0,0,\ldots,0),$$
$$c_1 = (1,1,\ldots,1).$$

Beispiel 2.1 *Der Sender wiederholt jedes Informationsbit sechs mal, so daß ein
Repetition Code der länge ($n = 7$) entsteht:*

$$c_0 = (0,0,0,0,0,0,0),$$
$$c_1 = (1,1,1,1,1,1,1).$$

Sind bei der Übertragung Fehler aufgetreten, so daß ein r_i empfangen wurde:

1. $r_0 = (1,0,0,1,0,0,1) \succ c_0$ *gesendet,*

2. $r_1 = (1,1,0,1,0,0,1) \succ c_1$ *gesendet,*

*so entscheidet der Empfänger im 1. Fall, daß das Codewort c_0 gesendet wurde
bzw. im 2. Fall, daß das Codewort c_1 gesendet wurde.* ◇

Im Beispiel 2.1 wird deutlich, daß der Empfänger versucht, sich für ein Codewort
zu entscheiden, bei dem möglichst wenig Fehler korrigiert werden müssen. Dies ist
eine wichtige Grundannahme der Decodierung, die ENTSCHEIDUNG ZUM NÄCHSTEN
NACHBARN (nearest neighbour decision) genannt wird und uns bei der Berechnung
der Fehlerwahrscheinlichkeiten im Abschnitt 2.7 noch begegnen wird. Weiterhin
ist aus diesem Beispiel zu erkennen, daß ein Empfänger, der dieses Decodierprinzip
verwendet, sich falsch entscheiden muß, wenn mehr als E Fehler aufgetreten sind.

Zuverlässigkeitsinformation
Ungleich größer wird in diesem Beispiel die Decodierfähigkeit, wenn der Empfänger
statt sogenannter *"harter Bits"* ($c_i \in \{0,1\}$) eine Zuverlässigkeitsinformation generiert, mit der ein Bit richtig empfangen worden ist. Stellen wir z. B. die logische
'1' als $+1.0$ und die die logische '0' als -1.0 dar, so gibt das Vorzeichen das Bit an,
während der Zahlenwert die Zuverlässigkeit der Entscheidung für das entsprechende
Bit beinhaltet.

Beispiel 2.2 *Ein gesendetes Codewort habe als Signalvektor dargestellt folgende mögliche Formen:*

$$c_0 = (-1.0, -1.0, \ldots, -1.0),$$
$$c_1 = (+1.0, +1.0, \ldots, +1.0).$$

Analog zum 2. Fall im Beispiel 2.1 sei nun ein Empfangswort r_i wie folgt detektiert:

$$r_1 = (+0.5, +0.3, -1.0, +0.2, -0.9, -0.9, +0.2) \succ c_0 \quad gesendet,$$

$$denn \quad \sum_{i=0}^{6} r_i = -1.6 < 0,$$

so daß es jetzt wahrscheinlicher ist, daß das Codewort c_0 gesendet worden ist. ◇

Ein Vergleich mit Beispiel 2.1 zeigt, daß mit Hilfe der Zuverlässigkeitsinformation vier Fehler – also mehr als $(n-1)/2$ Fehler – korrigiert wurden. Mit solchen *"soft decision"* Verfahren, die eine Kanalzustandsinformation berücksichtigen, werden wir uns später, insbesondere im Kapitel 9 beschäftigen.

2.4   Ein Parity-Check Bit

Eine in der Praxis häufig auftretende Aufgabe für die Kanalcodierung ist, im Gegensatz zum vorherigen Beispiel, möglichst wenig zu korrigieren, dafür aber eine sichere Fehlererkennung zu erreichen. Das folgende Beispiel zeigt hierfür eine einfache Anwendung.

Beispiel 2.3 *Gegeben sei ein Code C, dessen Codewörter jeweils k Informationselemente und nur ein Prüfelement (parity bit) $m = 1$ enthalten. Die Codewortlänge n beträgt deshalb $n = k + 1$.*

Codewort	Information	Prüfstelle
	$k = 3$	$m = 1$
c_0	0 0 0	0
c_1	0 0 1	1
c_2	0 1 0	1
c_3	0 1 1	0
c_4	1 0 0	1
c_5	1 0 1	0
c_6	1 1 0	0
c_7	1 1 1	1

Da die zu übertragende Information beliebige Bitkombinationen annehmen kann, gibt es 2^k verschiedene Codewörter. Die Vorschrift für die Wahl des Prüfelementes laute: Ergänze die Informationsstellen zu einem vollständigen Codewort so, daß die Anzahl der "Einsen" eines jeden Codewortes gerade ist. ◇

Überlegen wir nun, wie ein möglicher Empfänger diese hinzugefügte Prüfstelle ausnutzen kann. Ist $r = (1, 1, 0, 1)$ empfangen worden, so ist klar, daß mindestens 1 Fehler aufgetreten ist, denn die *Anzahl der Einsen*[1] ist ungerade.

Wollen wir diesen Fehler aber korrigieren, so stoßen wir auf Uneindeutigkeiten. Wir können nicht entscheiden, ob c_6 gesendet wurde, und nur das Prüfelement falsch empfangen wurde oder ob c_4 gesendet wurde, und die zweite Informationsstelle auf dem Übertragungswege verfälscht wurde. Allgemein können wir aber feststellen, daß ein Code C mit k Informationsstellen und einer Prüfstelle in der Lage ist, jede ungerade Anzahl von Fehlern zu erkennen, da diese zu einer Paritätsverletzung führen. Eine gerade Anzahl von Fehlern kann in der Regel nicht erkannt werden.

Überlegen wir nun noch einmal, ob auch für einen solchen Code eine Kanalzustandsinformation, aus der sich eine Zuverlässigkeitsinformation für jedes detektierte Bit ähnlich wie im Beispiel 2.2 ableiten läßt, helfen könnte, zu einer Korrekturfähigkeit des Codes zu gelangen.

Beispiel 2.4 *Hat der Empfangsvektor die Form:*

$$r \;=\; (+0.8, +0.1, -0.8, +0.9),$$

so könnte der Empfänger mit einiger Sicherheit das zweite Informationsbit als falsch erkennen und r zu $c_4 = (1001)$ hin korrigieren. Die Vorschrift zur Korrektur würde besagen: Invertiere im Falle einer Paritätsverletzung das Bit mit der geringsten Zuverlässigkeit. ◇

2.5 Ein einfacher Blockcode

Als ein erstes Beispiel soll der mit der Tabelle 1.2 im vorherigen Kapitel eingeführte Blockcode noch einmal genauer betrachtet werden (siehe Tabelle 2.1).

Dieser Code ist ein halbratiger binärer Code, dessen Codewörter c die Form:

$$\begin{aligned}
c &= (c_0, c_1, c_2, c_3, c_4, c_5, c_6, c_7), \\
&= (i_0, i_1, i_2, i_3, p_0, p_1, p_2, p_3)
\end{aligned} \tag{2.3}$$

---

[1]Die *Anzahl der Einsen* wird auch das *Gewicht* von r genannt: $w(r)$.

besitzen. Die Prüfelemente p_0, p_1, p_2 und p_3 wurden wie folgt berechnet:

$$
\begin{aligned}
p_0 &= i_0 \oplus i_1 \oplus i_2 \,, \\
p_1 &= i_1 \oplus i_2 \oplus i_3 \,, \\
p_2 &= i_0 \oplus i_1 \oplus i_3 \,, \\
p_3 &= i_0 \oplus i_1 \oplus i_2 \oplus i_3 \oplus p_0 \oplus p_1 \oplus p_2 \,, \\
&= i_0 \oplus i_2 \oplus i_3 \quad (\text{da } p_0 \oplus p_1 \oplus p_2 = i_1 \text{ gilt}).
\end{aligned}
$$

Codewort	Information	Prüfstellen	Gewicht
	$k = 4$	$m = 4$	$w(c_i)$
c_0	0 0 0 0	0 0 0 0	0
c_1	0 0 0 1	0 1 1 1	4
c_2	0 0 1 0	1 1 0 1	4
c_3	0 0 1 1	1 0 1 0	4
c_4	0 1 0 0	1 1 1 0	4
c_5	0 1 0 1	1 0 0 1	4
c_6	0 1 1 0	0 0 1 1	4
c_7	0 1 1 1	0 1 0 0	4
c_8	1 0 0 0	1 0 1 1	4
c_9	1 0 0 1	1 1 0 0	4
c_{10}	1 0 1 0	0 1 1 0	4
c_{11}	1 0 1 1	0 0 0 1	4
c_{12}	1 1 0 0	0 1 0 1	4
c_{13}	1 1 0 1	0 0 1 0	4
c_{14}	1 1 1 0	1 0 0 0	4
c_{15}	1 1 1 1	1 1 1 1	8

Tabelle 2.1: Beispiel eines (n,k) Blockcodes, $n = 8$, $k = 4$

Wir stellen fest, daß das Prüfelement p_3 die Anzahl der "Einsen" eines Codewortes immer zu einer geraden Zahl ergänzt. Auffällig ist auch, daß mit Ausnahme von c_0, jedes Codewort mindestens 4 Einsen enthält. Wir formulieren:

$$
w(c_i) \geq 4 \quad \text{für} \quad i = 1, 2, \ldots, 15 \,.
$$

Das Gewicht $w(c)$ eines Codewortes oder Vektors $v = (v_0, v_1, \ldots, v_{n-1})$ ist durch:

$$
w(v) = \sum_{i=0}^{n-1} v_i \quad \text{mit } v_i \in \{0, 1\} \tag{2.4}
$$

definiert. Später werden wir noch untersuchen (siehe Gl. (4.11)), wie dieses Mindestgewicht eines Codes C in die Korrekturfähigkeit eingeht. Als Distanz D zweier

Codewörter a und b bezeichnet man die Anzahl der Stellen, in denen sie sich unterscheiden:

$$
\begin{aligned}
D(a,b) &= w(a+b), \\
&= \sum_{i=0}^{n-1} a_i \oplus b_i, \quad \text{mit } a_i, b_i \in \{0,1\}.
\end{aligned} \tag{2.5}
$$

Die Mindestdistanz d ist die kleinste im Code vorkommende Distanz. Folglich muß das Mindestgewicht eines Codes gleich der Mindestdistanz sein, denn die Summe (bzw. die Differenz) zweier Codewörter ist ja selber wieder ein Codewort. Diese aus der Linearität eines Codes folgende Eigenschaft wird in Kapitel 4 auf Seite 75 genauer erläutert.

Schreiben wir die Gleichungen für die vier Prüfelemente unter Verwendung der Exor-Verknüpfung (modulo-2 Rechnung) in ein Gleichungssystem, so erhalten wir:

$$
\begin{aligned}
i_0 \oplus i_1 \oplus i_2 \quad\quad \oplus\, p_0 \quad\quad\quad\quad\quad &= 0, \\
i_1 \oplus i_2 \oplus i_3 \quad\quad \oplus\, p_1 \quad\quad\quad &= 0, \\
i_0 \oplus i_1 \quad\quad \oplus i_3 \quad\quad\quad \oplus\, p_2 \quad &= 0, \\
i_0 \quad\quad \oplus i_2 \oplus i_3 \quad\quad\quad\quad\quad \oplus\, p_3 &= 0.
\end{aligned} \tag{2.6}
$$

Wie ein gewöhnliches Gleichungssystem bringen wir Gl. (2.6) in die Form:

$$
\boldsymbol{H} \cdot \boldsymbol{c}^{(T)} = (\boldsymbol{h}_0, \boldsymbol{h}_1, \ldots, \boldsymbol{h}_{n-1}) \cdot \boldsymbol{c}^{(T)} = \boldsymbol{0}. \tag{2.7}
$$

Wir erhalten so:

$$
\begin{pmatrix}
1 & 1 & 1 & 0 & 1 & 0 & 0 & 0 \\
0 & 1 & 1 & 1 & 0 & 1 & 0 & 0 \\
1 & 1 & 0 & 1 & 0 & 0 & 1 & 0 \\
1 & 0 & 1 & 1 & 0 & 0 & 0 & 1
\end{pmatrix}
\cdot
\begin{pmatrix}
i_0 \\ i_1 \\ i_2 \\ i_3 \\ p_0 \\ p_1 \\ p_2 \\ p_3
\end{pmatrix}
=
\begin{pmatrix}
0 \\ 0 \\ 0 \\ 0
\end{pmatrix},
$$

wobei der Vektor $\boldsymbol{c}^{(T)}$ dem transponierten Codewort $\boldsymbol{c}$ entspricht und $\boldsymbol{h}_i$ als der i-te Spaltenvektor von $\boldsymbol{H}$ bezeichnet wird.

Durch die Darstellung in Gleichung (2.7) haben wir eine Prüfbedingung für eine fehlerfreie Übertragung erhalten. Für jedes fehlerfrei empfangenes Codewort muß diese Bedingung, nach der die Prüfsymbole berechnet wurden, erfüllt sein. Die Matrix $\boldsymbol{H}$ wird deshalb auch die Prüfmatrix eines Codes genannt. Überlegen wir nun, wie mit Hilfe der Prüfmatrix $\boldsymbol{H}$ Fehler erkannt bzw. korrigiert werden können. Wurde ein fehlerbehafteter Vektor:

$$
\boldsymbol{r} = \boldsymbol{c} + \boldsymbol{f} \tag{2.8}
$$

empfangen, so liefert die Multiplikation mit der Prüfmatrix:

$$\boldsymbol{H} \cdot \boldsymbol{r}^{(T)} \;=\; \boldsymbol{H} \cdot (\boldsymbol{c}^{(T)} + \boldsymbol{f}^{(T)}) = \underbrace{\boldsymbol{H} \cdot \boldsymbol{c}^{(T)}}_{0} + \boldsymbol{H} \cdot \boldsymbol{f}^{(T)} ,$$

$$\;=\; \boldsymbol{H} \cdot \boldsymbol{f}^{(T)} . \tag{2.9}$$

Das Ergebnis der Multiplikation ist ausschließlich vom Fehler, jedoch nicht vom Codewort abhängig. Weiterhin können wir auch sofort die Position des Fehlers erkennen, solange nur *ein Fehler* aufgetreten ist:

$$w(\boldsymbol{f}) \;=\; 1,$$

denn dann liefert die Multiplikation genau eine Spalte $\boldsymbol{h}_i$ der Matrix, so daß die Position des Fehlers ablesbar ist. Ist z.B. ein Fehler in der Codewortstelle c_1 aufgetreten, so wird aus den Gleichungen (2.7) und (2.8):

$$\begin{pmatrix} 1 & 1 & 1 & 0 & 1 & 0 & 0 & 0 \\ 0 & 1 & 1 & 1 & 0 & 1 & 0 & 0 \\ 1 & 1 & 0 & 1 & 0 & 0 & 1 & 0 \\ 1 & 0 & 1 & 1 & 0 & 0 & 0 & 1 \end{pmatrix} \cdot \begin{pmatrix} 0 \\ 1 \\ 0 \\ 0 \\ 0 \\ 0 \\ 0 \\ 0 \end{pmatrix} = \begin{pmatrix} 1 \\ 1 \\ 1 \\ 0 \end{pmatrix} = \boldsymbol{h}_1 .$$

Das Ergebnis ist die Spalte $\boldsymbol{h}_1$ der Prüfmatrix (siehe Gl. 2.7). Wird die j-te Spalte der Prüfmatrix ausgewählt, so ist damit ein Fehler in der j-ten Stelle des Empfangsvektors falsch.

Sind genau *zwei Fehler* aufgetreten:

$$w(\boldsymbol{f}) \;=\; 2,$$

so kann ein Fehlervektor dadurch erkannt werden, daß das Ergebnis der Multiplikation kein Spaltenvektor der Matrix ist:

$$\begin{pmatrix} 1 & 1 & 1 & 0 & 1 & 0 & 0 & 0 \\ 0 & 1 & 1 & 1 & 0 & 1 & 0 & 0 \\ 1 & 1 & 0 & 1 & 0 & 0 & 1 & 0 \\ 1 & 0 & 1 & 1 & 0 & 0 & 0 & 1 \end{pmatrix} \cdot \begin{pmatrix} 0 \\ 1 \\ 1 \\ 0 \\ 0 \\ 0 \\ 0 \\ 0 \end{pmatrix} = \begin{pmatrix} 1 \\ 1 \\ 1 \\ 0 \end{pmatrix} + \begin{pmatrix} 1 \\ 1 \\ 0 \\ 1 \end{pmatrix} = \begin{pmatrix} 0 \\ 0 \\ 1 \\ 1 \end{pmatrix} .$$

Die Position der Fehler ist aber unbestimmt, und somit ist der Fehlervektor nicht korrigierbar, denn auch die Addition der beiden letzten Spalten würde zu dem gleichen Ergebnis führen.

Sind *drei oder mehr Fehler* aufgetreten:

$$w(f) \geq 3,$$

so versagt das Korrekturverfahren:

$$\begin{pmatrix} 1 & 1 & 1 & 0 & 1 & 0 & 0 & 0 \\ 0 & 1 & 1 & 1 & 0 & 1 & 0 & 0 \\ 1 & 1 & 0 & 1 & 0 & 0 & 1 & 0 \\ 1 & 0 & 1 & 1 & 0 & 0 & 0 & 1 \end{pmatrix} \cdot \begin{pmatrix} 1 \\ 1 \\ 1 \\ 0 \\ 0 \\ 0 \\ 0 \\ 0 \end{pmatrix} = \begin{pmatrix} 1 \\ 0 \\ 0 \\ 0 \end{pmatrix}.$$

Es wird ein einzelner Fehler in $p_0 = c_4$ (vgl. Gl. 2.3) vorgetäuscht. War in diesem Fall z. B. das gesendete Codewort $c_{15} = (1,1,1,1,1,1,1,1)$, so wird ein Vektor $r = (0,0,0,1,1,1,1,1)$ empfangen und fälschlicherweise das Codewort $c_1 = (0,0,0,1,0,1,1,1)$ decodiert. Das Korrekturverfahren erhöht im Falle seines Versagens die Anzahl der Fehler im Codewort.

2.6 Korrekturfähigkeit linearer Blockcodes

Zur Erläuterung der Fehlerkorrekturfähigkeit von Codes soll wiederum das Code-beispiel gemäß der Tabelle 2.1 dienen. Der Code besitzt eine Codewortlänge $n = 8$, die Anzahl $k = 4$ der Informationsstellen und die Anzahl der hinzugefügten Redundanzen $m = 4$. Die Mindestdistanz[2] $d = 4$ dieses Codes ist gleich dem Mindestgewicht des Codes, da sich alle Codewörter untereinander um mindestens 4 Stellen unterschieden. Der Code war in der Lage, einen Übertragungsfehler korrigieren bzw. zwei Fehler noch erkennen zu können.

Da durch jeweils einen Übertragungsfehler die Hamming-Distanz eines Codewortes gegenüber allen restlichen Codewörtern um höchstens 1 verändert werden kann, benötigt ein E-fehlerkorrigierender Code eine Hamming-Distanz von mindestens $(2E + 1)$. Demzufolge hat das mit e Übertragungsfehlern behaftete Codewort eine Hamming-Distanz von e zum gesendeten Codewort, aber immer noch mindestens die Distanz $(E + 1)$ zu allen anderen Codewörtern. Es kann daher das verfälschte Codewort dem ursprünglichen, d.h. dem richtigen Codewort zugeordnet werden, solange $e \leq E$ gilt.

Codes, deren Codewörter der Länge n genau k Informationsstellen beinhalten und eine Mindestdistanz d haben, werden als (n, k, d) Codes bezeichnet.

---

[2]Die Begriffe Mindestdistanz und Hamming-Distanz werden im Kapitel 4 genauer erläutert.

Man kann die Fehlerkorrekturfähigkeit eines Codes auch anhand eines geometrischen Modells[3] erklären. Dabei werden die Eckpunkte eines n-dimensionalen Einheitswürfels als Codewörter interpretiert. Jede Achse des n-dimensionalen Achsenkreuzes entspricht hier einer Stelle des Codewortes.

Zur geometrischen Darstellung wird ein systematischer (3,1,3) Code verwendet, dessen Codewörter (0,0,0) und (1,1,1) lauten. Die Codewörter werden als Eckpunkte des drei-dimensionalen Einheitswürfels aufgetragen (siehe Abbildung 2.3 a). Da der Code nach Gl. (2.5) die Distanz 3 besitzt, gelangt man von einem Codewort zum anderen über jeweils mindestens zwei Eckpunkte, d.h. es müssen mindestens 3 Kantenabschnitte durchlaufen werden. Es wird deutlich, daß die nach Gl. (2.5) definierte Distanz nicht mit der Euklidschen Distanz übereinstimmt.

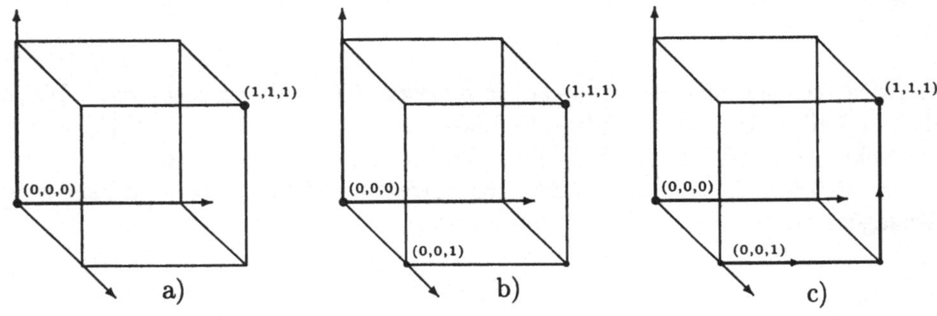

Abbildung 2.3: Geometrische Darstellung eines (3,1,3) Codes

Bei der Übertragung des Codewortes (0,0,0) beispielsweise trete eine Störung in der letzten Stelle des Codewortes auf. Der Vektor (0,0,1) wird vom Empfänger detektiert (siehe Abbildung 2.3 b). Der Übertragungsfehler kann sofort vom Empfänger erkannt werden, da der Eckpunkt (0,0,1) nicht zum Code gehört. Der Empfangsvektor hat nur zu einem gültigen Codewort (0,0,0) die Distanz[4] $D = 1$, zum anderen gültigen Codewort die Distanz $D = 2$ (siehe Abbildung 2.3 c). Der Decoder wird das empfangene Codewort dem „näheren" gültigen Codewort zuordnen, d.h. dem Codewort mit der kleineren Distanz und hat damit den Übertragungsfehler korrigiert.

2.7   Berechnung der Fehlerwahrscheinlichkeit

Wie wir im letzten Abschnitt gesehen haben, kann ein Decodierverfahren stets nur im begrenzten Umfang richtig korrigieren und sogar für den Fall, daß die Fehler-

---

[3]Dieses Modell ist hier auf drei Dimensionen beschränkt, da die Erklärung einsichtig und noch zeichnerisch darstellbar sein soll.

[4]Die Distanz $D = 1$ entspricht einer Kantenlänge. Sind zwei Bits verschieden, so ergibt sich $D = 2$, während die Euklidsche Distanz $\sqrt{2}$ wäre.

erkennbarkeit überschritten wird, weitere Fehler hinzufügen. Deshalb ist es von besonderem Interesse, die Wahrscheinlichkeit zu berechnen, mit der ein Codewort richtig oder falsch empfangen bzw. decodiert wird. Voraussetzung für eine solche Berechnung ist eine Kenntnis des Übertragungskanals bzw. des Modells, das diesem Kanal entspricht. Bei den nun folgenden Überlegungen wird der BSC (siehe Abschnitt 1.3) als Kanalmodell vorausgesetzt.

Fragen wir zunächst einmal nach der Wahrscheinlichkeit, daß überhaupt kein Fehler in dem Codewort der Länge n aufgetreten ist:

$$P(e = 0) \;=\; \underbrace{(1-p) \cdot (1-p) \cdots (1-p)}_{n \text{ Faktoren}}$$
$$=\; (1-p)^n.$$

Bei dieser Berechnung wird vorausgesetzt, daß das Codewort aus n Bit besteht, und jedes Bit statistisch unabhängig mit der Bitfehlerwahrscheinlichkeit p gestört wird. Fragen wir uns nun, mit welcher Wahrscheinlichkeit ein bestimmtes Bit des Codewortes falsch übertragen wurde, so erhalten wir:

$$P_{bst}(e = 1) \;=\; p \cdot (1-p)^{n-1},$$

denn genau 1 Bit ist mit der Wahrscheinlichkeit p falsch *und* die anderen $n-1$ Bits sind mit der Wahrscheinlichkeit $1-p$ richtig. Wollen wir die Wahrscheinlichkeit berechnen, daß ein beliebiges Bit der n möglichen falsch ist, so erhalten wir:

$$P(e = 1) \;=\; n \cdot p \cdot (1-p)^{n-1}.$$

Allgemein kann die Wahrscheinlichkeit, daß e beliebige der n möglichen Stellen bei der Übertragung verfälscht werden durch:

$$P(e) \;=\; \binom{n}{e} \cdot p^e \cdot (1-p)^{n-e} \tag{2.10}$$

berechnet werden. Der Faktor n *über* e:

$$\binom{n}{e} \;=\; \frac{n \cdot (n-1) \cdots (n-(e-1))}{1 \cdot 2 \cdots e} = \frac{n!}{e! \cdot (n-e)!}$$

gibt hierbei die Anzahl der verschiedenen Möglichkeiten an, e Fehler in n Stellen zu verteilen. Entsprechend der Gl. (2.10) läßt sich die Wahrscheinlichkeit, mit der ein Code richtig korrigiert, der maximal E-Fehler korrigieren kann, berechnen:

$$P_{richtig} \;=\; \sum_{e=0}^{E} \binom{n}{e} \cdot p^e \cdot (1-p)^{n-e}. \tag{2.11}$$

Die Wahrscheinlichkeit, daß ein Empfangswort nicht korrigierbar ist oder gar falsch korrigiert wird, bestimmt sich zu:

$$P_{falsch} \;=\; 1 - P_{richtig},$$
$$=\; \sum_{e=E+1}^{n} \binom{n}{e} \cdot p^e \cdot (1-p)^{n-e}. \tag{2.12}$$

Vergleichen wir die Fehlerwahrscheinlichkeiten, die ein einfaches Codierverfahren, wie im Abschnitt 2.5 angegeben, bei einer Bitfehlerwahrscheinlichkeit $p = 0.01$ erreichen kann, mit den Fehlerwahrscheinlichkeiten einer redundanzfreien (uncodierten) Übertragung der 4 Informationsbits, so stellen wir fest:

$$\textbf{uncodiert} \quad \begin{aligned} P_{richtig} &= (1-p)^4 = 0.961, \\ P_{falsch} &= 1 - (1-p)^4 = 0.039, \end{aligned}$$

$$\textbf{codiert} \quad \begin{aligned} P_{richtig} &= (1-p)^8 + 8p(1-p)^7 = 0.9973, \\ P_{falsch} &= 1 - P_{richtig} = 0.0027. \end{aligned}$$

Dieser Vergleich zeigt, daß bereits durch diese einfache Codierung die Wahrscheinlichkeit, daß eines der 4 Informationsbits falsch übertragen wird, um den Faktor $0.039/0.0027 \approx 15$ verringert werden kann. Bei einer Bitfehlerrate von $p \leq 10^{-3}$ würde dieses Verhältnis schon größer als 140 sein.

Mittelwert und Varianz der Binomialverteilung

Der Mittelwert berechnet sich aus $E\{i\} = \sum_{i=0}^{n} i \cdot P(i)$ unter Berücksichtigung von:

$$\sum_{i=0}^{n} P(i) = \sum_{i=0}^{n} \binom{n}{i} \cdot p^i \cdot (1-p)^{n-i} = 1 \quad \text{und} \quad i \cdot \binom{n}{i} = n \cdot \binom{n-1}{i-1}$$

zu

$$E\{i\} \;=\; np. \tag{2.13}$$

Entsprechend berechnet sich das zweite Moment:

$$\begin{aligned} E\{i^2\} \;&=\; \sum_{i=0}^{n} i^2 \cdot P(i) = \sum_{i=0}^{n} i^2 \cdot \binom{n}{i} \cdot p^i \cdot (1-p)^{n-i}, \\ &=\; np + n(n-1)p^2, \end{aligned} \tag{2.14}$$

und somit die Varianz $\sigma^2 = E\{i^2\} - (E\{i\})^2$ und die Streuung σ:

$$\sigma^2 \;=\; np(1-p) \quad \Longrightarrow \quad \sigma = \sqrt{np(1-p)}. \tag{2.15}$$

Eine ausführliche Berechnung dieser Ergebnisse findet sich im Anhang A.1.

Die Beispiele dieses Kapitels sollten die Leserinnen und Leser für die nachfolgenden Kapitel motivieren, in denen ein großer Teil der heute bekannten Block- und Faltungscodes behandelt werden. Hierbei werden je nach Kapitel ganz unterschiedliche Kenntnisse der Mathematik benötigt. Aus diesem Grund erscheint es dem Autor sinnvoll, ein Kapitel, das die Grundlagen der Algebra auf endlichen Zahlenkörpern behandelt, voranzustellen, damit die benötigten Voraussetzungen der unterschiedlichen Kapitel an einer zentralen Stelle zu finden sind.

Sollte dieses Buch die Grundlage einer Vorlesung bilden, so erscheint ein verteiltes Anbieten der mathematischen Voraussetzungen jedoch durchaus sinnvoll zu sein, um durch Anwendungen einen besseren Praxisbezug dieser abstrakten Denkweisen zu gewährleisten.

Kapitel 3

Einführung in die Algebra

Obwohl sich dieses Buch vorwiegend an die Studierenden und Ingenieure der Nachrichten- und Informationstechnik wendet, darf eine kurze Einführung in die Algebra nicht fehlen. Sie soll den Leserinnen und Lesern elementares Wissen der Algebra vermitteln und somit helfen, den Lernstoff der nachfolgenden Abschnitte leichter zu verstehen.

Dies bedeutet aber nicht, daß ein vollständiges Durcharbeiten und Verstehen der Algebra auf endlichen Zahlenkörpern unabdingbare Voraussetzung für die Beschäftigung mit der Kanalcodierung darstellt. Es ist durchaus zulässig, sich jeweils nur soweit mit der Mathematik auseinanderzusetzen, wie dies für die Lösung einer Aufgabe oder eines Problems notwendig ist.

Gleichwohl möchte der Autor nicht verschweigen, daß ein tieferer Zugang zur Codierungstheorie erst durch die manchmal labyrinthisch anmutenden Wege der Mathematik zu erzielen ist. Umgekehrt gilt aber auch, daß es in der jungen Geschichte der Codierungstheorie häufig Ingenieure waren, die eine abstrakte mathematische Aussage erst zu einem implementierbaren Algorithmus neu formulierten. Für ein intensives Studium der Algebra für Kanalcodierung sei insbesondere auf die Bücher von Mac Williams/Sloane [68] und Berlekamp [4] hingewiesen.

3.1 Gruppen

Zur Einführung des Begriffs der Gruppe wird eine gewisse Vertrautheit mit dem Mengenbegriff vorausgesetzt. Der besseren Verständlichkeit wegen sind jedoch die Symbole der "Mengensprache" im Text[1] kurz erläutert.

---

[1]Die Symbole sind auch in einem Verzeichnis im Anhang zusammengefaßt.

3.1.1 Abbildung und binäre Verknüpfung

Zunächst sollen die Begriffe *Abbildung* und *binäre Verknüpfung* definiert werden.

Definition 3.1 *Vorausgesetzt werden zwei beliebige Mengen $I\!M_1$ und $I\!M_2$. Kann durch eine Vorschrift f jedem Element a (Originalelement) der Menge $I\!M_1$ ($a \in I\!M_1$) eindeutig ein Element b (Bildelement) der Menge $I\!M_2$ zugeordnet werden, so ist f eine* ABBILDUNG DER MENGE $I\!M_1$ AUF $I\!M_2$, *wenn auch jedes Element der Menge $I\!M_2$ ein Bildelement eines Elementes der Menge $I\!M_1$ ist. In der symbolischen Kurzschreibweise heißt dies:*

$$f : I\!M_1 \longrightarrow I\!M_2 \,.$$

Beispiel 3.1 *Ordnet man jeden Studierenden einer Hochschule einem von ihm bevorzugten Professor zu, bei dem er bereits eine Lehrveranstaltung besucht hat, so erhält man eine Abbildung der Menge dieser Studierenden auf die Professorenschaft. Vorausgesetzt ist hierbei, daß die Studierenden sich entscheiden können und kein Mitglied der Professorenschaft leer ausgeht!*   ◊

UMKEHRBAR EINDEUTIG oder eineindeutig (bijektiv) wird diese Abbildung, wenn zwei beliebige aber verschiedene Studierende S_1 und S_2 sich auch verschiedenen Professoren zuordnen lassen:

$$\begin{aligned}
\text{aus} \quad & S_1 \neq S_2 \in I\!M_1 \quad && \text{folgt} \quad f(S_1) \neq f(S_2) \in I\!M_2 \\
\text{oder} \quad & f(S_1) = f(S_2) \in I\!M_2 \quad && \text{folgt} \quad S_1 = S_2 \in I\!M_1 \,.
\end{aligned}$$

Die Eineindeutigkeit setzt stets Mengen mit gleich vielen Elementen voraus. Läßt sich die Bedeutung von Bildelement und Originalelement umkehren, so erhält man wieder eine eineindeutige Abbildung von $I\!M_2$ auf $I\!M_1$.

Definition 3.2 *In einer nichtleeren Menge $I\!M$ wird unter einer* BINÄREN VERKNÜPFUNG ∘ *eine Zuordnung zweier Elemente a,b von $I\!M$ ($a, b \in I\!M$) derart verstanden:*

$$a \circ b = c \,.$$

Die Gleichheit von $a \circ b$ und $b \circ a$ muß hierbei nicht gelten. Diese Menge heißt bezüglich der binären Verknüpfung ABGESCHLOSSEN, wenn für jedes Paar $a, b \in I\!M$ auch $a \circ b$ ein Element der Menge $I\!M$ ist. Im folgenden wollen wir der Einfachheit wegen Mengen als abgeschlossen bezeichnen, wenn die Bedingung $(a \circ b) \in I\!M$ erfüllt ist. Eine binäre Verknüpfung ∘ heißt assoziativ, wenn gilt:

$$a \circ (b \circ c) = (a \circ b) \circ c, \quad a, b, c \in I\!M \,.$$

Beispiel 3.2 *Sei $M = \mathbb{N}$ die Menge der natürlichen Zahlen $\{0, 1, 2, \ldots\}$ und $\circ$ die bekannte Addition $+$, so gilt:*

$$n_1 + n_2 = n_3, \qquad n_1, n_2, n_3 \in \mathbb{N}.$$

Ebenso wissen wir, daß eine unterschiedliche Reihenfolge der Rechnung $3 + (2+4) = 3 + 6 = 9$ zum gleichen Ergebnis führt: $(3 + 2) + 4 = 5 + 4 = 9$.   ◇

Die Menge der natürlichen Zahlen ist also abgeschlossen und bezüglich der Addition in $\mathbb{N}$ auch assoziativ.

3.1.2 Der Begriff der Gruppe

Nach der obigen Vorbemerkung wollen wir den Begriff der Gruppe einführen.

Definition 3.3 *Eine Menge $\mathbb{G}$ mit der binären Verknüpfung $\circ$ heißt* GRUPPE, *wenn folgende Bedingungen erfüllt sind:*

G1: *Die binäre Verknüpfung $\circ$ ist assoziativ: $a \circ (b \circ c) = (a \circ b) \circ c$, $a, b, c \in \mathbb{G}$.*

G2: *Die Menge $\mathbb{M}$ ist abgeschlossen bezüglich der binären Verknüpfung.*

G3: *$\mathbb{G}$ enthält ein neutrales Element e (Identitätselement) mit der Eigenschaft:*

$$a \circ e = e \circ a = a \quad a, e \in \mathbb{G}.$$

G4: *Für jedes Element a in $\mathbb{G}$ existiert ein anderes Element a' in $\mathbb{G}$, so daß*

$$a \circ a' = a' \circ a = e.$$

a' wird das inverse Element von a genannt.

Sind nur die ersten drei Bedingungen erfüllt, so spricht man von einer HALBGRUPPE.

Eine Gruppe heißt KOMMUTATIV, wenn für beliebige $a, b \in \mathbb{G}$ gilt:

$$a \circ b = b \circ a.$$

Satz 3.1 *Das Identitätselement in einer Gruppe ist eindeutig.*

Beweis: Wenn wir annehmen, daß es zwei Elemente e und e' mit der in Definition 3.3 geforderten Eigenschaft gibt, so folgt daraus:

$$e = e \circ e' = e'.$$

Die Elemente e und e' sind identisch. Hieraus folgt, wie gefordert, die Eindeutigkeit des Identitätselementes. Es gibt ein und nur ein Identitätselement.   ■

Satz 3.2 *Das inverse Element a' eines Elementes a in einer Gruppe ist eindeutig.*

Beweis: Wenn wir annehmen, daß es zwei Elemente a' und a'' mit der in Definition 3.3 geforderten Eigenschaft gibt, so folgt daraus:

$$a'' = e \circ a'' = a'' \circ (a \circ a') = (a'' \circ a) \circ a' = e \circ a' = a'.$$

Beide Elemente a' und a'' sind also identisch. Hieraus folgt wie gefordert die Eindeutigkeit des inversen Elementes.   ∎

3.1.3 Gruppen auf nicht endlichen Mengen

Die nachstehenden Beispiele sollen eine erste Einführung in die Problematik der Gruppen auf bekannten Zahlenmengen geben.

Beispiel 3.3 *Die Menge der ganzen Zahlen $\mathbb{Z} = \{\ldots, -2, -1, 0, +1, +2, \ldots\}$ bildet zusammen mit der normalen Addition $+$ eine kommutative Gruppe. Die 'Null' ist hierbei das Identitätselement, denn $z_i + 0 = z_i$. Das inverse Element zu z_i ist $-z_i$, denn $z_i + (-z_i) = 0$.*   ◇

Beispiel 3.4 *Die Menge der Zahlen, die durch einen Bruch zweier ganzer Zahlen gebildet wird, heißt Menge der rationalen Zahlen:*

$$\mathbb{G} = \{g_i | g_i = \frac{z_j}{z_k}\} \quad z_j, z_k \in \mathbb{Z}, \; z_k \neq 0.$$

$\mathbb{G}$ ist bezüglich der Multiplikation $(\cdot)$ eine kommutative Gruppe. Die 'Eins' ist hierbei das Identitätselement, denn: $g_i \cdot 1 = g_i$. Das inverse Element zu g_i ist $1/g_i$, denn $g_i \cdot (1/g_i) = 1$.   ◇

Zum besseren Umgang mit der Gruppendefinition 3.3 wollen wir in tabellarischer Form die Gruppenaxiome für die Addition und die Multiplikation neu aufschreiben:

	Addition			Multiplikation		
1.	$(a+b)+c$	$=$	$a+(b+c)$	$(a \cdot b) \cdot c$	$=$	$a \cdot (b \cdot c)$
2.	$a, b \in \mathbb{G}$	$\succ$	$a+b \in \mathbb{G}$	$a, b \in \mathbb{G}$	$\succ$	$a \cdot b \in \mathbb{G}$
3.	$a+0 = 0+a$	$=$	a	$a \cdot 1 = 1 \cdot a$	$=$	a
4.	$a+(-a) = 0$	$=$	$(-a)+a$	$a \cdot a^{-1} = 1$	$=$	$a^{-1} \cdot a$

Wir bemerken, daß das Identitätselement (neutrales Element) für die Multiplikation ein anderes Element ist als für die Addition. Für die Addition ist es das Nullelement 0, während es für die Multiplikation das Einselement 1 ist. Das Inverse eines Elementes bezüglich der Addition ist das negative Element, während es für die Multiplikation der Kehrwert des Elementes ist.

3.1.4 Gruppen auf endlichen Mengen

In den beiden obigen Beispielen wurden zur Bildung der Gruppen Mengen mit unendlich vielen Elementen verwendet. Im folgenden wollen wir uns nun Gruppen zuwenden, die nur eine endliche Anzahl von Elementen enthalten, um so einen ersten Einstieg in die Eigentümlichkeiten der diskreten Mathematik zu erhalten.

Definition 3.4 *Besitzt eine Gruppe nur endlich viele Elemente, so wird sie* ENDLICHE GRUPPE *oder* FINITE GRUPPE *genannt. Die Anzahl der Elemente einer endlichen Gruppe wird als die* ORDNUNG DER GRUPPE *bezeichnet.*

Beispiel 3.5 *Betrachten wir die Menge* $\mathbb{B} = \{0,1\}$, *die lediglich zwei Elemente besitzt. Auf dieser Menge – zur Erfüllung der Gruppenaxiome – erklären wir zunächst eine binäre Verknüpfung* $\oplus$ *wie folgt:*

$$0 \oplus 0 = 0, \tag{3.1}$$
$$0 \oplus 1 = 1, \tag{3.2}$$
$$1 \oplus 0 = 1, \tag{3.3}$$
$$1 \oplus 1 = 0. \tag{3.4}$$

Diese binäre Verknüpfung $\oplus$ *wird "Exor" (Exklusiv-Oder) bzw. "*MODULO-2 ADDITION*" genannt. Gemäß der Definition 3.3 ist* $\mathbb{B}$ *abgeschlossen bezüglich dieser Verknüpfung, denn jede mögliche Verknüpfung zweier Elemente der Gruppe führt wieder zu einem Element der Gruppe. Außerdem ist leicht nachzuprüfen, daß die Gruppe sowohl assoziativ als auch kommutativ ist. Das Identitätselement der Gruppe ist die 0 (s. Gl. (3.1) und (3.2)), und die inversen Elemente existieren ebenfalls (s. Gl. (3.1) und (3.4)). Zusammen mit der binären Verknüpfung* $\oplus$ *bildet* $\mathbb{B} = \{0,1\}$ *eine kommutative Gruppe.* ◇

Mit der folgenden Definition der modulo-m Addition gelingt es, für jede positive ganze Zahl $m > 1$, eine Gruppe der Ordnung m mit einer Verknüpfung ähnlich der Addition anzugeben.

Definition 3.5 *Wir betrachten eine Menge* $\mathbb{G} = \{0,1,2,\ldots,m-1\}$ *von natürlichen Zahlen, wobei m eine positive ganze Zahl ist, und definieren auf dieser Menge eine binäre Verknüpfung* $\oplus$, *so daß für zwei Elemente* $a,b \in \mathbb{G}$ *gilt:*

$$a \oplus b = r, \tag{3.5}$$

wobei r der Rest der Division der Summe a+b durch m ist. Die binäre Verknüpfung $\oplus$ *wird* MODULO-m ADDITION *genannt.*

Um die Gleichung (3.5) zu verdeutlichen, betrachten wir zunächst einmal die folgende Darstellung einer Division von $a + b$ durch m:

$$\frac{a+b}{m} = q + \frac{r}{m} \iff a+b = q \cdot m + r. \tag{3.6}$$

Mit $+$ wird die gewöhnliche Addition zweier Zahlen bezeichnet. Mit Hilfe der Gleichung (3.6) sollen im weiteren noch einmal die Gruppenaxiome (vgl. Def. 3.3) bezüglich der modulo-m Addition (vgl. Def. 3.5) überprüft werden.

Der Rest r, also das Ergebnis der binären Verknüpfung, liegt gemäß Gleichung (3.6) wieder im Zahlenbereich zwischen 0 und $m-1$, also auch wieder in $\mathcal{G}$. Deshalb ist $\mathcal{G}$ abgeschlossen bezüglich der modulo-m Addition. Hierbei stellt das Ergebnis r den Rest der Division dar. Der Quotient q gibt an, wie oft m in die Summe von $a+b$ enthalten ist. Wir stellen in Analogie zur gewöhnlichen Addition fest, daß die 0 auch das Identitätselement bezüglich der modulo-m Addition ist. Suchen wir für ein Element a $(0 < a < m)$ der Menge $\mathcal{G}$, ein inverses Element, so stellen wir fest:

$$a + (m - a) = (m - a) + a = m,$$
$$\text{deshalb gilt auch:} \quad a + (m - a) = 1 \cdot m + 0,$$
$$\text{also auch:} \quad a \oplus (m - a) = (m - a) \oplus a = 0.$$

Das inverse Element zu $a \bmod m$ ist also $(m - a)$.

Nun soll noch gezeigt werden, daß die modulo-m Addition assoziativ ist. Hierzu betrachten wir drei Zahlen $a, b, c \in \mathcal{G}$ bezüglich der gewöhnlichen Addition:

$$a + b + c = (a + b) + c = a + (b + c).$$

Gemäß Gleichung (3.6) stellen wir die Divison von $a + b + c$ durch m wie folgt dar:

$$a + b + c = q \cdot m + r, \tag{3.7}$$
$$\text{also gilt auch:} \quad a + b = q_1 \cdot m + r_1, \tag{3.8}$$
$$\text{und ebenso:} \quad r_1 + c = q_2 \cdot m + r_2. \tag{3.9}$$

Damit haben wir gefunden, daß gilt:

$$(a \oplus b) \oplus c = r_2.$$

Addieren wir die beiden Gleichungen (3.8) und (3.9) so erhalten wir:

$$a + b + c = (q_1 + q_2) \cdot m + r_2. \tag{3.10}$$

Dies bedeutet, daß r_2 der Rest der Division von $a + b + c$ durch m ist. Hieraus können wir folgern, daß der Rest r aus Gleichung (3.7) eindeutig bestimmt ist, also gilt: $r = r_2$. Gleichzeitig ist damit bewiesen, daß ebenso gilt:

$$(a \oplus b) \oplus c = r.$$

Ganz analog läßt sich auch zeigen, daß gilt:

$$a \oplus (b \oplus c) \;=\; r.$$

Die modulo-m Addition $\oplus$ ist demzufolge assoziativ und $\mathbb{G} = \{0, 1, 2, \ldots, m-1\}$ bildet mit dieser binären Verknüpfung eine additive[2] Gruppe.

Im Beispiel 3.5 haben wir bereits die modulo-2 Addition als Spezialfall der modulo-m Addition kennengelernt. Nachfolgend (vgl. Tab. 3.1) wird das wichtige Beispiel der modulo-7 Addition genannt, das bei der Einführung der Reed-Solomon Codes in Kapitel 6 eine Rolle spielen wird.

modulo-7 Addition						
$\oplus$	0	1	2	3	4	5	6
0	0	1	2	3	4	5	6
1	1	2	3	4	5	6	0
2	2	3	4	5	6	0	1
3	3	4	5	6	0	1	2
4	4	5	6	0	1	2	3
5	5	6	0	1	2	3	4
6	6	0	1	2	3	4	5

Tabelle 3.1: modulo-7 Additionstabelle

Unserem Ziel, auf endlichen Zahlenkörpern rechnen zu können, sind wir ein beträchtliches Stück nähergekommen. Außer der Addition benötigen wir aber auch eine geeignete Multiplikation, die ähnlich der Addition, nicht aus der endlichen Zahlenmenge herausführt. Im folgenden soll deshalb die modulo-p Multiplikation eingeführt werden.

Definition 3.6 *Wir betrachten eine Menge von ganzen positiven Zahlen $\mathbb{G} = \{1, 2, 3, \ldots, p-1\}$, wobei wir voraussetzen, daß p eine Primzahl $(p = 2, 3, 5, 7, 11, \ldots)$ ist. Bezeichnen wir mit $\cdot$ die gewöhnliche Multiplikation, so kann die binäre Verknüpfung $\odot$ – die* MODULO–p MULTIPLIKATION *genannt wird – wie folgt definiert werden:*

$$a \odot b \;=\; r \quad a, b \in \mathbb{G}, \tag{3.11}$$

wobei r der Rest der Division von $a \cdot b$ durch p ist.

Um die Gleichung (3.11) zu verdeutlichen, betrachten wir zunächst einmal die folgende Darstellung einer Division von $a \cdot b$ durch p:

$$\frac{a \cdot b}{p} = q + \frac{r}{p} \quad \Longleftrightarrow \quad a \cdot b = q \cdot p + r. \tag{3.12}$$

---

[2]In Analogie zur gewöhnlichen Addition ist diese Verknüpfung auch kommutativ.

Mit Hilfe der Gleichung (3.12) sollen im weiteren noch einmal die Gruppenaxiome (vgl. Def. 3.3) bezüglich der modulo-p Multiplikation (vgl. Def. 3.5) überprüft werden.

Die Abgeschlossenheit von G folgt aus der Feststellung, daß $a \cdot b$ nicht ohne Rest durch p teilbar ist, also für r gilt: $1 < r < p$. Da die gewöhnliche Multiplikation ($\cdot$) kommutativ und auch assoziativ ist, folgt dieses auch unmittelbar für die modulo-p Multiplikation aus der Definition. Deshalb soll lediglich gezeigt werden, daß es zu jedem Element a der Gruppe ein inverses Element gibt. Vorausgesetzt wird hierbei eine aus der Zahlentheorie bekannte Aussage, daß es zwei ganze Zahlen j,k $\in \mathbb{Z}$ gibt mit der Eigenschaft:

$$j \cdot a + k \cdot p \; = \; 1. \tag{3.13}$$

Beispielsweise gilt für $p = 5$ und $a = 3$: $(-3) \cdot 3 + (+2) \cdot 5 = 1$. Formt man die Gleichung (3.13) entsprechend Gl. (3.12) um, so erkennt man, daß a und p relativ prim zueinander sind, also keine gemeinsamen Teiler besitzen:

$$j \cdot a \; = \; 1 - k \cdot p. \tag{3.14}$$

Die Gleichung (3.14) sagt aus, daß der Rest r der Division von $j \cdot a$ durch p gleich 1 ist. Wenn a $\in G$ ist, folgt unmittelbar aus der Definition der modulo-p Multiplikation mittels Gleichung (3.14):

$$j \odot a = a \odot j \; = \; 1.$$

Das inverse Element zu a ist j. Wenn a aber nicht Element von G ist, dividieren wir a durch p und erhalten:

$$a \; = \; q \cdot p + r. \tag{3.15}$$

Weil a und p ja teilerfremd sind ($r \neq 0$), muß r Element von G sein ($0 < r < p$). Durch Einsetzen von Gleichung (3.15) in Gleichung (3.14) erhalten wir:

$$r \cdot j \; = \; 1 - (qj + k) \cdot p.$$

Benutzen wir die Schreibweise der modulo-p Multiplikation, so lautet obige Gleichung $r \odot j = j \odot r = 1$. Das inverse Element zu j ist r bezüglich der modulo-p Multiplikation. Hiermit ist gezeigt, daß G eine Gruppe bezüglich der modulo-p Multiplikation $\odot$ ist.

Wichtig erscheint noch einmal zu betonen, daß die Menge $G = \{1, 2, 3, \ldots, p - 1\}$ keine Gruppe bildet, wenn p keine Primzahl ist. Tabelle 3.2 zeigt eine Multiplikationstabelle für die Gruppe $\{1, 2, 3, 4, 5, 6\}$ bezüglich der modulo-7 Multiplikation.

modulo-7 Multiplikation						
$\odot$	1	2	3	4	5	6
1	1	2	3	4	5	6
2	2	4	6	1	3	5
3	3	6	2	5	1	4
4	4	1	5	2	6	3
5	5	3	1	6	4	2
6	6	5	4	3	2	1

Tabelle 3.2: modulo-7 Multiplikationstabelle

3.1.5 Die distributiven Gesetze

Bevor wir uns der Algebra auf endlichen Zahlenkörpern zuwenden, sollen noch die distributiven Gesetze in Erinnerung gerufen werden. Sie besitzen eine große Bedeutung für alle algebraischen Strukturen, die zwei binäre Verknüpfungen aufweisen.

Definition 3.7 *Die Menge $I\!M$ besitze zwei binäre Verknüpfungen, die mit $\oplus$ und $\odot$ bezeichnet sind. Die Verknüpfung $\odot$ ist dann distributiv bezüglich der Addition $\oplus$, wenn gilt:*

$$a \odot (b \oplus c) = (a \odot b) \oplus (a \odot c), \tag{3.16}$$

$$(a \oplus b) \odot c = (a \odot c) \oplus (b \odot c). \tag{3.17}$$

Zur Verdeutlichung der Definition 3.7 bedenken wir, daß auf dem Körper der reellen Zahlen die Multiplikation bezüglich der Addition distributiv ist: $3 \cdot (4 + 5) = 3{\cdot}4 + 3{\cdot}5 = 27$. Die Addition ist aber nicht distributiv bezüglich der Multiplikation: $3 + (4 \cdot 5) \neq (3 + 4) \cdot (3 + 5)$.

3.1.6 Zyklische Gruppen auf endlichen Mengen

Von besonderer Bedeutung für die Kanalcodierung (siehe die Kapitel 5 Zyklische Codes, 6 RS-Codes und 7 BCH-Codes) sind die zyklischen Gruppen. Sie weisen die Eigenschaft auf, daß sie durch ein einziges erzeugendes Element gebildet werden können.

Definition 3.8 *Besitzt eine multiplikative Gruppe $\mathbb{G} = \{1, g_1, \ldots, g_{m-1}\}$ mindestens ein Element g_i, mit $1 \leq i \leq m - 1$, so daß sich alle Elemente dieser Gruppe als Potenzen dieses Elementes g_i darstellen lassen, so heißt die Gruppe* ZYKLISCH. *Das Element g_i nennt man ein* ERZEUGENDES *oder auch* PRIMITIVES ELEMENT *der Gruppe $\mathbb{G}$ von der* ORDNUNG *m. Das Einselement wird durch g_i^0 dargestellt.*

Satz 3.3 *Eine durch ein Element $g_i = g$ generierte Gruppe $\mathcal{G}$ besteht aus all den Potenzen g^k von g, deren Exponent $k \in \mathbb{Z}$ ganz ist. Aus*

$$g^k \cdot g^l = g^{(k+l)} = g^l \cdot g^k$$

folgt, daß die Gruppe kommutativ ist.

Sind alle Elemente g^k mit $k \in \{0, \pm 1, \pm 2, \ldots\}$ verschieden, so handelt es sich um eine unendliche zyklische Gruppe. Anschaulicher wird der Begriff der zyklischen Gruppe jedoch, wenn die Gruppe endlich ist, wenn also:

$$\begin{aligned} g^k &= g^l, \quad \text{für } k > l, \\ g^{k-l} &= g^0 = 1 \end{aligned}$$

gilt. Wenn $m = k - l$ die kleinste natürliche Zahl ist, für die $g^m = 1$ gilt, so müssen alle Potenzen g^k, $0 \leq k \leq m - 1$, verschieden sein. Darüber hinaus gilt bezüglich der Abgeschlossenheit von $\mathcal{G}$, daß auch jede Potenz g^k mit $k \in \{m, \pm(m+1), \pm(m+2), \ldots\}$ gleich einem Element der Gruppe sein muß, denn aus der Divisionsdarstellung:

$$\begin{aligned} k &= m \cdot q + r, \quad \text{für } 0 \leq r \leq m - 1 \\ \text{folgt} \quad g^k &= g^{m \cdot q + r} = (g^m)^q \cdot g^r = g^r, \quad \text{da } g^m = 1. \end{aligned}$$

$\mathcal{G}$ ist damit eine ZYKLISCHE GRUPPE DER ORDNUNG m, in der das Rechnen vollständig durch $g^m = 1$ festgelegt ist:

$$g^k \cdot g^l = \begin{cases} g^{k+l} & \text{wenn} \quad k + l < m \\ g^0 & \text{wenn} \quad k + l = m \\ g^{k+l-m} & \text{wenn} \quad k + l > m \end{cases} \qquad 0 \leq k, l \leq m - 1. \quad (3.18)$$

Entsprechend der Definition 3.8 kann jedem Element einer endlichen Gruppe eine Ordnung zugewiesen werden. Als ORDNUNG EINES ELEMENTES z bezeichnet man die Anzahl der verschiedenen Elemente, die als Potenzen z^i dargestellt werden können.

Beispiel 3.6 *Dieses Beispiel behandelt Ordnung und primitive Elemente in den multiplikativen modulo-p Gruppen $\{1, 2, 3, 4\}$ ($p = 5$) und $\{1, 2, 3, 4, 5, 6\}$ ($p = 7$), siehe die Definitionen 3.4 und 3.8:*

z	z^1	z^2	z^3	z^4		
1	1	1	1	1	$\rightarrow Ord(1) = 1$	
2	2	4	3	1	$\rightarrow Ord(2) = 4$	$\rightarrow$ 2 ist primitiv
3	3	4	2	1	$\rightarrow Ord(3) = 4$	$\rightarrow$ 3 ist primitiv
4	4	1	4	1	$\rightarrow Ord(4) = 2$	

z	z^1	z^2	z^3	z^4	z^5	z^6			
1	1	1	1	1	1	1	$\to Ord(1) = 1$		
2	2	4	1	2	4	1	$\to Ord(2) = 3$		
3	3	2	6	4	5	1	$\to Ord(3) = 6$	$\to$ 3 ist primitiv	
4	4	2	1	4	2	1	$\to Ord(4) = 3$		
5	5	4	6	2	3	1	$\to Ord(5) = 6$	$\to$ 5 ist primitiv	
6	6	1	6	1	6	1	$\to Ord(6) = 2$		◇

3.1.7 Untergruppen

Definition 3.9 *G sei eine Gruppe mit der binären Verknüpfung $\circ$. Eine nichtleere Teilmenge U von G heißt* Untergruppe *von G, wenn U selbst eine Gruppe bezüglich $\circ$ bildet. Gemäß der Definition 3.3 muß auch für U gelten:*

- *U ist bezüglich $\circ$ abgeschlossen,*

- *U enthält zu jedem Element ein inverses Element.*

Beispiel 3.7 *Die Menge der gebrochen rationalen Zahlen $\mathbb{Q}$ ist eine Untergruppe der reellen Zahlen $\mathbb{R}$ bezüglich der gewöhnlichen Addition $+$. Jedoch die Menge der natürlichen Zahlen $\mathbb{N}$ ist keine Untergruppe der ganzen Zahlen $\mathbb{Z}$, da $\mathbb{N}$ bezüglich der Addition keine Gruppe ist.* ◇

Beispiel 3.8 *Die aus Beispiel 3.6 bereits bekannte multiplikative Gruppe $\{1, 2, 3, 4, 5, 6\}$ mod 7 besitzt eine Untergruppe mit drei Elementen, die von dem Element $z = 2$ und $z = 4$ erzeugt wird, und eine Untergruppe mit zwei Elementen, die von dem Element $z = 6$ erzeugt wird:*

$\odot$	1	2	4
$2^0 = 1$	1	2	4
$2^1 = 2$	2	4	1
$2^2 = 4$	4	1	2

$\odot$	1	6
$6^0 = 1$	1	6
$6^1 = 6$	6	1

◇

Bedenken wir, daß jede Gruppe G zwei triviale Untergruppen enthält. Zum einen die Gruppe selbst und zum anderen die Menge, die aus dem Identitätselement besteht. Besitzt eine Gruppe darüber hinaus weitere Untergruppen, so nennen wir diese Untergruppen Eigentliche Untergruppen.

Darüber hinaus erzeugt auch jedes Element der Ordnung m einer endlichen Gruppe eine zyklische Untergruppe $U = \{u^0, u^1, \ldots, u^{m-1}\}$ von G, wobei gemäß Satz 3.4 m ein Teiler von g sein muß. Später werden wir sehen, daß die Ordnung g der Gruppe bereits festlegt, wieviele der Elemente von G eine bestimmte Ordnung m besitzen.

Satz 3.4 (LAGRANGE) *Wenn U eine Untergruppe der Ordnung u einer endlichen Gruppe der Ordnung g ist, dann ist u ein Teiler von g.*

In Beispiel 3.6 besteht die multiplikative Gruppe aus den Elementen $\{1, 2, 3, 4, 5, 6\}$. Die Ordnung der Gruppe ist gleich der Ordnung des erzeugenden Elementes g: $Ord(g) = 6$. Das Element 4 hat die Ordnung $u = 3$ und bildet die Untergruppe $\{1, 2, 4\}$. Die Ordnung $u = 3$ des Elementes 4 ist Teiler der Ordnung der Gruppe, denn 3 ist Teiler von 6.

Der folgende Satz von Fermat besitzt große Bedeutung für die Rechenregeln auf endlichen Zahlenkörpern und damit auch für die Codierungstheorie insgesamt.

Satz 3.5 (FERMAT) *Sei G eine endliche Gruppe der Ordnung g und $a \in G$ ein beliebiges Element der Gruppe, so gilt:*

$$a^g \;=\; 1,$$

wobei 1 das Einselement von G ist.

Beweis: Weil es für jedes $a \in G$ ein m mit $1 \leq m \leq g$ gibt, so daß $a^m = 1$ gilt, und m ein Teiler von g sein muß ($m \cdot q = g$), folgt:

$$a^g \;=\; a^{m \cdot q} \;=\; (a^m)^q \;=\; 1^q \;=\; 1.$$

■

Für $m = 1$ und $m = g$ ergeben sich zwei Grenzfälle:

$m = 1 \;\succ\; a^1 = a = 1$ Das erzeugende Element $a \in G$ ist das Einselement. Die so erzeugte Untergruppe ist die triviale Untergruppe $E = \{1\}$ von G.

$m = g \;\succ\; a^g = 1$ Die von a erzeugte Untergruppe ist die Gruppe G selbst und damit ebenfalls trivial.

3.1.8   Nebenklasse und Normalteiler

Zum Verständnis der Fehlerkorrektur von linearen Codes (siehe Abschnitt 4.4 *Das Standard Array*) ist es wichtig, die Begriffe Nebenklasse und Normalteiler einzuführen. Wir betrachten eine Gruppe $G = \{a_1, a_2, \ldots, a_i, \ldots\}$ und eine Untergruppe $U = \{u_1, u_2, \ldots, u_j, \ldots\}$ von G, wobei $\circ$ die in G definierte binäre Operation ist.

Definition 3.10 *Wenn $a_i \in G$ und $u_j \in U$ ist, dann ist die Menge N_i, die aus allen Elementen der Form $a_i \circ u_j$ besteht, diejenige* LINKSNEBENKLASSE, *die das Element a_i enthält. Das Element a_i heißt der* NEBENKLASSENANFÜHRER.

Definition 3.11 *Wenn $a_i \in G$ und $u_j \in U$ ist, dann ist die Menge N_i, die aus allen Elementen der Form $u_j \circ a_i$ besteht, diejenige* RECHTSNEBENKLASSE, *die das Element a_i enthält. Das Element a_i heißt der* NEBENKLASSENANFÜHRER.

Aus den Definitionen 3.10 und 3.11 wird deutlich, daß es keinen Unterschied zwischen einer Rechts- und einer Linksnebenklasse gibt, wenn die binäre Verknüpfung kommutativ ist.

Die Auswahl der Nebenklassen bezüglich einer bestimmten Untergruppe U nennen wir *"Nebenklassen von G modulo-U"*. Verwenden wir für die binäre Operation $\circ$ die multiplikative Schreibweise ($a_i \circ u_j \Leftrightarrow a_i \cdot u_j$), so können die Linksnebenklassen N_i von G modulo-U wie folgt bestimmt werden:

$$
\begin{aligned}
U &= \{u_1 &= 1, & \quad u_2, & \ldots, & \quad u_j, & \ldots\} \\
N_1 &= \{a_1 u_1 &= a_1, & \quad a_1 u_2, & \ldots, & \quad a_1 u_j, & \ldots\} \\
N_2 &= \{a_2 u_1 &= a_2, & \quad a_2 u_2, & \ldots, & \quad a_2 u_j, & \ldots\} \\
&\quad\vdots \\
N_i &= \{a_i u_1 &= a_i, & \quad a_i u_2, & \ldots, & \quad a_i u_j, & \ldots\} \\
&\quad\vdots
\end{aligned}
$$

Verwenden wir für die binäre Operation $\circ$ die additive Schreibweise ($a_i \circ u_j \Leftrightarrow a_i \oplus u_j$), so können die Nebenklassen N_i von G modulo-U wie folgt bestimmt werden.

$$
\begin{aligned}
U &= \{u_1 &= 0, & \quad u_2, & \ldots, & \quad u_j, & \ldots\} \\
N_1 &= \{a_1 \oplus u_1 &= a_1, & \quad a_1 \oplus u_2, & \ldots, & \quad a_1 \oplus u_j, & \ldots\} \\
N_2 &= \{a_2 \oplus u_1 &= a_2, & \quad a_2 \oplus u_2, & \ldots, & \quad a_2 \oplus u_j, & \ldots\} \\
&\quad\vdots \\
N_i &= \{a_i \oplus u_1 &= a_i, & \quad a_i \oplus u_2, & \ldots, & \quad a_i \oplus u_j, & \ldots\} \\
&\quad\vdots
\end{aligned}
$$

Es kann weiterhin gezeigt werden, daß jedes Element $a_i \in G$ in nur genau einer einzigen Nebenklasse liegt, wenn man nach der obigen Vorschrift die Links- bzw. Rechtsnebenklassen bildet. Ebenso gehören alle Elemente $u_i \in U$ zu genau einer Nebenklasse. Auf diesen Sachverhalt wird im Kapitel 4 *Lineare Codes*, bei der Bildung des Standard Arrays noch einmal eingegangen.

Beispiel 3.9 *In der nachstehenden Tabelle sind in der ersten Zeile die 8 Codewörter eines linearen $(7,3)$ Codes dargestellt. Sie bilden eine Untergruppe aller möglichen binären Vektoren der Länge $n = 7$. Die Addition zweier Elemente z.B.* $u_2 + u_3$ *ist die modulo-2 Addition der Komponenten:* $(0010011) + (0100101) = (0110110)$.

Nebenklassen							
0000000	0010011	0100101	0110110	1001001	1011010	1101100	1111111
1000000	1010011	1100101	1110110	0001001	0011010	0101100	0111111
0100000	0110011	0000101	0010110	1101001	1111010	1001100	1011111
0010000	0000011	0110101	0100110	1011001	1001010	1111100	1101111
0001000	0011011	0101101	0111110	1000001	1010010	1100100	1110111
0000100	0010111	0100001	0110010	1001101	1011110	1101000	1111011
0000010	0010001	0100111	0110100	1001011	1011000	1101110	1111101
0000001	0010010	0100100	0110111	1001000	1011011	1101101	1111110

Faßt man die Nebenklassenanführer, die in der ersten Spalte der Tabelle stehen, als mögliche Fehlervektoren auf, so wird deutlich, daß der Code einen Fehler korrigieren kann. Die Vektoren, die durch die Addition von Codevektor und Fehlervektor entstehen, sind eindeutig. Deshalb kann von ihnen wieder auf das Codewort zurückgeschlossen werden. ◇

Definition 3.12 *Eine Untergruppe* U *einer Gruppe* G *heißt* NORMALTEILER, *wenn jede Linksnebenklasse mit der entsprechenden Rechtsnebenklasse identisch ist.*

Die Nebenklasse G modulo-U, die das Element a_i enthält, kann also entweder in der Form $a_i \circ U$ oder in der Form $U \circ a_i$ geschrieben werden. Gemäß der Definition 3.3 ist jede Untergruppe U ein Normalteiler von G, wenn die Gruppe G bezüglich der binären Operation $\circ$ kommutativ ist.

Abschließend sei noch angemerkt, daß jede Gruppe die trivialen Normalteiler E und G besitzt. Besitzt eine Gruppe keine weiteren Normalteiler, so heißt sie einfach. Wir können feststellen, daß jede Gruppe, deren Ordnung durch eine Primzahl gegeben ist, keine weiteren Normalteiler besitzt, also einfach ist.

3.2 Ringe

Nachdem wir mit der Gruppe eine algebraische Struktur kennengelernt haben, auf der jeweils nur eine binäre Verknüpfung definiert ist, wenden wir uns nun Strukturen zu, auf denen sowohl die Addition als auch die Multiplikation definiert sind.

Die nächste algebraische Struktur, die wir benötigen, um durch das 'Labyrinth' der Codierungstheorie zu gelangen, wird Ring genannt. In Ringen ist gleichzeitig mit der Addition auch die Umkehroperation – Subtraktion genannt – erklärt. Die Division als Umkehroperation der Multiplikation muß hingegen nicht für alle Elemente erklärt sein.

3.2.1 Definition des Rings

Zunächst soll eine mathematisch exakte Definition des Rings erfolgen.

Definition 3.13 *Es sei $\mathbb{R}$ eine Menge auf der sowohl die Addition $\oplus$ als auch die Multiplikation $\odot$ definiert sind. $\mathbb{R}$ ist dann ein* RING, *wenn die folgenden Axiome erfüllt sind:*

R1: *$\mathbb{R}$ ist bezüglich der Addition eine kommutative Gruppe* (vgl. Def. 3.3).

R2: *$\mathbb{R}$ ist bezüglich der Multiplikation abgeschlossen:*

$$(a \odot b) \in \mathbb{R}, \quad wenn\, a, b \in \mathbb{R}.$$

R3: *$\odot$ ist assoziativ, d.h.:*

$$a \odot (b \odot c) \ = \ (a \odot b) \odot c, \quad wenn\, a, b, c \in \mathbb{R}.$$

R4: *Die Multiplikation ist bezüglich der Addition distributiv:*

$$
\begin{aligned}
a \odot (b \oplus c) \ &= \ (a \odot b) \oplus (a \odot c), \\
(b \oplus c) \odot a \ &= \ (b \odot a) \oplus (c \odot a), \quad wenn\, a, b, c \in \mathbb{R}.
\end{aligned}
$$

Die Ringaxiome R2, R3 und R4 sind gleichbedeutend mit der Aussage, daß $\mathbb{R}$ bezüglich der Multiplikation eine Halbgruppe (siehe Def. 3.3) bildet, daß also im Unterschied zu den Gruppenaxiomen nicht zu jedem Element von $\mathbb{R}$ ein multiplikativ inverses Element existiert. Bei der Definition 3.13 wurde nicht vorausgesetzt, daß die Multiplikation kommutativ ist. Gilt:

$$a \odot b \ = \ b \odot a \ \ \text{für alle}\, a, b \in \mathbb{R},$$

dann sprechen wir von einem KOMMUTATIVEN RING. Jeder Ring besitzt bezüglich der Addition ein Identitätselement, das wir üblicherweise mit Null (0) bezeichnen. Für die Multiplikation muß das nicht gelten.

Besitzt der Ring ein multiplikatives Identitätselement (Einselement) mit der Eigenschaft: $1 \odot a \ = \ a \odot 1 \ = \ a$, dann sprechen wir von einem RING MIT IDENTITÄTSELEMENT.

Beispiel 3.10 *Die Menge der ganzen Zahlen $\mathbb{Z}$ mit der gewöhnlichen Addition und Multiplikation ist ein kommutativer Ring mit Identitätselement.* ◇

3.2.2 Eigenschaften von Ringen

Einige elementare Eigenschaften von Ringen können direkt aus der Definition 3.13 abgeleitet werden.

I: Für jedes Element $a \in I\!R$ gilt: $a \odot 0 = 0 \odot a = 0$.
Beweis: Gemäß der Definition 3.13 gilt:

$$0 \cdot a = (0 \oplus 0) \odot a = 0 \odot a \oplus 0 \odot a.$$

Addieren wir auf beiden Seiten der Gleichung das additiv Inverse von $(0 \odot a)$, es wird mit $\ominus(0 \odot a)$ bezeichnet, so erhalten wir:

$$(0 \odot a) \ominus (0 \odot a) = 0 \odot a \oplus 0 \odot a \ominus 0 \odot a,$$
$$0 = 0 \odot a.$$

Genauso läßt sich zeigen, daß gilt: $a \odot 0 = 0$, womit die obige Eigenschaft bewiesen ist.

II: Ist $a, b \in I\!R$, dann gilt: $\ominus(a \cdot b) = (\ominus a) \cdot b = a \cdot (\ominus b)$.
Beweis:
$$0 = a \odot 0 = a \odot (b \ominus b) = a \cdot b \oplus a \cdot (\ominus b).$$

Daraus folgt, daß $a \odot (\ominus b)$ das additiv inverse Element zu $(a \odot b)$ bildet, also:

$$\ominus(a \cdot b) = a \cdot (\ominus b).$$

Genauso kann gezeigt werden, daß $\ominus(a \cdot b) = (\ominus a) \cdot b$ gilt.

III: Besitzt ein Ring ein multiplikatives Identitätselement, so ist dies eindeutig. Der Beweis geschieht mit der gleichen Argumentation wie in Satz 3.1.

IV: Besitzt ein Element a sowohl ein multiplikatives linksinverses Element b mit der Eigenschaft $b \odot a = 1$ als auch ein rechtsinverses Element c mit der Eigenschaft $a \odot c = 1$, so gilt: $b = c$.
Beweis:

$$b = b \odot 1 = b \odot (a \odot c) = (b \odot a) \odot c = 1 \odot c = c.$$

Beispiel 3.11 *Die Menge der ganzen Zahlen* $\mathbb{Z} = \{0, 1, 2, \ldots, m - 1\}$ *mit der modulo-m Addition und Multiplikation ist ein kommutativer Ring mit Identitätselement.* ⋄

In Beispiel 3.11 gibt es aber nur dann (siehe Abschnitt 3.3) ein eindeutiges inverses Element, wenn m eine Primzahl ist. In $\mathbb{Z} = \{0, 1, 2, 3\}$ gilt: $2 \odot 3 = 2 \bmod 4$. Aber aus der Gleichheit von $2 = 2 \odot 1$ folgt nicht $3 = 1$:

$$2 \odot 3 = 2 \odot 1 \bmod 4 \quad \not\Rightarrow \quad \cancel{2} \odot 3 = \cancel{2} \odot 1 \not\Rightarrow 3 = 1.$$

3.3 Zahlenkörper

In diesem Abschnitt werden wir die Theorie der Gruppen und Ringe benutzen, um die endlichen Zahlenkörper[3] einzuführen. Diese Einführung der endlichen Zahlenkörper ist sowohl für das Verständnis der Codierungstheorie, als auch für das praktische Rechnen[4] notwendig. Grob skizziert sind Zahlenkörper Mengen, in denen die bekannten gewöhnlichen Rechenregeln der Addition, Multiplikation, sowie deren Umkehrungen so definiert sind, daß die zugrunde gelegte Zahlenmenge nicht verlassen wird. Die Addition und Multiplikation müssen die kommutativen, assoziativen und distributiven Gesetze erfüllen.

3.3.1 Definition des Zahlenkörpers

Zunächst soll eine mathematisch exakte Definition erfolgen.

Definition 3.14 *Ist $I\!F$ eine Menge von Elementen, auf der zwei binäre Verknüpfungen, die wir Addition $\oplus$ und Multiplikation $\odot$ nennen, erklärt sind, dann ist $I\!F$ bezüglich $\oplus$ und $\odot$ ein* ZAHLENKÖRPER, *wenn die folgenden drei Bedingungen erfüllt sind:*

K1: *$I\!F$ ist bezüglich $\oplus$ eine kommutative Gruppe. Das Identitätselement dieser Gruppe sei die "Null" (Nullelement).*

K2: *Die von Null verschiedenen Elemente von $I\!F$ bilden eine kommutative Gruppe bezüglich $\odot$. Das Identitätselement dieser Gruppe sei die "Eins" (Einselement).*

K3: *Die Multiplikation $\odot$ ist distributiv bezüglich der Addition $\oplus$, so daß für drei beliebige Elemente $a,b,c \in I\!F$ gilt:*

$$a \odot (b \oplus c) \;=\; a \odot b \;\oplus\; a \odot c.$$

Aus der Definition 3.14 folgt sofort, daß ein Zahlenkörper mindestens aus zwei Elementen besteht, nämlich aus dem Nullelement '0' und dem Einselement '1'. Wir werden später noch sehen, daß dieser Körper tatsächlich existiert. Ganz analog zur Gruppendefinition wollen wir die Anzahl der Elemente eines Zahlenkörpers ORDNUNG DES KÖRPERS nennen. Ist die Anzahl m der Elemente endlich ($m < \infty$), so sprechen wir von endlichen Zahlenkörpern.

---

[3]In der englischsprachigen Literatur wird für Zahlenkörper der Begriff "field" verwendet, bzw. für endliche Zahlenkörper "finite fields", die dann wiederum in der direkten Übersetzung als "Feld" bzw. "endliche Felder" oder nach ihrem Entdecker "Galois Felder" genannt werden.

[4]Codierung und Decodierung erfolgen über Rechenalgorithmen.

Zur besseren Verständlichkeit sollen noch einige semantische Vereinbarungen getroffen werden:

- Das inverse Element zu a bezüglich der Addition $\oplus$ wird mit $(\ominus a)$ bezeichnet.

- Das inverse Element zu a bezüglich der Multiplikation $\odot$ wird mit a^{-1} bezeichnet.

- Das Subtrahieren eines Elementes b von a, also $a \ominus b$, wird mit $a \oplus (\ominus b)$ bezeichnet.

- Die Division von a durch b, also $a \div b$, wird mit $a \odot b^{-1}$ bezeichnet.

- Besteht keine Verwechselungsgefahr, verwenden wir auch auf endlichen Zahlenkörpern für die Multiplikation $\cdot$ statt $\odot$, für die Addition $+$ statt $\oplus$ und für die Subtraktion $-$ statt $\ominus$. Es muß dennoch die modulo-p Rechnung (siehe Def. 3.6) durchgeführt werden.

3.3.2 Eigenschaften von endlichen Zahlenkörpern

Einige elementare Eigenschaften von endlichen Zahlenkörpern $\mathit{I\!F}$ können direkt aus der Definition 3.14 abgeleitet werden:

I: Für jedes Element $a \in \mathit{I\!F}$ gilt: $a \cdot 0 = 0 \cdot a = 0$.
Beweis: Gemäß der Definition 3.14 gilt:

$$a = 1 \cdot a = (1 + 0) \cdot a = a + 0 \cdot a.$$

Addieren wir $(-a)$ auf beiden Seiten der Gleichung, so erhalten wir:

$$\begin{aligned} -a + a &= -a + a + 0 \cdot a, \\ 0 &= 0 \cdot a. \end{aligned}$$

Genauso läßt sich zeigen, daß gilt: $a \cdot 0 = 0$, womit die obige Eigenschaft gezeigt ist.

II: Ist $a \neq 0$ und $b \neq 0$, so gilt: $a \cdot b \neq 0$.
Diese Aussage folgt unmittelbar aus der Tatsache, daß alle Elemente von $\mathit{I\!F}$, die ungleich 0 sind, eine Gruppe bezüglich $\odot$ bilden, also abgeschlossen bezüglich der Multiplikation sind.

III: Ist $a \cdot b = 0$ und $a \neq 0$, so gilt: $b = 0$.
Diese Aussage folgt unmittelbar aus Eigenschaft II.

IV: Ist $a, b \in I\!F$, dann gilt: $-(a \cdot b) = (-a) \cdot b = a \cdot (-b)$.
Beweis: $(a \cdot b) + (a \cdot (-b)) = a \cdot (b + (-b)) = a \cdot 0 = 0$, daraus folgt, daß $(a \cdot (-b))$ das additiv inverse Element zu $(a \cdot b)$ bildet, also $-(a \cdot b) = a \cdot (-b)$.
Genauso kann gezeigt werden, daß $-(a \cdot b) = (-a) \cdot b$ gilt.

V: Ist $a, b, c \in I\!F$ und $a \neq 0$, dann gilt: $a \cdot b = a \cdot c \;\succ\; b = c$.
Beweis: Multiplizieren wir beide Seiten mit a^{-1}, so folgt:

$$\begin{aligned}
a^{-1} \cdot (a \cdot b) &= a^{-1} \cdot (a \cdot c), \\
(a^{-1} \cdot a) \cdot b &= (a^{-1} \cdot a) \cdot c, \\
1 \cdot b &= 1 \cdot c, \\
b &= c.
\end{aligned}$$

3.3.3 Der Zahlenkörper GF(p)

Da ein großer Teil der Codierungstheorie, der Codekonstruktion und der Decodierung auf diesen Zahlenkörpern basiert, wird auf den folgenden Seiten auf die Körperstrukturen, die Arithmetik und die Konstruktion von Erweiterungskörpern eingegangen. Hierbei wird häufig auf strenge mathematische Herleitung zugunsten einer beschreibenden Erläuterung verzichtet, da die Arithmetik auf endlichen Zahlenkörpern sehr ähnlich zu der gewöhnlichen Arithmetik ist und viele bekannte Techniken der Algebra für das Rechnen übernommen werden können.

Beispiel 3.12 *Betrachten wir die Menge $I\!B = \{0, 1\}$ mit der modulo-2 (vgl. Def. 3.5) Addition und Multiplikation (siehe Def. 3.6). Im Beispiel 3.5 haben wir bereits gesehen, daß $I\!B$ eine kommutative Gruppe bezüglich der modulo-2 Addition bildet. Die Menge $I\!B$ ohne das Nullelement, also die Menge $\{1\}$, bildet eine triviale Gruppe bezüglich der modulo-2 Multiplikation. Deshalb ist gemäß der Definition 3.14 nur noch zu prüfen, ob das distributive Gesetz $a(b + c) = ab + ac$ erfüllt ist. Dies ist für alle Kombinationen $a, b, c \in \{0, 1\}$ leicht möglich.*

Addition		
$\oplus$	0	1
0	0	1
1	1	0

Multiplikation		
$\odot$	0	1
0	0	0
1	0	1

$\diamond$

Dieser Zahlenkörper spielt in der Codierungstheorie und in der Praxis durch viele Anwendungen bedingt eine herausragende Rolle und wird mit $GF(2)$ bezeichnet[5].

Wenn p eine Primzahl ist, so haben wir bereits nach der Definition 3.5 gesehen, bildet die Menge der Zahlen $\{0, 1, \ldots, p-1\}$ eine kommutative Gruppe der Ordnung

---

[5]Galois Field

p bezüglich der modulo-p Addition. Zusammen mit der modulo-p Multiplikation (siehe Def. 3.6) bildet diese Zahlenmenge den Körper $GF(p)$. Im Beispiel 3.12 haben wir bereits den wichtigen Spezialfall für $p = 2$ kennengelernt.

Beispiel 3.13 *Sei $p = 5$, die Zahlenmenge also $\{0, 1, 2, 3, 4\}$, so können wir mit Hilfe der Tabellen 3.3 alle Rechnungen durchführen. Wollen wir die zwei Zahlen $3+4$ addieren, so können wir in der Additionstabelle als Ergebnis 2 ablesen. Wollen wir zwei Zahlen $3-4$ subtrahieren, so müssen wir zunächst in der Additionstabelle das inverse Element zu 4 ablesen und dann addieren: $3-4 = 3+(-4) = 3+1 = 4$.*

Um eine Division $3 \div 4$ zu rechnen, benutzen wir die Multiplikationstabelle, suchen zuerst das multiplikativ inverse Element zu 4 und multiplizieren damit: $3 \div 4 = 3 \cdot 4^{-1} = 3 \cdot 4 = 2$, um als Ergebnis 2 abzulesen.

modulo-5 Addition				
$\oplus$	0	1	2	3	4
0	0	1	2	3	4
1	1	2	3	4	0
2	2	3	4	0	1
3	3	4	0	1	2
4	4	0	1	2	3

Multiplikation			
$\odot$	1	2	3	4
1	1	2	3	4
2	2	4	1	3
3	3	1	4	2
4	4	3	2	1

Tabelle 3.3: modulo-5 Additions- und Multiplikationstabelle

Dieses Beispiel zeigt, daß wir auf endlichen Zahlenkörpern ganz ähnlich der uns vertrauten Arithmetik rechnen können.

Zum Schluß dieses Abschnittes soll noch auf zwei Eigenschaften aufmerksam gemacht werden, die für eine Transformation auf endlichen Zahlenkörpern (siehe Definition 6.1 in Kapitel 6) wichtig sind. Für jede Primzahl p gilt:

$$(p-1)^{-1} = \frac{1}{p-1} = p - 1 = -1 \bmod p.$$

Für jedes primitive Element $z \in GF(p)$ gilt:

$$z^{\frac{p-1}{2}} = p - 1,$$

wenn p eine Primzahl und z ein primitives Element von $GF(p)$ ist. Der Beweis sei den Leserinnen und Lesern zur Übung überlassen.

3.3.4 Rechnen auf endlichen Zahlenkörpern

Für die Behandlung von Codes auf endlichen Zahlenkörpern ist es notwendig, auf diesen Zahlenkörpern rechnen zu können. Insbesondere für die Decodierung algebraischer Blockcodes stellt sich die Frage nach der Lösbarkeit von Gleichungssystemen. Deshalb sollen in diesem Abschnitt einige wichtige Regeln für das Rechnen mit Gleichungssystemen und die Behandlung von Polynomen erläutert werden.

Beispiel 3.14 *In der Tabelle 3.3 haben wir bereits die Regeln für die Addition und Multiplikation beliebiger Elemente aus $GF(5)$ kennengelernt. Sie sollen nun angewendet werden auf das nachstehende Gleichungssystem mit Koeffizienten $x_i \in GF(5)$:*

$$
\begin{array}{rcrcrcl}
x_0 & + & x_1 & & & = & 3, \\
 & & x_1 & + & x_2 & = & 0, \\
x_0 & + & x_1 & + & x_2 & = & 1.
\end{array}
$$

Die Bestimmung der Unbekannten x_i kann mit den aus der Analysis bekannten Methoden (z.B. der Cramerschen Determinanten Regel) erfolgen, wobei alle Additionen und Multiplikationen MODULO-5 *erfolgen müssen. Voraussetzung für die Lösbarkeit ist, daß die drei Gleichungen linear unabhängig sind. In diesem Beispiel ist die Lösung leicht zu gewinnen:*

Aus der ersten Gleichung folgt:	$x_1 = 3 - x_0$.
Aus der zweiten Gleichung folgt:	$x_2 = -x_1 = x_0 - 3.$
Einsetzen in die dritte Gleichung liefert dann:	$x_0 + 3 - x_0 + x_0 - 3 = 1,$
so daß sich die Lösung:	$x_0 = 1, \ x_1 = 2, \ x_2 = 3$ ergibt.

Dieses Gleichungssystem läßt sich natürlich auch in der Matrizenschreibweise angeben:

$$
\begin{pmatrix} 1 & 1 & 0 \\ 0 & 1 & 1 \\ 1 & 1 & 1 \end{pmatrix} \cdot \begin{pmatrix} x_0 \\ x_1 \\ x_2 \end{pmatrix} = \begin{pmatrix} 3 \\ 0 \\ 1 \end{pmatrix} .
$$

Durch Subtraktion der ersten von der dritten Zeile erhält man:

$$
\begin{pmatrix} 1 & 1 & 0 \\ 0 & 1 & 1 \\ 0 & 0 & 1 \end{pmatrix} \cdot \begin{pmatrix} x_0 \\ x_1 \\ x_2 \end{pmatrix} = \begin{pmatrix} 3 \\ 0 \\ -2 \end{pmatrix} = \begin{pmatrix} 3 \\ 0 \\ 3 \end{pmatrix} ,
$$

und somit wieder die gleiche Lösung wie bereits angegeben. ◇

Als nächstes wollen wir ein Polynom $f(x)$ mit Koeffizienten $f_i \in GF(p)$ betrachten:

$$
\begin{aligned}
f(x) &= f_0 + f_1 x + \cdots + f_{n-1} x^{n-1}, \\
&= \sum_{i=0}^{n-1} f_i x^i .
\end{aligned}
$$

Der Grad des Polynoms entspricht der höchsten, nicht verschwindenden Potenz.
Gilt also $f_{n-1} \neq 0$, so folgt:

$$\mathrm{grad}\{f(x)\} = n - 1 \, .$$

Es ist leicht zu prüfen, daß es genau p^{n-1} verschiedene Polynome vom Grad $n - 1$
mit Koeffizienten aus $GF(p)$ gibt.

Addition und Multiplikation von Polynomen erfolgen in gewohnter Weise unter
Berücksichtigung der modulo-p Arithmetik. Sei $g(x)$ ein Polynom vom Grad $m - 1$
mit $g_i \in GF(p)$ und $m \leq n$:

$$\begin{aligned}
g(x) &= g_0 + g_1 x + \cdots + g_{m-1} x^{m-1} \, , \\
&= \sum_{i=0}^{m-1} g_i x^i \, ,
\end{aligned}$$

so gilt für die Addition:

$$f(x) + g(x) = \sum_{i=0}^{m-1} (f_i + g_i) x^i + \sum_{i=m}^{n-1} f_i x^i \, ,$$

und für die Multiplikation:

$$\begin{aligned}
f(x) \cdot g(x) &= h_0 + h_1 x + \cdots + h_{n+m-2} x^{n+m-2} \, , \\
h(x) &= \sum_{i=0}^{n+m-2} h_i x^i \, ,
\end{aligned}$$

wobei für die Koeffizienten gilt:

$$h_i = \sum_{j=0}^{i} f_j g_{i-j} \, .$$

Für die Polynome gilt in Anlehnung an die Gesetze für Zahlenkörper ebenfalls das
Kommutativgesetz, das Assoziativgesetz und das Distributivgesetz bezüglich der
Addition.

Im folgenden wollen wir uns der Polynomdivision $f(x)/g(x)$ zuwenden. Voraussetzung ist, daß $g(x) \neq 0$ ist. Für die Darstellung der Division von $f(x)$ durch $g(x)$
wählen wir die als Euklidscher Algorithmus (vgl. Gl. (3.6) in Abschnitt 3.1.4)
bekannte Form:

$$f(x) = q(x) \cdot g(x) + r(x) \, . \tag{3.19}$$

Das Polynom $r(x)$ ist das Restpolynom der Division, während $q(x)$ das Quotientenpolynom genannt wird und das Vielfache von $g(x)$ in $f(x)$ darstellt.

Beispiel 3.15 *Die Division von* $f(x) = x^5 + x^4 + x^2 + 1$, $f_i \in GF(2)$, *durch* $g(x) = x^3 + x^1 + 1$, $g_i \in GF(2)$ *ergibt:*

$$x^5 + x^4 + x^2 + 1 = (x^2 + x^1 + 1) \cdot (x^3 + x^1 + 1) + x^2. \qquad \diamond$$

Ein Vergleich mit Definition 3.5 zeigt die Äquivalenz der Division $f(x)/g(x)$ mit der Aussage $f(x) = r(x) \bmod g(x)$. Ist ein Polynom $f(x)$ ohne Rest durch $g(x)$ teilbar $(r(x) = 0)$, so sagen wir, $f(x)$ ist TEILBAR durch $g(x)$ oder $g(x)$ ist TEILER von $f(x)$. Analog zu Beispiel 3.13 gelingt es für jede Primzahl p, einen endlichen Zahlenkörper mit p Elementen zu konstruieren. Diese Zahlenkörper können mit jeder natürlichen Zahl m zu Zahlenkörpern mit p^m Elementen erweitert werden. Diese Zahlenkörper werden Erweiterungskörper genannt und mit $GF(p^m)$ bezeichnet. Darüber hinaus kann gezeigt werden, daß die Ordnung jedes endlichen Zahlenkörpers sich als Potenz einer Primzahl darstellen läßt.

3.4 Erweiterungskörper

Im vorausgegangenen Abschnitt ist es gelungen, endliche Zahlenkörper $GF(p)$ zu konstruieren. Diese waren jedoch stets in der Anzahl p ihrer Elemente $\{0, 1, 2, \ldots, p-1\}$ begrenzt, wobei p die dem Körper zugrunde liegende Primzahl war. Im folgenden Abschnitt sollen diese Zahlenkörper auf p^m Elemente erweitert werden, wodurch es gelingt, sehr viel allgemeiner und zugleich flexibler bei der Konstruktion von Galois-Feldern zu werden.

Da in der digitalen Nachrichtentechnik häufig eine Binärdarstellung von Zeichen und Zahlen erfolgt, die dann ein Bittupel (z.B. 1 Byte = 8 Bit) ergeben, soll besonderes Augenmerk auf die Erweiterungskörper $GF(2^m)$ gelegt werden. Im Erweiterungskörper $GF(2^8)$ können 256 verschiedene Zeichen dargestellt werden, die jeweils aus 8 Bit bestehen.

Ein Polynom $p(x)$ vom Grade $m - 1$ hat allgemein die Form:

$$\begin{aligned} p(x) &= p_0 + p_1 x + p_2 x^2 + \cdots + p_{m-1} x^{m-1}, \\ &= \sum_{i=0}^{m-1} p_i x^i \quad \text{mit } p_{m-1} \neq 0. \end{aligned} \qquad (3.20)$$

Für eine Dualdarstellung in $GF(2^m)$ können die m Koeffizienten p_i nur die Werte NULL und EINS annehmen. Die Zahl der möglichen Polynome vom Grade $< m$ ist dann natürlich genau 2^m. Im allgemeinen Fall, in $GF(p^m)$, gibt es genau p^m verschiedene Polynome vom Grad $< m$ mit Koeffizienten $p_i \in GF(p)$. Diese Polynome können unterschieden werden in:

- aufspaltbare oder reduzible Polynome und

- nicht aufspaltbare oder irreduzible Polynome.

3.4.1   Reduzible Polynome

Reduzible Polynome können in Produkte aus Teilpolynomen zerlegt werden:

$$p(x) = p_a(x) \cdot p_b(x),$$

wobei die Koeffizienten der Polynome $p_a(x)$ und $p_b(x)$ wieder aus $GF(p)$ sein müssen.

Beispiel 3.16 *Das Polynom* $p(x) = x^3 + 1$ *ist reduzibel in* $GF(2)$. *Es läßt sich durch die Teilpolynome* $p_a(x) = x + 1$ *und* $p_b(x) = x^2 + x + 1$ *darstellen:*

$$p(x) = (x + 1) \cdot (x^2 + x + 1) = (x^3 + x^2 + x) + (x^2 + x + 1) = x^3 + 1\,. \qquad \diamond$$

3.4.2   Irreduzible Polynome

Ein irreduzibles Polynom $p(x)$ über $GF(p)$ kann nicht in Teilpolynome kleineren Grades, mit Koeffizienten aus $GF(p)$, aufgespalten werden.

Definition 3.15 *Ein Polynom* $p(x) = p_0 + p_1 x + p_2 x^2 + \cdots + p_{m-1} x^{m-1}$ *mit* $p_i \in GF(p)$ *heißt* IRREDUZIBEL *bezüglich* $GF(p)$, *wenn es nicht als Produkt wenigstens zweier Polynome* $p_a(x), p_b(x) \neq 0, 1$ *kleineren Grades mit Koeffizienten aus* $GF(p)$ *dargestellt werden kann.*

Beispiel 3.17 *In diesem Beispiel soll untersucht werden, ob das Polynom* $p(x) = 1 + x + x^4$ *mit Koeffizienten aus* $GF(2)$ *irreduzibel ist. Um dieses festzustellen, muß überprüft werden, ob es ein Polynom* $f(x)$ *gibt, das die folgenden Bedingungen erfüllt:*

- *grad* $f(x) < p(x)$,

- $f(x)$ *teilt* $p(x)$ *ohne Rest .*

$p(x)$ hat den Grad $m = 4$, also existieren $2^m = 16$ Polynome, die es zu überprüfen gilt:

f_0	0	f_8	$1 + x + x^2$
f_1	1	f_9	$1 + x^3$
f_2	x	f_{10}	$x + x^3$
f_3	x^2	f_{11}	$1 + x + x^3$
f_4	x^3	f_{12}	$x^2 + x^3$
f_5	$1 + x$	f_{13}	$1 + x^2 + x^3$
f_6	$1 + x^2$	f_{14}	$x + x^2 + x^3$
f_7	$x + x^2$	f_{15}	$1 + x + x^2 + x^3$

Hierzu testen wir die Teilbarkeit von $p(x)$ durch Polynome vom Grad eins: $f_2(x) = x$, $f_5(x) = x + 1$, und vom Grad zwei: $f_3(x) = x^2$, $f_6(x) = x^2 + 1 = (x + 1)^2$, $f_7(x) = x^2 + x$, $f_8(x) = x^2 + x + 1$.

Es ist nicht erforderlich die Teilbarkeit durch Polynome dritten Grades zu untersuchen, da die Division von $p(x)$ durch ein Polynom ersten Grades automatisch ein Polynom dritten Grades ergeben würde. Es ist leicht einzusehen, daß die Polynome $f_2(x), f_3(x)$ und $f_7(x)$ nicht Teiler von $p(x)$ sein können, da sie eine Nullstelle für $x = 0$ beinhalten.

Die Polynome $f_5(x)$ und $f_6(x)$ beinhalten eine Nullstelle für $x = 1$. Da aber $p(x = 1) = 1$ gilt, können diese Polynome nicht in $p(x)$ enthalten sein. Es bleibt das Polynom $f_8(x)$ mit Gl. (3.19) zu untersuchen. Durch Polynomdivision:

$$
\begin{array}{l}
(x^4 + x + 1) \ : \ (x^2 + x + 1) \ = \ (x^2 + x) \\
\underline{-(x^4 + x^3 + x^2)} \\
\qquad (x^3 + x^2 + x + 1) \\
\qquad \underline{-(x^3 + x^2 + x)} \\
\qquad\qquad\qquad 1 \leftarrow Rest
\end{array}
$$

erhält man:

$$p(x) = x^4 + x + 1 = (x^2 + x) \cdot (x^2 + x + 1) + 1 \, .$$

Da ein Rest bleibt, gilt für alle $f_i(x) \neq 0$ und $f_i(x) \neq 1$: $f_i(x)$ teilt nicht $p(x)$. $p(x)$ ist also irreduzibel über $GF(2)$. $\diamond$

Angemerkt sei an dieser Stelle, daß es nicht ausreicht zu überprüfen, ob $p(x)$ keine Nullstellen in $GF(p)$ besitzt. Dies ist zwar eine notwendige, (wenn gilt: $\operatorname{grad} p(x) > 1$) aber nicht hinreichende Bedingung dafür, daß $p(x)$ irreduzibel ist. Aus der Notwendigkeit dieser Bedingung folgt aber unmittelbar, daß nur dann ein Polynom über $GF(2)$ irreduzibel sein kann, wenn die Anzahl seiner nicht verschwindenden Koeffizienten ungerade ist, da es sonst die Nullstelle $x = 1$ besitzen würde.

Ganz analog zum Rechnen in $GF(p)$ läßt sich mit Hilfe der irreduziblen Polynome eine modulo $p(x)$ Operation definieren, so daß zu einem Polynom $f(x)$ auch das inverse Polynom $f(x)^{-1}$ eindeutig bestimmbar ist.

Satz 3.6 *Das Polynom $p(x)$ vom Grad m, mit $p_i \in GF(p)$, sei irreduzibel bezüglich $GF(p)$. Jedes der $p^m - 1$ Polynome $f(x) \neq 0$ vom Grad kleiner m, $f_i \in GF(p)$, besitzt ein eindeutiges inverses Polynom $f(x)^{-1}$:*

$$f(x) \cdot f(x)^{-1} = 1 \ \operatorname{mod} p(x) \, .$$

Beweis: Die Voraussetzung, daß $p(x)$ nicht durch $f(x)$ teilbar ist, ist gleichbedeutend (vgl. Gl. (3.6) und (3.13)) damit, daß der größte gemeinsame Teiler (ggT) gleich eins ist:

$$
\begin{aligned}
ggT\{f(x), p(x)\} &= 1, \\
f(x) \cdot a(x) + b(x) \cdot p(x) &= 1, \\
\text{womit folgt:} \quad a(x) &= f(x)^{-1} \bmod p(x).
\end{aligned}
$$

∎

Beispiel 3.18 *Wieder sei $p(x) = 1 + x + x^4$ mit $p_i \in GF(2)$. Hieraus folgt:*

$$
\begin{aligned}
p(x) = 1 + x + x^4 &= 0 & \bmod p(x), \\
x^4 &= 1 + x & \bmod p(x), \\
x + x^4 &= 1 & \bmod p(x), \\
x \cdot (1 + x^3) &= 1 & \bmod p(x), \\
\textit{womit folgt:} \quad x^{-1} &= 1 + x^3 & \bmod p(x).
\end{aligned}
$$

◇

Der Euklidsche Algorithmus (siehe Gl. 3.19 und Abschnitt 6.3.5) bietet eine Möglichkeit, zu einem Polynom $f(x)$ das inverse Polynom $f(x)^{-1}$ zu berechnen.

3.4.3 Wurzeln und Nullstellen

Ein irreduzibles Polynom $p(x)$ über $GF(p)$ besitzt in $GF(p)$ keine Nullstellen (vgl. Definition 3.15).

Definition 3.16 *Ein Element $\alpha \in GF(p^m)$ des Erweiterungskörpers, definiert durch*

$$
p(\alpha) = 0,
$$

wird Wurzel *oder* Nullstelle *von $p(x)$ genannt.*

Die im Rechnen auf dem komplexen Zahlenkörper geübten Studierenden überzeugen sich von der folgenden Analogie: $x^2 + 1 = 0$ hat keine reelle Lösung. Im Erweiterungskörper $\mathbb{C}$ der komplexen Zahlen gibt es die Lösung: $j^2 + 1 = 0$, so daß $j = \sqrt{-1}$, ($j \in \mathbb{C}$) gilt.

Entsprechend dem bisher betrachteten irreduziblen Polynom $p(x) = 1 + x + x^4$ über $GF(2)$ definieren wir eine Nullstelle von $p(x)$ im Erweiterungskörper:

$$
1 + \alpha + \alpha^4 = 0 \quad \Longleftrightarrow \quad \alpha^4 = 1 + \alpha.
$$

3.4.4 Primitive Polynome

Ganz ähnlich der Definition (vgl. Def. 3.8) und der Bedeutung des primitiven Elementes auf den Primzahlkörpern $GF(p)$ können wir auch ein primitives Polynom $p(x)$ auf dem Erweiterungskörper $GF(p^m)$ erklären.

Definition 3.17 *Ein irreduzibles* POLYNOM $p(x)$, $\operatorname{grad} p(x) = m$, $p_i \in GF(p)$, *heißt* PRIMITIV, *wenn es eine Wurzel* α $(p(\alpha) = 0)$ *mit der folgenden Eigenschaft besitzt:*

$$\alpha^i \bmod p(\alpha), \quad \text{für } i = 0, 1, \dots, p^m - 2$$

ergibt alle möglichen $p^m - 1$ *verschiedenen Polynome* $f(\alpha) \neq 0$. *Das Element* $\alpha \in GF(p^m)$ *heißt primitives Element.*

Ohne Beweis sei noch angemerkt, daß für jeden Primkörper $GF(p)$ und jede Zahl $m \in I\!N$ mindestens ein primitives Polynom $p(x) = p_0 + p_1 x + \cdots + p_m x^m$, $p_i \in GF(p)$ mit den oben erläuterten Eigenschaften existiert.

$\operatorname{grad} p(x) = m$	Primitive Polynome $p(x)$
1	$x + 1$
2	$x^2 + x + 1$
3	$x^3 + x + 1$
4	$x^4 + x + 1$
5	$x^5 + x^2 + 1$
6	$x^6 + x + 1$
7	$x^7 + x + 1$
8	$x^8 + x^6 + x^5 + x^4 + 1$
9	$x^9 + x^4 + 1$
10	$x^{10} + x^3 + 1$
11	$x^{11} + x^2 + 1$
12	$x^{12} + x^7 + x^4 + x^3 + 1$
13	$x^{13} + x^4 + x^3 + x + 1$
14	$x^{14} + x^8 + x^6 + x + 1$
15	$x^{15} + x + 1$
16	$x^{16} + x^{12} + x^3 + x + 1$

Tabelle 3.4: Primitive Polynome zur Konstruktion von Erweiterungskörpern $GF(2^m)$

Jedes primitive Polynom ist gemäß der Definition 3.17 ein irreduzibles Polynom, aber nicht jedes irreduzible Polynom ist auch ein primitives Polynom.

Beispiel 3.19 *Das Polynom* $p(x) = x^4 + x^3 + x^2 + x + 1$ *mit* $p_i \in GF(2)$ *ist irreduzibel, aber nicht primitiv, denn:*

$$
\begin{aligned}
\alpha^4 &= \alpha^3 + \alpha^2 + \alpha + 1\,, \\
\alpha^5 &= \alpha \cdot (\alpha^3 + \alpha^2 + \alpha + 1)\,, \\
&= \alpha^4 + \alpha^3 + \alpha^2 + \alpha\,, \\
&= 1\,.
\end{aligned}
$$

Wir sehen, daß die maximale Periode $2^m - 1 = 15$ *nicht erreicht wird, daß also nicht alle Elemente des Erweiterungskörpers dargestellt werden können.*   ◇

Praktische Bedeutung besitzen die primitiven Polynome nicht nur in der Kanalcodierung (vgl. Beispiel 3.20), sondern auch bei Anwendungen von PSEUDO-NOISE Folgen in der Nachrichtentechnik. Hier gelingt es mit rückgekoppelten Schieberegistern, unter Verwendung der primitiven Polynome als Rückkopplungspolynome, maximale Periodenlänge zu erreichen.

Die Definition 3.17 gibt bereits eine Möglichkeit an, die ELEMENTE EINES ERWEITERUNGSKÖRPERS zu bestimmen. Jedes Element des Erweiterungskörpers ist als Potenz von α darstellbar. Deshalb spricht man von EXPONENTENDARSTELLUNG.

Jedes Element des Erweiterungskörpers kann ebenso durch die KOEFFIZIENTEN DER POLYNOME $f(\alpha)$ dargestellt werden:

$$
\begin{aligned}
f(\alpha) &= f_0 + f_1\alpha + f_2\alpha^2 + \cdots + f_{m-1}\alpha^{m-1}\,, \\
\implies \alpha^i &= (f_0, f_1, f_2, \ldots, f_{m-1})\,, \quad i < m\,.
\end{aligned}
\tag{3.21}
$$

In der Exponentendarstellung wird das Element $(0, 0, \ldots, 0)$ symbolisch als $\alpha^{-\infty}$ dargestellt. Zum Rechnen in $GF(p^m)$ werden beide Darstellungsarten verwendet. Zum Multiplizieren der Elemente wird die Addition der Exponenten modulo $(p^m - 1)$ verwendet, da $\alpha^{p^m - 1} = 1$ gilt. Zum Addieren der Elemente werden die Komponenten $(f_i \in GF(p))$ der Elemente addiert.

Zu einem Erweiterungskörper vorgegebener Größe gibt es verschiedene irreduzible bzw. primitive Polynome. Es ergeben sich damit bei der Konstruktion äquivalente Erweiterungskörper. Deshalb soll es an dieser Stelle genügen, ein primitives Polynom[6] anzugeben.

In tabellarischer Form soll nun in einem weiteren Beispiel die Konstruktion eines Erweiterungskörpers verdeutlicht werden.

---

[6]Im Anhang befindet sich eine umfangreiche Tabelle der irreduziblen Polynome.

Beispiel 3.20 *Mit Hilfe des primitiven Polynoms $p(x) = x^4 + x + 1$, $p_i \in GF(2)$, und des primitiven Elementes $\alpha, p(\alpha) = 0$, soll das Galois-Feld $GF(2^4)$ konstruiert werden.*

Exponenten und Komponenten			Berechnung modulo $p(x)$
$-\infty$	0	0000	$\alpha^{-\infty} := 0$
0	1	0001	$\alpha^0 := 1$
1	α^1	0010	$\alpha^1 = \alpha$
2	α^2	0100	α^2
3	α^3	1000	α^3
4	$\alpha + 1$	0011	$\alpha^4 = \alpha \cdot \alpha^3 = \alpha^4 = \alpha + 1$
5	$\alpha^2 + \alpha$	0110	$\alpha^5 = \alpha \cdot \alpha^4 = \alpha^2 + \alpha$
6	$\alpha^3 + \alpha^2$	1100	$\alpha^6 = \alpha \cdot \alpha^5 = \alpha^3 + \alpha^2$
7	$\alpha^3 + \alpha + 1$	1011	$\alpha^7 = \alpha \cdot \alpha^6 = \alpha^4 + \alpha^3 = \alpha^3 + \alpha + 1$
8	$\alpha^2 + 1$	0101	$\alpha^8 = \alpha \cdot \alpha^7 = \alpha^4 + \alpha^2 + \alpha = \alpha^2 + 1$
9	$\alpha^3 + \alpha$	1010	$\alpha^9 = \alpha \cdot \alpha^8 = \alpha^3 + \alpha$
10	$\alpha^2 + \alpha + 1$	0111	$\alpha^{10} = \alpha \cdot \alpha^9 = \alpha^4 + \alpha^2 = \alpha^2 + \alpha + 1$
11	$\alpha^3 + \alpha^2 + \alpha$	1110	$\alpha^{11} = \alpha \cdot \alpha^{10} = \alpha^3 + \alpha^2 + \alpha$
12	$\alpha^3 + \alpha^2 + \alpha + 1$	1111	$\alpha^{12} = \alpha \cdot \alpha^{11} = \alpha^4 + \alpha^3 + \alpha^2 = \alpha^3 + \alpha^2 + \alpha + 1$
13	$\alpha^3 + \alpha^2 + 1$	1101	$\alpha^{13} = \alpha \cdot \alpha^{12} = \alpha^4 + \alpha^3 + \alpha^2 + \alpha = \alpha^3 + \alpha^2 + 1$
14	$\alpha^3 + 1$	1001	$\alpha^{14} = \alpha \cdot \alpha^{13} = \alpha^4 + \alpha^3 + \alpha = \alpha^3 + 1$
15	1	0001	$\alpha^{15} = \alpha \cdot \alpha^{14} = \alpha^4 + \alpha = 1$

$\diamond$

3.4.5 Eigenschaften von Erweiterungskörpern

Erweiterungskörper werden aus Gründen der Analogie zu der Erweiterung des Körpers der reellen Zahlen zum Körper der komplexen Zahlen mit der Eigenschaft:

$$\left(e^{j \cdot \frac{2\pi}{N}}\right)^N = 1 \quad \Leftrightarrow \quad \left(\alpha^{2^m - 1}\right) = 1$$

KREISTEILUNGSKÖRPER genannt. Zu dem Körper der komplexen Zahlen $\mathbb{C}$ waren wir ja über die Suche nach den Wurzeln des Polynoms $x^2 + 1 = 0$ gelangt. Es ergab sich:

$$x^2 + 1 = (x - j) \cdot (x + j), \qquad j = \sqrt{-1}.$$

Wir erhalten also durch die Multiplikation zweier konjugiert komplexer Polynome ein Polynom mit Koeffizienten aus $\mathbb{R}$. Ein ganz ähnlicher Sachverhalt auf einem endlichen Erweiterungskörper soll ohne Beweis angegeben werden.

Satz 3.7 *Sei $p(x)$, mit $\operatorname{grad} p(x) = m$ und Koeffizienten $p_i \in GF(p)$, irreduzibel bezüglich $GF(p)$, und sei α Wurzel von $p(x)$, dann sind mit α auch*

$$\alpha^p, \alpha^{p^2}, \cdots, \alpha^{p^{m-1}}, \quad \text{wobei } \alpha^{p^m} = \alpha$$

Wurzeln von $p(x)$. Man nennt diese Wurzeln konjugiert komplex.

Somit ist eine Linearfaktorzerlegung von $p(x)$ durch die konjugierten Wurzeln gegeben:

$$p(x) = (x - \alpha)(x - \alpha^p)(x - \alpha^{p^2}) \cdots (x - \alpha^{p^{m-1}}). \tag{3.22}$$

Das Produkt von konjugiert komplexen Linearfaktoren aus $GF(p^m)$ ergibt ein Polynom mit Koeffizienten aus $GF(p)$.

Beispiel 3.21 *In der Tabelle 3.4 ist das Polynom $p(x) = x^3 + x + 1$, $\operatorname{grad} p(x) = 3$ mit Koeffizienten $p_i \in GF(2)$ angegeben. Nach Gleichung (3.22) muß gelten:*

$$\begin{aligned}
p(x) &= (x - \alpha)(x - \alpha^2)(x - \alpha^4), \quad \text{mit } \alpha^3 = 1 + \alpha, \\
&= (x^2 - (\alpha + \alpha^2)x + \alpha^3)(x - (\alpha + \alpha^2)), \\
&= x^3 - 2(\alpha + \alpha^2)x^2 + ((\alpha + \alpha^2)^2 + \alpha^3)x - \alpha^4 + \alpha^5, \\
&= x^3 + 0x^2 + (\alpha^2 + \alpha^4 + \alpha^3)x + (-\alpha - \alpha^2 + \alpha^2 + \alpha^3), \\
&= x^3 + (\alpha^2 + \alpha + \alpha^2 + \alpha^3)x + (-\alpha + \alpha^3), \\
&= x^3 + x + 1.
\end{aligned}$$

$\diamond$

Definition 3.18 *Die Polynome $p(x)$, die gemäß Gleichung (3.22) auf einem Erweiterungskörper gebildet werden können, heißen* MINIMALPOLYNOME *$m(x)$.*

Die Minimalpolynome, die immer irreduziebel sind, werden hilfreich sein, das Generatorpolynom eines BCH-Codes (siehe Kapitel 7) einfach zu berechnen.

Für Primzahlkörper (vgl. Def. 3.14) wurde bereits die Ordnung eines Elementes (vgl. Abschnitt 3.1.4) des Körpers definiert. Ganz ähnlich wird auch die Ordnung eines Elementes des Erweiterungskörpers bestimmt. Zur Unterscheidung von einem primitiven Element $\alpha \in GF(p^m)$ soll mit β ein beliebiges Element des Erweiterungskörpers bezeichnet werden.

Definition 3.19 *Sei $\beta \in GF(p^m)$ und $n \in I\!N$ die kleinste natürliche Zahl ($n \neq 0$), für die gilt: $\beta^n = 1$, so bezeichnet n die* ORDNUNG DES ELEMENTES *β.*

Ist $n = p^m - 1$, lassen sich also alle Elemente des Körpers als Potenz von β darstellen, so ist β ein primitives Element. β wird auch als die n-te PRIMITIVE EINHEITSWURZEL bezeichnet, denn gemäß der Definition 3.19 sind alle β^i, für $0 < i < n$, verschieden.

Satz 3.8 *Ist n die Ordnung eines Elementes β gemäß Definition 3.19, so muß gelten: n ist Teiler von $p^m - 1$, und wenn n als $n = p^s - 1$, $(s < m)$ darstellbar ist, so gilt: s ist auch Teiler von m.*

Beweis: Wenn n nicht Teiler von $p^m - 1$ ist, so gilt:

$$p^m - 1 = x \cdot n + r, \ 0 < r < n,$$
$$\beta^{p^m - 1} = \beta^{x \cdot n} \cdot \beta^r \neq 1.$$

Dies ist ein Widerspruch zur Voraussetzung, daß β ein Element der Ordnung n ist. Die zweite Behauptung wird ähnlich bewiesen. ∎

Hat β die Ordnung $n = p^s - 1$, so ist $GF(p^s)$ der kleinste UNTERKÖRPER von $GF(p^m)$, der β enthält. Entsprechend heißt $GF(p^m)$ dann OBERKÖRPER. Hieraus ist zu folgern, daß damit $GF(p^m)$ auch alle Unterkörper $GF(p^j)$ enthält, für die gilt: j ist Teiler von m, $1 \leq j \leq m$. Gibt es ein i mit der Eigenschaft $i = ggT(s, m)$, so gilt:

$$GF(p^i) = GF(p^m) \cap GF(p^s).$$

Beispiel 3.22 *Aus dem Beispiel 3.20 $(p(x) = x^4 + x + 1)$ soll mit dem Element $\beta = \alpha^5$ versucht werden, einen Unterkörper zu konstruieren. Zunächst wird die Ordnung von β gemäß Definition 3.19 bestimmt:*

$$\beta^{-\infty} = 0,$$
$$\beta^0 = 1,$$
$$\beta^1 = \alpha^5,$$
$$\beta^2 = \alpha^{10},$$
$$\beta^3 = \alpha^{15} = 1.$$

Die Ordnung von β ist somit $n = 3$. Drei ist aber auch ein Teiler von $2^4 - 1 = 15$. $s = 2$, teilt auch $m = 4$, deshalb erhalten wir mit $GF(2^2)$ einen Unterkörper mit 4 Elementen zu dem Oberkörper $GF(2^4)$. Da α^5 und α^{10} konjugierte Elemente sind (vgl. Satz 3.7), gilt:

$$m_5(x) = (x - \alpha^5) \cdot (x - \alpha^{10}) = x^2 + x + 1.$$

Somit ist $m_5(x)$ ein Minimalpolynom (siehe Definition 3.18) von $GF(2^4)$. ◇

Zum Schluß dieses Abschnittes sind noch zwei hilfreiche Sätze angegeben.

Satz 3.9 *Bildet man das Produkt aller verschiedenen irreduziblen Polynome über $GF(p)$ vom Grad s, mit $1 < s < m$, so erhält man: $x^{p^m} - x$, s ist ein Teiler von m.*

Zum Satz 3.9 siehe auch Beispiel 3.23. Eine Folgerung für ein Element β aus dem Erweiterungskörper $GF(p^m)$ ist:

$$\beta^q = \beta \iff \beta^{q-1} = 1 \text{ für } \beta \in GF(q = p^m).$$

Satz 3.10 *Ein Polynom über $GF(2)$ besitzt folgende wichtige Eigenschaft:*

$$[f(x)]^2 = f(x^2). \tag{3.23}$$

Beweis:

$$
\begin{aligned}
(x_1 + x_2 + \cdots + x_n)^2 &= [(x_1) + (x_2 + x_3 + \cdots + x_n)]^2, \\
&= x_1^2 + 2x_1(x_2 + x_3 + \cdots + x_n) + (x_2 + x_3 + \cdots + x_n)^2, \\
&= x_1^2 + (x_2 + x_3 + \cdots + x_n)^2, \\
&= x_1^2 + [(x_2) + (x_3 + x_4 + \cdots + x_n)]^2, \\
&= x_1^2 + x_2^2 + (x_3 + x_4 + \cdots + x_n)^2, \\
&\;\;\vdots \\
&= x_1^2 + x_2^2 + \cdots + x_n^2.
\end{aligned}
$$

$\blacksquare$

Der Satz 3.10 gilt auch entsprechend für Polynome $[f(x)]^q = f(x^q)$ mit $f_i \in GF(q)$.

3.4.6 Kreisteilungsklassen

Bereits im Satz 3.7 haben wir die Abhängigkeit der verschiedenen Wurzeln eines Polynoms festgestellt. Die Einführung der Kreisteilungsklassen macht sich diese Abhängigkeiten zunutze, um die konjugiert komplexen Elemente eines Erweiterungskörpers einfach berechnen zu können. Sie werden im Kapitel 7 bei der Beschreibung und Konstruktion der BCH-Codes hilfreich sein.

Definition 3.20 KREISTEILUNGSKLASSEN K_j *enthalten jeweils die Exponenten derjenigen Elemente eines Erweiterungskörpers, die konjugiert zueinander sind. K_j bezüglich einer Zahl $n = p^m - 1$ sind:*

$$K_j = \{j \cdot p^i \bmod n \mid i = 0, 1, \ldots, m - 1\}.$$

j ist das erste Element (mit kleinstem Exponenten) der Menge K_j.

Folgende Eigenschaften der Kreisteilungsklassen können wir feststellen:

$$|K_j| \leq m,$$
$$\underset{j \neq i}{K_j} \cap K_i = \{\} \quad \text{leere Menge,}$$
$$K_0 = \{0\},$$
$$K_0 \cup K_1 \cup \cdots \cup K_{max} = \{0, 1, \ldots, n-1\}.$$

Mit Hilfe der Kreisteilungsklassen können die Minimalpolynome eines Erweiterungskörpers gemäß Definition 3.18 einfach beschrieben werden:

$$m_j(x) = \prod_{i \in K_j} (x - \alpha^i). \tag{3.24}$$

Beispiel 3.23 *Bestimmung der Kreisteilungsklassen und der Minimalpolynome $m_i(x)$ (vgl. Definition 3.18 und Satz 3.7) für $GF(2^4)$, also $n = 15$ und $p = 2$:*

$$
\begin{aligned}
K_0 &= \{0\}   & m_0(x) &= \textstyle\prod_{i \in K_0}(x - \alpha^i) = & x + 1 \\
K_1 &= \{1, 2, 4, 8\} & m_1(x) &= \textstyle\prod_{i \in K_1}(x - \alpha^i) = & x^4 + x + 1 \\
K_3 &= \{3, 6, 9, 12\} & m_3(x) &= \textstyle\prod_{i \in K_3}(x - \alpha^i) = x^4 + x^3 + x^2 + x + 1 \\
K_5 &= \{5, 10\}   & m_5(x) &= \textstyle\prod_{i \in K_5}(x - \alpha^i) = & x^2 + x + 1 \\
K_7 &= \{7, 11, 13, 14\} & m_7(x) &= \textstyle\prod_{i \in K_7}(x - \alpha^i) = & x^4 + x^3 + 1
\end{aligned}
$$

Die Multiplikation aller Minimalpolynome (vgl. Definition 3.18) ergibt:

$$m_0(x) \cdot m_1(x) \cdot m_3(x) \cdot m_5(x) \cdot m_7(x) = x^{15} - 1 = \prod_{i=0}^{14} (x - \alpha^i).$$

Die Multiplikation aller irreduziblen Polynome (vgl. Satz 3.9) ergibt:

$$(x - 0) \cdot m_0(x) \cdot m_1(x) \cdot m_3(x) \cdot m_5(x) \cdot m_7(x) = x^{16} - x. \qquad \diamond$$

In Beispiel 3.23 mag es überraschen, daß die Polynome $p(x) = x$ und $m_0(x) = x + 1$ zu den irreduziblen Polynomen gerechnet werden. $p(x) = x$ besitzt nämlich die Nullstelle $x = 0$, $m_0(x) = x + 1$ besitzt die Nullstelle $x = 1$. Beide Polynome erfüllen aber die Definition 3.15, da sie nicht als Produkt wenigstens zweier Polynome $p_a(x), p_b(x) \neq 0, 1$ kleineren Grades mit Koeffizienten aus $GF(p)$ dargestellt werden können.

3.4.7   Rechnen auf dem Erweiterungskörper

An einigen Beispielen soll im folgenden Abschnitt das Rechnen auf dem Erweiterungskörper geübt werden.

Addition: Die Addition zweier Elemente in $GF(2^m)$ ist definiert als EXKLUSIV-ODER - Verknüpfung $\oplus$ (EXOR) der Komponenten der m-Tupel.

Beispiel 3.24 *In $GF(2^4)$ (siehe Beipiel 3.20) sollen die beiden Elemente $11 \equiv \alpha^7$ und $7 \equiv \alpha^{10}$ addiert werden. Die Berechnung erfolgt über die Umwandlung dieser Elemente von der Exponenten- in die Komponentendarstellung:*

$$11 + 7 \equiv \alpha^7 + \alpha^{10} = 1011 \oplus 0111 = 1100 = \alpha^6 \equiv 12\,.$$

Andere Darstellungsform über die Polynomschreibweise:

$$
\begin{aligned}
\alpha^7 + \alpha^{10} &= (\alpha^3 + \alpha + 1) + (\alpha^2 + \alpha + 1) = \alpha^3 + \alpha^2 + 2 \cdot \alpha + 2\,, \\
&= \alpha^3 + \alpha^2 = \alpha^6 \quad \equiv 12 \quad \text{da } 2 = 0 \bmod 2\,.
\end{aligned}
$$

$\oplus$	0	1	2	3	4	5	6	7	8	9	10	**11**	12	13	14	15
0	0	1	2	3	4	5	6	7	8	9	10	11	12	13	14	15
1	1	0	3	2	5	4	7	6	9	8	11	10	13	12	15	14
2	2	3	0	1	6	7	4	5	10	11	8	9	14	15	12	13
3	3	2	1	0	7	6	5	4	11	10	9	8	15	14	13	12
4	4	5	6	7	0	1	2	3	12	13	14	15	8	9	10	11
5	5	4	7	6	1	0	3	2	13	12	15	14	9	8	11	10
6	6	7	4	5	2	3	0	1	14	15	12	13	10	11	8	9
7	7	6	5	4	3	2	1	0	15	14	13	**12**	11	10	9	8
8	8	9	10	11	12	13	14	15	0	1	2	3	4	5	6	7
9	9	8	11	10	13	12	15	14	1	0	3	2	5	4	7	6
10	10	11	8	9	14	15	12	13	2	3	0	1	6	7	4	5
11	11	10	9	8	15	14	13	12	3	2	1	0	7	6	5	4
12	12	13	14	15	8	9	10	11	4	5	6	7	0	1	2	3
13	13	12	15	14	9	8	11	10	5	4	7	6	1	0	3	2
14	14	15	12	13	10	11	8	9	6	7	4	5	2	3	0	1
15	15	14	13	12	11	10	9	8	7	6	5	4	3	2	1	0

Tabelle 3.5: Additionstabelle für $GF(2^4)$ mit $p(x) = x^4 + x + 1$

In der Additionstabelle 3.5 ist in der Dezimalschreibweise dargestellt, wobei Rechenoperationen anhand des vorangegangenen Rechenbeispiels nachvollzogen werden können. Das Beispiel 3.24 ist deutlich in der Tabelle hervorgehoben. $\diamond$

Multiplikation zweier Elemente

Die Multiplikation ist definiert als die Addition $modulo\, p^m - 1$ der Exponenten.

Beispiel 3.25 *In $GF(2^4)$ sollen die zwei Elemente $6 \equiv \alpha^5$ und $9 \equiv \alpha^{14}$ miteinander multipliziert werden:*

$$6 \cdot 9 \equiv \alpha^5 \cdot \alpha^{14} = \alpha^{(5+14)\,mod\,15} = \alpha^{(19\,mod\,15)} = \alpha^{(19-15)\,mod\,15} = \alpha^4 \equiv 3.$$

$\odot$	0	1	2	3	4	5	**6**	7	8	9	10	11	12	13	14	15
0	0	0	0	0	0	0	0	0	0	0	0	0	0	0	0	0
1	0	1	2	3	4	5	6	7	8	9	10	11	12	13	14	15
2	0	2	4	6	8	10	12	14	3	1	7	5	11	9	15	13
3	0	3	6	5	12	15	10	9	11	8	13	14	7	4	1	2
4	0	4	8	12	3	7	11	15	6	2	14	10	5	1	13	9
5	0	5	10	15	7	2	13	8	14	11	4	1	9	12	3	6
6	0	6	12	10	11	13	7	1	5	3	9	15	14	8	2	4
7	0	7	14	9	15	8	1	6	13	10	3	4	2	5	12	11
8	0	8	3	11	6	14	5	13	12	4	15	7	10	2	9	1
9	0	9	1	8	2	11	**3**	10	4	13	5	12	6	15	7	14
10	0	10	7	13	14	4	9	3	15	5	8	2	1	11	6	12
11	0	11	5	14	10	1	15	4	7	12	2	9	13	6	8	3
12	0	12	11	7	5	9	14	2	10	6	1	13	15	3	4	8
13	0	13	9	4	1	12	8	5	2	15	11	6	3	14	10	7
14	0	14	15	1	13	3	2	12	9	7	6	8	4	10	11	5
15	0	15	13	2	9	6	4	11	1	14	12	3	8	7	5	10

Tabelle 3.6: Multiplikationstabelle für $GF(2^4)$ mit $p(x) = x^4 + x + 1$

Die Multiplikationstabelle 3.6 ist auch in der Dezimalschreibweise dargestellt, wobei Rechenoperationen anhand des vorangegangenen Rechenbeispiels nachvollzogen werden können. Das Beispiel ist deutlich in der Tabelle gekennzeichnet.　　◇

Inversion eines Elementes

Die Inversion eines Elementes im Galois-Feld läßt sich am besten mit Hilfe der Multiplikationstabelle aufzeigen. Nach der Definition des inversen Elements gilt:

$$\alpha^i \cdot \alpha^{-i} = \alpha^{i+(-i)} = \alpha^0 = 1\,. \tag{3.25}$$

Beispiel 3.26 *Es wird der Inversionswert α^{-9} des Elementes $\alpha^9 \equiv 10$ gesucht. Dazu wird zu der Zeile mit dem Wert 10 die Spalte gesucht, so daß das Ergebnis der Multiplikation $10 \cdot \alpha^{-9} = 1$ ergibt. Die Unbekannte α^{-9} wird dann in der Spalte, wo die 1 steht, aus der ersten Zeile abgelesen. Dieser abgelesene Zeilenwert ergibt den Inversionswert $\alpha^{-9} \equiv 12$.*

$\odot$	0	1	2	3	4	5	6	7	8	9	10	11	**12**	13	14	15
0	0	0	0	0	0	0	0	0	0	0	0	0	0	0	0	0
1	0	1	2	3	4	5	6	7	8	9	10	11	12	13	14	15
2	0	2	4	6	8	10	12	14	3	1	7	5	11	9	15	13
3	0	3	6	5	12	15	10	9	11	8	13	14	7	4	1	2
4	0	4	8	12	3	7	11	15	6	2	14	10	5	1	13	9
5	0	5	10	15	7	2	13	8	14	11	4	1	9	12	3	6
6	0	6	12	10	11	13	7	1	5	3	9	15	14	8	2	4
7	0	7	14	9	15	8	1	6	13	10	3	4	2	5	12	11
8	0	8	3	11	6	14	5	13	12	4	15	7	10	2	9	1
9	0	9	1	8	2	11	3	10	4	13	5	12	6	15	7	14
10	0	10	7	13	14	4	9	3	15	5	8	2	**1**	11	6	12
11	0	11	5	14	10	1	15	4	7	12	2	9	13	6	8	3
12	0	12	11	7	5	9	14	2	10	6	1	13	15	3	4	8
13	0	13	9	4	1	12	8	5	2	15	11	6	3	14	10	7
14	0	14	15	1	13	3	2	12	9	7	6	8	4	10	11	5
15	0	15	13	2	9	6	4	11	1	14	12	3	8	7	5	10

Tabelle 3.7: Multiplikationstabelle zur Inversion eines Elements im $GF(2^4)$

Für eine andere Möglichkeit der Berechnung des Inversionswertes wird die Beziehung $\alpha^9 \cdot \alpha^{-9} = \alpha^0 = \alpha^{15} = 1$ ausgenutzt. Es gilt:

$$\alpha^{-9} = \alpha^{15} \cdot \alpha^{-9} = \alpha^{15-9} = \alpha^6 \equiv 12\,.$$

Wie aus dem Rechenweg ersichtlich, muß die Summe der Exponenten des invertierten und nichtinvertierten Elementes den Wert $p^m - 1 = 15$ haben.   ◇

Division von zwei Elementen

Die Division verläuft ähnlich der Multiplikation. Der Divisor wird durch die Invertierung des zweiten Operanden aus der Multiplikationstabelle gewonnen und danach mit dem ersten Operanden multipliziert.

Beispiel 3.27 *Division von zwei Elementen:*

$$
\begin{aligned}
15 \div 3 \;&\equiv\; \alpha^{12} \div \alpha^4, \\
&=\; \alpha^{12} \cdot \alpha^{-4}, \\
&=\; \alpha^{(12-4)}, \\
&=\; \alpha^8, \\
&=\; 5.
\end{aligned}
$$

Eine andere Berechnungsmöglichkeit ergibt sich mit Hilfe der Polynomdivision:

$$
\begin{array}{l}
15 \;\div\; 3 \;\equiv\; \alpha^{12} \;\div\; \alpha^4 \;= \\
(\alpha^3 \;+\; \alpha^2 \;+\; \alpha \;+\; 1) \;\div\; (\alpha + 1) \;=\; \alpha^2 \;+\; 1 \\
\underline{\alpha^3 \;+\; \alpha^2} \\
\qquad\qquad\qquad\quad \underline{\alpha \;+\; 1} \\
\qquad\qquad\qquad\quad \underline{\alpha \;+\; 1} \\
\qquad\qquad\qquad\qquad\qquad\; 0
\end{array}
$$

Nach der Tabelle der Elemente des Erweiterungskörpers $GF(2^4)$ in Beispiel 3.20 ergibt sich für das Ergebnis der Division: $\alpha^2 + 1 = \alpha^8$. ◇

Anhand der aufgezeigten Rechenwege läßt sich nun die Division von zwei Elementen für weitere Beispiele leicht nachvollziehen.

3.5 Endliche Vektorräume

Im vorausgegangenen Abschnitt wurde die Konstruktion der Erweiterungskörper $GF(p^m)$ über einem Galoisfeld $GF(p)$ behandelt. Ein etwas anderer Zugang ergibt sich durch die Einführung des Vektorraumes, der über einen endlichen Zahlenkörper definiert wird. Im folgenden Abschnitt soll die Darstellung der Eigenschaften der Vektorräume auf die Vektorräume beschränkt bleiben, die sich über $GF(2)$ definieren, da sie in der Theorie und Praxis der fehlerkorrigierenden Codes eine besondere Rolle spielen.

Definition 3.21 *Sei V eine Menge von Elementen, auf der die Addition $(+)$ definiert ist und $I\!K$ ein Zahlenkörper. Ebenso sei auch die Multiplikation $(\cdot)$ zwischen den Elementen in $I\!K$ und V gegeben. Die Menge V wird* VEKTORRAUM *über dem Körper $I\!K$ genannt, wenn folgende Bedingungen erfüllt sind:*

V1: *V ist eine kommutative Gruppe bezüglich der Addition.*

V2: *Für beliebige Elemente $k \in I\!K$ und $v \in V$ gilt:*

$$k \cdot v \in V.$$

V3: *Für beliebige Elemente $u, v \in V$ und $j, k \in I\!K$ gilt:*

$$\begin{aligned}
j \cdot (u + v) &= j \cdot u + j \cdot v, \\
(j + k) \cdot v &= j \cdot v + k \cdot v.
\end{aligned}$$

V4: *Für jedes $v \in V$ und jedes $j, k \in I\!K$ gilt:*

$$(j \cdot k) \cdot v = j \cdot (k \cdot v).$$

V5: *Sei 1 das multiplikative Identitätselement in $I\!K$, dann gilt für jedes $v \in V$:*

$$1 \cdot v = v.$$

Die Elemente von V werden VEKTOREN und die Elemente von $I\!K$ SKALARE genannt. Die Addition in V wird VEKTORADDITION und die Multiplikation eines Skalars mit einem Vektor SKALARMULTIPLIKATION genannt. In V wird das Identitätselement der Addition mit **0** bezeichnet.

3.5.1 Eigenschaften von Vektorräumen

Einige wichtige Eigenschaften von Vektorräumen V über einem Körper $I\!K$ sollen im folgenden von der Definition 3.21 abgeleitet und erläutert werden.

I: Das Nullelement von $I\!K$ wird mit 0 bezeichnet. Für jeden Vektor $v \in V$ gilt: $0 \cdot v = 0$.
Beweis: In $I\!K$ gilt: $1 + 0 = 1$, also gilt für die Skalarmultiplikation $1 \cdot v = (1 + 0) \cdot v = 1 \cdot v + 0 \cdot v$. Mit der Bedingung **V5** folgt: $v = v + 0 \cdot v$. Addiert man auf beiden Seiten das inverse Element $-v$ so erhält man:
$0 = 0 + 0 \cdot v \Leftrightarrow 0 = 0 \cdot v$.

II: Für jeden Skalar $k \in I\!K$ gilt: $k \cdot 0 = 0$.

III: Für jeden Skalar $k \in I\!K$ und jeden Vektor $v \in V$ gilt: $(-k) \cdot v = k \cdot (-v) = -(k \cdot v)$.

Im weiteren wollen wir den für die Praxis besonders wichtigen Vektorraum über $GF(2)$ genauer untersuchen.

3.5.2 Der Vektorraum über GF(2)

Dem Vektorraum über $GF(2)$ kommt eine besondere Bedeutung zu, da er, bedingt durch binäre Übertragungsverfahren, der in der Praxis am häufigsten benötigte Vektorraum ist. Zunächst soll ein Vektor a mit n-Komponenten $a_i \in GF(2)$ betrachtet werden:

$$a = (a_0, a_1, \ldots, a_{n-1}).$$

Jede Komponente des Vektors besteht also entweder aus dem Element 0 oder aus dem Element 1. Ein solcher Vektor wird auch als n-Tupel bezeichnet. Die Anzahl der verschiedenen n-Tupel beträgt genau 2^n. Sei nun V_n die Menge, die diese 2^n Vektoren enthält, und die Addition zweier Vektoren $a, b \in V_n$ erklärt durch:

$$a + b \;=\; (a_0 \oplus b_0, a_1 \oplus b_1, \ldots, a_{n-1} \oplus b_{n-1}), \tag{3.26}$$

wobei die Addition zweier Komponenten $a_i \oplus b_i$ als modulo-2 Addition durchgeführt wird. Da die Addition gemäß Gleichung (3.26) ebenfalls einen Vektor mit binären Komponenten ergibt, muß auch dieser Vektor in V_n enthalten sein. Die Menge V_n ist also bezüglich der Addition abgeschlossen und ebenso kann gezeigt werden, daß V_n eine kommutative Gruppe bildet. Mit Gleichung (3.26) gilt:

$$a + a = 0.$$

Dies bedeutet, daß jeder Vektor in V_n bezüglich der Addition selbstinvers ist. Die Addition der Vektoren ist somit kommutativ und assoziativ.

Die Multiplikation $k \cdot a$, mit $k, a_i \in I\!K$ und $a \in V_n$ soll wie folgt definiert werden:

$$k \cdot (a_0, a_1, \ldots, a_{n-1}) \; = \; (k \cdot a_0, k \cdot a_1, \ldots, k \cdot a_{n-1}), \qquad (3.27)$$

wobei die Multiplikation $k \cdot a_i$ als modulo-2 Multiplikation durchgeführt wird. Es ist einzusehen, daß mit $k = 1$ folgt:

$$1 \cdot (a_0, a_1, \ldots, a_{n-1}) \; = \; (1 \cdot a_0, 1 \cdot a_1, \ldots, 1 \cdot a_{n-1}) \qquad (3.28)$$
$$= \; (a_0, a_1, \ldots, a_{n-1}) \, . \qquad (3.29)$$

Entsprechend läßt sich auch zeigen, daß mit der Addition (Gl. 3.26) und der Multiplikation (Gl. 3.27) das distributive Gesetz (vgl. Def. 3.21 **V3**) gilt. Damit ist gezeigt, daß V_n ein Vektorraum über $GF(2)$ ist.

Beispiel 3.28 *Für $n = 5$ werden in diesem Beispiel alle 32 verschiedenen 5-Tupel des V_5 angegeben:*

$$
\boxed{
\begin{array}{llllllll}
(00000), & (11111), & (00111), & (11000), & (10101), & (01010), & (10010), & (01101), \\
(10000), & (01111), & (10111), & (01000), & (00101), & (11010), & (00010), & (11101), \\
(00100), & (11011), & (00011), & (11100), & (10001), & (01110), & (10110), & (01001), \\
(00001), & (11110), & (00110), & (11001), & (10100), & (01011), & (10011), & (01100).
\end{array}
}
$$

Die Summe von je 2 Vektoren ist stets wieder ein Vektor aus V_n , z.B. $(11100) +$ $(01011) = (10111)$. Ebenso ist die skalare Multiplikation erklärt: $0 \cdot a = 0$ und $1 \cdot a = a$.   ◇

Ganz ähnlich kann der Vektorraum der n-Tupel über einem beliebigen Zahlenkörper konstruiert werden. Im weiteren soll der Begriff des Unterraumes eines Vektorraumes eingeführt werden.

3.5.3 Der Unterraum von $GF(2^n)$

Satz 3.11 *Eine nichtleere Untermenge U des Vektorraumes V über einem Zahlenkörper $I\!K$ bildet einen* UNTERRAUM *U, wenn die folgenden Bedingungen erfüllt sind:*

U1: *Für je 2 beliebige Vektoren u_1 , u_2 $\in U$, folgt: $u_1 + u_2 \in U$.*

U2: *Für jedes Element $k \in I\!K$ und jeden Vektor $u \in U$ ist $k \cdot u \in U$.*

Beweis: Die Bedingungen **U1** und **U2** besagen, daß der Unterraum U abgeschlossen ist bezüglich der Vektoraddition und der Skalarmultiplikation. Die Bedingung **U2** stellt sicher, daß das additiv Inverse eines Vektors $(-1 \cdot u)$ auch in U ist. Also ist U eine Untergruppe von V, und da auch das assoziative Gesetz und das distributive Gesetz gelten, ist U ein Vektorraum über dem Körper $I\!K$ und ein Untervektorraum von V.   ∎

Beispiel 3.29 *Betrachten wir noch einmal den Vektorraum* V_5 *vom Beispiel* 3.28. *Die Menge:*

$$\{(00000), (11100), (01011), (10111)\}$$

erfüllt die Bedingungen von Satz 3.11 *und ist somit ein Unterraum von* V_5 . ◇

Definition 3.22 *Sind* v_0 , v_1 , $\ldots$, v_{k-1} k *Vektoren eines Vektorraumes* V *über einem Körper* $I\!K$ *und* $a_0, a_1, \ldots, a_{k-1}$ *Skalare von* $I\!K$, *so wird die Summe:*

$$a_0 v_0 + a_1 v_1 + \cdots + a_{k-1} v_{k-1}$$

Linearkombination *von* v_0 , v_1 , $\ldots$, v_{k-1} *genannt.*

Selbstverständlich ist auch die Addition zweier Linearkombinationen wieder eine Linearkombination. Damit können wir die folgende Aussage, die hilfreich bei der Konstruktion eines Untervektorraumes sein wird, formulieren.

Satz 3.12 *Alle möglichen Linearkombinationen von* v_0 , v_1 , $\ldots$, v_{k-1} $\in V$ *bilden zusammen einen Untervektorraum* U *von* V.

Beispiel 3.30 *Betrachten wir noch einmal den Vektorraum* V_5 *vom Beispiel* 3.28. *Die Linearkombinationen der Vektoren* (11100) *und* (01011):

$$
\begin{array}{rcrcr}
0 \cdot (11100) & + & 0 \cdot (01011) & = & (00000) \\
0 \cdot (11100) & + & 1 \cdot (01011) & = & (01011) \\
1 \cdot (11100) & + & 0 \cdot (01011) & = & (11100) \\
1 \cdot (11100) & + & 1 \cdot (01011) & = & (10111)
\end{array}
$$

bilden den gleichen Unterraum von V_5 *wie in Beispiel* 3.29. ◇

Dem Sachverhalt, daß es eine Menge von Vektoren gibt, deren Linearkombinationen einen Vektorraum oder wie im vorherigen Beispiel 3.30 einen Unterraum eines Vektorraumes bilden, kommt eine besondere Bedeutung zu. Eine solche Menge von Vektoren, die einen Vektorraum aufspannen, soll Basis des Vektorraumes genannt werden. Die beiden Vektoren (11100) und (01011) stellen eine solche mögliche Basis des Unterraumes dar.

Die Anzahl n der Vektoren, die eine Basis eines Vektorraumes V bilden, wird Dimension $n = \dim(V)$ des Vektorraumes genannt. Die Dimension eines Vektorraumes ist stets eindeutig, auch für verschiedene Basen dieses Vektorraumes. Für den n-dimensionalen Vektorraum V_n kann eine Basis durch die n-Tupel

e_i , $i = 0, 1, \ldots, n-1$ gebildet werden, die nur in der i-ten Stelle einen von Null verschiedenen Wert $k \in I\!K$ besitzen. Betrachten wir den V_n über $GF(2)$:

$$
\begin{aligned}
e_1 &= (1, 0, 0, \ldots, 0, 0), \\
e_2 &= (0, 1, 0, \ldots, 0, 0), \\
&\;\;\vdots \quad \vdots \qquad\quad \ddots \\
e_{n-1} &= (0, 0, 0, \ldots, 0, 1).
\end{aligned}
$$

Jeder beliebige Vektor $(a_0, a_1, \ldots, a_{n-1}) \in V_n$ kann wie folgt gebildet werden:

$$
(a_0, a_1, \ldots, a_{n-1}) = (a_0 e_0 + a_1 e_1 + \cdots + a_{n-1} e_{n-1}), \quad a_i \in I\!K .
$$

Die Vektoren e_0 , e_1 , $\ldots$, e_{n-1} bilden somit eine Basis von V_n . Zur weiteren Entfaltung des Sachverhaltes benötigen wir nun noch zwei weitere Begriffe.

Definition 3.23 *Die k Vektoren* v_0 , v_1 , $\ldots$, v_{k-1} *eines Vektorraumes V über einem Körper* $I\!K$ *heißen* LINEAR ABHÄNGIG, *wenn es k Skalare* $a_0, a_1, \ldots, a_{k-1}$ *von* $I\!K$ *gibt, so daß für die Summe gilt:*

$$
a_0 v_0 + a_1 v_1 + \cdots + a_{k-1} v_{k-1} = 0 . \tag{3.30}
$$

Gilt hingegen:

$$
a_0 v_0 + a_1 v_1 + \cdots + a_{k-1} v_{k-1} \neq 0 , \tag{3.31}
$$

für alle möglichen Skalare (Ausnahme: $a_0 = a_1 = \cdots = a_{k-1} = 0$*), so sind die k Vektoren* LINEAR UNABHÄNGIG.

Beispiel 3.31 *Die Vektoren* $(11100), (01011), (10111)$ *sind linear abhängig, da gilt:*

$$
1 \cdot (11100) + 1 \cdot (01011) + 1 \cdot (10111) = (00000)
$$

Für die Vektoren $(11100), (01011), (10101)$ *hingegen gilt:*

$$
\begin{aligned}
0 \cdot (11100) &+ 0 \cdot (01011) + 0 \cdot (10101) = (00000), \\
0 \cdot (11100) &+ 0 \cdot (01011) + 1 \cdot (10101) = (10101), \\
0 \cdot (11100) &+ 1 \cdot (01011) + 0 \cdot (10101) = (01011), \\
0 \cdot (11100) &+ 1 \cdot (01011) + 1 \cdot (10101) = (11110), \\
1 \cdot (11100) &+ 0 \cdot (01011) + 0 \cdot (10101) = (11100), \\
1 \cdot (11100) &+ 0 \cdot (01011) + 1 \cdot (10101) = (01001), \\
1 \cdot (11100) &+ 1 \cdot (01011) + 0 \cdot (10101) = (10111), \\
1 \cdot (11100) &+ 1 \cdot (01011) + 1 \cdot (10101) = (00010).
\end{aligned}
$$

Sie sind demnach linear unabhängig.   ◇

Die Vektoren e_0 , e_1 , $\ldots$, e_{n-1} sind gemäß der Definition 3.23 linear unabhängig. Ist $k < n$ und sind v_0 , v_1 , $\ldots$, v_{k-1} k linear unabhängige Vektoren in V_n , dann bilden alle möglichen Linearkombinationen in der Form:

$$
u = (a_0 v_0 + a_1 v_1 + \cdots + a_{k-1} v_{k-1})
$$

einen k-dimensionalen Unterraum U_k von V_n . Da $a_i \in GF(2)$ gilt, enthält dieser Unterraum genau 2^k verschiedene Vektoren der Länge n.

3.5.4 Skalarprodukt, Orthogonalität und Dualraum

Definition 3.24 *Sind* $u, v \in V_n$ *beliebige* n-*Tupel* $u = (u_0, u_1, \ldots, u_{n-1})$ *und* $v = (v_0, v_1, \ldots, v_{n-1})$ *dann ist das* SKALARE PRODUKT *durch:*

$$u \cdot v = u_0 \cdot v_0 + u_1 \cdot v_1 + \cdots + u_{n-1} \cdot v_{n-1} \qquad (3.32)$$

bestimmt.

Das Ergebnis dieser Multiplikation ist ein Skalar. Das so definierte Skalarprodukt wird auch als *Punktprodukt* oder *inneres Produkt* bezeichnet. Die Definition des Skalarproduktes läßt sich auf jedes Galoisfeld übertragen und besitzt folgende Eigenschaften:

$$
\begin{array}{llrcl}
\text{I:} & & u \cdot v & = & v \cdot u, \\
\text{II:} & u \cdot (v + w) & = & u \cdot v + u \cdot w, \\
\text{III:} & (a \cdot u) \cdot v & = & a \cdot (u \cdot v).
\end{array}
$$

Zwei weitere wichtige und nicht verzichtbare Begriffe der Mathematik auf Vektorräumen sind ORTHOGONALITÄT und NULLRAUM. U sei ein k-dimensionaler Unterraum des n-dimensionalen Vektorraumes V_n und U_d die Menge der Vektoren von $v \in V_n$ für die gilt:

$$u \cdot v = 0.$$

Der Vektor v wird dann als orthogonal zu u bezeichnet. Selbstverständlich ist U_d nicht leer, denn mindestens muß der Nullvektor $0 = (0, 0, \ldots, 0)$ in der Menge enthalten sein. Im weiteren wollen wir nur solche Vektoren v betrachten, für die gilt:

$$a \cdot v = \begin{cases} 0 & \text{wenn } a = 0, \\ v & \text{wenn } a = 1. \end{cases}$$

Wenn v und w zwei Vektoren in U_d sind und $u \in U$ so gilt:

$$u \cdot (v + w) = u \cdot v + u \cdot w = 0 + 0 = 0.$$

Das bedeutet, daß die Orthogonalität von v und w bewirkt, daß auch die Summe von beiden orthogonal zu u ist, und damit muß dieser Summenvektor auch in U_d liegen. Gemäß Satz 3.11 ist also U_d auch ein Unterraum von V_n. Der Unterraum U_d wird der NULLRAUM oder auch der DUALE VEKTORRAUM von U genannt. Der folgende Satz gibt die Dimension von U_d ohne Beweis an.

Satz 3.13 *Besitzt der* UNTERRAUM U *von* V_n *die Dimension* k, *so ist die Dimension des dualen Raumes* U_d *gleich* $n - k$. *Es gilt also:*

$$\dim(U) + \dim(U_d) = \dim(V_n) = n.$$

Beispiel 3.32 *Betrachten wir noch einmal den Vektorraum V_5 über $GF(2)$ von Beispiel 3.28. Die Menge der 8 Vektoren:*

$$\{(00000), (11111), (00111), (11000), (10101), (01010), (10010), (01101)\}$$

erfüllt die Bedingungen von Satz 3.11 und ist ein 3-dimensionaler Unterraum von V_5 . Der duale Vektorraum muß die Dimension $5 - 3 = 2$ besitzen. U_d besteht somit aus den $2^2 = 4$ Vektoren:

$$\{(00000), (11011), (00101), (11110)\}.$$

Die Vektoren (11011) und (00101) bilden eine Basis von U_d während (11011) + (00101) + (11110) = (00000) gilt. Die Dimension des dualen Vektorraumes ist demnach 2.   ◇

In diesem Abschnitt wurden nur die wichtigsten Definitionen und Aussagen der Vektorräume über $GF(2)$ behandelt. Sie können aber ohne Probleme auf Vektorräume der n-Tupel über $GF(q = p^m)$ (p ist eine Primzahl) verallgemeinert werden.

Kapitel 4

Lineare Codes

Lineare Codes stellen eine sehr wichtige Untergruppe aller Codes dar, denn die Codes, die bislang Eingang in die Praxis gefunden haben, wie Hamming-, BCH-, RS- und auch Faltungscodes, gehören zu dieser Klasse.

Die Menge der Vektoren (n-Tupel) $a = (a_0, a_1, \ldots, a_{n-1})$, die aus Elementen des Galois-Feldes $GF(q)$ bestehen, bildet einen n-dimensionalen Vektorraum (vgl. Def. 3.21). Eine Untermenge dieser n-Tupel bildet einen LINEAREN (n, k) BLOCKCODE mit k Informationsstellen, wenn sie einen k-dimensionalen Unterraum (vgl. Satz 3.11) dieses Vektorraumes darstellt. Gilt $q = p$ (p ist Primzahl), so bildet jede beliebige Gruppe (vgl. Def. 3.3) der Vektoren einen Unterraum und somit einen linearen Blockcode.

Definition 4.1 *Ein Code C heißt* LINEAR, *wenn jede Linearkombination* (vgl. Def. 3.22) *zweier beliebiger Codewörter a und b des Codes C über* $GF(p^s)$:

$$k \cdot a + l \cdot b = c \quad \text{mit } a, b \in C \quad \text{und } k, l \in GF(p) \quad \text{wobei} \tag{4.1}$$
$$k \cdot a_i \oplus l \cdot b_i = c_i \bmod p \text{ gilt,}$$

wieder ein Codewort $c \in C$ *ist.*

Lineare Codes können auf Zahlenkörpern beliebiger Größe konstruiert werden. Am häufigsten werden aber endliche Zahlenkörper $GF(q)$ verwendet, bei denen die Anzahl q der Elemente durch eine Primzahl $q = p$ oder eine Potenz $q = p^s$ dieser Primzahl bestimmt ist. Für binäre Codes, die nur aus den Elementen 0 und 1 gebildet werden, wird $q = 2^s$ gewählt. In jüngster Zeit gibt es indes auch Versuche, effiziente Codes auf dem Körper der reellen bzw. komplexen Zahlen zu bilden.

4.1 Vom Gewicht zur Metrik

Für die praktische Anwendung fehlerkorrigierender Codes ist es besonders wichtig, ein Maß für den Abstand zwischen zwei Codewörtern zu definieren. Deshalb soll in den folgenden Abschnitten, ausgehend vom Gewicht eines Vektors, ein Distanzmaß entwickelt werden.

4.1.1 Hamming-Gewicht und -Metrik

Das Hamming-Gewicht $w(c)$ eines Vektors c ist definiert als die Anzahl der Elemente von c, die nicht Null sind.

Definition 4.2 *Das* GEWICHT $w(c)$ *eines Vektors* $c = (c_0, c_1, \ldots, c_{n-1})$ *mit* n *Elementen aus* $GF(2)$ *wird definiert durch:*

$$w(c) = \sum_{i=0}^{n-1} c_i. \tag{4.2}$$

Das MINDESTGEWICHT w^* *eines Codes ist das kleinste Gewicht eines beliebigen Codevektors des Codes – mit Ausnahme des Nullvektors:*

$$w^* = \min_{c_i \in \mathcal{C}, c_i \neq 0} w(c_i). \tag{4.3}$$

Zum Beispiel ist das Gewicht von $c_1 = (1,1,1,1,1)$ gleich fünf und von $c_2 = (0,0,1,1,1)$ gleich drei.

Die Hamming-Distanz D zwischen zwei Vektoren a und b ist durch die Anzahl der Stellen bestimmt, in denen sie sich unterscheiden.

Definition 4.3 *Die* DISTANZ D *zwischen zwei Vektoren* $a = (a_0, a_1, \ldots, a_{n-1})$ *und* $b = (b_0, b_1, \ldots, b_{n-1})$ *mit* n *Elementen aus* $GF(2)$ *ist definiert durch:*

$$\begin{aligned} D(a,b) &= w(a-b) = w(a+b), \\ &= \sum_{i=0}^{n-1} a_i \oplus b_i. \end{aligned} \tag{4.4}$$

Die Distanz (Metrik) zwischen c_1 und c_2 ist damit als das Hamming-Gewicht der Differenz $c_1 - c_2$, also $w(c_1 - c_2)$, bestimmt. So ist $c_1 - c_2 = (1,1,0,0,0)$ und folglich die Distanz $D(c_1, c_2) = 2$. Wenn c_1 und c_2 Codewörter eines linearen Codes $\mathcal{C}$ sind, so folgt aus der Linearität, daß $c_3 = c_1 - c_2$ ebenfalls wieder ein Codewort sein muß. Hieraus folgt sofort weiter, daß die Distanz zwischen zwei beliebigen Codewörtern mindestens so groß ist, wie das kleinste Gewicht w^* eines Codewortes von $c \in \mathcal{C}$ (Mindestgewicht von $\mathcal{C}$), denn jede Addition (oder Subtraktion) zweier Codewörter ergibt wieder ein Codewort. Dieser Tatbestand soll nun auch mathematisch formuliert werden.

Definition 4.4 *Die* MINDESTDISTANZ *d eines Codes C ist die kleinste Distanz D zweier voneinander verschiedener Codewörter* c_i *,* c_j $\in C$:

$$d = \min_{\substack{c_i,c_j \in C \\ c_i \neq c_j}} D(c_i,c_j). \tag{4.5}$$

Satz 4.1 *Die Mindestdistanz d eines linearen Codes ist gleich dem Mindestgewicht* w^* *des Codes.*

Beweis:

$$d = \min_{\substack{c_i,c_j \in C \\ c_i \neq c_j}} D(c_i,c_j) = \min_{\substack{c_i,c_j \in C \\ c_i \neq c_j}} w(c_i - c_j) = \min_{\substack{c_k \in C \\ c_k \neq 0}} w(c_k) = w^*. \qquad \blacksquare$$

Für die Codekonstruktion ist diese Eigenschaft von besonderer Wichtigkeit, da es einfacher sein kann, einem Code ein definiertes Mindestgewicht zu geben, als eine bestimmte Mindestdistanz. Im folgenden werden einige einfache Beispiele linearer Codes dargestellt und untersucht. Das erste Beispiel zeigt einen linearen, binären (7,3) Blockcode.

Beispiel 4.1 *Ein* $(n = 7, k = 3)$ *Code besitzt eine Redundanz von* $m = n - k = 4$:

Nr.	Information	Redundanz	Codewort	$w(c_i)$
0	0 0 0	0 0 0 0	0 0 0 0 0 0 0	0
1	0 0 1	0 0 1 1	0 0 1 0 0 1 1	3
2	0 1 0	0 1 0 1	0 1 0 0 1 0 1	3
3	0 1 1	0 1 1 0	0 1 1 0 1 1 0	4
4	1 0 0	1 0 0 1	1 0 0 1 0 0 1	3
5	1 0 1	1 0 1 0	1 0 1 1 0 1 0	4
6	1 1 0	1 1 0 0	1 1 0 1 1 0 0	4
7	1 1 1	1 1 1 1	1 1 1 1 1 1 1	7

Tabelle 4.1: Beispiel eines linearen, binären (7,3) Blockcodes

Es ist zu erkennen, daß der Code das Mindestgewicht $w^* = 3$ *besitzt. Deshalb gilt auch für die Mindestdistanz* $d = 3$. *Der* $(7,3)$ *Code kann einen Fehler korrigieren.*

$$\begin{array}{ll} \text{Codewort 1} & \quad 0010011 \\ \text{Codewort 4} & \quad \oplus\,1001001 \\ \hline \text{Codewort 5} & \quad 1011010 \end{array}$$

Der Code ist auch linear. Addiert man beispielsweise Codewort Nr. 1 und Nr. 4 aus Tabelle 4.1, so erkennt man, daß wiederum ein Codewort entsteht (Codewort 5). Die Addition zweier Codewörter bedeutet, daß die $j-$ten Stellen, $j = 0, 1, \cdots, n-1$, jeweils mod 2 addiert werden (Exor-Verknüpfung). ◇

Die Linearkombination zweier Codewörter eines linearen Codes muß ebenfalls ein Codewort sein. Wenn bei der Übertragung eines Codewortes weniger als e Bitfehler auftreten $(0 < e < d)$, so ist das Codewort so verfälscht, daß es mit keinem Codewort aus der Tabelle übereinstimmt.

Eine Möglichkeit zur Fehlerkorrektur erhält man durch den Vergleich des Empfangscodewortes mit jedem Codewort aus der Tabelle. Man ordnet die Empfangsfolge b dem Codewort a zu, bei dem die geringste Distanz $D(a, b)$ festgestellt worden ist. Treten mehr Fehler[1] als $\lfloor \frac{d}{2} \rfloor$ auf, so kann eine falsche Zuordnung entstehen, d.h. das Empfangswort kann einem falschen Codewort zugeordnet werden.

Dieses Verfahren bezeichnet man mit MINIMUM DISTANCE DECODING. Es ist immer dann optimal, wenn die Übertragungsfehler statistisch unabhängig sind. Das bedeutet, daß bei einer vorgegebenen Bitfehlerwahrscheinlichkeit p, wenige Bitfehler wahrscheinlicher sind als eine Fehlerbündelung. Treten Bündelfehler auf, so ist dieses Verfahren nicht mehr optimal. Die Bedeutung der minimalen Hamming-Distanz d für die Korrekturfähigkeit des Codes ist im nächsten Beispiel zu erkennen.

Die nachfolgenden Beispiele 4.2 bis 4.4 dienen der Vertiefung der Begriffe Gewicht, Distanz und Minimum Distance Decoding. Es wird hierbei jeweils ein additiver Fehler f vorausgesetzt:

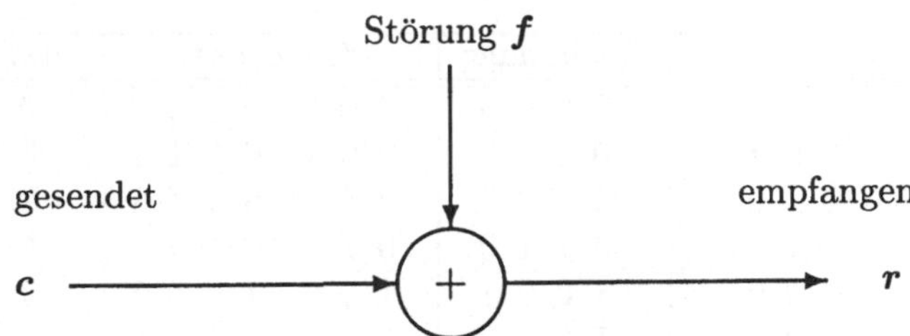

Für den empfangenen Vektor r gilt somit: $r = c + f$.

---

[1]Die Bezeichnung $\lfloor \frac{d}{2} \rfloor$ bedeutet, daß der Wert von $\frac{d}{2}$ für ungerade d auf die nächste kleinere ganze Zahl abgerundet wird.

Beispiel 4.2 *In diesem Beispiel wird die sogenannte Minimum Distance Decoding eines $(7,4)$ Codes betrachtet. In der nachstehenden Tabelle 4.2 sind zu einem fehlerbehafteten Empfangswort r die Distanzen $D(r, c_i)$ zu den Codewörtern des Codes berechnet worden.*

$$
\begin{array}{llll}
\text{Sendecodewort} & c_3 & = & (1100011) \\
\text{Fehlervektor} & f & = & (0100000) \\
\text{Empfangswort} & r & = & (1000011) = c + f
\end{array}
$$

Nr.	Empfangswort	Codewort	Distanz	$w(c_i)$
0	1 0 0 0 0 1 1	0 0 0 0 0 0 0	3	0
1	1 0 0 0 0 1 1	1 0 0 0 1 1 0	2	3
2	1 0 0 0 0 1 1	0 1 0 0 1 0 1	4	3
3	1 0 0 0 0 1 1	1 1 0 0 0 1 1	1	4
4	1 0 0 0 0 1 1	0 0 1 0 0 1 1	2	3
5	1 0 0 0 0 1 1	1 0 1 0 1 0 1	3	4
6	1 0 0 0 0 1 1	0 1 1 0 1 1 0	5	4
7	1 0 0 0 0 1 1	1 1 1 0 0 0 0	4	3
8	1 0 0 0 0 1 1	0 0 0 1 1 1 1	3	4
9	1 0 0 0 0 1 1	1 0 0 1 0 0 1	2	3
10	1 0 0 0 0 1 1	0 1 0 1 0 1 0	4	3
11	1 0 0 0 0 1 1	1 1 0 1 1 0 0	5	4
12	1 0 0 0 0 1 1	0 0 1 1 1 0 0	6	3
13	1 0 0 0 0 1 1	1 0 1 1 0 1 0	3	4
14	1 0 0 0 0 1 1	0 1 1 1 0 0 1	5	4
15	1 0 0 0 0 1 1	1 1 1 1 1 1 1	4	7

Tabelle 4.2: Einzelfehlerkorrektur für einen systematischen $(7,4)$ Blockcode, $d = 3$

Wie aus der Tabelle 4.2 ersichtlich ist, gibt es genau ein Codewort (c_3), das sich nur um eine Binärstelle $D(r, c_3) = 1$ vom Empfangswort unterscheidet. Da nur ein Fehler aufgetreten ist, und die Mindestdistanz (vgl. Satz 4.1) $d = 3$ beträgt, kann das Empfangswort r dem Codewort c_3 zugeordnet werden. Eine Korrektur des aufgetretenem Fehlers f ist somit möglich. ◇

Beispiel 4.3 *In diesem Beispiel wird gezeigt, wie es zur Falschkorrektur durch Doppelfehler kommen kann. In der nachstehenden Tabelle 4.3 sind nochmals zu einem fehlerbehafteten Empfangswort r die Distanzen $D(r, c_i)$ zu den Codewörtern des Codes berechnet worden.*

$$
\begin{array}{llll}
\textit{Sendecodewort} & c_3 & = & (1100011) \\
\textit{Fehlervektor} & f & = & (0100010) \\
\textit{Empfangswort} & r & = & (1000001)
\end{array}
$$

Nr.	Empfangswort	Codewort	Distanz
0	1 0 0 0 0 0 1	0 0 0 0 0 0 0	2
1	1 0 0 0 0 0 1	1 0 0 0 1 1 0	3
2	1 0 0 0 0 0 1	0 1 0 0 1 0 1	3
3	1 0 0 0 0 0 1	1 1 0 0 0 1 1	2
4	1 0 0 0 0 0 1	0 0 1 0 0 1 1	3
5	1 0 0 0 0 0 1	1 0 1 0 1 0 1	2
6	1 0 0 0 0 0 1	0 1 1 0 1 1 0	6
7	1 0 0 0 0 0 1	1 1 1 0 0 0 0	3
8	1 0 0 0 0 0 1	0 0 0 1 1 1 1	4
9	1 0 0 0 0 0 1	1 0 0 1 0 0 1	1
10	1 0 0 0 0 0 1	0 1 0 1 0 1 0	5
11	1 0 0 0 0 0 1	1 1 0 1 1 0 0	4
12	1 0 0 0 0 0 1	0 0 1 1 1 0 0	5
13	1 0 0 0 0 0 1	1 0 1 1 0 1 0	4
14	1 0 0 0 0 0 1	0 1 1 1 0 0 1	4
15	1 0 0 0 0 0 1	1 1 1 1 1 1 1	5

Tabelle 4.3: Falschkorrektur durch Doppelfehler

Treten zwei Fehler auf, so ist keine korrekte Zuordnung zu einem Codewort möglich. In diesem Beispiel besitzt das 9. Codewort c_9 den geringsten Abstand zum Empfangswort r.

Wie aus Tabelle 4.3 zu sehen ist, wurde hier bei gleichem Sendewort ein falsches Codewort gefunden. Das decodierte Codewort c_9 unterscheidet sich vom gesendeten Codewort c_3 in drei Binärstellen. Es ergibt sich somit für $d = 3$ die Korrigierbarkeit von einem Bitfehler und eine Detektionsfähigkeit bis zu zwei Bitfehlern, wenn auf eine Korrektur verzichtet wird. Vergleiche hierzu die Abbildung 4.1.   ◇

Beispiel 4.4 *In diesem Beispiel wird gezeigt, wie die Falschkorrektur durch Distanzvergrößerung mittels eines Paritätsbit vermieden wird. Wir betrachten wieder den gleichen Code wie in den Beispielen 4.2 und 4.3. Jedes Codewort ist jedoch um ein Bit – dem Paritätsbit – erweitert, so daß jetzt jedes Codewort ein gerades Gewicht besitzt.*

$$
\begin{array}{lccl}
\text{Sendecodewort} & c_3 & = & (1\,1\,0\,0\,0\,1\,1\,0) \\
\text{Fehlervektor} & f & = & (0\,1\,0\,0\,0\,1\,0\,0) \\
\text{Empfangswort} & r & = & (1\,0\,0\,0\,0\,0\,1\,0)
\end{array}
$$

Nr	Empfangswort		Codewort		Distanz
0	1 0 0 0	0 0 1 0	0 0 0 0	0 0 0 0	2
1	1 0 0 0	0 0 1 0	1 0 0 0	1 1 0 1	4
2	1 0 0 0	0 0 1 0	0 1 0 0	1 0 1 1	4
3	1 0 0 0	0 0 1 0	1 1 0 0	0 1 1 0	2
4	1 0 0 0	0 0 1 0	0 0 1 0	0 1 1 1	4
5	1 0 0 0	0 0 1 0	1 0 1 0	1 0 1 0	2
6	1 0 0 0	0 0 1 0	0 1 1 0	1 1 0 0	6
7	1 0 0 0	0 0 1 0	1 1 1 0	0 0 0 1	4
8	1 0 0 0	0 0 1 0	0 0 0 1	1 1 1 0	4
9	1 0 0 0	0 0 1 0	1 0 0 1	0 0 1 1	2
10	1 0 0 0	0 0 1 0	0 1 0 1	0 1 0 1	6
11	1 0 0 0	0 0 1 0	1 1 0 1	1 0 0 0	4
12	1 0 0 0	0 0 1 0	0 0 1 1	1 0 0 1	6
13	1 0 0 0	0 0 1 0	1 0 1 1	0 1 0 0	4
14	1 0 0 0	0 0 1 0	0 1 1 1	0 0 1 0	4
15	1 0 0 0	0 0 1 0	1 1 1 1	1 1 1 1	6

Tabelle 4.4: Distanzvergrößerung durch Paritätsbit

In der Tabelle 4.4 ist zu erkennen, daß jetzt jedes Codewort $c_j \neq c_0$ mindestens vier Einsen enthält. Das Mindestgewicht und somit die Mindestdistanz des Codes ist auf vier angewachsen. Ferner wird deutlich, daß es jetzt für den Decoder erkennbar ist, daß keine eindeutige Zuordnung zu einem Codewort möglich ist, denn c_0, c_3, c_5 und c_9 besitzen die gleiche Distanz zum Empfangsvektor. Eine Falschkorrektur wird vermieden. Besitzt ein Code die Mindestdistanz vier, so kann ein Fehler korrigiert und - im Unterschied zu Beispiel 4.3 – falls zwei Fehler aufgetreten sind, eine Falschkorrektur vermieden werden, da zusätzlich zur Fehlerkorrektur eine Fehlererkennung bis zu zwei Fehlern erfolgen kann. ⋄

4.1.2 Fehlererkennungs- und Fehlerkorrekturfähigkeit

Wird auf einen Kanal ein Codewort c übertragen und ein Vektor r empfangen, bei dem e Fehler aufgetreten sind, so gilt:

$$D(c, r) = w(c - r) = e. \qquad (4.6)$$

Besitzt der Code die Mindestdistanz d, so kann r immer als falsch erkannt werden, solange die Anzahl der Fehler e nicht größer als $d - 1$ ist.

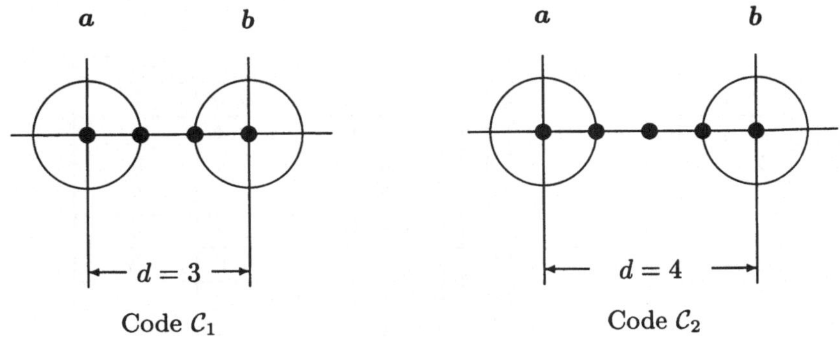

Abbildung 4.1: Darstellung der Hamming-Distanz für $d = 3$ und $d = 4$

In Abbildung 4.1 sind jeweils zwei Codewörter a und b eines Codes $\mathcal{C}_1$ ($d = 3$) bzw. eines Codes $\mathcal{C}_2$ ($d = 4$) dargestellt. Der um die Codewörter gezeichnete Kreis symbolisiert ihren Korrekturbereich. Für beide Codes ist dieser Korrekturbereich gleich groß. Wir betrachten zunächst den Code $\mathcal{C}_1$ und gehen davon aus, daß das Codewort a gesendet wird. Tritt nur ein Kanalfehler auf, so wird der Korrekturbereich von a nicht verlassen. Der Decoder des Empfängers korrigiert den empfangenen Vektor r richtig zum nächstgelegenen Codewort a. Treten aber mehrere Fehler (z.B zwei) auf, so wird der Korrekturbereich von a verlassen und möglicherweise der Korrekturbereich eines anderen Codewortes b erreicht. Es kommt zur Falschkorrektur.

Wir betrachten nun den Code $\mathcal{C}_2$ und gehen wieder davon aus, daß das Codewort a gesendet wird. Tritt nur ein Kanalfehler auf, so korrigiert der Decoder den empfangenen Vektor r richtig. Es gibt keinen Unterschied zum Code $\mathcal{C}_1$. Treten aber zwei Fehler auf, so wird der Korrekturbereich von a verlassen, ohne daß der Korrekturbereich eines anderen Codewortes b erreicht werden kann. Eine Falschkorrektur kann erst beim Auftreten von mehr als zwei Fehlern erfolgen.

Sind $e = d$ Fehler aufgetreten, so könnte das Codewort a in ein anderes Codewort $r = b$ verfälscht werden, was prinzipiell nicht mehr – aufgrund der Codeeigenschaft – erkannt werden kann. Zur weitergehenden Fehlererkennung können nur noch zusätzliche Informationen verwendet werden, etwa, daß bei Sprachübertragung die Amplitudenänderung aufeinanderfolgender Laute nicht über eine bestimmte Grenze springen darf.

Für die FEHLERERKENNBARKEIT OHNE KORREKTUR gilt demnach:

$$S \ \leq \ d-1 \, . \tag{4.7}$$

Um die Fehlerkorrekturfähigkeit eines Codes mit der Mindestdistanz d zu untersuchen, gehen wir von folgender Ungleichung aus:

$$2E+1 \leq d \leq 2E+2 \, , \tag{4.8}$$

hierbei soll E eine positive ganze Zahl sein, so daß d entweder gerade oder ungerade ist. Wenn a das gesendete Codewort ist, der Vektor r empfangen wurde und b ein anderes Codewort ist, gilt für die Hamming-Distanzen die Dreiecksungleichung:

$$D(a,r) \ + \ D(b,r) \ \geq \ D(a,b) \, . \tag{4.9}$$

Da a und b Codewörter sind, gilt nach der Voraussetzung in Gleichung (4.8):

$$D(a,b) \ \geq \ d \ \geq 2E+1 \, . \tag{4.10}$$

Nun soll angenommen werden, daß bei der Übertragung von a genau e Fehler aufgetreten sind. Da also gilt: $D(a,r) = e$, so folgt von Gleichung (4.8) und (4.9):

$$\begin{aligned} D(b,r) \ &\geq \ 2E+1-e \, , \\ &> \ E, \quad \text{wenn} \quad e \leq E \, . \end{aligned}$$

Dies bedeutet, daß der Empfangsvektor r solange eindeutig und richtig dem gesendeten Codewort a zugeordnet werden kann, wie die Anzahl der aufgetretenen Fehler $e \leq E$ ist, denn dann ist der Abstand zwischen a und r kleiner als von r zu einem anderen Codewort b. Die maximale Anzahl E RICHTIG KORRIGIERBARER FEHLER ist somit bestimmt:

$$E \leq \left\lfloor \frac{d-1}{2} \right\rfloor \, . \tag{4.11}$$

Die Klammer $\lfloor \ \rfloor$ bedeutet, daß der in der Klammer errechnete Wert auf die nächste ganze Zahl abgerundet wird. Ist z.B. $d = 5$, so folgt: $E \leq 2$. Ähnlich kann gezeigt werden, daß der Abstand zwischen a und r größer werden kann, als von r zu einem anderen Codewort b, wenn die Anzahl der aufgetretenen Fehler $e > E$ wird. Es kommt dann zur Falschkorrektur.

Im weiteren bezeichnet durchgängig:

S die Anzahl der erkennbaren Fehler,

E die Anzahl der korrigierbaren Fehler und

e die Anzahl der aufgetretenen Fehler.

Die Gleichungen (4.7) und (4.11) geben jeweils an, wieviele Fehler maximal erkannt bzw. korrigiert werden können. Der Zusammenhang zwischen der Mindestdistanz d, der Anzahl der erkennbaren Fehler S und der Anzahl der korrigierbaren Fehler E ist in der folgenden Ungleichung dargestellt:

$$d - 1 \ \geq \ 2 \cdot E + S \, . \tag{4.12}$$

Für einen zweifehlerkorrigierenden Code $\mathcal{C}$ mit der Mindestdistanz $d = 5$ ergeben sich z.B. folgende Kombinationsmöglichkeiten:

$$
\begin{aligned}
&S = 4, \ E = 0 \qquad \text{oder} \\
&S = 3, \ E = 0 \qquad \text{oder} \\
&S = 2, \ E = 1 \qquad \text{oder} \\
&S = 0, \ E = 2 \, .
\end{aligned}
$$

Angemerkt sei an dieser Stelle ohne Beweis, daß es für jeden linearen Code möglich ist, durch Hinzufügen eines Paritätsbits die Mindestdistanz von d (d ungerade) auf $d + 1$ zu erhöhen, um die Wahrscheinlichkeit einer Falschkorrektur zu verringern.

4.1.3   Lee-Gewicht und -Metrik

Für einige Anwendungsfälle erweist sich die Hamming-Distanz als nicht besonders geeignet. Im Beispiel der diskreten Modulationsverfahren (m-PSK, m-QAM) wäre es wünschenswert, die Euklidsche Distanz zwischen zwei Punkten im Signalraum zu verwenden. Bis heute konnte jedoch für dieses Problem kein praktikabler algebraischer Zugang erschlossen werden. Für m-PSK, die im Signalraum zu kreisförmigen Konstellationen führt, bietet die Lee-Metrik einen guten Ausweg. Für m-QAM scheint nach neueren Forschungsergebnissen die Mannheim-Metrik, die hier nicht weiter behandelt wird, eine Lösung zu bieten. Das von Lee definierte Gewicht w_L eines n-Tupels $(a_0, a_1, \ldots, a_{n-1})$ mit $a_i \in GF(q)$ ist wie folgt definiert:

$$w_L \ = \ \sum_{i=0}^{N-1} |a_i| \, , \tag{4.13}$$

$$\text{wobei} \quad |a_i| \ = \ \begin{cases} a_i, & 0 \ \leq \ a_i \ \leq \ \frac{q}{2}, \\ q - a_i, & \frac{q}{2} \ < \ a_i \ \leq \ q - 1. \end{cases} \tag{4.14}$$

4.2 Gewichtsverteilung linearer Codes

Im Abschnitt 4.1 wurde die Bedeutung der Mindestdistanz für die Korrekturfähigkeit eines Codes erläutert. Berücksichtigt man die Aussage von Satz 4.1, daß Mindestdistanz gleich Mindestgewicht ist, so wird einsichtig, daß der Gewichtsverteilung eines Codes besondere Wichtigkeit zukommt.

Definition 4.5 *Die* GEWICHTSVERTEILUNG *eines linearen (n,k) Blockcodes wird durch eine Folge* $A_0, \ldots, A_i, \ldots, A_n$ *von ganzen Zahlen beschrieben. Die Zahl* A_i *gibt an, wieviele Codewörter der Code mit dem Hamminggewicht i besitzt. Dieser Gewichtsverteilung ist umkehrbar eindeutig eine* GEWICHTSFUNKTION $W_C(x,y)$ *des Codes C zugeordnet:*

$$W_C(x,y) \;=\; \sum_{i=0}^{n} A_i \cdot x^{n-i} y^i, \tag{4.15}$$

$$=\; \sum_{c \in C} x^{n-w(c)} y^{w(c)}. \tag{4.16}$$

Die Gewichtsfunktion $W_C(x,y)$ ist ein Polynom vom Grad n in den Variablen x und y. Der Exponent von x gibt die Anzahl der Nullen und der Exponent von y gibt die Anzahl der Einsen eines Codewortes an. Wird $x = 1$ gesetzt, so erhält man ein Polynom $W_C(y)$ in einer Variablen:

$$W_C(1,y) = W_C(y) = \sum_{i=0}^{n} A_i \cdot y^i = \sum_{c \in C} y^{w(c)}. \tag{4.17}$$

Die beiden Funktionen $W_C(x,y)$ und $W_C(y)$ lassen sich durch ihr Argument unterscheiden, so daß auf eine Bezeichnungsänderung der Funktion verzichtet werden kann. Die ursprüngliche Gewichtsfunktion $W_C(x,y)$ wird aus Gleichung (4.17) durch Substitution $(y \to y/x)$ zurückgewonnen:

$$W_C(x,y) = x^n \cdot W_C\left(\frac{y}{x}\right) = x^n \cdot \sum_{i=0}^{n} A_i \left(\frac{y}{x}\right)^i = \sum_{i=0}^{n} A_i x^{n-i} y^i. \tag{4.18}$$

Für lineare (n,k) Codes über $GF(q)$ mit der Mindestdistanz d sind folgende Eigenschaften einsichtig:

$$W_C(0) \;=\; A_0 = 1, \tag{4.19}$$

$$A_n \;\leq\; (q-1)^n, \tag{4.20}$$

$$A_i \;=\; 0 \ \text{für} \ 0 < i < d, \tag{4.21}$$

$$W_C(1) \;=\; \sum_{i=0}^{n} A_i = q^k. \tag{4.22}$$

Ist die Gewichtsverteilung eines Codes symmetrisch, so sind die drei folgenden Aussagen äquivalent:

$$W_C(x,y) = W_C(y,x) \ \Leftrightarrow \ A_i = A_{n-i} \text{ für alle } i \ \Leftrightarrow \ W_C(y) = y^n \cdot W_C(y^{-1}). \quad (4.23)$$

Die Gewichtsverteilung kann nur für wenige Codes in geschlossener Form berechnet werden. Zu diesen Codes gehören der Hamming- und Simplex-Code (siehe Abschnitt 4.7) sowie die MDS-Codes (siehe Def. 4.6 und Kap. 6).

Beispiel 4.5 *Die Gewichtsverteilung eines Parity-Check-Codes.*

Gegeben sei ein Code C, dessen Codewörter jeweils k Informationselemente und nur ein Prüfelement (parity bit) $m = 1$ (siehe Bsp. 2.3) enthalten. Die Codewortlänge n beträgt deshalb $n = k + 1 = 4$. Das Codewort c_0 hat das Gewicht null.

Codewort	Information	Prüfstelle	Gewicht
c_i	$k = 3$	$m = 1$	$w(c_i)$
c_0	0 0 0	0	0
c_1	0 0 1	1	2
c_2	0 1 0	1	2
c_3	0 1 1	0	2
c_4	1 0 0	1	2
c_5	1 0 1	0	2
c_6	1 1 0	0	2
c_7	1 1 1	1	4

Sechs Codeworte, c_1 bis c_6, besitzen das Gewicht zwei, und c_7 hat das Gewicht vier. Die Gewichtsfunktion hat deshalb die Form:

$$W_C(x,y) = x^4 + 6x^2y^2 + y^4 = W_C(y,x).$$

In einer Variablen lautet die Funktion:

$$W_C(1,y) = W_C(y) = 1 + 6y^2 + y^4.$$

Die Gewichtsfunktion ist symmetrisch.   ◇

Die Gewichtsfunktion für den (7,3) Code aus Beispiel 4.1, Seite 77, lautet:

$$W_{C(7,3)}(x,y) = x^7 + 3x^4y^3 + 3x^3y^4 + y^7 \ \Longleftrightarrow \ W_{C(7,3)}(y) = 1 + 3y^3 + 3y^4 + y^7,$$

und für den (7,4) Code aus Beispiel 4.2 Seite 79:

$$W_{C(7,4)}(x,y) = x^7 + 7x^4y^3 + 7x^3y^4 + y^7 \ \Longleftrightarrow \ W_{C(7,4)}(y) = 1 + 7y^3 + 7y^4 + y^7.$$

Die Summe der A_i einer Gewichtsfunktion entspricht der jeweiligen Anzahl der 2^k Codewörter (vgl. Gl. 4.22).

Die Bedeutung der Gewichtsverteilung wird in den Abschnitten 4.5.2 *Dualer Code* und 4.8 *MacWilliams-Identität* vertiefend behandelt.

4.3   Schranken für lineare Codes

In diesem Abschnitt wird die Frage nach dem Zusammenhang der Codeparameter n, k, und d untersucht. Für welche Parameter können Codes existieren und für welche nicht? Diese für die Praxis wichtige Frage wird jedoch von der Frage überlagert, wie gute Codes mit diesen Parametern gefunden werden können. Leider kann die Beantwortung dieser Fragen bislang nicht miteinander verknüpft werden. Deshalb wird zunächt in diesem Abschnitt auf die Frage nach möglichen Codeparametern eingegangen, und in den Kapiteln 6 *RS-Codes* und 7 *BCH-Codes* die Codekonstruktion in den Vordergrund gestellt.

4.3.1   Singleton-Schranke

Die Singleton-Schranke zeigt, daß die Mindestdistanz d höchstens so groß ist, wie die Anzahl der Prüfzeichen plus eins.

Satz 4.2 *(Singleton–Schranke) Für die Mindestdistanz d eines Codes C mit der Länge n und der Dimension k gilt:*

$$d \leq n - k + 1. \tag{4.24}$$

Beweis: Wählt man nur eins der k Informationssymbole eines Codewortes c ungleich Null, so kann man durch die Wahl aller Prüfstellen verschieden von Null maximal das Gewicht $w(c) = n - k + 1$ erreichen. Wählt man zwei Codewörter, die sich in nur einer Informationsstelle unterscheiden, so haben beide Wörter mindestens $k - 1$ Stellen gemeinsam, d.h. ihr Abstand ist höchstens $n - k + 1$.   ∎

Kombinieren wir die Aussage der Singleton-Schranke mit der Gleichung (4.7), so folgt, daß ein Code mit der Mindestdistanz d, $S \leq n - k$ Fehler erkennen kann. Ein Einsetzen in Gleichung (4.11) ergibt für einen E-Fehler korrigierenden Code, $2E \leq n - k$. Diese Aussagen können so interpretiert werden, daß zur Korrektur eines Fehlers mindestens zwei Prüfstellen benötigt werden, während zum Erkennen eines Fehlers nur eine Prüfstelle erforderlich ist.

Definition 4.6 *Ein Code, der die Singleton–Schranke mit Gleichheit erfüllt, heißt "maximum distance separable" (MDS).*

Im Kapitel 6 werden wir sehen, daß RS-Codes die MDS Eigenschaft besitzen. Dies ist ein wesentlicher Grund für den zunehmenden Einsatz der RS-Codes in der Praxis. Die einzigen bekannten binären MDS Codes sind die Repetition Codes (siehe Abschnitt 2.3) ungerader Länge.

4.3.2 Hamming-Schranke

Ein wichtiges Problem der Kanalcodierung stellt die Frage nach der Anzahl der Codewörter eines Codes bei vorgegebener Mindestdistanz und Länge dar. Durch Abschätzungen wird versucht, der Beantwortung dieser Frage nahezukommen. Die Hamming-Schranke stellt eine obere Schranke dar, die angibt, wieviele Codewörter mit vorgegebenen Parametern höchstens existieren. Zu einem Codewort $c \in \mathcal{C}(n,k,d)$ gibt es $\binom{n}{1}$ Vektoren mit der Distanz 1, $\binom{n}{2}$ Vektoren mit der Distanz 2, usw., $\binom{n}{e}$ Vektoren mit der Distanz e. Hierbei gilt:

$$\binom{n}{e} = \frac{n \cdot (n-1) \ldots (n-(e-1))}{e \cdot (e-1) \cdots 1}.$$

Da es maximal 2^n verschiedene binäre Vektoren der Länge n geben kann, ist der folgende Satz einsichtig.

Satz 4.3 *Für alle linearen* $E \leq \lfloor \frac{d-1}{2} \rfloor$ *fehlerkorrigierenden binären Codes* $\mathcal{C}(n,k,d)$ *gilt die* HAMMING-SCHRANKE:

$$2^k \left(1 + \binom{n}{1} + \cdots + \binom{n}{E}\right) \leq 2^n. \tag{4.25}$$

Für die Fehlerkorrektur bedeutet dies, daß alle Fehler, die zu Vektoren führen, die in den Korrekturkugeln (siehe Abb. 4.1) liegen, die mit dem maximalen Radius E um die 2^k Codewörter ohne Überschneidung zu bilden sind, eindeutig zu den entsprechenden Codewörtern im Kugelmittelpunkt korrigiert werden können.

Für nichtbinäre Codes, die auf dem Zahlenkörper $GF(q)$ definiert sind gilt entsprechend:

$$q^k \cdot \sum_{e=0}^{E} \binom{n}{e} (q-1)^e \leq q^n \quad \text{bzw.} \quad q^{n-k} \geq \sum_{e=0}^{E} \binom{n}{e} (q-1)^e. \tag{4.26}$$

Der Beweis der Gleichung (4.26) ist der Betrachtung der Hamming-Schranke für binäre Codes sehr ähnlich. Auch hier gilt, daß alle q^k Codewörter verschieden sind. Die Anzahl aller Vektoren innerhalb der Korrekturbereiche ist durch:

$$q^k \cdot \sum_{e=0}^{E} \binom{n}{e} (q-1)^e$$

gegeben. Sie muß kleiner als die Anzahl q^n aller Vektoren sein.

Wichtig ist noch einmal zu betonen, daß die Hamming-Schranke eine obere Schranke darstellt. Es existiert kein Code, der die Ungleichung nicht erfüllt. Andererseits garantiert die Einhaltung der Schranke noch nicht die Existenz eines Codes. Ebensowenig gibt sie Auskunft wie ein solcher Code konstruiert werden kann.

Beispiel 4.6 *Der $(7,4)$ Code mit $d = 3$ aus den Beispielen 4.2 und 4.3 erfüllt die Hamming-Ungleichung, denn $2^4 \cdot (1+7) = 2^7$. Jeder mögliche Empfangsvektor liegt im Korrekturbereich eines Codewortes.*

Fragen wir, wie groß die Anzahl der Informatiosstellen k eines Codes werden kann, der die Länge $n = 63$ besitzt und zwei Fehler korrigieren kann, so folgt:

$$2^{63-k} \geq (1 + 63 + 63 \cdot 31) = 2017.$$

Wird $k = 52$ gewählt, so ist die Ungleichung erfüllt, denn $2^{11} = 2048 \geq 2017$. Tatsächlich existiert ein solcher Code nicht. Im Kapitel 7 werden wir sehen, daß es einen $(63,51)$ Code gibt, der die Mindestdistanz $d = 5$ besitzt. ◇

4.3.3 Perfekte Codes

Um Mißverständnissen zu diesem Abschnitt vorzubeugen, sollen zunächst zwei Tatsachen herausgestellt werden. Perfekte Codes müssen nicht unbedingt lineare Codes sein – es existieren auch nichtlineare Codes[2], die perfekt sind –, aber in diesem Kapitel werden nur lineare Codes behandelt. Die Eigenschaft der Perfekten Codes ist es nicht, perfekt (im Sinne von unfehlbar) Fehler korrigieren zu können. Vielmehr liegen alle möglichen Empfangsvektoren innerhalb der Korrekturkugeln. Mit Hilfe der Hamming-Schranke können nun Perfekte Codes definiert werden.

Definition 4.7 *Wenn für einen Code $C(n, k, d)$ die Gleichheit in der Hamming-Schranke (Gl. 4.25) gilt, so heißt er* PERFEKT.

Für binäre Codes bedeutet dies anschaulich, daß sich alle 2^n möglichen Vektoren eines Raumes $GF(2^n)$ innerhalb der Korrekturkugeln der 2^k Codewörter befinden (vgl. die Anmerkung auf Seite 88). Die Hamming-Schranke ist demnach ein Maß, wie gut die Korrekturkugeln den Raum überdecken. Somit können bei Perfekten Codes *alle* verfälschten Codewörter eindeutig einem *korrekten* Codewort zugeordnet werden. Dies bedeutet nicht, daß diese Zuordnung im Sinne der Fehlerkorrektur auch richtig ist. Treten mehr als $E = \lfloor \frac{d-1}{2} \rfloor$ Fehler auf, so erfolgt zwangsläufig eine Falschkorrektur. Das so *korrigierte* Empfangswort enthält nach der Korrektur mehr Fehler als vor der Korrektur.

Es existieren jedoch nur wenige lineare Perfekte Codes. Einen Perfekten Code – den Wiederholcode ungerader Länge – haben wir bereits kennengelernt. Desweiteren werden wir noch die Hamming-Codes und den Golay-Code kennenlernen, die ebenfals zur Gruppe der Perfekten Codes zählen.

---

[2]Vergleiche z.B. den Nordstrom-Robinson-Code

4.3.4   Plotkin- und Gilbert-Varshamov-Schranke

Außer der Singleton- und Hamming-Schranke sind mit der Plotkin- und der Elias-Schranke zwei weitere obere Schranken in die Codierungstheorie eingeführt worden. Die Einführung rechtfertigt sich durch die unterschiedliche Schärfe der Schranken in verschiedenen Parameterbereichen. Die Gilbert-Varshamov-Schranke ist eine untere Schranke, deren Einhaltung die Existenz eines Codes garantiert.

Satz 4.4 Plotkin-Schranke *Für die Minimaldistanz d eines linearen (n,k) Codes gilt:*

$$d \leq \frac{n \cdot (q-1)q^{k-1}}{q^k - 1} \approx \frac{n \cdot (q-1)}{q}. \tag{4.27}$$

Die Näherung gilt nur für ein genügend großes k.

Beweis: Wie beim Beweis der Singleton-Schranke wird wieder eine Gewichtsbetrachtung durchgeführt. Das mittlere Gewicht eines Codesymbols beträgt: $(q-1)/q$, da jedes Symbol alle möglichen Werte gleich häufig annimmt. Ein Codewort c der Länge n weist somit ein mittleres Gewicht von $\overline{w}(c) = n \cdot (q-1)/q$ auf. Wird berücksichtigt, daß es genau ein Codewort (Nullwort) mit dem Gewicht null gibt, so erhöht sich das mittlere Gewicht der anderen auf:

$$\frac{n \cdot (q-1)}{q} \cdot \frac{q^k}{q^k - 1}.$$

Das Mindestgewicht und damit die Minimaldistanz d des Codes muß kleiner als das mittlere Gewicht eines Codewortes sein. $\qquad\blacksquare$

Satz 4.5 Gilbert-Varshamov-Schranke *Es existiert ein linearer (n,k) Code mit der Mindestdistanz d, wenn für die Parameter gilt:*

$$\sum_{e=0}^{d-2} \binom{n-1}{e} (q-1)^e < q^{n-k}. \tag{4.28}$$

Beweis: Der Beweis geht von der Konstruktion einer Prüfmatrix H aus. In Abschnitt 2.5 wurde bereits auf den Zusammenhang zwischen der $(m \times n)$ Prüfmatrix H und der Mindestdistanz d des Codes hingewiesen. In Satz 5.6 wird bewiesen, daß es eine Auswahl von d Spalten der Prüfmatrix eines Codes gibt, die eine Linearkombination bildet. Jede Auswahl von $d-1$ Spalten muß jedoch linear unabhängig sein. Damit dies erfüllt ist, darf auch die n-te Spalte keine Linearkombination mit den möglichen $n_e \leq d - 2$ Kombinationen von den ersten $n-1$ Spalten der Prüfmatrix sein. Für die Anzahl n_e der Linearkombinationen von e Spalten aus $n-1$ Spalten gilt:

$$n_e = \binom{n-1}{e} (q-1)^e.$$

Für alle Linearkombinationen $e \leq d - 2$ aus $n - 1$ Spalten gilt:

$$\sum_{e=1}^{d-2} n_e.$$

Da es insgesamt $q^m - 1 = q^{n-k} - 1$ verschieden wählbare Spalten gibt (der Nullvektor ist nicht wählbar), ist der Satz bewiesen. ∎

Beispiel 4.7 *Im Beispiel 4.6 haben wir nach der maximalen Anzahl der Informationsstellen k eines Codes gefragt, der die Länge $n = 63$ besitzt und zwei Fehler korrigieren kann. Die Hamming-Schranke lieferte das etwas unbefriedigende Ergebnis $k = 52$. Unbefriedigend, weil kein entsprechender Code zu konstruieren war. Die Gilbert-Varshamov-Schranke sagt nun aus, daß es einen Code gibt, wenn:*

$$\sum_{e=0}^{d-2} \binom{n-1}{e} (q-1)^e = \sum_{e=0}^{3} \binom{62}{e} = 39774 < 2^{63-k}$$

erfüllt ist. Dies ist für $k \leq 47$ erfüllt. Die Gilbert-Varshamov-Schranke garantiert somit nur einen $(63, 47)$ Code, der zwei Fehler korrigieren kann. Tatsächlich gibt es einen $(63, 51)$ BCH-Code (siehe Kap. 7), mit der Mindestdistanz $d = 5$. ◇

4.4 Das Standard Array

Das Standard Array stellt das Korrekturverfahren (siehe Bsp. 4.2, 4.3 und 4.4) eines Codes in einer strukturierten Weise dar und eignet sich deshalb für eine einfache Überprüfung seiner Korrektureigenschaften. Es basiert auf der Nebenklassenzerlegung (siehe Abschnitt 3.1.8) der möglichen Empfangsvektoren. Die Form der Zerlegung nach Tabelle 4.5 wird *Standard Array* genannt und entsprechend die Form der Entscheidung *Standard Array Decodierung*. In der nachstehenden Tabelle 4.5 ist der Zusammenhang in der allgemeinen Form dargestellt.

In der ersten Zeile sind die 2^k Codewörter eines linearen (n, k) Codes eingetragen. Sie bilden eine Untergruppe aller möglichen binären Vektoren der Länge n. Die Nebenklassenanführer, die in der ersten Spalte der Tabelle stehen, stellen die möglichen 2^{n-k} korrigierbaren Fehlervektoren dar, wobei gilt: $f_0 = c_0 = 0$. Die Vektoren, die durch die Addition von Codevektor und Fehlervektor $r_{ij} = f_i + c_j$ entstehen, entsprechen den 2^n möglichen Empfangsvektoren r. Die Addition zweier Vektoren ist die modulo-2 Addition der Komponenten. In Abschnitt 3.1.8 wurde gezeigt, daß diese Nebenklassenzerlegung eine eindeutige Zuordnung von Fehlervektor und Empfangsvektor ist. Deshalb kann von einem Empfangsvektor wieder auf das Codewort zurückgeschlossen werden (siehe Beispiel des $(7,3)$ Codes 3.9). In der englischsprachigen Literatur werden Nebenklassen als COSETS bezeichnet.

Nebenklassen in $GF(2^n)$					
$c_0 = 0$	c_1	$\cdots$	c_i	$\cdots$	c_{2^k-1}
f_1	$f_1 + c_1$	$\cdots$	$f_1 + c_i$	$\cdots$	$f_1 + c_{2^k-1}$
f_2	$f_2 + c_1$	$\cdots$	$f_2 + c_i$	$\cdots$	$f_2 + c_{2^k-1}$
$\vdots$	$\vdots$		$\vdots$		$\vdots$
f_j	$f_j + c_1$	$\cdots$	$f_j + c_i$	$\cdots$	$f_j + c_{2^k-1}$
$\vdots$	$\vdots$		$\vdots$		$\vdots$
$f_{2^{n-k}-1}$	$f_{2^{n-k}-1} + c_1$	$\cdots$	$f_{2^{n-k}-1} + c_i$	$\cdots$	$f_{2^{n-k}-1} + c_{2^k-1}$

Tabelle 4.5: Standard Array eines binären linearen (n, k) Codes

Zwei Beispiele sollen die Mächtigkeit des Standard Arrays verdeutlichen. Ein erstes, einfaches Beispiel einer *Codekonstruktion* soll die Vorgehensweise bei der Aufstellung eines Standard Arrays erläutern.

Beispiel 4.8 *Zunächst soll ein* (5,3) *Code konstruiert werden. Die Linearität fordert, daß der Nullvektor* $c_0 = (0,0,0,0,0)$ *Bestandteil des Codes sein muß.*

i		Nebenklassen (Cosets)						
0	00000	11111	00111	11000	10101	01010	10010	01101
1	10000	01111	10111	01000	00101	11010	00010	11101
2	00100	11011	00011	11100	10001	01110	10110	01001
3	00001	11110	00110	11001	10100	01011	10011	01100

Tabelle 4.6: Standard Array eines (5,3) Codes

Um möglichst gute Distanzeigenschaften zwischen den einzelnen Codewörtern zu erreichen, soll weiterhin versucht werden, das Hamming-Gewicht der Codewörter möglichst groß zu wählen (vgl. Satz 4.1). Deshalb werden zunächst die Codeworte $c_1 = (1,1,1,1,1)$ *und* $c_2 = (0,0,1,1,1)$ *hinzugefügt. Da* $c_1 + c_2 = (1,1,0,0,0)$ *auch ein Codewort sein muß, soll es mit* c_3 *bezeichnet werden. Dies wäre ein möglicher Code mit vier Codewörtern und der Mindestdistanz zwei. Durch Hinzufügen eines weiteren Codewortes* $c_4 = (1,0,1,0,1)$ *ergeben sich* $c_5 = c_1 + c_4 = (0,1,0,1,0)$, $c_6 = c_2 + c_4 = (1,0,0,1,0)$ *und* $c_7 = c_3 + c_4 = (0,1,1,0,1)$ *automatisch.* ◊

Damit ist ein Code konstruiert, der aus $2^3 = 8$ verschiedenen Codewörtern besteht, die eine Auswahl aus dem Vektorraum mit $2^5 = 32$ verschiedenen 5-Tupeln darstellen. Um die Korrektureigenschaften dieses Codes zu untersuchen, wollen wir die acht Codewörter in eine Zeile schreiben und jede weitere Zeile dadurch bilden, daß wir zu jedem Codewort einen Fehlervektor addieren. Das Ergebnis ist in der Tabelle 4.6 dargestellt.

Wir stellen fest, daß wir nach drei Versuchen bereits alle 32 möglichen Vektoren in unserer Tabelle eingetragen haben. Das bedeutet, daß die Fehlervektoren (1,0,0,0,0) und (0,0,1,0,0) und (0,0,0,0,1) eindeutig korrigiert werden können. Die durch sie verursachte Verfälschung kann dadurch rückgängig gemacht werden, daß jeder mögliche Empfangsvektor dem Codewort zugeordnet werden kann, in dessen Spalte er steht. Wurde z.B. (1,0,1,1,1) empfangen, so führt die Decodierentscheidung zum Codewort (0,0,1,1,1).

Weil das Beispiel 4.8 wenig zufriedenstellend war, da der Code nicht jedes Fehlermuster vom Gewicht Eins korrigieren kann, soll ein Beispiel folgen, das diese Forderung erfüllt.

Beispiel 4.9 *In diesem Beispiel wird ein* (5, 2) *Code betrachtet. In der Tabelle 4.7 ist das Standard Array eines linearen* (5, 2) *Codes dargestellt.   Es ist*

i	Nebenklassen (Cosets)			
0	00000	01101	10110	11011
1	10000	11101	00110	01011
2	01000	00101	11110	10011
3	00100	01001	10010	11111
4	00010	01111	10100	11001
5	00001	01100	10111	11010
6	11000	10101	01110	00011
7	10001	11100	00111	01010

Tabelle 4.7: Standard Array eines (5,2) Codes

zu erkennen, daß jeder Fehler vom Gewicht Eins eindeutig korrigierbar ist. Die letzten beiden Zeilen der Tabelle 4.7 machen deutlich, daß nur zwei Fehlermuster vom Gewicht Zwei zugeordnet werden können. Diese zwei Fehlermuster sind, wie im vorherigen Beispiel, willkürlich ausgewählt. In der sechsten Zeile hätte statt (11000) *auch* (00011), *bzw. in der siebten Zeile statt* (10001) *auch* (01010) *als Nebenklassenanführer ausgewählt werden können.*   ◇

4.5   Generatormatrix und Prüfmatrix

Die im letzten Kapitel vorgestellte Methode der *Standard Array Decodierung* ist natürlich für längere Codes zu aufwendig und benötigt sehr viel Speicherplatz.

Deshalb werden wir im folgenden ein Verfahren unter Verwendung von Matrizen betrachten, das diese Nachteile vermeidet. Erinnern wir uns noch einmal an das Codebeispiel 4.8 vom letzten Abschnitt. Der Code war nur in der Lage, drei von

Null verschiedene Fehlermuster zu korrigieren. Deshalb wäre es ausreichend, nur diese Fehlermuster abzuspeichern, wenn es gelingen würde, aus dem Empfangsvektor mit Hilfe einer Prüfmatrix das Fehlermuster zu bestimmen. Bevor wir uns dem Problem der Bestimmung der Prüfmatrix zuwenden, wollen wir zunächst die Generatormatrix des Codes angeben.

Unter der Generatormatrix wollen wir die den Code erzeugende Matrix G verstehen:

$$c \;=\; i \cdot G\,, \tag{4.29}$$

wobei der Vektor $i = (i_0, i_1, \ldots, i_{k-1})$ die zu codierende Information enthält. Die Matrix G muß hierfür in k Zeilen linear unabhängige Codevektoren[3] von C enthalten:

$$G = \begin{pmatrix} g_{00} & g_{01} & g_{02} & \cdots & g_{0,n-1} \\ g_{10} & g_{11} & g_{12} & \cdots & g_{1,n-1} \\ \vdots & \vdots & \vdots & & \vdots \\ g_{k-1,0} & g_{k-1,1} & g_{k-1,2} & \cdots & g_{k-1,n-1} \end{pmatrix} = \begin{pmatrix} g_0 \\ g_1 \\ \vdots \\ g_{k-1} \end{pmatrix}. \tag{4.30}$$

Betrachten wir wieder den (5,3) Code aus Beispiel 4.8, so könnte G wie folgt aussehen:

$$G_1 = \begin{pmatrix} 1 & 0 & 0 & 1 & 0 \\ 0 & 1 & 0 & 1 & 0 \\ 0 & 0 & 1 & 1 & 1 \end{pmatrix} \quad \text{oder} \quad G_2 = \begin{pmatrix} 1 & 1 & 1 & 1 & 1 \\ 0 & 0 & 1 & 1 & 1 \\ 1 & 0 & 1 & 0 & 1 \end{pmatrix}.$$

Die Matrix G_1 hat gegenüber der Matrix G_2 den Vorteil, daß sie die Information unverändert in das Codewort transportiert, so daß von einer systematischen Codierung gesprochen wird. Beispielsweise ergibt die Multiplikation von $i_1 = (1,1,1)$ mit G_1 das Codewort $c_1 = (1,1,1,1,1)$, während die Multiplikation von $i_1 = (1,1,1)$ mit G_2 das Codewort $c_7 = (0,1,1,0,1)$ aus Beispiel 4.8 ergibt.

Entsprechend dem (5,2) Code aus Beispiel 4.9 würde G wie folgt aussehen:

$$G = \begin{pmatrix} 1 & 0 & 1 & 1 & 0 \\ 0 & 1 & 1 & 0 & 1 \end{pmatrix}.$$

Die Generatormatrix lautet mit $m = n - k$ in systematischer Form:

$$G = \begin{pmatrix} 1 & 0 & \cdots & 0 & a_{00} & a_{01} & \cdots & a_{0,m-1} \\ 0 & 1 & \cdots & 0 & a_{10} & a_{11} & \cdots & a_{1,m-1} \\ \vdots & \vdots & \ddots & \vdots & \vdots & \vdots & & \vdots \\ 0 & 0 & \cdots & 1 & a_{k-1,0} & a_{k-1,1} & \cdots & a_{k-1,m-1} \end{pmatrix} = \begin{pmatrix} g_0 \\ g_1 \\ \vdots \\ g_{k-1} \end{pmatrix}. \tag{4.31}$$

---

[3] Diese Vektoren bilden die Basis für einen Unterraum von $GF(q)$ (siehe Definition 3.23).

Im weiteren soll eine zweite wichtige Matrix – DIE PRÜFMATRIX H – als eine zu G orthogonale Matrix eingeführt werden. Die Matrix G (eine $k \times n$ Matrix) besitzt k linear unabhängige Zeilen. Die Matrix H (eine $(n-k) \times n$ Matrix) mit $n-k$ linear unabhängigen Zeilen soll so aufgebaut sein, daß jeder Zeilenvektor g_i der Matrix G orthogonal zu den Zeilenvektoren h_j von H ist:

$$g_i \cdot h_j^{(T)} = 0 \quad \text{für} \quad \begin{cases} i = 0, 1, \cdots, k-1, \\ j = 0, 1, \cdots, m-1. \end{cases} \tag{4.32}$$

Für die Konstruktion der Prüfmatrix wollen wir zunächst die Anforderungen für die Decodierung klären, die an eine solche Matrix zu stellen ist. Wurde z.B. ein Codewort c fehlerfrei übertragen, so soll das Ergebnis der Multiplikation von H mit $c^{(T)}$ null ergeben. Sind jedoch additive Fehler f aufgetreten, wurde also ein Vektor $r = c + f$ empfangen, so soll das Ergebnis der Multiplikation einen direkten Rückschluß auf den Fehlervektor ermöglichen.

Gemäß diesen Forderungen und der Tatsache, daß die Generatormatrix G in den Zeilen nur Codewörter enthält, können wir H so wählen, daß gilt:

$$G \cdot H^{(T)} = 0 \quad \Longleftrightarrow \quad H \cdot G^{(T)} = 0. \tag{4.33}$$

Die Basis des Null-Raumes (vgl. Abschnitt 3.5) von G bilden dann die in H enthaltenen $m = n - k$ Zeilenvektoren:

$$H = \begin{pmatrix} a_{00} & a_{10} & \cdots & a_{k-1,0} & 1 & 0 & \cdots & 0 \\ a_{01} & a_{11} & \cdots & a_{k-1,1} & 0 & 1 & \cdots & 0 \\ \vdots & \vdots & \vdots & \vdots & \vdots & \vdots & \ddots & \vdots \\ a_{0,m-1} & a_{1,m-1} & \cdots & a_{k-1,m-1} & 0 & 0 & \cdots & 1 \end{pmatrix} = \begin{pmatrix} h_0 \\ h_1 \\ \vdots \\ h_{m-1} \end{pmatrix}. \tag{4.34}$$

Wählen wir in unserem Beispiel 4.8 als Generatormatrix G wieder G_1 aus, so gilt:

$$G = [I_3 \,|\, A]. \tag{4.35}$$

Die Prüfmatrix H läßt sich jetzt einfach bestimmen als:

$$H = [-A^{(T)} \,|\, I_2]. \tag{4.36}$$

In den Gleichungen (4.35) und (4.36) stellt die Matrix I_j die Einheitsmatrix mit der Dimension j dar. Für unser Beispiel 4.8 muß gelten:

$$H = \begin{pmatrix} 1 & 1 & 1 & 1 & 0 \\ 0 & 0 & 1 & 0 & 1 \end{pmatrix}.$$

Definition 4.8 *Ein Code $C(n, k)$ wird* SYSTEMATISCH *genannt, wenn die k Informationszeichen einen Teil des gesamten Codewortes darstellen. Die k Informationszeichen und die $m = n - k$ Prüfzeichen sind also trennbar. Die Prüfmatrix H eines systematischen Codes ist eine $(m \times n)$-Matrix der Form:*

$$H = (A \,|\, I_m). \tag{4.37}$$

Die Matrix A ist eine $(m \times k)$–Matrix, und I_m ist eine $(m \times m)$–Einheitsmatrix. Jede Prüfmatrix eines linearen Blockcodes kann durch Linearkombinationen ihrer Zeilen in die systematische Form überführt werden. Um die Generatormatrix G mit der Eigenschaft: $c = i \cdot G$ aus der Prüfmatrix zu erhalten, ist es immer sinnvoll, die Prüfmatrix H zu systematisieren.

Aus der bekannten Beziehung (siehe Gleichung 2.7):

$$H \cdot c^{(T)} = (A|I) \cdot c^{(T)} = 0 \,,$$

gewinnt man mit Hilfe der Rechenregeln für Matrizen:

$$A \cdot \begin{pmatrix} c_0 \\ \vdots \\ c_{k-1} \end{pmatrix} + I_m \cdot \begin{pmatrix} c_k \\ \vdots \\ c_{n-1} \end{pmatrix} = 0 \,,$$

$$I_m \cdot \begin{pmatrix} c_k \\ \vdots \\ c_{n-1} \end{pmatrix} = -A \cdot \begin{pmatrix} c_0 \\ \vdots \\ c_{k-1} \end{pmatrix} \,.$$

Die ersten k Bits des Codewortes $(c_0, c_1, \ldots, c_{k-1})$ sind mit den k Informationsbits $(i_0, i_1, \ldots, i_{k-1})$ identisch:

$$I_m \cdot \begin{pmatrix} c_k \\ \vdots \\ c_{n-1} \end{pmatrix} = -A \cdot \begin{pmatrix} i_0 \\ \vdots \\ i_{k-1} \end{pmatrix} \,.$$

Erweitert man die Gleichung mit $(i_0, i_1, \ldots, i_{k-1})$, so ergibt sich:

$$\begin{pmatrix} I_k \\ I_m \end{pmatrix} \cdot \begin{pmatrix} c_0 \\ \vdots \\ c_{k-1} \\ c_k \\ \vdots \\ c_{n-1} \end{pmatrix} = \begin{pmatrix} I_k \\ -A \end{pmatrix} \cdot \begin{pmatrix} i_0 \\ \vdots \\ i_{k-1} \end{pmatrix} \,.$$

Nach dem Transponieren $(c^{(T)} \Rightarrow c)$ der Gleichung folgt:

$$c^{(T)} = \begin{pmatrix} I_k \\ -A \end{pmatrix} \cdot i^{(T)} \,,$$

$$c = i \cdot \left(I_k \mid -A^{(T)} \right) \,, \tag{4.38}$$

$$c = i \cdot G \,.$$

Somit haben wir aus der Definition 4.8 der Prüfmatrix, die Generatormatrix des Codes G in systematischer Form hergeleitet. Für binäre Codes sei bemerkt, daß natürlich $-A^{(T)} = A^{(T)}$ ist, da die einzelnen Codeworte aus $GF(2^n)$ stammen $(-1 = +1)$.

4.5.1 Änderung der Systematik

In der Definition 4.8 ist festgelegt, daß ein Code systematisch genannt wird, wenn die k Informationszeichen einen Teil des Codewortes darstellen. Die Definition läßt aber offen, in welchen Stellen des Codewortes die Information ablesbar sein soll. Im vorangegangenen Abschnitt wurden als Träger der Information die unteren Stellen ausgewählt. Nach den Gleichungen (4.34) und (4.38) gilt:

$$G^{(u)} = (I_k \,|A) \qquad \Longleftrightarrow \qquad H^{(o)} = \left(-A^{(T)} \,|I_m \,\right), \qquad (4.39)$$

$$H^{(o)} = (A|I_m \,) \qquad \Longleftrightarrow \qquad G^{(u)} = \left(I_k \,| - A^{(T)} \,\right). \qquad (4.40)$$

Nach Gleichung (4.30) besteht die Generatormatrix aus k Zeilen linear unabhängiger Codevektoren. Die Generatormatrix läßt sich auch so umformen, daß eine Systematik in den oberen Stellen entsteht:

$$G^{(o)} = \begin{pmatrix} b_{00} & b_{01} & \cdots & b_{0,m-1} & 1 & 0 & \cdots & 0 \\ b_{10} & b_{11} & \cdots & b_{1,m-1} & 0 & 1 & \cdots & 0 \\ \vdots & \vdots & & \vdots & \vdots & \vdots & \ddots & \vdots \\ b_{k-1,0} & b_{k-1,1} & \cdots & b_{k-1,m-1} & 0 & 0 & \cdots & 1 \end{pmatrix} = \begin{pmatrix} g_0 \\ g_1 \\ \vdots \\ g_{k-1} \end{pmatrix}. \qquad (4.41)$$

Wird nach Gleichung (4.29) $c = i \cdot G^{(o)}$ codiert, so besitzt das Codewort c den Aufbau:

$$c = (c_0, c_1, \ldots, c_{n-k-1}, i_0, i_1, \ldots, i_{k-1}). \qquad (4.42)$$

Das so gebildete Codewort ist systematisch, trägt jedoch seine Information in den oberen Stellen. Die zugehörige Prüfmatrix muß die folgende Form besitzen:

$$H^{(u)} = \begin{pmatrix} 1 & 0 & \cdots & 0 & b_{00} & b_{10} & \cdots & b_{k-1,0} \\ 0 & 1 & \cdots & 0 & b_{01} & b_{11} & \cdots & b_{k-1,1} \\ \vdots & \vdots & \ddots & \vdots & \vdots & \vdots & & \vdots \\ 0 & 0 & \cdots & 1 & b_{0,m-1} & b_{1,m-1} & \cdots & b_{k-1,m-1} \end{pmatrix} = \begin{pmatrix} h_0 \\ h_1 \\ \vdots \\ h_{m-1} \end{pmatrix}. \qquad (4.43)$$

Entsprechend den Gleichungen (4.39) und (4.40) gilt auch für die geänderte Systematik:

$$H^{(u)} = (I_m \,|B) \qquad \Longleftrightarrow \qquad G^{(o)} = \left(-B^{(T)} \,|I_k \,\right), \qquad (4.44)$$

$$G^{(o)} = (B|I_k \,) \qquad \Longleftrightarrow \qquad H^{(u)} = \left(I_m \,| - B^{(T)} \,\right). \qquad (4.45)$$

Gilt in den Gleichungen (4.39) bis (4.45) $A = B$, so handelt es sich um einen zyklischen Code (siehe Kap. 5). Für den (7,3) Code aus Beispiel 4.1 folgt:

$$G^{(u)} = \begin{pmatrix} 1 & 0 & 0 & 1 & 0 & 0 & 1 \\ 0 & 1 & 0 & 0 & 1 & 0 & 1 \\ 0 & 0 & 1 & 0 & 0 & 1 & 1 \end{pmatrix}, \qquad G^{(o)} = \begin{pmatrix} 1 & 1 & 0 & 1 & 1 & 0 & 0 \\ 1 & 0 & 1 & 1 & 0 & 1 & 0 \\ 1 & 0 & 0 & 1 & 0 & 0 & 1 \end{pmatrix},$$

$$H^{(o)} = \begin{pmatrix} 1 & 0 & 0 & 1 & 0 & 0 & 0 \\ 0 & 1 & 0 & 0 & 1 & 0 & 0 \\ 0 & 0 & 1 & 0 & 0 & 1 & 0 \\ 1 & 1 & 1 & 0 & 0 & 0 & 1 \end{pmatrix}, \quad H^{(u)} = \begin{pmatrix} 1 & 0 & 0 & 0 & 1 & 1 & 1 \\ 0 & 1 & 0 & 0 & 1 & 0 & 0 \\ 0 & 0 & 1 & 0 & 0 & 1 & 0 \\ 0 & 0 & 0 & 1 & 1 & 1 & 1 \end{pmatrix}.$$

Im folgenden Abschnitt wird untersucht, welcher Code mit Hilfe der Prüfmatrix erzeugt werden kann.

4.5.2   Der Duale Code

Wird die Prüfmatrix H eines Codes C als Generatormatrix verwendet, so kann damit ein zu C dualer Code C_d erzeugt werden. Die Bildung aller 2^{n-k} Linearkombinationen der Zeilen der Prüfmatrix H generiert den linearen Code C_d. Dieser $(n, n-k)$ Code C_d wird dualer Code von C genannt (vgl. Abschnitt 3.5.4).

Definition 4.9 *Ist die $(k \times n)$-Matrix G die Generatormatrix und die $(n-k \times n)$-Matrix H die Prüfmatrix eines linearen (n, k) Codes C, so erzeugt $G_d = H$ einen linearen $(n, n-k)$ Code C_d. Die Matrix $H_d = G$ ist die Prüfmatrix des Codes C_d. Der Code C_d wird als* DUALER CODE *zu C bezeichnet.*

Eine Folgerung der Definition 4.9 und der Orthogonalität von Generator- und Prüfmatrix (siehe Gl. 4.32) ist, daß auch für alle Codewörter $c_i = i \cdot G \in C$ und $c_j = j \cdot H \in C_d$ die Orthogonalität gilt:

$$c_i \cdot c_j^{(T)} = (i \cdot G) \cdot (j \cdot H)^T = iG \cdot H^T j^T = i \cdot 0 \cdot j^T = 0. \tag{4.46}$$

Da diese Orthogonalität $c_i \perp c_j$ für alle Codewortpaare $c_i \in C$ und $c_j \in C_d$ gilt, bezeichnet man die beiden Codes als orthogonal: $C \perp C_d$, bzw. $C_d = C^\perp$. Ohne Beweis werden diese Aussagen in Satz 4.6 zusammengefaßt.

Satz 4.6 *Für den dualen Code $C_d = C^\perp$ gilt:*

$$C^\perp = \{ c_j \in GF(2^n) | c_i \perp c_j \; \forall \, c_i \in C \}, \tag{4.47}$$

$$= \left\{ (c_0, c_1, \ldots, c_{n-1}) | \sum_{i=0}^{n-1} c_i b_i = 0 \; \forall \, (b_0, b_1, \ldots, b_{n-1}) \in C \right\}. \tag{4.48}$$

Die Anzahl k_d der Informationssymbole des dualen Codes C_d ist gleich der Anzahl der Prüfbits $m = n - k$ des Codes C.

Beispiel 4.10 *Der duale Code zu dem* $(7,4)$ *Code aus Beispiel 4.2 ist ein* $(7,3)$
Code. Dieser $(7,3)$ *Code ist nicht identisch mit dem Code aus Beispiel 4.1:*

$$
G_{(7,4)} \;=\;
\begin{pmatrix}
1 & 0 & 0 & 0 & 1 & 1 & 0 \\
0 & 1 & 0 & 0 & 1 & 0 & 1 \\
0 & 0 & 1 & 0 & 0 & 1 & 1 \\
0 & 0 & 0 & 1 & 1 & 1 & 1
\end{pmatrix},
$$

$$
\Longrightarrow\; H_{(7,4)} \;=\;
\begin{pmatrix}
1 & 1 & 0 & 1 & 1 & 0 & 0 \\
1 & 0 & 1 & 1 & 0 & 1 & 0 \\
0 & 1 & 1 & 1 & 0 & 0 & 1
\end{pmatrix} = G_{(7,3)}\;.
$$

Im Unterschied zum Beispiel 4.14 trägt die Matrix $G_{(7,3)}$ *die Systematik in den
oberen Stellen (siehe Abschnitt 4.5.1).* ◇

Definition 4.10 *Bildet ein* (n,k) *Code* C *eine Teilmenge des dualen Codes* $C^\perp \supseteq
C$, *so heißt* C SELBSTORTHOGONAL. *Gilt die Gleichheit* $C^\perp = C$, *so heißt* C SELBST-
DUAL.

Eine Folgerung der Definition 4.10 und der Orthogonalität von Generator- und
Prüfmatrix (siehe Gl. 4.32) ist, daß auch für die Generatormatrizen die Orthogonalität gilt: $G \cdot G^\perp = 0$.

Beispiel 4.11 a) *Der* $(4,2)$ *Code* $C = \{0000, 1001, 0110, 1111\}$ *ist selbstdual:*

$$
G_{(4,2)} \;=\;
\begin{pmatrix}
1 & 0 & 0 & 1 \\
0 & 1 & 1 & 0
\end{pmatrix}
\;\Longleftrightarrow\;
H_{(4,2)} = G_{(4,2)}^\perp =
\begin{pmatrix}
0 & 1 & 1 & 0 \\
1 & 0 & 0 & 1
\end{pmatrix}.
$$

Da lediglich die Zeilen von $G_{(4,2)}$ *und* $G_{4,2}^\perp$ *vertauscht sind, wird der gleiche Code
erzeugt.*

b) *Der* $(5,2)$ *Code* $C = \{00000, 10010, 01001, 11011\}$ *ist selbstorthogonal:*

$$
G_{(5,2)} \;=\;
\begin{pmatrix}
1 & 0 & 0 & 1 & 0 \\
0 & 1 & 0 & 0 & 1
\end{pmatrix},
$$

$$
\Longrightarrow\; H_{(5,2)} \;=\; G_{(5,2)}^\perp = G_{(5,3)} =
\begin{pmatrix}
0 & 0 & 1 & 0 & 0 \\
1 & 0 & 0 & 1 & 0 \\
0 & 1 & 0 & 0 & 1
\end{pmatrix}.
$$

Da die zwei Zeilen von $G_{(5,2)}$ *auch in* $G_{(5,3)}$ *enthalten sind, ist auch* C *in* $C^\perp$
enthalten: $C^\perp \supseteq C$. *Der Code* C *ist selbstorthogonal.* ◇

Im folgenden Abschnitt sollen die Möglichkeiten für Längenänderungen linearer
Codes behandelt werden.

4.5.3 Längenänderungen linearer Codes

In der Praxis kann die Codewortlänge durch die technischen Anforderungen in einem System vorgegeben sein, so daß – aufgrund seiner festgelegten Länge – kein bekannter linearer Code verwendbar ist. In diesem Abschnitt wird deshalb beschrieben, wie ausgehend von einem bekannten (n, k) Code durch Längenänderung ein linearer $(\tilde{n}, \tilde{k})$ Code vorgegebener Länge entsteht. Hierbei werden vier Möglichkeiten unterschieden.

Definition 4.11 *Ein linearer (n, k) Code mit der Mindestdistanz d wird durch Längenänderung in einen linearen $(\tilde{n}, \tilde{k})$ Code mit der Mindestdistanz $\tilde{d}$ überführt:*

KÜRZEN: *Informationsbits werden verringert*
$$\tilde{n} < n,\ \tilde{k} < k,\ \tilde{m} = m,\ \tilde{d} \geq d$$

PUNKTIEREN: *Prüfbits werden verringert*
$$\tilde{n} < n,\ \tilde{k} = k,\ \tilde{m} < m,\ \tilde{d} \leq d$$

VERLÄNGERN: *Informationsbits werden angehängt*
$$\tilde{n} > n,\ \tilde{k} > k,\ \tilde{m} = m,\ \tilde{d} \leq d$$

EXPANDIEREN: *Prüfbits werden angehängt*
$$\tilde{n} > n,\ \tilde{k} = k,\ \tilde{m} > m,\ \tilde{d} \geq d$$

Auf die Methode des Kürzens wird im Abschnitt 5.6 *Kürzen zyklischer Codes* ausführlich eingegangen. In diesem Abschnitt soll das Expandieren näher erläutert werden.

Bereits im Abschnitt 2.5 (Tabelle 2.1) und in dem Beispiel 4.4 wurde deutlich, daß durch Anfügen eines Paritätsbits (Expandieren) die Mindestdistanz erhöht werden kann. Der nachfolgende Satz faßt diesen Sachverhalt genauer.

Satz 4.7 *Besitzt ein binärer (n, k) Code eine ungerade Mindestdistanz d, so kann er zu einem $\tilde{n} = n + 1, \tilde{k} = k$ Code mit der Mindestdistanz $\tilde{d} = d + 1$ expandiert werden. Jedes Codewort mit geradem Gewicht erhält als zusätzliches Prüfbit eine Null, und jedes Codewort mit ungeradem Gewicht erhält als zusätzliches Prüfbit eine Eins angehängt.*

Nach Gleichung (4.30) besteht die Generatormatrix aus k Zeilen linear unabhängiger Codevektoren:

$$G = \begin{pmatrix} g_0 \\ g_1 \\ \vdots \\ g_{k-1} \end{pmatrix}. \tag{4.49}$$

Jeder der Zeilenvektoren $g_i = (g_0^{(i)}, g_1^{(i)}, \ldots, g_{n-1}^{(i)})$ wird durch ein Bit p_i expandiert:

$$p_i = g_0^{(i)} \oplus g_1^{(i)} \oplus \cdots \oplus g_{n-1}^{(i)} \quad \text{für } 0 \leq i \leq k-1. \tag{4.50}$$

Hieraus ergibt sich die Matrix $\tilde{G}$ des expandierten Codes:

$$\tilde{G} = \left(\begin{array}{c|c} & p_0 \\ & p_1 \\ G & \vdots \\ & p_{k-2} \\ & p_{k-1} \end{array} \right). \tag{4.51}$$

Besitzt die Matrix $\tilde{G}$ die Form $\tilde{G} = (I_k | \tilde{A})$, so kann die Prüfmatrix $\tilde{H}$ des expandierten Codes in der Form $\tilde{H} = (\tilde{A}^{(T)} | I_{m+1})$ angegeben werden.

Überlegt man, daß alle Prüfgleichungen des (n, k) Codes erhalten bleiben, und daß zusätzlich die Summe über alle Bits eines Codewortes null ergeben müssen (siehe Gl. 4.50), so folgt:

$$\tilde{H} = \left(\begin{array}{c|c} & 0 \\ & 0 \\ H & \vdots \\ & 0 \\ \hline 1 \quad 1 \quad \cdots \quad 1 \end{array} \right). \tag{4.52}$$

Beispiel 4.12 *Der $(7,3)$ Code aus Beispiel 4.1 wird zum $(8,3)$ Code expandiert.*

$$\tilde{G} = \left(\begin{array}{ccccccc|c} 1 & 0 & 0 & 1 & 0 & 0 & 1 & 1 \\ 0 & 1 & 0 & 0 & 1 & 0 & 1 & 1 \\ 0 & 0 & 1 & 0 & 0 & 1 & 1 & 1 \end{array} \right), \quad \tilde{H} = \left(\begin{array}{ccccccc|c} 1 & 0 & 0 & 1 & 0 & 0 & 0 & 0 \\ 0 & 1 & 0 & 0 & 1 & 0 & 0 & 0 \\ 0 & 0 & 1 & 0 & 0 & 1 & 0 & 0 \\ 1 & 1 & 1 & 0 & 0 & 0 & 1 & 0 \\ \hline 1 & 1 & 1 & 1 & 1 & 1 & 1 & 1 \end{array} \right). \quad \diamond$$

Im folgenden Abschnitt soll die Fehlerkorrektur mit Hilfe der Prüfmatrix behandelt werden.

4.6 Syndrom und Fehlerkorrektur

In diesem Abschnitt wollen wir von dem Problem ausgehen, daß beim Empfänger ein verfälschter Vektor r detektiert wird:

$$r = c + f. \tag{4.53}$$

Aus dem verfälschten Vektor r muß das Codewort zurückgewonnen werden.

Definition 4.12 *Der vom Codewort unabhängige, nur vom Fehlervektor abhängige Teil der Multiplikation:*

$$\boldsymbol{H} \cdot \boldsymbol{r}^{(T)} \;=\; \boldsymbol{H} \cdot (\boldsymbol{c}^{(T)} + \boldsymbol{f}^{(T)}) \;=\; \boldsymbol{H} \cdot \boldsymbol{f}^{(T)} \;=\; \boldsymbol{s}^{(T)} \tag{4.54}$$

wird SYNDROM $\boldsymbol{s}$ *genannt.*

Die Decodierung muß das Problem lösen, von diesem Syndrom auf den Fehlervektor zu schließen.

In dem Beispiel 4.8 (5,3 Code) muß das Syndrom aus zwei Bit bestehen, damit wir die vier zu korrigierenden Fehlermuster unterscheiden können. Es ist leicht zu prüfen, daß jedes der acht Codewörter mit $\boldsymbol{H}$ multipliziert das Syndrom $(0,0)$ ergibt. Dies entspricht dann in dem Standard Array von Abschnitt 4.4 dem Fehlervektor $(0,0,0,0,0)$. Wurde z.B. der Vektor $\boldsymbol{r}_1 = (1,1,1,1,1)$ empfangen, so ergibt:

$$\boldsymbol{H} \cdot \boldsymbol{r}_1^{(T)} \;=\; \boldsymbol{s}_1^{(T)} \,, \tag{4.55}$$

$$\begin{pmatrix} 1 & 1 & 1 & 1 & 0 \\ 0 & 0 & 1 & 0 & 1 \end{pmatrix} \cdot \begin{pmatrix} 1 \\ 1 \\ 1 \\ 1 \\ 1 \end{pmatrix} = \begin{pmatrix} 0 \\ 0 \end{pmatrix} .$$

Entsprechend dem (5,2) Code aus dem Beispiel 4.9 sieht die Multiplikation $\boldsymbol{H} \cdot \boldsymbol{r}^{(T)}$ wie folgt aus:

$$\boldsymbol{H} \cdot \boldsymbol{r}^{(T)} = \begin{pmatrix} 1 & 1 & 1 & 0 & 0 \\ 1 & 0 & 0 & 1 & 0 \\ 0 & 1 & 0 & 0 & 1 \end{pmatrix} \cdot \begin{pmatrix} 1 \\ 1 \\ 1 \\ 1 \\ 1 \end{pmatrix} = \begin{pmatrix} 1 \\ 0 \\ 0 \end{pmatrix} .$$

Dies entspricht dem Fehlervektor $(0,0,1,0,0)$ des Standard Arrays. In diesem Beispiel sind je zwei Spalten von $\boldsymbol{H}$ linear unabhängig.

Die in diesen Beispielen vorgestellte Verfahrensweise soll zum Schluß dieses Abschnittes noch einmal allgemein formuliert werden. Die Multiplikation des Empfangsvektors in Gleichung (4.55) mit der Prüfmatrix in systematischer Form, gemäß der Definition 4.8 (vgl. Gl. 4.34), ergibt folgendes Gleichungssystem:

$$
\begin{aligned}
s_0 &= r_0 a_{00} &&+ r_1 a_{10} &&+ \cdots + r_{k-1} a_{k-1,0} &&+ r_k, \\
s_1 &= r_0 a_{01} &&+ r_1 a_{11} &&+ \cdots + r_{k-1} a_{k-1,1} &&+ r_{k+1}, \\
&\;\;\vdots \\
s_{m-1} &= r_0 a_{0,m-1} &&+ r_1 a_{1,m-1} &&+ \cdots + r_{k-1} a_{k-1,m-1} &&+ r_{n-1}.
\end{aligned}
\tag{4.56}
$$

Da das Syndrom gemäß der Definition 4.12 nur vom Fehler f abhängig ist, kann das Gleichungssystem (4.56) auch in der folgenden Form geschrieben werden:

$$
\begin{aligned}
s_0 &= f_0 a_{00} + f_1 a_{10} + \cdots + f_{k-1} a_{k-1,0} + f_k, \\
s_1 &= f_0 a_{01} + f_1 a_{11} + \cdots + f_{k-1} a_{k-1,1} + f_{k+1}, \\
&\;\;\vdots \\
s_{m-1} &= f_0 a_{0,m-1} + f_1 a_{1,m-1} + \cdots + f_{k-1} a_{k-1,m-1} + f_{n-1},
\end{aligned}
\tag{4.57}
$$

Es könnte nun der Eindruck entstehen, als würde das Decodierproblem darin bestehen, das Gleichungssystem (4.57) mit seinen $m = n - k$ Gleichungen zu lösen. Leider ist dieses Gleichungssystem nicht eindeutig lösbar, da n Koeffizienten aus $n - k$ Gleichungen zu bestimmen sind. Es gibt genau 2^k verschiedene Fehlermuster, die dieses Gleichungssystem erfüllen.

Die Aufgabe des Decoders besteht demnach darin, den tatsächlich aufgetretenen Fehlervektor aus den 2^k möglichen Fehlermustern auszuwählen. Um die Wahrscheinlichkeit eines Decodierfehlers möglichst klein zu halten, muß das Fehlermuster ausgewählt werden, das am wahrscheinlichsten aufgetreten ist. Dieses Fehlermuster ist für den BSC das Fehlermuster vom kleinsten Gewicht, also das Fehlermuster mit der kleinsten Anzahl von Komponenten, die ungleich Null sind.

Beispiel 4.13 *Für den in Beispiel 4.1 gegebenen $(7,3)$ Blockcode, sei der Vektor $r = (1,0,1,1,0,0,1)$ empfangen. Das Syndrom bestimmt sich zu $(0,0,1,1)$. Aus dem Gleichungssystem (4.57) wird damit:*

$$
\begin{aligned}
0 &= f_0 + f_3, \\
0 &= f_1 + f_4, \\
1 &= f_2 + f_5, \\
1 &= f_0 + f_1 + f_2 + f_6.
\end{aligned}
$$

Der Decoder muß nun aus den 2^3 möglichen Lösungen $f = (f_0, f_1, f_2, f_3, f_4, f_5, f_6)$ den wahrscheinlichsten Fehlervektor aussuchen:

Nr.	f_0	f_1	f_2	f_3	f_4	f_5	f_6
1	0	0	1	0	0	0	0
2	0	1	1	0	1	0	1
3	0	0	0	0	0	1	1
4	0	1	0	0	1	1	0
5	1	0	1	1	0	0	1
6	1	1	1	1	1	0	0
7	1	0	0	1	0	1	0
8	1	1	0	1	1	1	1

Der Vektor $f_1 = (0,0,1,0,0,0,0)$ hat das kleinste Gewicht und muß somit der gesuchte Fehlervektor sein. Dies gilt unter der Voraussetzung, daß das Auftreten von wenigen Fehlern wahrscheinlicher ist als das Auftreten von vielen Fehlern. ◇

Abschließend folgen noch zwei Beispiele für Codierung und Decodierung mit der Generator- und der Prüfmatrix.

Beispiel 4.14 *Für den* $(7,3)$ *Code aus Beispiel 4.1 und den* $(7,4)$ *Code aus Beispiel 4.2 wollen wir Codierung und Decodierung mit Hilfe von Generatormatrix und Prüfmatrix betrachten. Zuerst sei die Information* $i = (1,1,1)$ *für den* $(7,3)$ *Code aus Beispiel 4.1 vorgegeben:*

$$c = i \cdot G = (111) \cdot \begin{pmatrix} 1 & 0 & 0 & 1 & 0 & 0 & 1 \\ 0 & 1 & 0 & 0 & 1 & 0 & 1 \\ 0 & 0 & 1 & 0 & 0 & 1 & 1 \end{pmatrix} = (111\,1111).$$

Das Codewort **c** *ergibt sich aus der Summe der drei Zeilenvektoren der Generatormatrix* **G**. *Soll beim Empfänger ein Empfangsvektor* $r = (1011001)$ *decodiert werden, so wird dieser transponiert und mit der Prüfmatrix multipliziert:*

$$H \cdot r^{(T)} = \begin{pmatrix} 1 & 0 & 0 & 1 & 0 & 0 & 0 \\ 0 & 1 & 0 & 0 & 1 & 0 & 0 \\ 0 & 0 & 1 & 0 & 0 & 1 & 0 \\ 1 & 1 & 1 & 0 & 0 & 0 & 1 \end{pmatrix} \cdot \begin{pmatrix} 1 \\ 0 \\ 1 \\ 1 \\ 0 \\ 0 \\ 1 \end{pmatrix} = \begin{pmatrix} 0 \\ 0 \\ 1 \\ 1 \end{pmatrix}.$$

Diese Multiplikation entspricht der Addition derjenigen Spalten von **H**, *in denen* **r** *eine Eins besitzt. Das Ergebnis ist identisch mit der dritten Spalte der Prüfmatrix. Folglich ist in der dritten Spalte von* **r** *ein Fehler detektiert. Der Empfangsvektor* **r** *wird zum Codevektor* **c** $= (1001001)$ *hin korrigiert.*

Für den $(7,4)$ *Code aus Beispiel 4.2 sei die Information* $i = (1,1,1,1)$ *vorgegeben:*

$$c = i \cdot G = (1111) \cdot \begin{pmatrix} 1 & 0 & 0 & 0 & 1 & 1 & 0 \\ 0 & 1 & 0 & 0 & 1 & 0 & 1 \\ 0 & 0 & 1 & 0 & 0 & 1 & 1 \\ 0 & 0 & 0 & 1 & 1 & 1 & 1 \end{pmatrix} = (1111\,111).$$

Das systematische Codewort **c** *ergibt sich aus der Summe der vier Zeilenvektoren der Generatormatrix* **G**. *Beim Empfänger soll ein Empfangsvektor* $r = (1000011)$ *decodiert werden:*

$$H \cdot r^{(T)} = \begin{pmatrix} 1 & 1 & 0 & 1 & 1 & 0 & 0 \\ 1 & 0 & 1 & 1 & 0 & 1 & 0 \\ 0 & 1 & 1 & 1 & 0 & 0 & 1 \end{pmatrix} \cdot \begin{pmatrix} 1 \\ 0 \\ 0 \\ 0 \\ 0 \\ 1 \\ 1 \end{pmatrix} = \begin{pmatrix} 1 \\ 0 \\ 1 \end{pmatrix}.$$

Diese Multiplikation entspricht der Addition derjenigen Spalten von H, in denen r eine Eins besitzt. Das Ergebnis ist identisch mit der zweiten Spalte der Prüfmatrix. Folglich ist in der zweiten Spalte von r ein Fehler detektiert. Der Empfangsvektor r wird zum Codevektor $c = (1100011)$ hin korrigiert. ◇

Deutlich ist zu erkennen, daß durch die Multiplikation $H \cdot r^{(T)} = s^{(T)}$ jeweils ein Spaltenvektor der Prüfmatrix ausgeblendet wird. In der gleichen Spalte des Empfangsvektors r ist dann der Fehler zu korrigieren. Dies gilt jedoch nur für $E = 1$ fehlerkorrigierende Codes, wenn auch die Anzahl der aufgetretenen Fehler $e = 1$ ist. Wenn $E > 1$ und $e \leq E$ ist, so entspricht das transponierte Syndrom $s^{(T)}$ einer Addition von e Spalten der Prüfmatrix H. Der direkte Rückschluß vom Syndrom $s^{(T)}$ auf die Fehlerstellen ist dann nicht mehr über einen Vergleich mit den Spaltenvektoren der Prüfmatrix zu bewerkstelligen. Für diesen Fall wird im Abschnitt 5.5.1 eine mögliche Vorgehensweise erläutert.

Im folgenden Abschnitt werden die binären einfehlerkorrigierenden Hamming-Codes behandelt.

4.7 Hamming-Codes

Zur Beschreibung eines (n, k) Blockcodes durch seine Generatormatrix (vgl. Abschnitt 4.5) benötigt man $m = n - k$ linear unabhängige *Generatorcodeworte* der Länge n. Über die Bestimmung der Prüfmatrix sind die einfehlerkorrigierenden Hamming-Codes wie folgt definiert.

Definition 4.13 *Die Spalten der Prüfmatrix H eines* BINÄREN HAMMING-CODES *enthalten alle $2^m - 1$ Vektoren aus $GF(2^m)$ (ohne den Nullvektor).*

Die so definierten binären Hamming-Codes besitzen festgelegte Parameter: Länge, Dimension und Mindestdistanz.

Satz 4.8 *Für jede Zahl $m > 2$, $m \in I\!N$ existiert ein einfehlerkorrigierender, binärer (n,k) Hamming-Code, mit den Parametern:*

$$
\begin{aligned}
\text{Länge:} \quad & n & = & \quad 2^m - 1, \\
\text{Dimension:} \quad & k & = & \quad n - m, \\
\text{Mindestdistanz:} \quad & d & = & \quad 3 \, .
\end{aligned}
$$

Beweis:
Die Länge n und die Dimension k des Codes ergeben sich durch seine Definition. Die Mindestdistanz ist $d = 3$, da jeweils zwei Spalten der Prüfmatrix linear unabhängig, bzw. jeweils drei Spalten linear abhängig sind. ∎

Im weiteren wollen wir noch zeigen, daß die Hamming-Codes perfekt sind.

Satz 4.9 *Alle E=1 fehlerkorrigierenden Hamming-Codes ungerader Länge sind perfekt.*

Beweis: Gemäß Definition ist $n = 2^m - 1$ und $n - k = m$. Damit gilt:

$$\begin{aligned}
1 + n &= 2^m = 2^{n-k}, \\
2^k \cdot (1 + n) &= 2^k \cdot 2^{n-k} = 2^n, \\
2^k \cdot \left(1 + \binom{n}{1}\right) &= 2^n.
\end{aligned}$$

Damit gilt die Gleichheit der Hamming-Schranke (vgl. Gl. 4.25). ∎

Da für einen E-fehlerkorrigierenden Code allgemein gilt:

$$d = w^* \geq 2 \cdot E + 1,$$

muß ein Hamming-Code eine minimale Distanz d bzw. ein minimales Gewicht w^* von drei haben.

4.7.1 Prüfmatrix und Generatormatrix

Zur Bildung eines Hamming-Codes ist es vorteilhaft, von der Prüfmatrix H auszugehen. H ist eine $(m \times n)$–Matrix und es gibt genau 2^m Kombinationen, m Bits in einer Spalte anzuordnen. Ohne den Nullvektor v_0 ergeben sich somit $n = 2^m - 1$ verschiedene Spaltenvektoren für die Prüfmatrix.

Eine praktische Möglichkeit ist es, in jede der n Spalten die m–bittige Binärdarstellung der Spaltennummer zu schreiben: $(1, 2, \ldots, n)$. Das Syndrom s zeigt dann beim Decodieren direkt die Fehlerstelle an. Die Decodiervorschrift lautet dann: **Der Binärwert des Syndroms ist die Nummer der Fehlerstelle.**

Für einige Parameter sind in der nachstehenden Tabelle Hamming-Codes angegeben.

Hamming-Codes			
m	n	k	R
2	3	1	0.33
3	7	4	0.57
4	15	11	0.73
5	31	26	0.84
6	63	57	0.90

Hamming-Codes			
m	n	k	R
7	127	120	0.945
8	255	247	0.969
9	511	502	0.982
10	1023	1013	0.990
11	2047	2036	0.994

Die Generatormatrix G mit der Eigenschaft $c = i \cdot G$ eines Hamming-Codes erhält man gemäß der Gleichung (4.38) durch:

$$G = \left(I_k \mid - A^{(T)} \right).$$

Dabei ist I_k eine $(k \times k)$-Einheitsmatrix und G ist die Generatormatrix des Codes in systematischer Form. Für binäre Codes sei bemerkt, daß natürlich $-A^{(T)} = A^{(T)}$ ist, da die einzelnen Elemente $c_i \in c$ aus $GF(2)$ stammen $(-1 = +1)$.

Zur Tabelle der 2^k möglichen Codeworte $c_0, c_1, \ldots, c_{2^k-1}$ gelangt man, indem man Linearkombinationen aus Zeilen der Generatormatrix bildet. Die Zeilen von G stellen gerade diejenigen Codeworte dar, bei denen nur ein einziges Informationsbit Eins ist. Somit ergibt die Gleichung:

$$c_j = i_j \cdot G,$$

für $j = 0, 1, \ldots, 2^{k-1}$, das Codewort c_j als Summe der Zeilen von G, die einer Eins in i_j entsprechen.

Um aus einem gegebenen Code die Generatormatrix G zu bestimmen, wählt man diejenigen Codeworte der Tabelle als Zeilen von G aus, bei denen nur eine Eins in den Informationsbits enthalten ist. Es ergibt sich dann eine systematische Form von G.

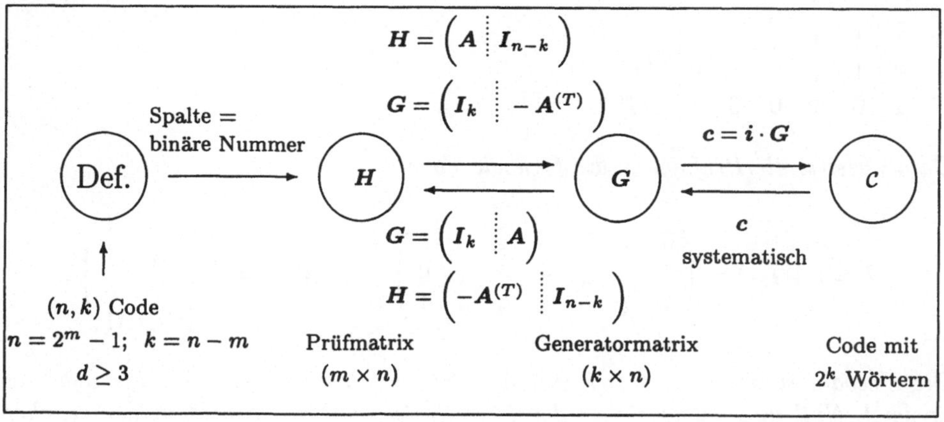

Beispiel 4.15 *Für einen binären $(7,4)$ Hamming-Code muß $m = 3$ gewählt werden*[4]. *Mit $m = 3$ ergibt sich $n = 7$ und $k = 4$. Der Code hat eine Coderate von $R = k/n = 0.75$ und kann einen Fehler an beliebiger Stelle korrigieren:*

$$H = \begin{pmatrix} 0 & 0 & 0 & 1 & 1 & 1 & 1 \\ 0 & 1 & 1 & 0 & 0 & 1 & 1 \\ 1 & 0 & 1 & 0 & 1 & 0 & 1 \end{pmatrix}.$$

---

[4]Der nächstgrößere binäre Hamming-Code ist der (15,11) Code.

Die Decodiervorschrift lautet: Das Syndrom s ist die binäre Darstellung der Fehlerstelle. Diese Vorschrift setzt voraus, daß den Bits der ersten Zeile von H die Potenz 2^2, der zweiten Zeile die Potenz 2^1 und der dritten Zeile die Potenz 2^0 zugeordnet wird. Der erste Spaltenvektor $(001)^T$ von H entspricht dann der "1" und der letzte Spaltenvektor $(111)^T$ von H der "7".

Eine Prüfung der Mindestdistanz ergibt, daß keine Spaltenpaare linear abhängig sind, während z.B. die Spalten $1, 4$ und 5 linear abhängig sind. Hieraus folgt: $d = 3$.

Die Prüfmatrix H kann auch systematisiert werden:

$$
\begin{array}{ccccccc|l}
0 & 0 & 0 & 1 & 1 & 1 & 1 & I \quad I' = I + II \\
0 & 1 & 1 & 0 & 0 & 1 & 1 & II \\
1 & 0 & 1 & 0 & 1 & 0 & 1 & III
\end{array}
$$

$$
\begin{array}{ccccccc|l}
0 & 1 & 1 & 1 & 1 & 0 & 0 & I' \\
0 & 1 & 1 & 0 & 0 & 1 & 1 & II \\
1 & 0 & 1 & 0 & 1 & 0 & 1 & III \quad III' = III + I'
\end{array}
$$

$$
\begin{array}{ccccccc|l}
0 & 1 & 1 & 1 & 1 & 0 & 0 & I' \\
0 & 1 & 1 & 0 & 0 & 1 & 1 & II \quad II' = II + III' \\
1 & 1 & 0 & 1 & 0 & 0 & 1 & III'
\end{array}
$$

$$
\begin{array}{ccccccc|l}
0 & 1 & 1 & 1 & 1 & 0 & 0 & I' \\
1 & 0 & 1 & 1 & 0 & 1 & 0 & II' \\
1 & 1 & 0 & 1 & 0 & 0 & 1 & III'
\end{array}
$$

Damit besitzt die Prüfmatrix die folgende Form:

$$
H = (A|I_3) = \begin{pmatrix} 0 & 1 & 1 & 1 & 1 & 0 & 0 \\ 1 & 0 & 1 & 1 & 0 & 1 & 0 \\ 1 & 1 & 0 & 1 & 0 & 0 & 1 \end{pmatrix}, \quad -A^{(T)} = \begin{pmatrix} 0 & 1 & 1 \\ 1 & 0 & 1 \\ 1 & 1 & 0 \\ 1 & 1 & 1 \end{pmatrix}.
$$

Die Decodiervorschrift hat sich mit der Prüfmatrix verändert: Ist das Syndrom ungleich Null und entspricht es der i-ten Spalte von H, so wird in der gleichen Spalte des Empfangswortes r das Bit verändert.

Für die systematische Generatormatrix ergibt sich:

$$
G = (I_4 \,|\, -A^{(T)}) = \begin{pmatrix} 1 & 0 & 0 & 0 & 0 & 1 & 1 \\ 0 & 1 & 0 & 0 & 1 & 0 & 1 \\ 0 & 0 & 1 & 0 & 1 & 1 & 0 \\ 0 & 0 & 0 & 1 & 1 & 1 & 1 \end{pmatrix}.
$$

Mit Hilfe der Generatormatrix lassen sich die 16 Codewörter des $(7,4)$ Hamming-Codes angeben. ◇

(7,4) Hamming-Code							
Nr.	k				m		w(c)
0	0	0	0	0	0	0	0	–
1	0	0	0	1	1	1	1	4
2	0	0	1	0	1	1	0	3
3	0	0	1	1	0	0	1	3
4	0	1	0	0	1	0	1	3
5	0	1	0	1	0	1	0	3
6	0	1	1	0	0	1	1	4
7	0	1	1	1	1	0	0	4
8	1	0	0	0	0	1	1	3
9	1	0	0	1	1	0	0	3
10	1	0	1	0	1	0	1	4
11	1	0	1	1	0	1	0	4
12	1	1	0	0	1	1	0	4
13	1	1	0	1	0	0	1	4
14	1	1	1	0	0	0	0	4
15	1	1	1	1	1	1	1	7

Der Code hat ein minimales Gewicht von drei. Deshalb kann der Code nur einen Fehler korrigieren.

Das minimale Gewicht ist auch an der Generatormatrix ablesbar. Da das Nullcodewort c_0 nicht berücksichtigt wird, kann die minimale Anzahl der Einsen in einem Informationswort nur eins sein. Werden die Prüfbits der Codeworte der Generatormatrix ausgewertet, so findet man, daß dort das minimale Gewicht gleich zwei ist. Also ist $w^* = 3$. Eine Verknüpfung von zwei Codeworten ergibt minimal zwei Einsen in der Information. Für ein minimales Gewicht von zwei müßten nun die Prüfbits dieses neuen Wortes alle Null sein. Dies ist aber gerade bei der Aufstellung der Prüfmatrix H überprüft worden und somit nicht möglich. Nach Definition 4.5 lautet die Gewichtsfunktion des $(7,4)$ Hamming-Codes:

$$W_{C_{(7,4)}}(x,y) = x^7 + 7x^4y^3 + 7x^3y^4 + y^7.$$

Die Gewichtsverteilung eines beliebigen (n,k) Hamming-Codes $C_{\mathcal{H}}$ kann durch die MacWilliams-Identität (siehe Abschnitt 4.8) besonders einfach angegeben werden:

$$W_{C_{\mathcal{H}}}(x,y) = \frac{1}{n+1}\left[(x+y)^n + n\cdot(x+y)^{(n-1)/2}(x-y)^{(n+1)/2}\right], \quad (4.58)$$

$$W_{C_{\mathcal{H}}}(y) = \frac{1}{n+1}\left[(1+y)^n + n\cdot(1+y)^{(n-1)/2}(1-y)^{(n+1)/2}\right],$$

$$= \frac{1}{n+1}\left[(1+y)^n + n\cdot(1-y)(1-y^2)^{(n-1)/2}\right]. \quad (4.59)$$

Zu dieser einfachen Berechnung ist jedoch die Kenntnis des dualen Codes $C_{\mathcal{H}}^{\perp}$ notwendig. Eine rekursive Berechnung der Gewichtsfunktion findet sich in [63].

4.7.2 Der Simplex-Code

Im folgenden soll der zum Hamming-Code $\mathcal{C}_\mathcal{H}$ duale Code $\mathcal{C}_\mathcal{H}^\perp$ betrachtet werden.

Definition 4.14 *Der duale Code* $C^\perp$ *zu einem binären* $(2^m - 1, 2^m - 1 - m)$ *Hamming-Code* $\mathcal{C}_\mathcal{H}$ *wird als* SIMPLEX-CODE *bezeichnet. Der duale Code* $C^\perp$ *hat die Parameter* $(n = 2^m - 1, k = m)$.

Nach der Definition 4.13, der Hamming-Codes, besteht die Prüfmatrix H eines binären Hamming-Codes aus allen $2^m - 1$ Vektoren aus $GF(2^m)$ (ohne den Nullvektor). Für den (15,11) Code kann die Prüfmatrix, die die Generatormatrix des dualen (15,4) Codes darstellt, wie folgt gebildet werden:

$$
G_{(15,4)} = H_{(15,11)} = \begin{pmatrix} 1 & 0 & 0 & 0 & 0 & 0 & 1 & 0 & 1 & 1 & 0 & 1 & 1 & 1 & 1 \\ 0 & 1 & 0 & 0 & 0 & 1 & 0 & 1 & 0 & 1 & 1 & 0 & 1 & 1 & 1 \\ 0 & 0 & 1 & 0 & 1 & 0 & 0 & 1 & 1 & 0 & 1 & 1 & 0 & 1 & 1 \\ 0 & 0 & 0 & 1 & 1 & 1 & 1 & 0 & 0 & 0 & 1 & 1 & 1 & 0 & 1 \end{pmatrix}.
$$

Bedingt durch die Bildungsvorschrift dieser Generatormatrix besitzt jede Zeile genau $2^m \div 2 = 2^{m-1}$ (hier $2^{4-1} = 2^3 = 8$) Stellen ungleich Null. Deshalb weist auch jedes Codewort $c \neq 0$ des Simplex-Codes das Gewicht 2^{m-1} auf. Die Mindestdistanz des Simplex-Codes beträgt somit $d = 2^{m-1}$. Eine Folgerung hieraus ist, daß alle Codewörter des Codes den gleichen Abstand besitzen. Denn aufgrund der Linearität des Codes gilt: $a + b = c$, mit $a, b, c \in \mathcal{C}^\perp$. In der Geometrie wird ein solches Gebilde mit gleichen Abständen Simplex genannt.

Für die Gewichtsfunktion eines Simplex-Codes $\mathcal{C}_S$ muß gelten:

$$
\begin{aligned}
W_{\mathcal{C}_S}(x, y) &= x^n + (2^m - 1)x^{(n-1)/2}y^{(n+1)/2}, &(4.60) \\
W_{\mathcal{C}_S}(y) &= 1 + n \cdot y^{(n+1)/2}. &(4.61)
\end{aligned}
$$

In Abschnitt 4.7 wurde gezeigt, daß die Hamming-Codes die Hamming-Schranke mit Gleichheit erfüllen. Es zeigt sich, daß die Simplex-Codes die Plotkin-Schranke mit Gleichheit erfüllen. Für binäre Codes ($q = 2$) nit $n = 2^m - 1$ folgt aus Gleichung (4.27):

$$
d = \frac{n \cdot (q-1)q^{k-1}}{q^k - 1} = \frac{n \cdot 2^{m-1}}{2^m - 1} = 2^{m-1}.
$$

4.8 MacWilliams-Identität

Bereits in den Abschnitten 4.1 und 4.2 wurde auf die Bedeutung der Gewichtsverteilung für die Korrekturfähigkeit der Codes hingewiesen. In diesem Abschnitt wird der Zusammenhang der Gewichtsverteilung eines Codes C mit der Gewichtsverteilung des dualen Codes $C^\perp$ (siehe Abschnitt 4.5.2) erläutert. Dieser Zusammenhang wird als MacWilliams-Identität bezeichnet.

Das von Frau F.J. MacWilliams 1969 veröffentlichte Theorem wurde von einigen Autoren (siehe z.B. [67] 1969, [9] 1980, Honold [33] 1994) auf unterschiedlichen Wegen bewiesen, so daß an dieser Stelle auf einen Beweis des wichtigen Theorems verzichtet wird.

Satz 4.10 MacWilliams-Identität binärer Codes

Ist $W_C(x,y)$ die Gewichtsfunktion (siehe Def. 4.5) des (n,k) Codes C, so ist die Gewichtsfunktion des dualen $(n, n - k)$ Codes $C^\perp$ wie folgt festgelegt:

$$W_{C^\perp}(x,y) \;=\; \frac{1}{2^k} \cdot W_C(x+y, x-y), \tag{4.62}$$

$$W_{C^\perp}(y) \;=\; \frac{(1+y)^n}{2^k} \cdot W_C\left(\frac{1-y}{1+y}\right). \tag{4.63}$$

Für die Umkehrung gilt:

$$W_C(x,y) \;=\; \frac{1}{2^{n-k}} \cdot W_{C^\perp}(x+y, x-y), \tag{4.64}$$

$$W_C(y) \;=\; \frac{(1+y)^n}{2^{n-k}} \cdot W_{C^\perp}\left(\frac{1-y}{1+y}\right). \tag{4.65}$$

Ist die direkte Berechnung der Gewichtsverteilung eines Codes C schwierig, so ist es nach Satz 4.10 möglich, diese aus der Gewichtsverteilung des dualen Codes $C^\perp$ zu gewinnen.

Beispiel 4.16 Gewichtsverteilung des (4, 3)Parity-Check-Codes

Im Beispiel 4.5 auf Seite 86 wurde bereits die Gewichtsverteilung des $(4,3)$ Parity-Check-Codes angegeben: $W_C(x,y) = x^4 + 6x^2y^2 + y^4$. Der zu C duale Code $C^\perp$ ist der $(4,1)$ Wiederholcode $\{0000, 1111\}$ mit der Gewichtsfunktion $W_{C^\perp}(x,y) = x^4 + y^4$. Aus $W_{C^\perp}(x,y)$ läßt sich die Gewichtverteilung $W_C(x,y)$ des $(4,3)$ Parity-Check-Codes gewinnen:

$$
\begin{aligned}
W_C(x,y) &= \frac{1}{2^{n-k}} \cdot W_{C^\perp}(x+y, x-y), \\
&= \frac{1}{2}[(x+y)^4 + (x-y)^4], \\
&= \frac{1}{2}[(x^4 + 4x^3y + 6x^2y^2 + 4xy^3 + y^4) + \\
&\quad\quad + (x^4 - 4x^3y + 6x^2y^2 - 4xy^3 + y^4)], \\
&= x^4 + 6x^2y^2 + y^4.
\end{aligned}
$$

$\diamond$

Das Beispiel 4.16 läßt sich verallgemeinern. Zu jedem $(n, 1)$ Wiederholcode, gehört ein dualer $(n, k = n - 1)$ Parity-Check-Code. Der Wiederholcode besitzt lediglich die zwei Codewörter $c_0 = (0, 0, \ldots, 0)$ und $c_1 = (1, 1, \ldots, 1)$. Die Gewichtsfunktion des Wiederholcodes C_W lautet deshalb: $W_{C_W}(x, y) = x^n + y^n$. Nach Satz 4.10 folgt für die Gewichtsfunktion $W_{C_P}(x, y)$ des Parity-Check-Code C_P deshalb:

$$W_{C_P}(x, y) \;=\; \frac{1}{2}[(x + y)^n + (x - y)^n], \tag{4.66}$$

$$=\; \frac{1}{2} \cdot \sum_{i=0}^{n} \binom{n}{i} \left[x^{n-i} y^i + x^{n-i}(-y)^i \right], \tag{4.67}$$

$$=\; \sum_{i \ gerade} \binom{n}{i} x^{n-i} y^i. \tag{4.68}$$

Durch das alternierende Vorzeichen entfallen die Summenterme für ungerade i, während die Summenterme für gerade i doppelt auftreten.

Im Abschnitt 4.7.2 wurde die Gewichtsfunktion des Simplex-Codes C_S ermittelt:

$$\begin{aligned} W_{C_S}(x, y) &= x^n + (2^m - 1)x^{(n-1)/2} y^{(n+1)/2}, \\ W_{C_S}(y) &= 1 + n \cdot y^{(n+1)/2}. \end{aligned}$$

Mit Hilfe der MacWilliams-Identität kann hieraus die Gewichtsfunktion (siehe Gl. 4.58) der dualen binären (n, k) Hamming-Codes $C_H = C_S^{\perp}$ berechnet werden. Für den Zusammenhang der Parameter gilt hierbei: $k_S = n - k$ und $n = 2^m - 1 \Leftrightarrow n + 1 = 2^m$:

$$\begin{aligned} W_{C_H}(y) &= \frac{(1 + y^n)}{2^{(n-k)}} W_{C^{\perp}}\left(\frac{1 - y}{1 + y} \right), \\ &= \frac{(1 + y^n)}{2^m} \left[1 + n \cdot \left(\frac{1 - y}{1 + y} \right)^{(n+1)/2} \right], \\ &= \frac{1}{n + 1} \left[(1 + y)^n + n \cdot (1 + y)^{(n-1)/2}(1 - y)^{(n+1)/2} \right], \\ W_{C_H}(x, y) &= \frac{1}{n + 1} \left[(x + y)^n + n \cdot (x + y)^{(n-1)/2}(x - y)^{(n+1)/2} \right]. \end{aligned}$$

Damit ist die Gewichtsverteilung der Hamming-Codes, die bereits im Abschnitt 4.7 angegeben wurde, hergeleitet.

Kapitel 5

Zyklische Codes

Zyklische Codes stellen eine wichtige Untergruppe der *Linearen Codes* dar. Durch Schieberegisterschaltungen ist die Codierung und Syndromberechnung einfach zu implementieren. Aufgrund der mathematischen Struktur der zyklischen Codes gibt es für die Realisierung der Decodierung verschiedene Möglichkeiten, die wiederum diese Codes für die praktischen Anwendungen besonders interessant erscheinen lassen. Für dieses Kapitel ist das Verständnis der Modulo-Rechnung (siehe die Definitionen 3.5 und 3.6 in Abschnitt 3.1.4) und der zyklischen Gruppen (siehe Abschnitt 3.1.6) erforderlich.

Betrachten wir ein Codewort als n-Tupel $a = (a_0, a_1, \ldots, a_{n-1})$, dann soll der zyklisch verschobene n-Tupel $a^{(1)}$ durch eine Verschiebung aller Komponenten von a um eine Stelle nach rechts gebildet werden:

$$a = (a_0, a_1, \ldots, a_{n-2}, a_{n-1}) \iff a^{(1)} = (a_{n-1}, a_0, a_1, \ldots, a_{n-2}). \qquad (5.1)$$

Entsprechend Gleichung (5.1) lautet ein i-fach zyklisch verschobenes n-Tupel:

$$a^{(i)} = (a_{n-i}, a_{n-i+1}, \ldots, a_{n-1}, a_0, a_1, \ldots, a_{n-i-1}). \qquad (5.2)$$

Es stellt sich heraus, daß eine n-fache Verschiebung: $a^{(n)} = a^{(0)} = a$ wieder den ursprünglichen und somit den nicht verschobenen Vektor ergibt.

Für eine einfache mathematische Darstellung einer zyklischen Verschiebung eines n-Tupels a ist es sinnvoll, eine Polynomschreibweise $a(x)$ einzuführen:

$$a(x) = a_0 + a_1 x + \cdots + a_{n-1} x^{n-1}. \qquad (5.3)$$

Die Koeffizienten a_i von $a(x)$ entsprechen hierbei den Komponenten a_i des n-Tupels a. Das zu $a^{(i)}$ (siehe Gl. 5.2) gehörige Polynom $a^{(i)}(x)$ lautet:

$$
\begin{aligned}
a^{(i)}(x) &= a_{n-i} + a_{n-i+1}x + \cdots + a_{n-1}x^{i-1} + a_0 x^i + \cdots + a_{n-i-1}x^{n-1}, \\
&= a_0 x^i + a_1 x^{i+1} + \cdots + a_{n-i-1}x^{n-1} + a_{n-i} + \cdots + a_{n-1}x^{i-1}, \\
&= x^i \cdot a(x) \bmod (x^n - 1).
\end{aligned}
\tag{5.4}
$$

Die Berechnung des Polynoms $a^{(i)}(x)$ modulo $x^n - 1$ bewirkt, daß die Potenz x^n durch x^0 ersetzt wird. Dies trägt der Tatsache Rechnung, daß eine Komponente, die über die $n - 1$-te Stelle hinausgeschoben wird, in die 0-te Stelle des n-Tupels gelangt.

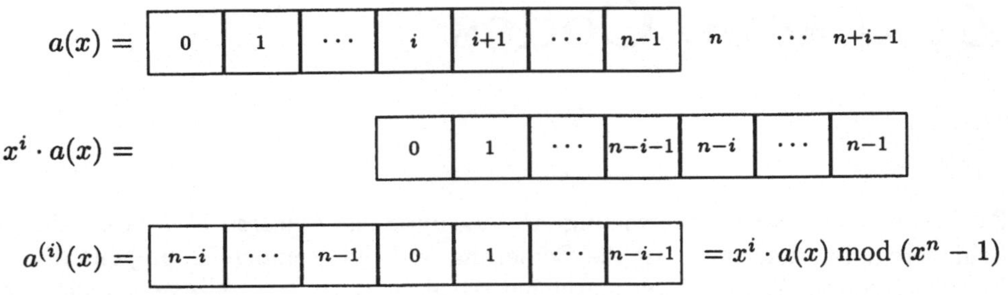

Abbildung 5.1: Zyklisches Verschieben eines Polynoms

Die Abbildung 5.1 veranschaulicht das zyklische Verschieben eines Polynoms $a(x)$. Das Polynom $a(x)$ (obere Darstellung) besitzt den Grad $n - 1$. Wird das zugehörige n-Tupel a i-mal nach rechts geschoben, so besitzt das Polynom $x^i \cdot a(x)$ (mittlere Darstellung) den Grad $n + i - 1$. Die i niederwertigsten Koeffizienten dieses Polynoms sind jedoch identisch null. Wird das Polynom $x^i \cdot a(x)$ modulo $(x^n - 1)$ berechnet (untere Darstellung), so werden die i Koeffizienten, die über den Grad von $a(x)$ hinausreichen, in die vormals freien Koeffizientenplätze des Polynoms $x^i \cdot a(x)$ hineingeschoben.

Definition 5.1 *Ein linearer* (n, k) *Code* C *wird* ZYKLISCH *genannt, wenn jede Verschiebung (Shift) eines Codewortes* $c \in C$:

$$
x^j \cdot c(x) = \tilde{c}(x) \bmod (x^n - 1) \text{ mit } \tilde{c} \in C
$$

wieder ein Codewort in C *ist.*

Beispiel 5.1 *Ein zyklischer* $(n = 7, k = 4)$ *Code soll ausgehend von dem Codewort:*

$$
c_1 = (c_0, c_1, \ldots, c_6) = (1101000) \iff c(x) = 1 + x + x^3
$$

gebildet werden. Das Nullwort c_0 *ist immer ein Codewort eines linearen Codes, deswegen ist das Generatorcodewort* c_1 *in der Tabelle 5.1 das zweite Codewort.*

Index i	Verschiebung	Codewort c_i	$w(c_i)$
0	Nullwort	0000000	0
1	Generatorcodewort c_1	1101000	3
2	1. Verschiebung	0110100	3
3	2. Verschiebung	0011010	3
4	3. Verschiebung	0001101	3
5	4. Verschiebung	1000110	3
6	5. Verschiebung	0100011	3
7	6. Verschiebung	1010001	3
8	$c_1 + c_2$	1011100	4
9	1. Verschiebung	0101110	4
10	2. Verschiebung	0010111	4
11	3. Verschiebung	1001011	4
12	4. Verschiebung	1100101	4
13	5. Verschiebung	1110010	4
14	6. Verschiebung	0111001	4
15	$c_1 + c_{10}$	1111111	7

Tabelle 5.1: Zyklischer (7,4) Code erzeugt mit $c(x) = x^3 + x + 1$

Das Codewort c_1 kann durch sechs zyklische Verschiebungen sechs weitere Codeworte bilden. Mit der siebten Verschiebung wäre wieder das ursprügliche Codewort generiert.

Es sind jedoch noch nicht alle 2^k Codewörter erzeugt worden, deshalb kann ein neues Codewort durch modulo-2 Addition von $c_1 + c_2$ erzeugt werden. Dieses Codewort c_8 kann wieder $n-1$ mal verschoben werden, wobei jede Verschiebung ein neues Codewort erzeugt. Das letzte Codewort c_{15} wird durch $c_1 + c_{10}$ erzeugt (beachte, daß auch $c_2 + c_{11} = c_{15}$, $c_3 + c_{12} = c_{15}$ usw. ergeben) und bildet sich durch jede Verschiebung auf sich selber ab. ◇

Eine Gewichtsbetrachtung des erzeugten Codes ergibt, daß das Mindestgewicht und damit auch die Mindestdistanz $w^* = d = 3$ ist.

5.1 Das Generatorpolynom

Aufgrund der angedeuteten mathematischen Struktur von zyklischen Codes ist es naheliegend, die Bildung des Codes durch zyklische Verschiebungen und Addition von Codeworten auf ein bestimmtes Codewortpolynom, dem Generatorpolynom $g(x)$, zurückzuführen. Hierfür ist es notwendig, einige mathematische Sätze zu formulieren. Sie beziehen sich auf binäre (n, k) Codes, deren Codeworte binäre n-Tupel sind. Diese mathematischen Aussagen gelten aber entsprechend auch für zyklische Codes über dem Erweiterungskörper $GF(q = p^m)$.

Satz 5.1 *Das Codewortpolynom eines zyklischen Codes C:*

$$g(x) = g_0 + g_1 x + g_2 x^2 + \cdots + g_{m-1} x^{m-1} + x^m \tag{5.5}$$

mit kleinstem Grad m > 0, ist eindeutig.

Beweis: Durch die Widerspruchannahme, daß es mindestens zwei Codewortpolynome $g(x) = g_0 + g_1 x + g_2 x^2 + \cdots + x^m$ und $g'(x)$ vom kleinsten Grad m gibt, folgt unter Ausnutzung der Linearität:

$$\begin{aligned}
g(x) + g'(x) &= (g_0 + g_0') + (g_1 + g_1')x + \cdots + (g_{m-1} + g_{m-1}')x^{m-1} + (1+1)x^m, \\
&= (g_0 + g_0') + (g_1 + g_1')x + \cdots + (g_{m-1} + g_{m-1}')x^{m-1}.
\end{aligned}$$

Das ist ein Widerspruch zur Voraussetzung, denn das so gebildete Polynom ist vom Grad kleiner als m. Also ist $g(x)$ eindeutig. ∎

Satz 5.2 *Wenn* $g(x) = g_0 + g_1 x + g_2 x^2 + \cdots + x^m$ *das Codewortpolynom mit kleinstem Grad m > 0 ist, dann muß gelten:* $g_0 = 1$.

Beweis: Durch die Widerspruchannahme, daß $g_0 = 0$ ist, folgt:

$$\begin{aligned}
g(x) &= g_1 x + g_2 x^2 + \cdots + g_{m-1} x^{m-1} + x^m, \\
&= x \cdot (g_1 + g_2 x + \cdots + g_{m-1} x^{m-2} + x^{m-1}).
\end{aligned}$$

Durch $(n-1)$-fache Verschiebung erhalten wir einen Widerspruch zur Voraussetzung, denn das so gebildete Polynom $g^{(n-1)}(x) = g_1 + g_2 x + \cdots + g_{m-1} x^{m-2} + x^{m-1}$ ist vom Grad kleiner als m. Also gilt $g_0 = 1$. ∎

Wir können festhalten, daß das Codewortpolynom eines linearen, zyklischen Codes mit kleinstem Grad m, die folgende Form besitzt:

$$g(x) = 1 + g_1 x + g_2 x^2 + \cdots + g_{m-1} x^{m-1} + x^m. \tag{5.6}$$

In Beispiel 5.1 hat das Codewortpolynom mit dem kleinsten Grad, die Form: $g(x) = 1 + x + x^3$.

Aus der Definition 5.1 können wir folgern, daß auch jede zyklische Verschiebung des Codewortpolynoms $g(x)$ wieder ein Codewort bildet. Weiter folgt aus der Linearität des Codes, daß auch jede Linearkombination dieser verschobenen Codewörter wieder ein Codewort $c(x)$ bildet:

$$\begin{aligned}
c(x) &= i_0 g(x) + i_1 x g(x) + \cdots + i_{n-m-1} x^{n-m-1} g(x), \\
&= (i_0 + i_1 x + \cdots + i_{n-m-1} x^{n-m-1}) g(x), \quad \text{mit } i_j \in \{0,1\}. \tag{5.7}
\end{aligned}$$

Satz 5.3 *Wenn* $g(x) = g_0 + g_1 x + g_2 x^2 + \cdots + x^m$ *das Codewortpolynom mit kleinstem Grad größer null, eines zyklischen (n,k) Codes C ist, dann ist jedes Polynom $c(x)$ mit* $\mathrm{Grad}\, c(x) \leq n-1$, *ein Codewortpolynom genau dann und nur dann, wenn $c(x)$ ein Vielfaches von $g(x)$ ist.*

Beweis: Der Beweis folgt unmittelbar aus Gleichung (5.7). ∎

Die Anzahl der binären Polynome $c(x)$ mit $\mathrm{Grad}\, c(x) \leq n-1$, die ein Vielfaches von $g(x)$ sind, beträgt 2^{n-m}. Gemäß Satz 5.3 bilden diese Polynome die 2^k Polynome des zyklischen binären (n,k) Codes. Es gilt also: $k = n - m$ oder entsprechend $m = n - k$. Wir können festhalten, daß das Codewortpolynom mit kleinstem Grad eines linearen, zyklischen Codes, die Form besitzt:

$$g(x) = 1 + g_1 x + g_2 x^2 + \cdots + g_{n-k-1} x^{n-k-1} + x^{n-k}. \tag{5.8}$$

Im nachfolgenden Satz sind die bisher bewiesenen Aussagen zusammenfassend formuliert.

Satz 5.4 *In einem zyklischen (n,k) Code C gibt es genau ein Codewortpolynom $g(x)$ vom Grad $m = n - k$ der Form:*

$$g(x) = 1 + g_1 x + g_2 x^2 + \cdots + g_{m-1} x^{m-1} + x^m. \tag{5.9}$$

Das Polynom $g(x)$ wird GENERATORPOLYNOM *des Codes C genannt. Jedes zum Code gehörende Polynom $c(x)$ ist ein Vielfaches von $g(x)$, und jedes Polynom $c(x)$ mit* $\mathrm{Grad}\, c(x) \leq n-1$, *ist ein Codewortpolynom, wenn es ein Vielfaches vom Generatorpolynom $g(x)$ ist.*

Entsprechend der Aussage von Satz 5.4 werden in den zwei nachstehenden Abschnitten unterschiedliche Möglichkeiten der Codierung zyklischer Codes erläutert.

5.1.1 Unsystematische Codierung

Nach Satz 5.4 bzw. Gleichung (5.7) des vorausgegangenen Abschnitts gilt für jedes Codewortpolynom $c(x)$ des Codes:

$$\begin{aligned} c(x) &= i(x) \cdot g(x), & (5.10) \\ &= (i_0 + i_1 x + i_2 x^2 + \cdots + i_{k-1} x^{k-1}) \cdot g(x). & (5.11) \end{aligned}$$

Der Koeffizientenvektor $i = (i_0, i_1, i_2, \cdots, i_{k-1})$ von $i(x)$ beinhaltet die zu übertragende Information, während der Koeffizientenvektor $c = (c_0, c_1, c_2, \cdots, c_{n-1})$ von $c(x)$ das Codewort darstellt. Eine Möglichkeit, die Codierung einfach darzustellen, besteht somit in der Multiplikation von Information und Generatorpolynom. Der Grad des Generatorpolynoms ist hierbei identisch mit der Anzahl der Prüfbits. Diese einfache Art der Codierung wird UNSYSTEMATISCH genannt, weil die Informationsbits nach erfolgter Codierung nicht mehr direkt aus dem Codewort ablesbar sind.

Beispiel 5.2 *Ausgehend von dem Generatorpolynom $g(x) = 1 + x + x^3$ kann nun, wie das Beispiel zeigt, durch Multiplikation der gleiche Code (Tab. 5.2) wie in Beispiel 5.1 erzeugt werden.*

Information		Codewort		Berechnung
i_0	0000	c_0	0000000	$0 \cdot g(x) \ \Rightarrow\ c_0$
i_1	1000	c_1	1101000	$1 \cdot g(x) \ \Rightarrow\ c_1$
i_2	0100	c_2	0110100	$x \cdot g(x) \ \Rightarrow\ c_2$
i_3	0010	c_3	0011010	$x^2 \cdot g(x) \ \Rightarrow\ c_3$
i_4	0001	c_4	0001101	$x^3 \cdot g(x) \ \Rightarrow\ c_4$
i_5	1110	c_5	1000110	$(1 + x + x^2) \cdot g(x) \ \Rightarrow\ c_1 + c_2 + c_3$
i_6	0111	c_6	0100011	$(x + x^2 + x^3) \cdot g(x) \ \Rightarrow\ c_2 + c_3 + c_4$
i_7	1101	c_7	1010001	$(1 + x + x^3) \cdot g(x) \ \Rightarrow\ c_1 + c_2 + c_4$
i_8	1100	c_8	1011100	$(1 + x) \cdot g(x) \ \Rightarrow\ c_1 + c_2$
i_9	0110	c_9	0101110	$(x + x^2) \cdot g(x) \ \Rightarrow\ c_2 + c_3$
i_{10}	0011	c_{10}	0010111	$(x^2 + x^3) \cdot g(x) \ \Rightarrow\ c_3 + c_4$
i_{11}	1111	c_{11}	1001011	$(1 + x + x^2 + x^3) \cdot g(x) \ \Rightarrow\ c_1 + c_2 + c_3 + c_4$
i_{12}	1001	c_{12}	1100101	$(1 + x^3) \cdot g(x) \ \Rightarrow\ c_1 + c_4$
i_{13}	1010	c_{13}	1110010	$(1 + x^2) \cdot g(x) \ \Rightarrow\ c_1 + c_3$
i_{14}	0101	c_{14}	0111001	$(x + x^3) \cdot g(x) \ \Rightarrow\ c_2 + c_4$
i_{15}	1011	c_{15}	1111111	$(1 + x^2 + x^3) \cdot g(x) \ \Rightarrow\ c_1 + c_3 + c_4$

Tabelle 5.2: Unsystematischer (7,4) Code, $g(x) = x^3 + x + 1$

Die ersten fünf Zeilen der Tabelle 5.2 sind verständlich. Das Codewort c_5 in der sechsten Zeile ergibt sich durch:

$$
\begin{aligned}
c_5(x) \ &= \ x^5 \cdot g(x) \ \mathrm{mod}\ (x^3 + x + 1), \\
&= \ (x^5 \ \mathrm{mod}\ (x^3 + x + 1)) \cdot g(x), \\
&= \ (1 + x + x^2) \cdot g(x) = g(x) + x \cdot g(x) + x^2 \cdot g(x), \\
&= \ c_1(x) + c_2(x) + c_3(x), \\
\Rightarrow \ & \quad c_1 + c_2 + c_3 \, .
\end{aligned}
$$

Die folgenden Zeilen ergeben sich entsprechend, indem der Faktor x^i vor $g(x)$ modulo $(x^3 + x + 1)$ berechnet wird. ◇

Es stellt sich nun die Frage, wie ein Generatorpolynom gefunden bzw. konstruiert werden kann. Zwei weitere mathematische Aussagen führen uns zu einer Bildungsvorschrift von Generatorpolynomen.

Satz 5.5 *Das Generatorpolynom $g(x)$ eines zyklischen (n, k) Codes C ist ein Faktor von $x^n + 1$.*

Beweis: Multipliziert man $g(x) = 1 + g_1 x + \cdots + x^{n-k}$ mit x^k, so erhält man ein Polynom vom Grad n. Dividieren wir nun $g(x)x^k$ durch $x^n + 1$, so folgt:

$$x^k g(x) = x^k + g_1 x^{k+1} + \cdots + x^n = (x^n + 1) + g^{(k)}(x),$$

wobei $g^{(k)}(x)$ den Rest der Division darstellt. Aus Gleichung (5.1) folgt, daß $g^{(k)}(x)$ das Codewortpolynom ist, das entsteht, wenn man $g(x)$ k-mal zyklisch verschiebt. Also muß $g^{(k)}(x)$ auch ein Vielfaches von $g(x)$ sein: $g^{(k)}(x) = a(x) \cdot g(x)$. Es folgt:

$$(x^n + 1) = \left(x^k + a(x)\right) \cdot g(x).$$

Das Generatorpolynom $g(x)$ ist ein Faktor von $(x^n + 1)$. ∎

Zusammenfassend können wir festhalten, daß $g(x)$ das Generatorpolynom eines zyklischen (n, k) Codes ist, wenn es den Grad $m = n - k$ besitzt und ein Faktor von $(x^n + 1)$ ist.

Beispiel 5.3 *Für die Konstruktion eines binären zyklischen Codes der Länge $n = 7$ zerlegen wir das Polynom $x^7 + 1$ in seine Faktoren mit Koeffizienten aus $GF(2)$:*

$$x^7 + 1 = (1 + x) \cdot (1 + x + x^3) \cdot (1 + x^2 + x^3).$$

Die beiden Polynome vom Grad drei generieren einen zyklischen $(7, 4)$ Code. ◇

Der in Tabelle 5.2 gegebene $(7, 4)$ Code kann mit dem Polynom $g(x) = 1 + x + x^3$ erzeugt werden. Die einfache Multiplikation von $i(x) = x^3 + x^2 + 1$ mit $g(x)$ liefert dann:

$$(x^3 + x^2 + 1) \cdot (x^3 + x + 1) = x^6 + x^5 + x^4 + x^3 + x^2 + x + 1 \qquad (5.12)$$

das Codewort c_{15} als Koeffizientenvektor des Codewortpolynoms. Das Ergebnis ist jedoch ein unsystematisches Codewort, da die Information nicht unmittelbar aus dem Codewort ersichtlich ist.

5.1.2 Systematische Codierung

Den oben beschriebenen Nachteil vermeidet die systematische Codierung. Für jede Information $i(x)$ gilt:

$$i(x) \quad = \quad i_0 + i_1 x + i_2 x^2 + \cdots + i_{k-1} x^{k-1}. \qquad (5.13)$$

Die SYSTEMATISCHE CODIERUNG mit Hilfe des Generatorpolynoms erfolgt in drei Schritten:

1. Schritt Das Informationspolynom wird mit $x^m = x^{n-k}$ multipliziert:

$$i(x) \cdot x^{n-k} = i_0 x^{n-k} + i_1 x^{n-k+1} + \cdots + i_{k-1} x^{n-1}. \tag{5.14}$$

Dies bewirkt lediglich eine Verschiebung der Information in die höchsten Koeffizienten des Polynoms $c(x)$.

2. Schritt Das Polynom $i(x)x^{n-k}$ wird durch $g(x)$ dividiert:

$$\frac{i(x) \cdot x^{n-k}}{g(x)} = q(x) + \frac{r(x)}{g(x)}, \tag{5.15}$$

$$i(x) \cdot x^{n-k} = q(x)g(x) + r(x), \tag{5.16}$$

wobei $q(x)$ das Vielfache der Division und $r(x)$ den Rest der Division darstellt. Der Grad des Restpolynoms ist kleiner oder höchstens gleich $(n - k - 1)$, da der Grad von $g(x)$ $(n - k)$ beträgt:

$$r(x) = r_0 + r_1 x + \cdots + r_{n-k-1} x^{n-k-1}. \tag{5.17}$$

3. Schritt Umstellen der Divisionsgleichung (5.16) ergibt:

$$-r(x) + i(x) \cdot x^{n-k} = q(x)g(x) = c(x), \tag{5.18}$$

so daß ein systematisches Codewortpolynom $c(x)$ gefunden wird.

Das zugehörige Codewort c besitzt somit die Form:

$$c = (-r_0, -r_1, \ldots, -r_{n-k-1}, i_0, i_1, \ldots, i_{k-1}). \tag{5.19}$$

Die Informationsbits bleiben unverändert – sie sind lediglich in die höchsten Stellen verschoben worden. Die Prüfsymbole lassen sich durch eine einfache Division berechnen. Für binäre Codes bleibt auch das Minuszeichen vor den Prüfbits ohne Relevanz.

Beispiel 5.4 *Für den (7,4) Code mit $g(x) = 1 + x + x^3$ soll die Information $i = (1, 1, 0, 0)$ systematisch codiert werden. $i(x) = 1 + x$, so daß gilt: $i(x)x^{n-k} = x^4 + x^3$. Die Division durch $g(x)$ ergibt:*

$$\frac{x^4 + x^3}{x^3 + x + 1} = x + 1 + \frac{x^2 + 1}{x^3 + x + 1},$$
$$x^4 + x^3 = (x + 1) \cdot (1 + x + x^3) + x^2 + 1,$$

Das Codewort gemäß Gleichung (5.19) lautet: $c = (1, 0, 1, 1, 1, 0, 0)$. ◇

Da es sich um einen zyklischen Code handelt, kann die Verschiebung der Information in die höchsten Stellen nach der Berechnung von c auch wieder rückgängig gemacht werden. Das Codewort, das die Information $i(x) = 1 + x$ in den unteren Stellen trägt, lautet: $(1, 1, 0, 0, 1, 0, 1)$.

Beispiel 5.5 *Die nachfolgende Tabelle 5.3 zeigt noch einmal den* $(7,4)$ *Code in der systematischen Form:*

Information		Codewort	
i_0	0000	c_0	000 0000
i_1	1000	c_1	110 1000
i_2	0100	c_2	011 0100
i_3	1100	c_3	101 1100
i_4	0010	c_4	111 0010
i_5	1010	c_5	001 1010
i_6	0110	c_6	100 0110
i_7	1110	c_7	010 1110
i_8	0001	c_8	101 0001
i_9	1001	c_9	011 1001
i_{10}	0101	c_{10}	110 0101
i_{11}	1101	c_{11}	000 1101
i_{12}	0011	c_{12}	010 0011
i_{13}	1011	c_{13}	100 1011
i_{14}	0111	c_{14}	001 0111
i_{15}	1111	c_{15}	111 1111

Tabelle 5.3: Systematischer (7,4) Code, $g(x) = x^3 + x + 1$

Die Berechnung wurde hierbei entsprechend dem Verfahren der systematischen Codierung durchgeführt. ◇

5.1.3 Generatormatrix und Prüfmatrix

Unter der Generatormatrix verstehen wir die den Code erzeugende Matrix G:

$$c = i \cdot G, \tag{5.20}$$

wobei der Vektor $i = (i_0, i_1, \ldots, i_{k-1})$ die zu codierende Information enthält. Die Matrix G muß hierfür in k Zeilen linear unabhängige Code-Vektoren von $\mathcal{C}$ enthalten. In Abschnitt 5.1 haben wir gesehen, daß es mit Hilfe des Generatorpolynoms $g(x) = 1 + g_1 x + g_2 x^2 + \cdots + x^m$ und den zyklisch verschobenen Polynomen $xg(x), x^2 g(x), \ldots, x^{k-1} g(x)$ möglich ist, den Code zu bilden. Schreiben wir die Koeffizientenvektoren (n-Tupel) dieser Polynome in eine $k \times n$-Matrix, so erhalten wir die Generatormatrix eines zyklischen (n,k) Codes $\mathcal{C}$:

$$G = \begin{pmatrix} g_0 & g_1 & g_2 & \cdots & g_{n-k} & 0 & 0 & \cdots & 0 \\ 0 & g_0 & g_1 & g_2 & \cdots & g_{n-k} & 0 & \cdots & 0 \\ \vdots & & \ddots & & & \ddots & & & \vdots \\ 0 & 0 & \cdots & 0 & g_0 & g_1 & g_2 & \cdots & g_{n-k} \end{pmatrix} = \begin{pmatrix} g^{(0)} \\ g^{(1)} \\ \vdots \\ g^{(k-1)} \end{pmatrix}. \tag{5.21}$$

In Gleichung (5.21) bezeichnet $\boldsymbol{g}^{(j)}$ den j-fach verschobenen Koeffizientenvektor des Generatorpolynoms $g(x)$. Es gilt: $\boldsymbol{g}^{(0)} = \boldsymbol{g} = (g_0, g_1, \ldots, g_{n-k})$.

Für das Beispiel des $(7,4)$ Codes, nach Tabelle 5.2 mit dem Generatorpolynom $g(x) = x^3 + x + 1$, lautet die Generatormatrix:

$$\boldsymbol{G} = \begin{pmatrix} 1 & 1 & 0 & 1 & 0 & 0 & 0 \\ 0 & 1 & 1 & 0 & 1 & 0 & 0 \\ 0 & 0 & 1 & 1 & 0 & 1 & 0 \\ 0 & 0 & 0 & 1 & 1 & 0 & 1 \end{pmatrix} = \begin{pmatrix} \boldsymbol{g}^{(0)} \\ \boldsymbol{g}^{(1)} \\ \boldsymbol{g}^{(2)} \\ \boldsymbol{g}^{(3)} \end{pmatrix}.$$

Diese Matrix kann durch elementare Zeilenumformungen in die systematische Form gebracht werden:

$$\boldsymbol{G}^{(u)} = \begin{pmatrix} 1 & 0 & 0 & 0 & 1 & 1 & 0 \\ 0 & 1 & 0 & 0 & 0 & 1 & 1 \\ 0 & 0 & 1 & 0 & 1 & 1 & 1 \\ 0 & 0 & 0 & 1 & 1 & 0 & 1 \end{pmatrix} = \begin{pmatrix} \boldsymbol{g}_0 \\ \boldsymbol{g}_1 \\ \boldsymbol{g}_2 \\ \boldsymbol{g}_3 \end{pmatrix}.$$

Es gilt: $\boldsymbol{g}_3 = \boldsymbol{g}^{(3)}$, $\boldsymbol{g}_2 = \boldsymbol{g}^{(2)} + \boldsymbol{g}^{(3)}$, $\boldsymbol{g}_1 = \boldsymbol{g}^{(1)} + \boldsymbol{g}^{(2)} + \boldsymbol{g}^{(3)}$ und $\boldsymbol{g}_0 = \boldsymbol{g}^{(0)} + \boldsymbol{g}^{(1)} + \boldsymbol{g}^{(2)}$.

Diese systematische Generatormatrix erzeugt denselben Code (vgl. Tab. 5.3) wie die unsystematische Generatormatrix. Lediglich die Zuordnung der Information zum Codewort ändert sich.

In Satz 5.5 wurde gezeigt, daß $g(x)$ ein Faktor von $x^n + 1$ ist. Hieraus folgt:

$$g(x) \cdot h(x) = x^n + 1, \tag{5.22}$$

wobei $h(x)$ ein Polynom vom Grad k ist:

$$h(x) = 1 + h_1 x + h_2 x^2 + \cdots + h_{k-1} x^{k-1} + x^k. \tag{5.23}$$

Es kann nun gezeigt werden, daß die Prüfmatrix $\boldsymbol{H}$ sich von dem Polynom $h(x)$ ableiten läßt. Für ein Codewort $\boldsymbol{c} = (c_0, c_1, \ldots, c_{n-1}) \in \mathcal{C}$ gilt: $c(x) = a(x) \cdot g(x)$. $c(x)$ ist ein Vielfaches von $g(x)$. Hieraus folgt:

$$\begin{aligned} c(x) \cdot h(x) &= a(x) \cdot g(x) \cdot h(x), \\ &= a(x)(x^n + 1), \\ &= a(x)x^n + a(x). \end{aligned} \tag{5.24}$$

Da der Grad von $a(x)$ kleiner gleich $k - 1$ ist, können die Potenzen: $x^k, x^{k+1}, \ldots, x^{n-1}$ in $a(x)x^n + a(x)$ nicht auftreten. Es gilt also:

$$\sum_{i=0}^{k} h_i \cdot c_{n-i-j} = 0 \quad \text{für } 1 \le j \le n - k. \tag{5.25}$$

Die Gleichung (5.25) lautet in Matrixschreibweise:

$$H \cdot c^{(T)} = 0, \tag{5.26}$$

wobei die Prüfmatrix H durch die Koeffizienten von $h(x)$ bestimmt ist:

$$H = \begin{pmatrix} h_k & h_{k-1} & h_{k-2} & \cdots & h_0 & 0 & 0 & \cdots & 0 \\ 0 & h_k & h_{k-1} & h_{k-2} & \cdots & h_0 & 0 & \cdots & 0 \\ \vdots & & \ddots & & & \ddots & & & \vdots \\ 0 & 0 & \cdots & 0 & h_k & h_{k-1} & h_{k-2} & \cdots & h_0 \end{pmatrix}. \tag{5.27}$$

Die Prüfmatrix H ist eine $(n-k) \times n$–Matrix (vgl. Gl. 5.26) mit der Eigenschaft, daß jeder Zeilenvektor $h^{(j)}$ orthogonal zu jedem Codevektor ist. Vergleicht man die Prüfmatrix H, Gleichung (5.27) mit der Generatormatrix, Gleichung (5.21), so wird deutlich, daß sie eine gleiche Struktur aufweisen.

In Abschnitt 4.5.2, auf Seite 98 wurde gezeigt, daß die Prüfmatrix selber die Generatormatrix eines zyklischen $(n, n-k)$ Codes ist. Dieser Code C_d wird als der duale Code (siehe Definition 4.9) zum (n, k) Code C bezeichnet, da alle Zeilen von G (sie enthalten ja Codewörter) orthogonal zu den Zeilen von H sind. Es gilt:

$$H \cdot G^{(T)} = 0.$$

Interpretiert man die erste Zeile von H als Generatorpolynom $g^{(d)}(x)$ des dualen Codes, so gilt:

$$\begin{aligned} g^{(d)}(x) &= h_k + h_{k-1}x + h_{k-2}x^2 + \cdots + h_0 x^k, \tag{5.28} \\ &= x^k \cdot (h_k x^{-k} + h_{k-1} x^{1-k} + \cdots + h_1 x^{-1} + h_0), \tag{5.29} \\ &= x^k \cdot h(x^{-1}), \quad \text{wobei } h(x) = \frac{x^n + 1}{g(x)}. \tag{5.30} \end{aligned}$$

Das Polynom $g^{(d)}(x) = x^k \cdot h(x^{-1})$ wird auch als Spiegelpolynom oder reziprokes Polynom von $h(x)$ bezeichnet.

Beispiel 5.6 *Betrachten wir noch einmal den zyklischen $(7,4)$ Code C mit $g(x) = x^3 + x + 1$. Das Prüfpolynom $h(x)$ berechnet sich zu:*

$$h(x) = \frac{x^7 + 1}{g(x)} = x^4 + x^2 + x + 1.$$

Für das Generatorpolynom des zum $(7,4)$ Code dualen Codes $C^{\perp}$ gilt:

$$\begin{aligned} g^{(d)}(x) = x^4 \cdot h(x^{-1}) &= x^4 \cdot (x^{-4} + x^{-2} + x^{-1} + 1), \\ &= 1 + x^2 + x^3 + x^4. \end{aligned}$$

Das Polynom $g^{(d)}(x)$ erzeugt einen zyklischen $(7,3)$ Code mit der Mindestdistanz $d = 4$. Er kann somit (siehe Gl. 4.12) einen Fehler korrigieren bzw. drei Fehler *erkennen. Die Prüfmatrix H des Codes C ist gleichzeitig die Generatormatrix $G^{(\perp)}$ des dualen Codes $C^{\perp}$:*

$$G^{(\perp)} = H = \begin{pmatrix} 1 & 0 & 1 & 1 & 1 & 0 & 0 \\ 0 & 1 & 0 & 1 & 1 & 1 & 0 \\ 0 & 0 & 1 & 0 & 1 & 1 & 1 \end{pmatrix}.$$

$\diamond$

Ganz analog zur systematischen Codierung mit dem Generatorpolynom kann die Generatormatrix wieder in die aus Gleichung (4.31) bekannte systematische Form gebracht werden. Hierzu werden die k verschobenen Informationsvektoren verwendet, die jeweils nur ein Bit ungleich Null besitzen. Diese k Informationsvektoren x^{n-k+i}, $i = 0, 1, \ldots, k-1$, werden durch $g(x)$ dividiert und der Rest der Division $r_i(x)$ zu x^{n-k+i} addiert:

$$\begin{aligned} x^{n-k+i} &= q_i(x)g(x) + r_i(x), \\ r_i(x) + x^{n-k+i} &= q_i(x)g(x), \\ \text{mit } r_i(x) &= r_{i0} + r_{i1}x + \cdots + r_{i,n-k-1}x^{n-k-1}. \end{aligned}$$

$r_i(x) + x^{n-k+i}$ ist dann ein Codewort mit einer Informationsstelle, die ungleich Null ist. Ordnet man die Polynomkoeffizienten in eine Matrix $G^{(o)}$ an, so erhält man eine systematische Generatormatrix:

$$G^{(o)} = \begin{pmatrix} r_{00} & r_{01} & r_{02} & \cdots & r_{0,n-k-1} & 1 & 0 & 0 & \cdots & 0 \\ r_{10} & r_{11} & r_{12} & \cdots & r_{1,n-k-1} & 0 & 1 & 0 & \cdots & 0 \\ \vdots & \vdots & \vdots & & \vdots & & & & & \vdots \\ r_{k-1,0} & r_{k-1,1} & r_{k-1,2} & \cdots & r_{k-1,n-k-1} & 0 & 0 & 0 & \cdots & 1 \end{pmatrix}. \quad (5.31)$$

Verwendet man zur Codierung die Beziehung:

$$i \cdot G^{(o)} = c,$$

so erhält man Codewörter, die die Information in den oberen Stellen von c, in $c_{n-k}, \ldots c_{n-1}$, tragen. Durch zyklische Verschiebung der Zeilen erhält man eine Matrix, die die Information in die unteren Stellen $c_0, \ldots, c_{k-1}$, des Codewortes legt:

$$G^{(u)} = \begin{pmatrix} 1 & 0 & 0 & \cdots & 0 & r_{00} & r_{01} & r_{02} & \cdots & r_{0,n-k-1} \\ 0 & 1 & 0 & \cdots & 0 & r_{10} & r_{11} & r_{12} & \cdots & r_{1,n-k-1} \\ & & & & & \vdots & \vdots & \vdots & \vdots & \vdots \\ 0 & 0 & 0 & \cdots & 1 & r_{k-1,0} & r_{k-1,1} & r_{k-1,2} & \cdots & r_{k-1,n-k-1} \end{pmatrix}. \quad (5.32)$$

Diese Matrixform $G = (I_k \,|\, A)$ wurde bereits im vorangegangenen Abschnitt 4.5 verwendet, so daß die zugehörige Prüfmatrix: $H = (A^{(T)} \,|\, I_{n-k})$ direkt angegeben werden kann:

$$H = \begin{pmatrix} r_{00} & r_{10} & r_{20} & \cdots & r_{k-1,0} & 1 & 0 & 0 & \cdots & 0 \\ r_{01} & r_{11} & r_{21} & \cdots & r_{k-1,1} & 0 & 1 & 0 & \cdots & 0 \\ \vdots & \vdots & \vdots & & \vdots & & & & & \vdots \\ r_{0,n-k-1} & r_{1,n-k-1} & r_{2,n-k-1} & \cdots & r_{k-1,n-k-1} & 0 & 0 & 0 & \cdots & 1 \end{pmatrix}. \quad (5.33)$$

Beispiel 5.7 *Betrachten wir noch einmal den zyklischen* $(7,4)$ *Code mit* $g(x) = 1 + x + x^3$. *Codieren wir systematisch die Informationen* $i(x) = 1, x, x^2$ *und* x^3, *so erhalten wir:*

$$\begin{aligned} x^3 &= g(x) \cdot 1 + (x + 1), \\ x^4 &= g(x) \cdot x + (x^2 + x), \\ x^5 &= g(x) \cdot (x^2 + 1) + (x^2 + x + 1), \\ x^6 &= g(x) \cdot (x^3 + x + 1) + (1 + x^2). \end{aligned}$$

Die vier gesuchten Codewörter lauten somit:

$$\begin{aligned} c_0(x) &= 1 + x & & + x^3, \\ c_1(x) &= x + x^2 & & + x^4, \\ c_2(x) &= 1 + x + x^2 & & + x^5, \\ c_3(x) &= 1 + x^2 & & + x^6. \end{aligned}$$

Durch Anordnen der Polynomkoeffizienten in Matrixform erhält man schließlich:

$$G^{(o)}_{(7,4)} = \begin{pmatrix} 1 & 1 & 0 & 1 & 0 & 0 & 0 \\ 0 & 1 & 1 & 0 & 1 & 0 & 0 \\ 1 & 1 & 1 & 0 & 0 & 1 & 0 \\ 1 & 0 & 1 & 0 & 0 & 0 & 1 \end{pmatrix} \implies H^{(u)}_{(7,4)} = \begin{pmatrix} 1 & 0 & 0 & 1 & 0 & 1 & 1 \\ 0 & 1 & 0 & 1 & 1 & 1 & 0 \\ 0 & 0 & 1 & 0 & 1 & 1 & 1 \end{pmatrix}.$$

Durch zyklisches Verschieben der Codewörter um k *Stellen erhält man die andere Matrix:*

$$G^{(u)} = \begin{pmatrix} 1 & 0 & 0 & 0 & 1 & 1 & 0 \\ 0 & 1 & 0 & 0 & 0 & 1 & 1 \\ 0 & 0 & 1 & 0 & 1 & 1 & 1 \\ 0 & 0 & 0 & 1 & 1 & 0 & 1 \end{pmatrix} \implies H^{(o)}_{(7,4)} = \begin{pmatrix} 1 & 0 & 1 & 1 & 1 & 0 & 0 \\ 1 & 1 & 1 & 0 & 0 & 1 & 0 \\ 0 & 1 & 1 & 1 & 0 & 0 & 1 \end{pmatrix}.$$

$\diamond$

5.1.4 Distanz in Generatormatrix und Prüfmatrix

In diesem Abschnitt werden noch einige ergänzende Bemerkungen zur Mindestdistanz eines linearen Codes formuliert.

Satz 5.6 *Die Mindestdistanz d eines linearen Codes entspricht der kleinstmöglichen Anzahl von Spalten der Prüfmatrix H, die eine Linearkombination bilden:*

$$\underbrace{h_x + h_y + \cdots + h_z}_{d-Spaltenvektoren} = 0.$$

Beweis: Für jedes Codewort gilt:

$$H \cdot c^{(T)} = 0,$$

also auch für ein Codewort c_d mit minimalem Gewicht $w^* = d$. Die Multiplikation von H mit einem Codewort $c_d^{(T)}$ vom minimalen Gewicht d läßt sich aber auch als Addition der d Spalten von H darstellen, in denen das Codewort nicht Null ist:

$$H \cdot c_d^{(T)} = \underbrace{h_x + h_y + \cdots + h_z}_{d-Spaltenvektoren} = 0.$$

Jede kleinere Auswahl von $d - i$ Spalten kann in der Summe nicht 0 ergeben. $\qquad\blacksquare$

Die Mindestdistanz d läßt sich in der Generatormatrix am Gewicht der Zeilenvektoren g_i nur dann feststellen, wenn einer von diesen von minimalem Gewicht $w^* = d$ ist. Hierbei muß also geprüft werden, ob durch Kombination von Zeilen das Gewicht verringert wird.

Beispiel 5.8 *Ein binärer $E = 2$ fehlerkorrigierender (15,7) Code ist durch sein Generatorpolynom $g(x)$ gegeben:*

$$g(x) = 1 + x^4 + x^6 + x^7 + x^8 \implies g = (100010111000000).$$

Für die Generatormatrix in unsystematischer Form folgt:

$$G = \begin{pmatrix}
1 & 0 & 0 & 0 & 1 & 0 & 1 & 1 & 1 & 0 & 0 & 0 & 0 & 0 & 0 \\
0 & 1 & 0 & 0 & 0 & 1 & 0 & 1 & 1 & 1 & 0 & 0 & 0 & 0 & 0 \\
0 & 0 & 1 & 0 & 0 & 0 & 1 & 0 & 1 & 1 & 1 & 0 & 0 & 0 & 0 \\
0 & 0 & 0 & 1 & 0 & 0 & 0 & 1 & 0 & 1 & 1 & 1 & 0 & 0 & 0 \\
0 & 0 & 0 & 0 & 1 & 0 & 0 & 0 & 1 & 0 & 1 & 1 & 1 & 0 & 0 \\
0 & 0 & 0 & 0 & 0 & 1 & 0 & 0 & 0 & 1 & 0 & 1 & 1 & 1 & 0 \\
0 & 0 & 0 & 0 & 0 & 0 & 1 & 0 & 0 & 0 & 1 & 0 & 1 & 1 & 1
\end{pmatrix}.$$

Durch Zeilenadditionen folgt die Generatormatrix in systematischer Form:

$$G = \begin{pmatrix}
1 & 0 & 0 & 0 & 0 & 0 & 0 & 1 & 0 & 0 & 0 & 1 & 0 & 1 & 1 \\
0 & 1 & 0 & 0 & 0 & 0 & 0 & 1 & 1 & 0 & 0 & 1 & 1 & 1 & 0 \\
0 & 0 & 1 & 0 & 0 & 0 & 0 & 0 & 1 & 1 & 0 & 0 & 1 & 1 & 1 \\
0 & 0 & 0 & 1 & 0 & 0 & 0 & 1 & 0 & 1 & 1 & 1 & 0 & 0 & 0 \\
0 & 0 & 0 & 0 & 1 & 0 & 0 & 0 & 1 & 0 & 1 & 1 & 1 & 0 & 0 \\
0 & 0 & 0 & 0 & 0 & 1 & 0 & 0 & 0 & 1 & 0 & 1 & 1 & 1 & 0 \\
0 & 0 & 0 & 0 & 0 & 0 & 1 & 0 & 0 & 0 & 1 & 0 & 1 & 1 & 1
\end{pmatrix}.$$

Die Prüfmatrix in systematischer Form:

$$H = \begin{pmatrix} 1 & 1 & 0 & 1 & 0 & 0 & 0 & 1 & 0 & 0 & 0 & 0 & 0 & 0 & 0 \\ 0 & 1 & 1 & 0 & 1 & 0 & 0 & 0 & 1 & 0 & 0 & 0 & 0 & 0 & 0 \\ 0 & 0 & 1 & 1 & 0 & 1 & 0 & 0 & 0 & 1 & 0 & 0 & 0 & 0 & 0 \\ 0 & 0 & 0 & 1 & 1 & 0 & 1 & 0 & 0 & 0 & 1 & 0 & 0 & 0 & 0 \\ 1 & 1 & 0 & 1 & 1 & 1 & 0 & 0 & 0 & 0 & 0 & 1 & 0 & 0 & 0 \\ 0 & 1 & 1 & 0 & 1 & 1 & 1 & 0 & 0 & 0 & 0 & 0 & 1 & 0 & 0 \\ 1 & 1 & 1 & 0 & 0 & 1 & 1 & 0 & 0 & 0 & 0 & 0 & 0 & 1 & 0 \\ 1 & 0 & 1 & 0 & 0 & 0 & 1 & 0 & 0 & 0 & 0 & 0 & 0 & 0 & 1 \end{pmatrix}.$$

Die Prüfmatrix wird durch ihre Spaltenvektoren h_j , mit $j = 0, 1, \ldots, n-1$ dargestellt:

$$H = (h_0 , h_1 , h_2 , \ldots, h_{14}).$$

Da der Code $E = 2$ Fehler korrigieren kann, muß $d \geq 5$ gelten. Nach Satz 5.6 muß es deshalb eine Kombination von 5 Spalten der Prüfmatrix H geben, die addiert sich zum Nullvektor ergänzen.

$c_d = (0,0,0,0,0,0,1,0,0,0,1,0,1,1,1)$ ist ein Codewort mit minimalem Gewicht $w^* = 5$. Es gilt:

$$H \cdot c_d^{(T)} = h_6 + h_{10} + h_{12} + h_{13} + h_{14} = 0. \qquad \diamond$$

Bei dem Codewort c handelt es sich um den verschobenen Koeffizientenvektor des Generatorpoynoms. Es gilt auch:

$$H \cdot g^{(T)} = h_0 + h_4 + h_6 + h_7 + h_8 = 0,$$

da der Zusammenhang $c_d = g^{(6)}$ besteht.

5.2 Realisierungen elementarer Rechenoperationen mit Schieberegistern

Für das Verständnis von Codierung und Decodierung kommt der Betrachtung von Schieberegisterrealisierungen eine besondere Bedeutung zu. Diese Bedeutung beruht weniger in der daraus resultierenden Möglichkeit einer Hardware-Realisierung, sondern vielmehr darin, einen Schritt von der abstrakten Beschreibung der Algorithmen hin zu einem vorstellbaren technischen Ablauf zu tun. Ein gutes Verständnis eines technischen Ablaufes besitzt häufig auch eine Rückwirkung, die zu Verbesserungen der Algorithmen geführt hat.

In den folgenden Darstellungen sollen die Elemente der Schieberegister erläutert werden, die dann die elementaren Rechenoperationen der Multiplikation, Division und Transformation durchführen können.

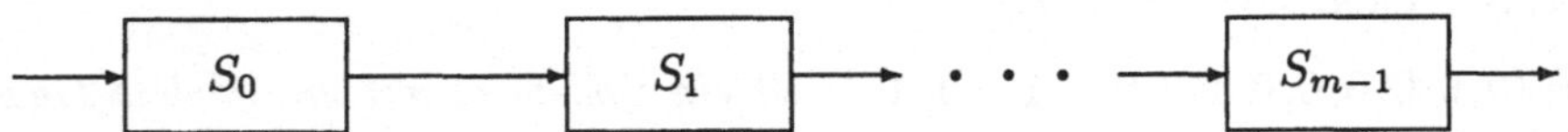

Der Inhalt einer Speicherzelle S_j wird mit einem Takt (i) zum Ausgang und damit zur nächsten Speicherzelle S_{j+1} weitergegeben. Es gilt also:

$$S_{j+1}(i + 1) = S_j(i).$$

Für Addition, Multiplikation und Skalierung werden die folgenden Symbole verwendet:

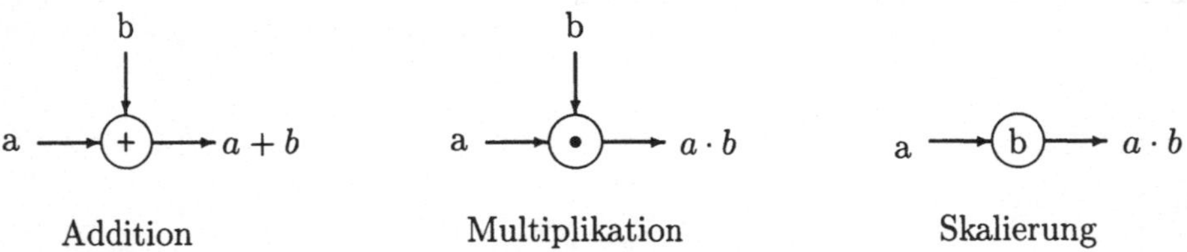

Mit Hilfe dieser Elemente können nun Schieberegisterschaltungen angegeben werden, die elementare Rechenoperationen durchführen können.

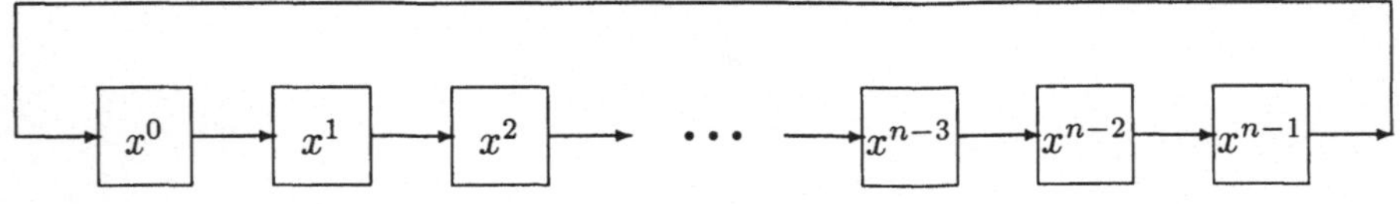

Abbildung 5.2: Schaltung zum zyklischen Verschieben eines Polynoms

Wird ein Schieberegister zu einer Ringstruktur wie in Abbildung 5.2 zusammengeschaltet, kann es zum zyklischen Verschieben eines Polynoms genutzt werden. In Abbildung 5.2 wird von einem Polynom $a(x)$ mit n Koeffizienten vom Grad $n-1$ ausgegangen. Die Schaltung berechnet $x^i \cdot a(x) \bmod (x^n - 1)$. Es ist das einfachste Beispiel eines linearen rückgekoppelten Schieberegisters (LFSR)[1].

Die Abbildung 5.3 zeigt ein Schieberegister[2], das die Koeffizienten nicht rückkoppelt. Solche Strukturen werden auch als FIR-Filter (finite-impuls-response) bezeichnet. Die Schaltung ist in der Lage zwei Polynome miteinander zu multiplizieren.

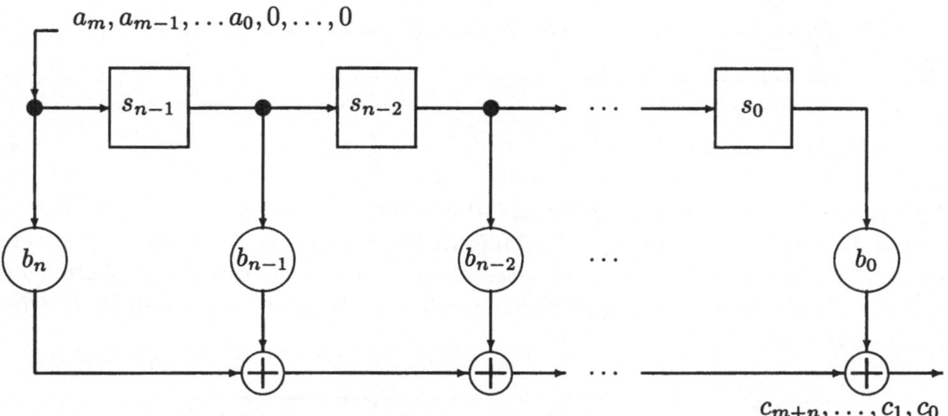

Abbildung 5.3: Schaltung zum Multiplizieren zweier Polynome $a(x) \cdot b(x)$

Die Struktur der Schaltung ist durch die Koeffizienten des Polynoms:

$$b(x) = b_0 + b_1 x + b_2 x^2 + \cdots + b_n x^n$$

festgelegt. Die Koeffizienten von $a(x) = a_0 + a_1 x + a_2 x^2 + \cdots + a_m x^m$ gelangen mit der höchsten Potenz beginnend in das Schieberegister. Das Schieberegister muß zu Beginn der Rechnung mit *Nullen* inizialisiert sein. Die Koeffizienten von $a(x)$ und $b(x)$ werden gefaltet, so daß gilt:

$$c_j = \sum_{i=0}^{n} b_i \cdot a_{j-i} \quad \text{für } j = 0, 1, \ldots, m+n.$$

Damit werden die Koeffizienten des Polynoms $c(x) = a(x) \cdot b(x)$ berechnet.

Im folgenden Beispiel wird diese Polynommultiplikation gemäß Abbildung 5.3 in Schaltung A durchgeführt. Die Schaltung B, die ebenfalls der Multiplikation dient, geht aus der Schaltung A durch Anwendung elementarer Schaltungsalgebra hervor.

---

[1] linear feedback shift register
[2] linear feedforward shift register

Beispiel 5.9 *Multiplikation mit $x^8 + x^7 + x^4 + x^2 + x + 1$ in $GF(2)$:*

Schaltung A

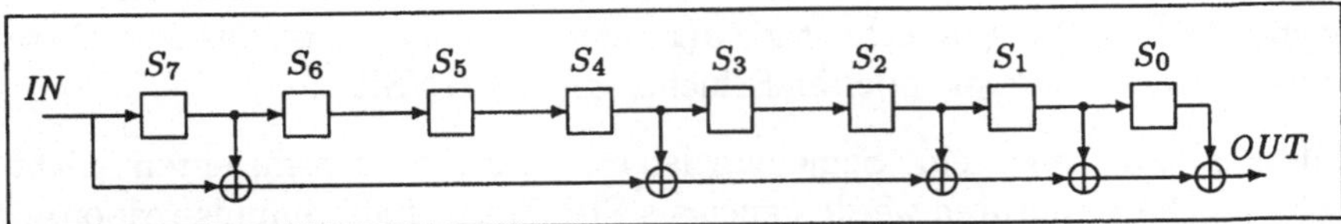

Schaltung B

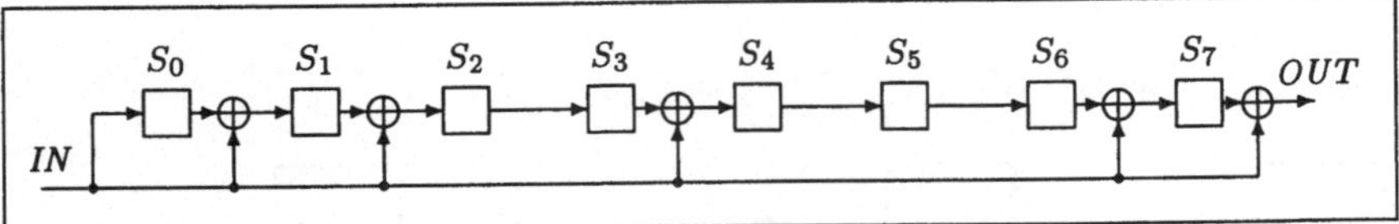

Die Multiplikation von $x^8 + x^7 + x^4 + x^2 + x + 1$ soll zunächst mit $x^3 + x^2 + 1$ für die Schaltung A durchgeführt werden. Das Polynom $x^3 + x^2 + 1$ besitzt die Binärdarstellung $(1, 1, 0, 1)$, beginnend mit der höchsten Potenz. Bereits nach dem vierten Takt ist das Bitmuster vollständig in das Schieberegister gelangt. Die Berechnung ist damit jedoch noch nicht abgeschlossen, denn das Ergebnispolynom $c(x)$ muß den Grad: $\mathrm{grad}\, a(x) + \mathrm{grad}\, b(x) = 8 + 3 = 11$ besitzen, und somit 12 Koeffizienten aufweisen.

i	IN	S_7	S_6	S_5	S_4	S_3	S_2	S_1	S_0	OUT
1	1	1	0	0	0	0	0	0	0	1
2	1	1	1	0	0	0	0	0	0	0
3	0	0	1	1	0	0	0	0	0	1
4	1	1	0	1	1	0	0	0	0	1
5	0	0	1	0	1	1	0	0	0	0
6	0	0	0	1	0	1	1	0	0	1
7	0	0	0	0	1	0	1	1	0	1
8	0	0	0	0	0	1	0	1	1	1
9	0	0	0	0	0	0	1	0	1	0
10	0	0	0	0	0	0	0	1	0	0
11	0	0	0	0	0	0	0	0	1	1
12	0	0	0	0	0	0	0	0	0	1

Deutlich ist zu erkennen, daß solange Nullen nachgeschoben werden müssen, bis der letzte Koeffizient a_0 von $a(x) = x^3 + x^2 + 1$ das Schieberegister verlassen hat.

Die Multiplikation von $x^8 + x^7 + x^4 + x^2 + x + 1$ mit $x^3 + x^2 + 1$ für die Schaltung B ergibt:

IN	S_0	S_1	S_2	S_3	S_4	S_5	S_6	S_7	OUT
1	1	1	1	0	1	0	0	1	1
1	1	0	0	1	1	1	0	1	0
0	0	1	0	0	1	1	1	0	1
1	1	1	0	0	1	1	1	0	1
0	0	1	1	0	0	1	1	1	0
0	0	0	1	1	0	0	1	1	1
0	0	0	0	1	1	0	0	1	1
0	0	0	0	0	1	1	0	0	1
0	0	0	0	0	0	1	1	0	0
0	0	0	0	0	0	0	1	1	0
0	0	0	0	0	0	0	0	1	1
0	0	0	0	0	0	0	0	0	1

$\diamond$

Ein lineares rückgekoppeltes Schieberegister kann auch für die Division eines Polynoms $a(x)$ durch ein Polynom $b(x)$ (siehe Abb. 5.4) verwendet werden. Es gelte $\operatorname{grad} a(x) = n$ und $b(x) = 1 + b_1 x + \cdots + x^m$, wobei $m \leq n$ sein muß. Entprechend der normalen Polynomdivision wird in Abbildung 5.4 die höchste Potenz des dividierenden Polynoms $b(x)$ mit einem negativen Vorzeichen versehen. Anschließend werden dann die kleineren Potenzen von $b(x)$ zu dem Polynom $a(x)$ addiert.

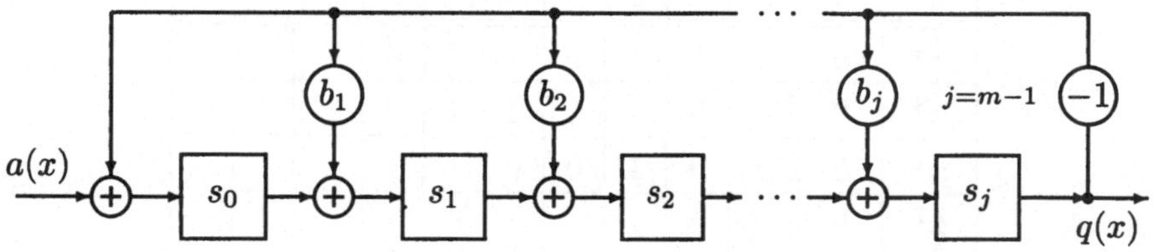

Abbildung 5.4: Polynomdivision mit LFSR

Sind die Polynomkoeffizienten aus $GF(p)$, so erfolgt die Addition modulo p. Eine gewöhnliche Division:

$$\frac{a(x)}{b(x)} = q(x) + \frac{r(x)}{b(x)} \iff a(x) = q(x) \cdot b(x) + r(x),$$

besitzt die zwei Ergebnisspolynome $q(x)$ und $r(x)$. Das Vielfache $q(x)$ wird aus dem Schieberegister herausgeschoben, während der Divisionsrest $r(x)$ nach Beendigung der Rechnung in den Speichern $s_0, s_1, \ldots, s_{m-1}$ enthalten ist. Die Rechnung ist beendet, wenn der letzte Koeffizient a_0 von $a(x)$ in das Schieberegister gelangt ist.

Beispiel 5.10 *Division durch* $x^8 + x^7 + x^4 + x^2 + x + 1$ *in* $GF(2)$:

Schaltung zur Division

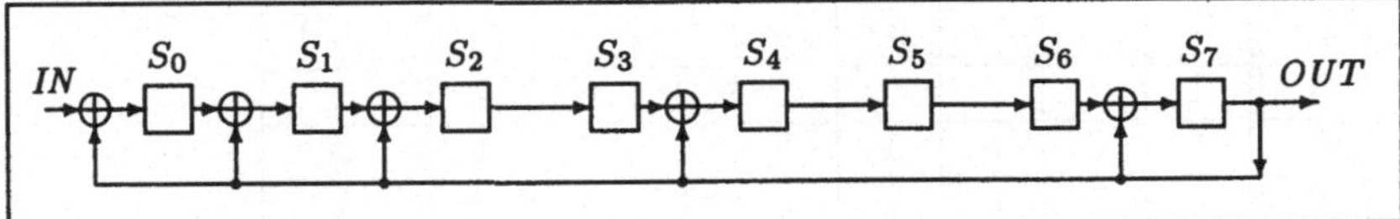

Es soll nun die Division von x^{12} durch $x^8 + x^7 + x^4 + x^2 + x + 1$ in $GF(2)$ durchgeführt werden. Das Polynom x^{12} besitzt die Binärdarstellung $(1, 0, 0, 0, 0, 0, 0, 0, 0, 0, 0, 0, 0)$, beginnend mit der höchsten Potenz. An den Ausgang des Schieberegisters gelangt ein Bit erst mit einer Verzögerung von 8 Takten. Diese Verzögerung entspricht sowohl der Länge des Schieberegisters als auch der Gradreduzierung $12 - 8 = 4$ durch die Polynomdivision.

x^i	IN	0	1	2	3	4	5	6	7	OUT
x^{12}	1	1	0	0	0	0	0	0	0	0
x^{11}	0	0	1	0	0	0	0	0	0	0
x^{10}	0	0	0	1	0	0	0	0	0	0
x^9	0	0	0	0	1	0	0	0	0	0
x^8	0	0	0	0	0	1	0	0	0	0
x^7	0	0	0	0	0	0	1	0	0	0
x^6	0	0	0	0	0	0	0	1	0	0
x^5	0	0	0	0	0	0	0	0	1	0
x^4	0	1	1	1	0	1	0	0	1	1
x^3	0	1	0	0	1	1	1	0	1	1
x^2	0	1	0	1	0	0	1	1	1	1
x^1	0	1	0	1	1	1	0	1	0	1
x^0	0	0	1	0	1	1	1	0	1	0

Ist das Bitmuster vollständig in das Schieberegister gelangt, so ist die Berechnung abgeschlossen. Es gilt somit:

$$\frac{x^{12}}{x^8 + x^7 + x^4 + x^2 + x + 1} = (x^4 + x^3 + x^2 + x) + \frac{x^1 + x^3 + x^4 + x^5 + x^7}{x^8 + x^7 + x^4 + x^2 + x + 1},$$

$$x^{12} = (x^4 + x^3 + x^2 + x) \cdot (x^8 + x^7 + x^4 + x^2 + x + 1) + x^1 + x^3 + x^4 + x^5 + x^7.$$

Die beiden Ergebnispolynome der Division sind das Vielfache $q(x) = x^4 + x^3 + x^2 + x$ und der Divisionsrest $r(x) = x^1 + x^3 + x^4 + x^5 + x^7$.   ◇

5.3 Codierung von zyklischen Codes

In Abbildung 5.5 ist eine Schieberegisterschaltung dargestellt, die die drei notwendigen arithmetischen Operationen (vgl. Abschnitt 5.1) der systematischen Codierung eines zyklischen (n,k) Codes durchführt.

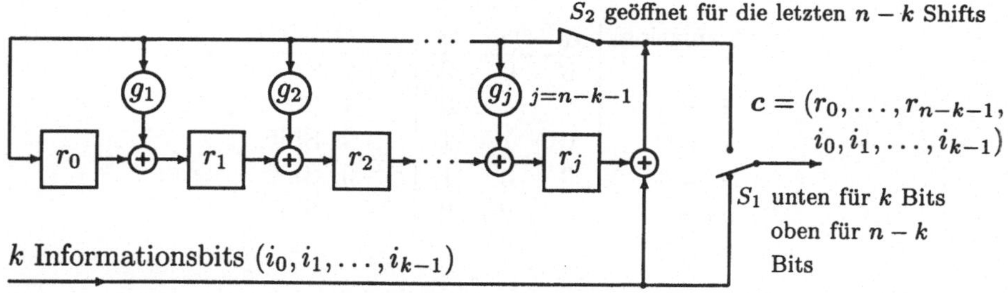

Abbildung 5.5: Systematische Codierung eines zyklischen (n,k) Codes

Die Funktionsweise der Schaltung kann in drei Schritten beschrieben werden:

Schritt A
- Zunächst werden die k Informationsbits $i_0, i_1, \ldots, i_{k-1}$ (oder in Polynomform: $i(x) = i_0 + i_1 x + \ldots + i_{k-1} x^{k-1}$) in das Schieberegister eingelesen: i_{k-1} ist hierbei das erste Bit. Der Schalter S_2 ist zunächst geschlossen – das Schieberegister somit rückgekoppelt.

- Durch das Einlesen von "Rechts" wird $i(x)$ automatisch mit x^{n-k} vormultipliziert.

- Sobald die k Informationsbits vollständig in das Schieberegister eingelesen sind, befindet sich der Rest $r(x)$ der Division von Gleichung (5.15) – der ja die zu berechnende Redundanz darstellt – in den $n - k$ Registern.

Schritt B
- Im zweiten Schritt muß nun der Rückkoppelungspfad durch das Gatter S_2 unterbrochen werden. S_1 wird nach oben umgelegt.

Schritt C
- Die $n - k$ Prüfbits $r_0, r_1, \ldots, r_{n-k-1}$ können jetzt ausgelesen werden und stellen zusammen mit den Informationsbits das vollständige Codewort $c = (r_0, r_1, \ldots, r_{n-k-1}, i_0, i_1, \ldots, i_{k-1})$ dar.

Beispiel 5.11 *In der nachstehenden Abbildung 5.6 ist die Schieberegisterschaltung für die Codierung des zyklischen* $(7,4)$ *Codes dargestellt. Die Codierung erfolgt systematisch mit* $g(x) = x^3 + x + 1$. *Die zu codierende Information sei* $i = (i_0, i_1, i_2, i_3) = (1,1,0,1)$. *Das Schieberegister durchläuft nun folgende Zustände:*

Information	r_0	r_1	r_2	j-ter Shift
	0	0	0	Grundzustand
$i_3 = 1$	1	1	0	1. Shift
$i_2 = 0$	0	1	1	2. Shift
$i_1 = 1$	0	0	1	3. Shift
$i_0 = 1$	0	0	0	4. Shift

Das Codewort lautet also: $c = (r_0, r_1, r_2, i_0, i_1, i_2, i_3) = (0,0,0,1,1,0,1)$.

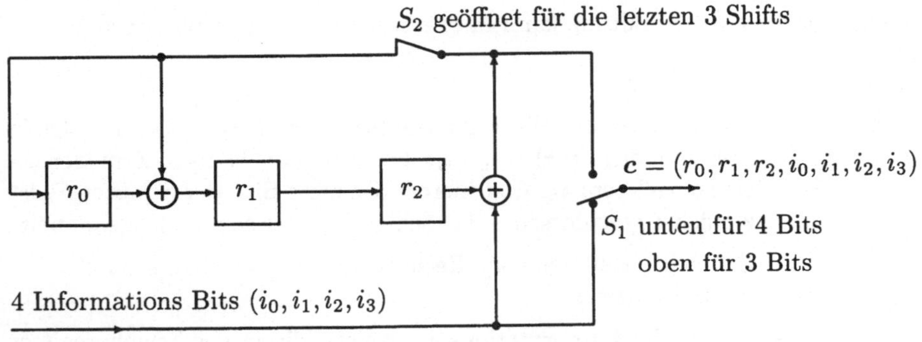

Abbildung 5.6: Systematische Codierung eines zyklischen (7,4) Codes

5.4 Syndromberechnung bei zyklischen Codes

In den vorausgegangenen Abschnitten wurde bereits eine Möglichkeit angegeben, den Einfluß des Fehlers, der Syndrom genannt wird, zu bestimmen. Durch Multiplikation des Empfangsvektors mit der Prüfmatrix $s^{(T)} = H \cdot r^{(T)}$ kann das Syndrom berechnet werden. Gilt $s = 0$, so ist r ein Codewort, im anderen Fall ist r fehlerbehaftet. Für den empfangenen fehlerbehafteten Vektor $r = (r_0, r_1, \ldots, r_{n-1})$ gilt:

$$r = c + f \iff r(x) = c(x) + f(x), \tag{5.34}$$

wobei $r(x)$ ein Polynom vom Grad kleiner gleich $n - 1$ ist.

Für zyklische Codes kann die Berechnung des Syndroms auch durch die Division von $r(x)$ durch $g(x)$ erfolgen:

$$\frac{r(x)}{g(x)} = q(x) + \frac{s(x)}{g(x)} = \Longleftrightarrow r(x) = q(x) \cdot g(x) + s(x)\,, \qquad (5.35)$$

denn gemäß der Codiervorschrift ergibt sich $s(x) = 0$ nur dann, wenn $r(x)$ ein Codewort und somit ein Vielfaches von $g(x)$ ist.

Allgemein ist $s(x)$ ein Polynom vom Grad kleiner gleich $n - k - 1$. Die $n - k$ Koeffizienten von $s(x) = s_0 + s_1 x + \cdots + s_{n-k-1} x^{n-k-1}$ bilden das Syndrom $s = (s_0, s_1, \ldots, s_{n-k-1})$. Die Berechnung des Syndroms kann wieder mit Hilfe eines linearen rückgekoppelten Schieberegisters gemäß der Abbildung 5.7 erfolgen.

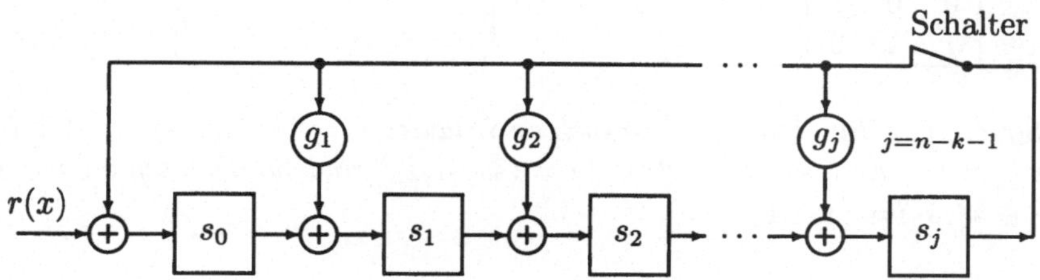

Abbildung 5.7: Syndromberechnung bei zyklischen (n,k) Codes

Beispiel 5.12 *In der nachstehenden Abbildung 5.8 ist die Schieberegisterschaltung für die Syndromberechnung des zyklischen $(7,4)$ Codes mit $g(x) = x^3 + x + 1$ dargestellt.*

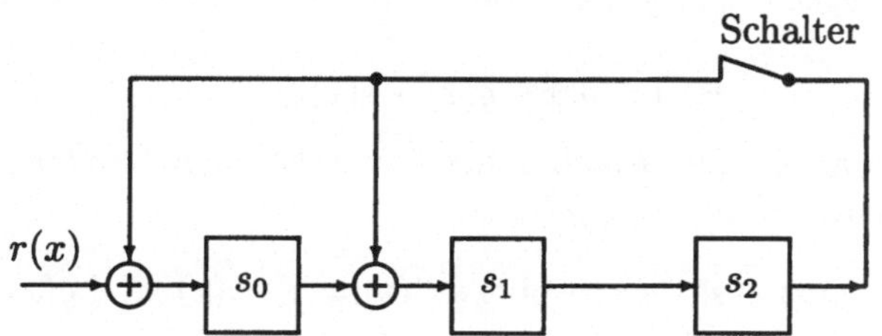

Abbildung 5.8: Syndromberechnung eines zyklischen (7,4) Codes

Die Syndromberechnung soll für drei Empfangsvektoren durchgeführt werden, die jeweils um einen zyklischen Shift zueinander verschoben sind. Hierdurch ist auch der in $r^{(i)}$ enthaltene Fehlervektor $f^{(i)}$ um i Shifts verschoben:

$$\begin{aligned}
r^{(0)} &= (r_0, r_1, r_2, r_3, r_4, r_5, r_6) = (0,1,0,1,1,0,1),\\
r^{(1)} &= (r_6, r_0, r_1, r_2, r_3, r_4, r_5) = (1,0,1,0,1,1,0),\\
r^{(2)} &= (r_5, r_6, r_0, r_1, r_2, r_3, r_4) = (0,1,0,1,0,1,1).
\end{aligned}$$

Das Schieberegister durchläuft die Zustände, die in der folgenden Tabelle angegeben sind.

r	Register			$r^{(1)}$	Register			$r^{(2)}$	Register			j-ter Shift
	0	0	0		0	0	0		0	0	0	Grundzustand
$r_6 = 1$	1	0	0	$r_5 = 0$	0	0	0	$r_4 = 1$	1	0	0	1. Shift
$r_5 = 0$	0	1	0	$r_4 = 1$	1	0	0	$r_3 = 1$	1	1	0	2. Shift
$r_4 = 1$	1	0	1	$r_3 = 1$	1	1	0	$r_2 = 0$	0	1	1	3. Shift
$r_3 = 1$	0	0	0	$r_2 = 0$	0	1	1	$r_1 = 1$	0	1	1	4. Shift
$r_2 = 0$	0	0	0	$r_1 = 1$	0	1	1	$r_0 = 0$	1	1	1	5. Shift
$r_1 = 1$	1	0	0	$r_0 = 0$	1	1	1	$r_6 = 1$	0	0	1	6. Shift
$r_0 = 0$	0	1	0	$r_6 = 1$	0	0	1	$r_5 = 0$	1	1	0	7. Shift
	0	0	1		1	1	0					8. Shift
	1	1	0									9. Shift

Das Syndrom s für den Empfangsvektor r lautet $s = (s_0, s_1, s_2) = (0, 1, 0)$, für $r^{(1)}$ $s^{(1)} = (s_2, s_0 \oplus s_2, s_1) = (0, 0, 1) = (\tilde{s}_0, \tilde{s}_1, \tilde{s}_2)$ und für $r^{(2)}$ schließlich $s^{(2)} = (\tilde{s}_2, \tilde{s}_2 \oplus \tilde{s}_0, \tilde{s}_1) = (1, 1, 0)$.   ◇

Das Beispiel 5.12 zeigt, daß die Syndromberechnung abgeschlossen ist, wenn die n Empfangsbits in das Schieberegister gelangt sind. Wird das Schieberegister bei geschlossenem Schalter weitergetaktet, so bildet sich mit jedem weiteren Takt ein Syndrom $s^{(i)}$, das zu einem zyklisch verschobenen Empfangsvektor $r^{(i)}$ gehört. Dieser Sachverhalt ist im folgenden Satz 5.7 ohne Beweis noch einmal allgemein formuliert.

Satz 5.7 *s sei das zugehörige Syndrom zum Empfangsvektor r, das durch die Division:*

$$r(x) = q(x) \cdot g(x) + s(x)$$

berechnet werden kann. Zu dem i-fach zyklisch verschobenen Empfangsvektor $r^{(i)}$ berechnet sich das Syndrom $s^{(i)}$ wie folgt:

$$x^i \cdot r(x) = \tilde{q}(x) \cdot g(x) + s^{(i)}(x) \quad \text{wobei } s^{(i)}(x) = x^i \cdot s(x) \bmod g(x). \tag{5.36}$$

Diese Aussage ist von praktischer Bedeutung für die Decodierung, um Speicherplatz für die Syndrome einzusparen. Man bedenke, daß von den 2^m möglichen Syndromen, nur so viele für die Decodierung wichtig sind, wie es verschiedene korrigierbare Fehlermuster gibt. Berücksichtigt man, daß in Gleichung (5.35) das Syndrom $s(x)$ nur vom Fehlermuster abhängt, da $g(x)$ jedes Codewort $c(x)$ ohne Rest teilt, so wird deutlich, daß die Aussage von Satz 5.7 sich ebenfalls wie folgt formulieren läßt:

$$f(x) = q(x) \cdot g(x) + s(x), \tag{5.37}$$

$$f^{(i)}(x) = \tilde{q}(x) \cdot g(x) + s^{(i)}(x), \quad \text{wobei } s^{(i)}(x) = x^i \cdot s(x) \bmod g(x). \tag{5.38}$$

Die Gleichung (5.38) erlaubt es, die für die Decodierung abzuspeichernden Syndrome um diejenigen zu reduzieren, deren zugehöriges Fehlermuster durch einen i-fachen zyklischen Shift aus einem Fehlermuster hervorgeht, dessen Syndrom bereits gespeichert ist. Diese Aussage wird im Abschnitt 5.5 in Beispiel 5.13 veranschaulicht.

Der Satz 5.7 ist auch für die Syndromberechnung wichtig, um eine weitere Schieberegisterschaltung angeben zu können, die mit der Schieberegisterschaltung der systematischen Codierung strukturgleich ist. Wir erinnern uns, daß für die systematische Codierung die Information $i(x)$ mit x^{n-k} vormultipliziert wurde. Verfahren wir mit dem Empfangsvektor $r(x)$ in gleicher Weise, so erhalten wir die in Abbildung 5.9 dargestellte Schieberegisterschaltung, die zu r das Syndrom $s^{(n-k)}$ berechnet.

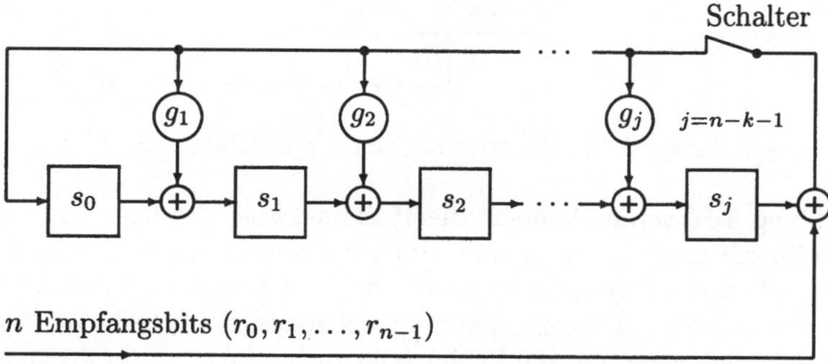

Abbildung 5.9: Syndromberechnung zyklischen (n,k) Code mit Vormultiplizierung

5.5 Decodierung von zyklischen Codes

Die Decodierung von zyklischen Codes erfolgt - ganz analog der Decodierung linearer Codes - durch drei notwendige arithmetische Operationen.

1. Schritt Syndrombrechnung $s(x)$:

$$r(x) = q(x) \cdot g(x) + s(x). \tag{5.39}$$

$r(x) = c(x) + f(x)$ ist hierbei der fehlerbehaftete Empfangsvektor, $f(x)$ der Fehlervektor und das Syndrom $s(x)$ der Rest der Division von $r(x)$ durch das Generatorpolynom $g(x)$.

2. Schritt Die Bestimmung des Fehlermusters $f(x)$ aus $s(x)$ kann durch Tabellen (Standard Array) oder durch eine Logikschaltung erfolgen, die das Syndrom weiterverarbeitet.

3. Schritt Korrektur des Fehlers. Für binäre Codes kann dies durch einfache Exorverknüpfung des Empfangsvektors mit dem Fehlervektor erfolgen.

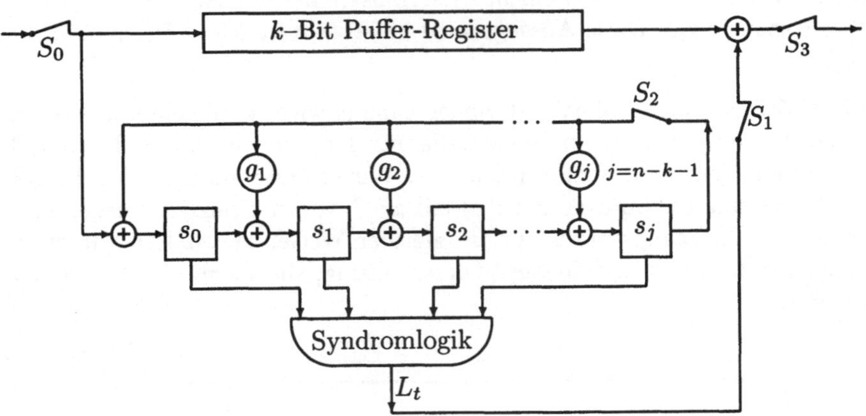

Abbildung 5.10: Decoder für einen zyklischen (n,k) Code

Die Abbildung 5.10 veranschaulicht die Wirkungsweise des Decoders. Er besteht aus einem Speicherregister, in dem der Informationsteil von $r(x)$ während der Berechnung des Syndroms gespeichert wird. Die Berechnung des Syndroms erfolgt in dem bereits bekannten rückgekoppelten Schieberegister. Aufgabe der Syndromlogik ist es, aus dem Syndrom die Fehlerstelle zu bestimmen und durch Steuerung des Schalters S_1, die Fehler durch eine Exorverknüpfung zu beseitigen.

Die prinzipielle Funktion, dieser auch als Meggitt-Decoder bekannten Schaltung, wird im folgenden beschrieben und anschließend anhand eines einfachen Beispiels verdeutlicht.

1. Schritt Zuerst gelangt $r(x)$ - mit dem höchsten Koeffizienten zuerst - vollständig in das rückgekoppelte Schieberegister, so daß anschließend das Syndrom berechnet ist. Die k Informationsbits gelangen gleichzeitig in das Puffer-Register und werden dort gespeichert.

2. Schritt Durch eine einfache Logik kann nun die Korrekturbedingung abgefragt werden. Diese Abfrage erfolgt nach jedem weiteren Takt des Schieberegisters solange bis die Korrekturbedingung erfüllt ist, bzw. die Anzahl der Shifts die Codewortlänge n erreicht hat.

Die gesuchte Korrekturbedingung des Meggitt-Decoders ist dann erfüllt, wenn ein korrigierbares Fehlermuster derart gefunden wird, daß sich eines der Fehlerbits dieses Fehlermusters in der höchsten Position r_{n-1} des verschobenen Empfangsvektors $r^{(i)}$ befindet.

3. Schritt Wird z.B. die Korrekturbedingung für das erste berechnete Syndrom nicht erreicht, so bedeutet dies, daß das höchste Informationsbit

$i_{k-1} = r_{n-1}$ fehlerfrei übertragen wurde und aus dem Puffer-Register ausgelesen werden kann. Die anderen Bits werden beginnend mit $r_{n-2} \rightarrow r_{n-1}^{(1)}$ nach rechts verschoben.

Wird die Korrekturbedingung für ein verschobenes Syndrom erreicht, so bedeutet dies, daß das im Puffer-Register rechts stehende Informationsbit fehlerhaft übertragen wurde. Über eine Steuerung des Schalters S_1, erfolgt die Korrektur des Fehlermusters durch einfache Exorverknüpfung.

Wenn die Bedingung innerhalb von n Takten nachdem $r(x)$ vollständig in das rückgekoppelte Schieberegister gelangt ist, nie erfüllt wird, sind unkorrigierbar viele Fehler aufgetreten.

Beispiel 5.13 *In der nachstehenden Abbildung 5.11 ist die Schieberegisterschaltung für die Decodierung des zyklischen $(7,4)$ Codes mit $g(x) = x^3 + x + 1$ dargestellt.*

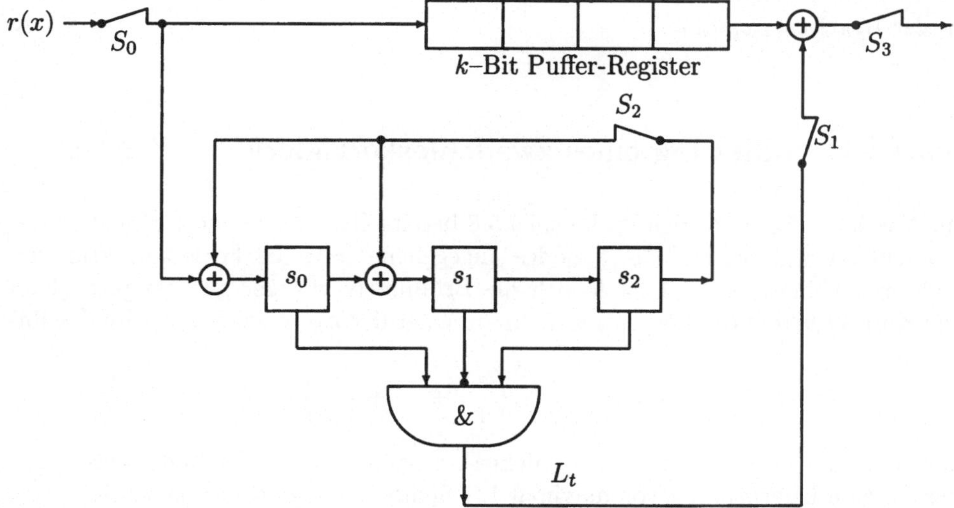

Abbildung 5.11: Decodierung eines zyklischen (7,4) Codes

Zunächst bestimmen wir die Syndrome aller korrigierbaren Fehlermuster. Hierzu ist es nicht notwendig, diese Fehlermuster verschiedenen Codewörtern aufzuprägen, denn die Wahl des Codewortes hat keinen Einfluß auf das Syndrom. Gehen wir von $c = 0$ aus, so gilt: $r = f$. Der Empfangsvektor ist identisch mit dem Fehlervektor.

f	$s(x)$	s
$f_0 = (1,0,0,0,0,0,0)$	$s(x) = 1$	$(1,0,0)$
$f_1 = (0,1,0,0,0,0,0)$	$s(x) = x$	$(0,1,0)$
$f_2 = (0,0,1,0,0,0,0)$	$s(x) = x^2$	$(0,0,1)$
$f_3 = (0,0,0,1,0,0,0)$	$s(x) = 1 + x$	$(1,1,0)$
$f_4 = (0,0,0,0,1,0,0)$	$s(x) = x + x^2$	$(0,1,1)$
$f_5 = (0,0,0,0,0,1,0)$	$s(x) = 1 + x + x^2$	$(1,1,1)$
$f_6 = (0,0,0,0,0,0,1)$	$s(x) = 1 + x^2$	$(1,0,1)$

Für die Bestimmung der Logik-Schaltung des Meggitt-Decoders wird das Syndrom ausgesucht, dessen korrespondierender Fehlervektor in der $n-1$-ten Stelle eine Eins besitzt. Der Fehlervektor ist f_6 , und das zugehörige Syndrom ist $s(x) = 1 + x^2$.

Ist z.B. durch die Übertragung eines Codewortes die Stelle c_4 fehlerbehaftet, so hat das Syndrom-Register nach vollständigem Einlesen des Empfangsvektors das Syndrom $(0,1,1)$ berechnet. Die Korrekturbedingung ist nicht erfüllt, somit r_{n-1} nicht die gesuchte Fehlerstelle. $r_6 = i_3$ kann ausgelesen werden und $r_{n-2} = i_2$ rückt an die höchste Stelle. Das Syndromregister wird beim nächsten Takt $(1,1,1)$ enthalten. Also kann auch i_2 ausgelesen werden.

Mit dem nun folgenden Takt enthält das Syndrom-Register das gesuchte Syndrom $(1,0,1)$. Jetzt schaltet die Syndromlogik den Schalter S_1 und korrigiert den Fehler in der richtigen Position.   ◇

5.5.1   Decodierung eines zweifehlerkorrigierenden Codes

Im Abschnitt 5.1.4 wurden im Beispiel 5.8 bereits Generator- und Prüfmatrix des zweifehlerkorrigierenden (15,7) Codes angegeben. Für die Fehlerkorrektur von mehreren Fehlern $E > 1$ ist jedoch die Prüfmatrix weniger gut geeignet, denn zur Korrektur müßte überprüft werden, ob einer der n_E möglichen Spaltenkombinationen:

$$n_E = \binom{n}{0} + \binom{n}{1} + \cdots + \binom{n}{E}$$

das Syndrom ergibt. Für den zweifehlerkorrigierenden $(15,7)$ Code würde dies bereits eine Überprüfung von maximal 121 Spaltenkombinationen bedeuten.

Der Satz 5.7 und die Gleichung (5.38) erlauben es, die für die Decodierung abzuspeichernden Syndrome um diejenigen zu reduzieren, deren zugehöriges Fehlermuster durch einen i-fachen zyklischen Shift aus einem Fehlermuster hervorgeht, dessen Syndrom bereits gespeichert ist. Diese Aussage wird durch die Syndromtabelle 5.4 veranschaulicht. Das Fehlermuster f_9 läßt sich auf das Fehlermuster f_8 durch einen achtfachen zyklischen Shift zurückführen. Deshalb sind auch die Syndrome ineinander überführbar.

	Notwendige Syndrome zur Decodierung															
f_i	0	1	2	3	4	5	6	7	8	9	10	11	12	13	14	s_i
f_1	0	0	0	0	0	0	0	0	0	0	0	0	0	0	1	$s_1 = (00010111)$
f_2	0	0	0	0	0	0	0	0	0	0	0	0	0	1	1	$s_2 = (10011100)$
f_3	0	0	0	0	0	0	0	0	0	0	0	0	1	0	1	$s_3 = (01001011)$
f_4	0	0	0	0	0	0	0	0	0	0	0	1	0	0	1	$s_4 = (10101111)$
f_5	0	0	0	0	0	0	0	0	0	0	1	0	0	0	1	$s_5 = (01110000)$
f_6	0	0	0	0	0	0	0	0	0	1	0	0	0	0	1	$s_6 = (11011001)$
f_7	0	0	0	0	0	0	0	0	1	0	0	0	0	0	1	$s_7 = (00111001)$
f_8	0	0	0	0	0	0	0	1	0	0	0	0	0	0	1	$s_8 = (00010110)$
f_9	0	0	0	0	0	0	1	0	0	0	0	0	0	0	1	$s_9 = (00010101)$

Tabelle 5.4: Decodier-Syndrome eines zyklischen (15,7) Codes

i	Syndrome
0	0 0 0 1 0 1 0 1
1	1 0 0 0 0 0 0 1
2	1 1 0 0 1 0 1 1
3	1 1 1 0 1 1 1 0
4	0 1 1 1 0 1 1 1
5	1 0 1 1 0 0 0 0
6	0 1 0 1 1 0 0 0
7	0 0 1 0 1 1 0 0
8	0 0 0 1 0 1 1 0

In der linksstehenden Tabelle ist in der oberen Zeile ($i = 0$) das Syndrom s_9 ($s(x) = x^3 + x^5 + x^7$) des Fehlervektors f_9 eingetragen. Wird s_9 nach rechts verschoben, so ergibt sich: $s^{(1)}(x) = x^4 + x^6 + x^8$. Wird dieses Syndrom modulo $g(x) = 1 + x^4 + x^6 + x^7 + x^8$ berechnet, so ergibt sich die nächste Zeile ($i = 1$):

$$s^{(1)}(x) \bmod g(x) = x^4 + x^6 + 1 + x^4 + x^6 + x^7 = 1 + x^7.$$

Nach insgesamt achtmaligem zyklischen Schieben modulo $g(x)$, ist das Syndrom s_9 in s_8 übergegangen.

Abbildung 5.12 zeigt eine Decodierschaltung für den (15, 7) Code unter Verwendung der Decodiersyndrome aus Tabelle 5.4. Den Kern der Schaltung bildet das Syndromregister, das durch das Generatorpolynom des Codes festgelegt ist. Das 7-Bit Puffer-Register nimmt wieder die Information auf. Im Unterschied zur Abbildung 5.11 besteht die Syndromlogik aus acht &-Gattern, die den Decodiersyndromen entsprechen. Wird eines dieser Decodiersyndrome im Syndromregister generiert, nachdem der Empfangsvektor vollständig in das Schieberegister gelangt ist, so gibt das entsprechende &-Gatter eine *Eins* ab.

Ein wesentlicher Unterschied zur Decodierung nach Abbildung 5.10 besteht in der Rückführung dieser *Eins* in das rückgekoppelte Schieberegister. Hierdurch wird der Einfluß des jetzt korrigierten Fehlers auch im Syndromregister eliminiert. Der Sinn dieser Vorgehensweise wird besonders deutlich, wenn das Syndrom s_1 detektiert wird. Ohne die Rückführung der Korrektureins würde das Syndromregister durch die Rückkoppelung nach dem nächsten Takt noch eine Eins $(1, 0, 0, 0, 0, 0, 0, 0)$ enthalten. Genau diese verbleibene Eins wird durch die Rückführung der Korrektureins eliminiert, so daß das Syndrom $s(x) = 0$ wird.

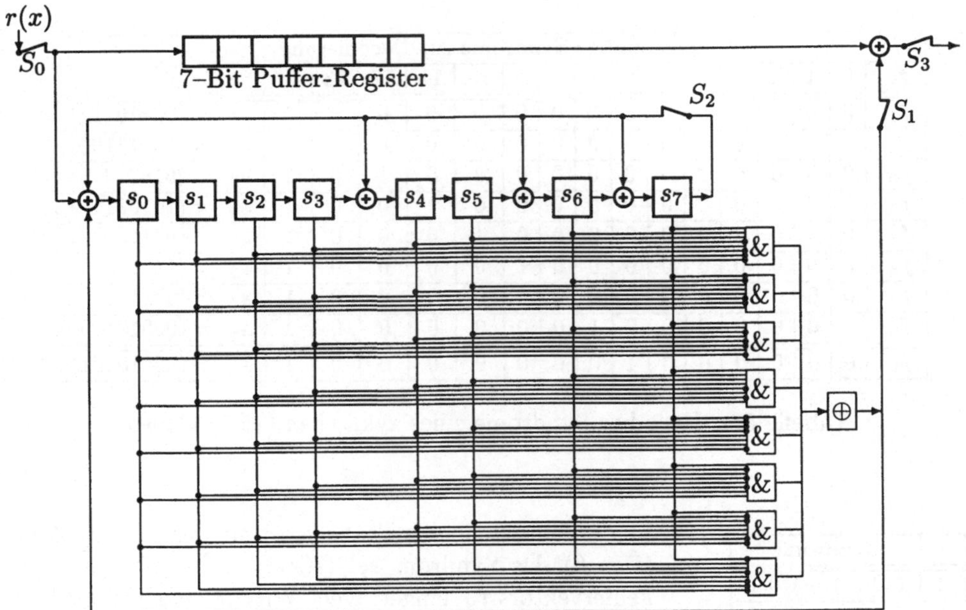

Abbildung 5.12: Decodierung eines zyklischen (15,7) Codes

Beispiel 5.14 *Die Decodierung des Empfangsvektors* $r = (000000000010001)$ *durch den* **Meggitt-Decoder** *wird nach Abbildung 5.12 durchgeführt:*

$Takt$	$Register$								$Syndrom$	Out
i	s_0	s_1	s_2	s_3	s_4	s_5	s_6	s_7		
0	0	1	1	1	0	0	0	0	s_5	$0 = r_{14} \oplus 1$
1	1	0	1	1	1	0	0	0		$0 = r_{13}$
2	0	1	0	1	1	1	0	0		$0 = r_{12}$
3	0	0	1	0	1	1	1	0		$0 = r_{11}$
4	0	0	0	1	0	1	1	1	s_1	$0 = r_{10} \oplus 1$
5	0	0	0	0	0	0	0	0		$0 = r_9$

Ist der Empfangsvektor r *vollständig in das Syndromregister gelangt:* $i = 0$, *so ist das Syndrom* s_5 *nach Tabelle 5.4 berechnet. Ein Fehler in der höchstwertigen Stelle* r_{14} *ist erkannt und wird korrigiert. Gleichzeitig gelangt eine Eins über die Rückführung in das Schieberegister, so daß sich* $s = (10111000)$ *für* $i = 1$ *ergibt. Nach weiteren drei Takten* $(i = 4)$ *wird das Syndrom* s_1 *nach Tabelle 5.4 erkannt und die Stelle* r_{10} *korrigiert. Die Rückführung der Eins in das Syndromregister bewirkt, daß das Register nur noch Nullen aufweist und somit kein Fehler mehr in* r *enthalten ist. Der Empfangsvektor wird zum Nullcodewort* $c = (000000000000000)$ *hin korrigiert.* ◇

5.6 Kürzen von zyklischen Codes

Ist in einem System die Codewortlänge durch die technischen Anforderungen vorgegeben, so kann häufig – aufgrund seiner festgelegten Länge – kein zyklischer Code verwendet werden. In diesem Abschnitt wird nun ein Verfahren beschrieben, wie ausgehend von einem zyklischen (n, k) Code durch Kürzen von l Informationsstellen, ein linearer nichtzyklischer $(n - l, k - l)$ Code vorgegebener Länge entsteht.

In Beispiel 5.5 wurde der zyklische, systematische $(7, 4)$ Code betrachtet. Er besitzt $2^4 = 16$ Codewörter, von denen genau die Hälfte, also 8, je in der höchstwertigen Informationsstelle eine Null aufweisen. Durch Kürzen dieser Informationsstelle entsteht (vgl. Beispiel 5.15) ein linearer $(6, 3)$ Code mit 8 Codewörtern, der nichtzyklisch ist.

Beispiel 5.15 *Die nachfolgende Tabelle 5.5 zeigt links noch einmal die ersten 8 Codewörter des $(7, 4)$ Code und rechts den vollständigen $(6, 3)$ Code in der systematischen Form: Der entstandene $(n-l, k-l)$ Code besitzt die gleiche Mindestdistanz*

\(7, 4\) Code				\(6, 3\) Code			
i_0	0000	c_0	000 0000	i_0	000	c_0	000 000
i_1	1000	c_1	110 1000	i_1	100	c_1	110 100
i_2	0100	c_2	011 0100	i_2	010	c_2	011 010
i_3	1100	c_3	101 1100	i_3	110	c_3	101 110
i_4	0010	c_4	111 0010	i_4	001	c_4	111 001
i_5	1010	c_5	001 1010	i_5	101	c_5	001 101
i_6	0110	c_6	100 0110	i_6	011	c_6	100 011
i_7	1110	c_7	010 1110	i_7	111	c_7	010 111

Tabelle 5.5: (6,3) Code als verkürzter zyklischer (7,4) Code, $g(x) = x^3 + x + 1$

d wie der ungekürzte (n, k) Code und damit auch gleiche Korrektureigenschaften, denn durch Weglassen von Nullen kann sich das Mindestgewicht des Codes nicht verändern.   ◇

Ein Vorteil dieses Verfahrens zur Codeverkürzung besteht darin, daß die Codierung genauso erfolgen kann wie beim ungekürzten Code. Da die Bits, um die der Code verkürzt wurde, nur Nullen sind, ändern sie das Ergebnis der Division durch das Generatorpolynom nicht. Gleiches gilt für die Realisierung der Codierung durch ein rückgekoppeltes Schieberegister. Weiterhin ist es vorteilhaft, daß es gelingt, die Decodierung durch rückgekoppelte Schieberegister zu bewerkstelligen, wenn diese geringfügig modifiziert werden. Diese notwendige Modifizierung wird im Abschnitt 5.6.2 *Decodierung verkürzter Codes* erläutert.

5.6.1   Generatormatrix und Prüfmatrix

Die Generatormatrix G eines um l Informationsstellen verkürzten $(n - l, k - l)$ Codes kann aus der Generatormatrix des zyklischen (n, k) Codes gebildet werden.

Von der Generatormatrix des zyklischen Codes werden nur die letzten $(k - l)$ Zeilen und die letzten $(n - l)$ Spalten verwendet. Die Matrix G enthält dann $k - l$ linear unabhängige Code-Vektoren von $\mathcal{C}$. Schreiben wir die Koeffizientenvektoren $((n - l)$-Tupel) dieser Polynome in die $(k - l) \times (n - l)$-Matrix, so erhalten wir die Generatormatrix eines $(n - l, k - l)$ Codes $\mathcal{C}$:

$$
G = \begin{pmatrix}
g_0 & g_1 & g_2 & \cdots & g_{n-k} & 0 & 0 & \cdots & 0 \\
0 & g_0 & g_1 & g_2 & \cdots & g_{n-k} & 0 & \cdots & 0 \\
\vdots & & \ddots & & & \ddots & & & \vdots \\
0 & 0 & \cdots & 0 & g_0 & g_1 & g_2 & \cdots & g_{n-k}
\end{pmatrix}
= \begin{pmatrix}
\boldsymbol{g}^{(0)} \\
\boldsymbol{g}^{(1)} \\
\vdots \\
\boldsymbol{g}^{(k-l-1)}
\end{pmatrix}. \tag{5.40}
$$

Für das Beispiel des $(6, 3)$ Codes, nach Tabelle 5.5, mit dem Generatorpolynom $g(x) = x^3 + x + 1$ lautet die Generatormatrix:

$$
G_{(7,4)} = \begin{pmatrix}
1 & 1 & 0 & 1 & 0 & 0 & 0 \\
0 & 1 & 1 & 0 & 1 & 0 & 0 \\
0 & 0 & 1 & 1 & 0 & 1 & 0 \\
0 & 0 & 0 & 1 & 1 & 0 & 1
\end{pmatrix}
\quad\Rightarrow\quad
G_{(6,3)} = \begin{pmatrix}
1 & 1 & 0 & 1 & 0 & 0 \\
0 & 1 & 1 & 0 & 1 & 0 \\
0 & 0 & 1 & 1 & 0 & 1
\end{pmatrix}.
$$

Diese Matrix kann durch elementare Zeilenumformungen in die systematische Form gebracht werden:

$$
G_{(7,4)}^{(u)} = \begin{pmatrix}
1 & 0 & 0 & 0 & 1 & 1 & 0 \\
0 & 1 & 0 & 0 & 0 & 1 & 1 \\
0 & 0 & 1 & 0 & 1 & 1 & 1 \\
0 & 0 & 0 & 1 & 1 & 0 & 1
\end{pmatrix}
\quad\Rightarrow\quad
G_{(6,3)}^{(u)} = \begin{pmatrix}
1 & 0 & 0 & 0 & 1 & 1 \\
0 & 1 & 0 & 1 & 1 & 1 \\
0 & 0 & 1 & 1 & 0 & 1
\end{pmatrix}.
$$

Diese systematische Generatormatrix erzeugt denselben Code wie in Beispiel 5.15 (vgl. Tab. 5.5) die unsystematische Generatormatrix. Lediglich die Reihenfolge von Information und Redundanz ändert sich, da die Generatormatrix die Struktur $G = (I|A)$ und nicht $(A|I)$ aufweist. Aus Abschnitt 5.1.3, Seite 124, ist aber bereits bekannt, daß durch zyklisches Verschieben der Zeilenvektoren die Generatormatrix des zyklischen Codes gefunden werden kann, die in den oberen Stellen systematisch ist. Durch entsprechendes Kürzen formt sich die Generatormatrix des gekürzten Codes:

$$
G_{(7,4)}^{(o)} = \begin{pmatrix}
1 & 1 & 0 & 1 & 0 & 0 & 0 \\
0 & 1 & 1 & 0 & 1 & 0 & 0 \\
1 & 1 & 1 & 0 & 0 & 1 & 0 \\
1 & 0 & 1 & 0 & 0 & 0 & 1
\end{pmatrix}
\quad\Rightarrow\quad
G_{(6,3)}^{(o)} = \begin{pmatrix}
1 & 1 & 0 & 1 & 0 & 0 \\
0 & 1 & 1 & 0 & 1 & 0 \\
1 & 1 & 1 & 0 & 0 & 1
\end{pmatrix}.
$$

Die Prüfmatrix des verkürzten Codes kann ganz entsprechend der Generatormatrix gebildet werden. Die Prüfmatrix H des zyklischen Codes ist eine $(n - k) \times n$-Matrix mit der Eigenschaft (vgl. Gl. 5.26), daß jeder Zeilenvektor orthogonal zu jedem Codevektor ist. Die Codeverkürzung erfordert hier lediglich die Streichung einer Spalte, da die Anzahl der Prüfbits $(n - k)$ gleich bleibt. Es entsteht eine $(n - k) \times (n - l)$-Matrix:

$$H = \begin{pmatrix} h_k & h_{k-1} & h_{k-2} & \cdots & h_0 & 0 & 0 & \cdots & 0 \\ 0 & h_k & h_{k-1} & h_{k-2} & \cdots & h_0 & 0 & \cdots & 0 \\ \vdots & & \ddots & & & \ddots & & & \vdots \\ 0 & 0 & \cdots & 0 & h_k & h_{k-1} & h_{k-2} & \cdots & h_0 \end{pmatrix} = \begin{pmatrix} h^{(0)} \\ h^{(1)} \\ \vdots \\ h^{(n-k-1)} \end{pmatrix} . \quad (5.41)$$

Die Koeffizienten von H sind durch das Prüfpolynom $h(x)$ festgelegt:

$$g(x) \cdot h(x) = x^n + 1 ,$$

wobei $h(x)$ ein Polynom vom Grad k ist:

$$h(x) = 1 + h_1 x + h_2 x^2 + \cdots + h_{k-1} x^{k-1} + x^k .$$

Aus Beispiel 5.6 ist bereits das Prüfpolynom $h(x) = x^4 + x^2 + x + 1$ des zyklischen (7,4) Codes bekannt. Für die Prüfmatrix gilt damit:

$$H_{(7,4)} = \left(\begin{array}{c|ccccc} 1 & 0 & 1 & 1 & 1 & 0 & 0 \\ 0 & 1 & 0 & 1 & 1 & 1 & 0 \\ 0 & 0 & 1 & 0 & 1 & 1 & 1 \end{array} \right) \quad \Rightarrow \quad H_{(6,3)} = \begin{pmatrix} 0 & 1 & 1 & 1 & 0 & 0 \\ 1 & 0 & 1 & 1 & 1 & 0 \\ 0 & 1 & 0 & 1 & 1 & 1 \end{pmatrix} .$$

Diese Prüfmatrizen können durch elementare Zeilenumformungen in die systematische Form $H = (A|I)$ gebracht werden:

$$H^{(o)}_{(7,4)} = \left(\begin{array}{c|cccccc} 1 & 0 & 1 & 1 & 1 & 0 & 0 \\ 1 & 1 & 1 & 0 & 0 & 1 & 0 \\ 0 & 1 & 1 & 1 & 0 & 0 & 1 \end{array} \right) \quad \Rightarrow \quad H^{(o)}_{(6,3)} = \begin{pmatrix} 0 & 1 & 1 & 1 & 0 & 0 \\ 1 & 1 & 0 & 0 & 1 & 0 \\ 1 & 1 & 1 & 0 & 0 & 1 \end{pmatrix} .$$

5.6.2 Decodierung verkürzter Codes

Für die Codierung und Decodierung verkürzter Codes mittels Generatormatrix und Prüfmatrix gilt gleiches wie für Codes, die nicht verkürzt sind. Das folgende Beispiel soll die Vorgehensweise noch einmal veranschaulichen.

Beispiel 5.16 *Es wird der gekürzte* $(6, 3)$ *Code aus Abschnitt 5.6.1 betrachtet. Es gelte:* $i = (111)$.

$$G^{(u)}_{(6,3)} = \begin{pmatrix} 1 & 0 & 0 & 0 & 1 & 1 \\ 0 & 1 & 0 & 1 & 1 & 1 \\ 0 & 0 & 1 & 1 & 0 & 1 \end{pmatrix} , \qquad c = i \cdot G^{(u)}_{(6,3)} = (111001).$$

Empfangen wird der fehlerbehaftete Vektor $r = (101001)$:

$$H^{(o)}_{(6,3)} = \begin{pmatrix} 0 & 1 & 1 & 1 & 0 & 0 \\ 1 & 1 & 0 & 0 & 1 & 0 \\ 1 & 1 & 1 & 0 & 0 & 1 \end{pmatrix}, \qquad s^{(T)} = H^{(o)}_{(6,3)} \cdot r^{(T)} = \begin{pmatrix} 1 \\ 1 \\ 1 \end{pmatrix}.$$

Das Syndrom $s^{(T)}$ *entspricht der zweiten Spalte der Prüfmatrix. Es ist damit ein Fehler in der zweiten Spalte des Empfangsvektors* r *lokalisiert.* ◊

Die Codierung und Decodierung verkürzter Codes kann auch durch dieselben rückgekoppelten Schieberegister erfolgen wie die Codierung und Decodierung der zyklischen Codes. Insbesondere bei der Decodierung würden in diesem Fall jedoch zusätzliche Shifts des Syndromregisters notwendig werden. Nachdem die $n - l$ Bits des Empfangsvektors r in das Schieberegister eingelesen worden sind, müßten noch weitere l Shifts erfolgen, um das entsprechende Syndrom für das zuerst eingelesene Bit r_{n-l-1} zu generieren. Dieser Vorgang wurde im Abschnitt 5.5 auf Seite 137 bis 139 beschrieben.

Im folgenden sollen die notwendigen Modifikationen der Decodierung verkürzter Codes mit Hilfe von rückgekoppelten Schieberegistern erläutert werden, die den eben beschriebenen Nachteil vermeiden. Der Empfangsvektor r sei durch:

$$r(x) = r_0 + r_1 x + r_2 x^2 + \cdots + r_{n-l-1} x^{n-l-1} \tag{5.42}$$

gegeben. Wir nehmen an, daß der Empfangsvektor von rechts (siehe Abbildung 5.9) beginnend mit dem höchstwertigen Bit r_{n-l-1} in das Syndromregister eingelesen wird. Bedingt durch die Vormultiplizierung von $r(x)$ mit x^{n-k} durch das Einlesen von rechts, müßte für die Decodierung von r_{n-l-1} das Syndrom von $x^{n-k+l} \cdot r(x)$ verwendet werden.

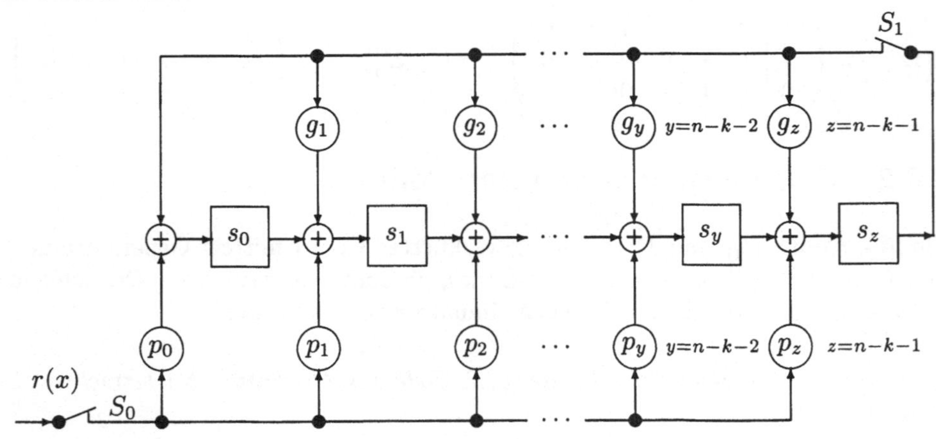

Abbildung 5.13: Schaltung zur Syndromberechnung verkürzter Codes

Nach Satz 5.7 gilt:

$$x^{n-k+l} \cdot r(x) \;=\; q_1(x) \cdot g(x) + s^{(n-k+l)}(x), \quad \text{wobei} \tag{5.43}$$
$$s^{(n-k+l)}(x) \;=\; x^{n-k+l} \cdot s(x) \bmod g(x). \tag{5.44}$$

Bezeichnet $p(x) = p_0 + p_1 x + p_2 x^2 + \cdots + p_{n-k-1} x^{n-k-1}$ den Rest der Division von x^{n-k+l} durch $g(x)$ so folgt:

$$x^{n-k+l} = q_2(x) \cdot g(x) + p(x) \;\Longleftrightarrow\; p(x) = x^{n-k+l} + q_2(x) \cdot g(x). \tag{5.45}$$

Beide Seiten von Gleichung (5.45) werden nun mit $r(x)$ multipliziert und für $x^{n-k+l} \cdot r(x)$ die Gleichung (5.43) eingesetzt:

$$\begin{aligned}
p(x) \cdot r(x) &= [x^{n-k+1} + q_2(x)g(x)] \cdot r(x), \\
&= [q_1(x) + q_2(x)r(x)] \cdot g(x) + s^{(n-k+l)}(x), \\
&= s^{(n-k+l)}(x) \bmod g(x).
\end{aligned} \tag{5.46}$$

Die Gleichung (5.46) zeigt einen interessanten Zusammenhang zwischen dem Empfangspolynom $r(x)$ und dem gesuchten Syndrom $s^{(n-k+l)}(x)$ auf. Das Syndrom kann nämlich durch eine einfache Vormultiplikation von $r(x)$ mit dem Polynom $p(x)$ gewonnen werden. Diese Vormultiplikation mit $p(x)$ kann gleichzeitig beim normalen Einlesen der empfangenen Bits in das Syndromregister stattfinden. Die Abbildung 5.13 zeigt eine vollständige Realisierungsmöglichkeit für die Syndromberechnung verkürzter Codes. Diese Schieberegisterschaltung zur Syndromberechnung ist im oberen Teil, der durch das Generatorpolynom $g(x) = 1 + g_1 x + \cdots + g_{n-k-1} x^{n-k-1} + x^{n-k}$ festgelegt ist, unverändert geblieben (vgl. Abb. 5.9). Im unteren Teil wurde die Schaltung durch die Vormultiplizierung mit $p(x) = p_0 + p_1 x + \cdots + p_{n-k-1} x^{n-k-1}$ modifiziert. Im folgenden wird die Verkürzung des zyklischen (7,4) Codes auf einen (6,3) Code als Beispiel gewählt.

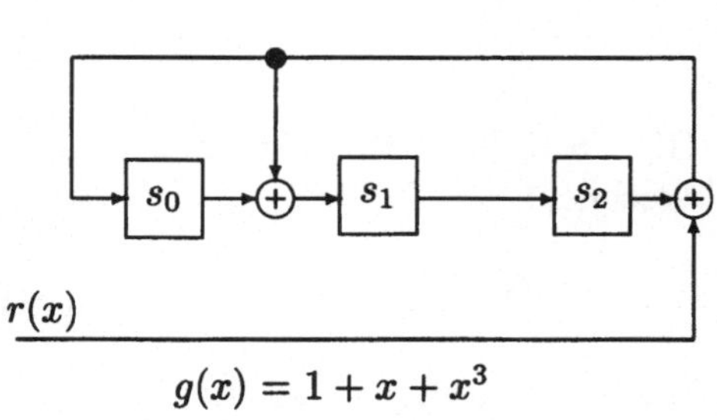

$r = (0000001)$			
r_i	s_0	s_1	s_2	Shifts
	0	0	0	0. Shift
$r_6 = 1$	1	1	0	1. Shift
$r_5 = 0$	0	1	1	2. Shift
$r_4 = 0$	1	1	1	3. Shift
$r_3 = 0$	1	0	1	4. Shift
$r_2 = 0$	1	0	0	5. Shift
$r_1 = 0$	0	1	0	6. Shift
$r_0 = 0$	0	0	1	7. Shift
$s^{(7-4)} = s^{(3)} = (001)$			

$$g(x) = 1 + x + x^3$$

Abbildung 5.14: Syndromberechnung des $(7,4)$ Codes mit Vormultiplizierung

In Abbildung 5.14 ist zunächst die Syndromberechnung für den ungekürzten (7,4) Code dargestellt. Im Unterschied zu den Beispielen 5.8 und 5.13 wurde hier die

Syndromschaltung mit Vormultiplizierung mit x^{n-k} gewählt. Für das Fehlermuster $f = (0,0,0,0,0,0,1)$ ergibt sich das Syndrom $s = (0,0,1)$.

Nach Gleichung (5.45) kann das Polynom $p(x) = x^2 + x$ zur Vermeidung zusätzlicher Schiebeoperationen berechnet werden:

$$x^{7-4+1} = x^4 \iff x^4 = x \cdot x^3 = x \cdot (x+1) \mod g(x) = x^3 + x + 1. \qquad (5.47)$$

Mittels des Polynoms $p(x) = x + x^2$ kann nun die Schaltung zur Syndromberechnung nach Abbildung 5.15 angegeben werden. Es ist deutlich erkennbar, daß das Syndrom trotz Verlagerung des Fehlers in die Stelle r_5 des Empfangsvektors gleich bleibt. Damit wird eine Änderung der Syndromlogik (s. Abb. 5.10) vermieden.

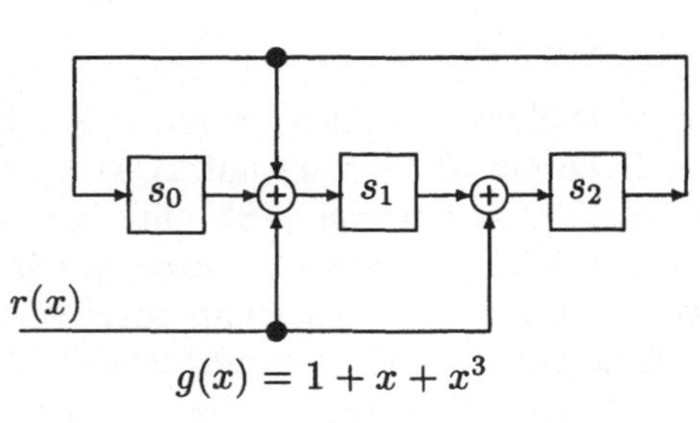

$r = (000001)$				
r_i	s_0	s_1	s_2	Shifts
	0	0	0	0. Shift
$r_5 = 1$	0	1	1	1. Shift
$r_4 = 0$	1	1	1	2. Shift
$r_3 = 0$	1	0	1	3. Shift
$r_2 = 0$	1	0	0	4. Shift
$r_1 = 0$	0	1	0	5. Shift
$r_0 = 0$	0	0	1	6. Shift
$s^{(n-k+l)} = (001)$				

Abbildung 5.15: Syndromberechnung des $(6,3)$ Codes

In Beispiel 5.13 erfolgte die zur Decodierung notwendige Syndromberechnung ohne Vormultiplizierung. Es stellt sich die Frage, ob auch für diesen Fall die Syndromberechnung so für den verkürzten Code modifiziert werden kann, daß die Syndromlogik unverändert bleibt.

Eine Betrachtung der Herleitung (s. Gln. 5.43 bis 5.46) zeigt, daß es ebenfalls ausreichend ist, ein Polynom $p(x)$ zu berechnen:

$$p(x) = x^l \mod g(x), \qquad (5.48)$$

wobei l die Verkürzung des Codes angibt. Ist $l < \text{grad } g(x)$, so gilt:

$$p(x) = x^l \quad \text{für } l < \text{grad } g(x). \qquad (5.49)$$

Abbildung 5.16 zeigt für $l = 1$ die sehr einfache Schaltung zur Syndromberechnung. Auch mit der Verlagerung des Fehlers in die Stelle r_5 des Empfangsvektors bleibt das Syndrom $s = (1,0,1)$ (wie in Beispiel 5.13) gleich. Damit wird eine Änderung der Syndromlogik (s. Abb. 5.10) vermieden.

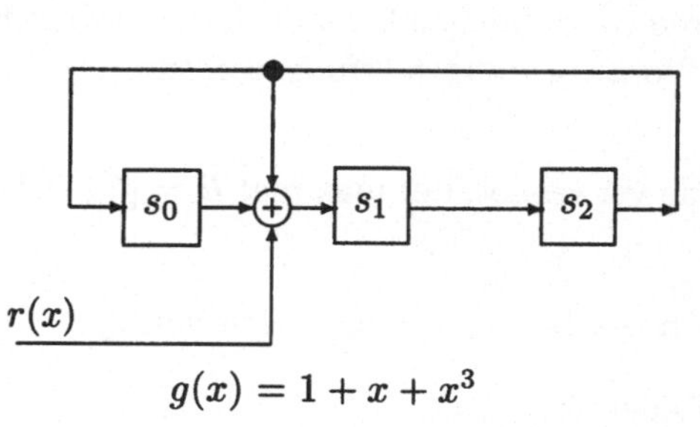

$r = (000001)$				
r_i	s_0	s_1	s_2	Shifts
	0	0	0	0. Shift
$r_5 = 1$	0	1	0	1. Shift
$r_4 = 0$	0	0	1	2. Shift
$r_3 = 0$	1	1	0	3. Shift
$r_2 = 0$	0	1	1	4. Shift
$r_1 = 0$	1	1	1	5. Shift
$r_0 = 0$	1	0	1	6. Shift
$s^{(l)} = (101)$				

Abbildung 5.16: Syndromberechnung des $(6,3)$ Codes

5.7 Decodierung durch Error Trapping

Der Error Trapping Decoder ist eine Spezialisierung des Meggitt–Decoders [41, S. 85 ff], der auf einem allgemeinen Decodierprinzip für zyklische Codes beruht. Das Trapping Verfahren ist für Codes, die nur wenige Einzel– oder Bündelfehler korrigieren sollen, sehr effektiv – hingegen für lange Codes, die viel Redundanz besitzen, ineffektiv. Kasami, Mitchell und Rudolph entwickelten unabhängig voneinander das Verfahren. Ihre Veröffentlichungen stammen aus den Jahren 1961 und 1962.

Im folgenden werden die Verfahrensvoraussetzungen mathematisch formuliert und die Wirksamkeit des Verfahrens am Beispiel der Einzel- und Bündelfehlerkorrektur gezeigt.

Für das empfangene fehlerbehaftete Polynom $r(x)$ gelte:

$$r(x) = c(x) + f(x) \quad \Longleftrightarrow \quad r = c + f.$$

Das Syndrom $s(x)$, also der Einfluß des Fehlers $f(x)$ auf $r(x)$, läßt sich allgemein (vgl. Abschnitt 5.4, Gl. 5.35) als Rest der Division von $f(x)$ durch $g(x)$:

$$f(x) = a(x) \cdot g(x) + s(x) \tag{5.50}$$

darstellen. Dies bedeutet, daß im fehlerfreien Fall $r(x) = c(x)$ auch $s(x)$ zu "Null" berechnet wird, da dann gerade $r(x)$ ein Vielfaches von $g(x)$ ist. Im folgenden wird die Aussage von Satz 5.7 (siehe Seite 136) benötigt:

$$x^i \cdot r(x) = v(x) \cdot g(x) + s^{(i)}(x), \tag{5.51}$$

die besagt, daß zu einem zyklisch verschobenen Empfangsvektor $r^{(i)} \Leftrightarrow x^i \cdot r(x)$ ein verschobenes Syndrom:

$$s^{(i)}(x) = x^i \cdot s(x) \bmod g(x)$$

gehört. Für ein erfolgreiches Korrigieren von zufälligen Einzelfehlern mit dem Error Trapping Verfahren müssen folgende Voraussetzungen erfüllt werden:

1. Es wird ein zyklischer (n,k) Code verwendet, der maximal $E = \lfloor \frac{d-1}{2} \rfloor$ Fehler korrigieren kann.

2. Die Fehler liegen innerhalb von $n - k$ benachbarten Stellen von $\boldsymbol{r}$.

3. Die Anzahl der aufgetretenen Fehler ist $e \leq E$.

Zunächst soll angenommen werden, daß die Fehler in den höchsten $n - k$ Stellen von $r(x)$ aufgetreten sind, und daß $r(x)$ mit x^{n-k} vormultipliziert wird (vgl. Syndromberechnung Abb. 5.9):

$$f(x) = f_k x^k + f_{k+1} x^{k+1} + \cdots + f_{n-1} x^{n-1}, \tag{5.52}$$
$$f^{(n-k)}(x) = f_k + f_{k+1} x^1 + \cdots + f_{n-1} x^{n-k-1}. \tag{5.53}$$

Der Rest der Division von $r^{(n-k)}(x)$ durch $g(x)$ muß demzufolge gleich $f^{(n-k)}(x)$ sein:

$$s^{(n-k)}(x) = f^{(n-k)}(x) = f_k + f_{k+1} x^1 + \cdots + f_{n-1} x^{n-k-1}. \tag{5.54}$$

Dies bedeutet, daß der verschobene Fehlervektor identisch mit dem verschobenen Syndrom ist, wenn die Fehler nur in den höchsten $n - k$ Stellen auftreten:

$$f(x) = x^k \cdot s^{(n-k)}(x) = x^k \cdot (f_k + f_{k+1} x^1 + \cdots + f_{n-1} x^{n-k-1}). \tag{5.55}$$

Nun soll die obige Annahme dahingehend erweitert werden, daß die Fehler in $n - k$ aufeinanderfolgenden Stellen:

$$x^j, x^{j+1}, \ldots, x^{n-k-1+j},$$

in einem beliebig zusammenhängenden Teil von $r(x)$ liegen. Mit eingeschlossen in diese Annahme ist der sogenannte *end around burst*, der Fehler sowohl im Anfangsteil als auch im Endteil von $r(x)$ enthält. Die weitere Vorgehensweise ist jetzt analog zur vorherigen Betrachtung. Eine zyklische Verschiebung von $r(x)$ nach rechts um $n - j$ Positionen bewirkt, daß der Fehler wieder in den Stellen $x^0, x^1, \ldots, x^{n-k-1}$ von $x^{n-j} \cdot r(x)$ steht. Das Syndrom $s^{(n-j)}(x)$ von $r^{(n-j)}(x)$ ist jetzt wieder identisch mit dem Fehler $f^{(n-j)}(x)$. Nun muß noch berücksichtigt werden, daß $r(x)$ beim Einlesen in das Schieberegister von rechts mit x^{n-k} vormultipliziert wird. Wie oben gezeigt, ist das berechnete Syndrom $s^{(n-j)}(x)$ nur dann identisch mit dem Fehlermuster, wenn die Fehler in den höchsten Stellen von $r(x)$ liegen. Ist dies nicht der Fall, so muß das Syndrom solange weitergeschoben werden, bis das Fehlermuster in die Falle geht. Das Schieberegister ist hierbei weiterhin rückgekoppelt. Von diesem Vorgehen leitet sich der Name des Verfahrens *error trapping* ab.

Im folgenden soll noch gezeigt werden, daß das Fehlermuster genau dann im Syndromregister eingefangen wurde, wenn das Syndromgewicht und damit die Anzahl der Fehler kleiner gleich E ist. Das Fehlerpolynom $f(x)$ hat die Form:

$$f(x) \;=\; x^j \cdot f_u(x) \qquad \operatorname{grad} f_u(x) \le n - k - 1, \qquad (5.56)$$
$$ \;=\; a(x) \cdot g(x) + s(x), \qquad\qquad\qquad (5.57)$$

wobei $f_u(x)$ weniger oder höchstens gleich E Koeffizienten $\ne 0$ besitzt, und $s(x)$ das Syndrom des verschobenen Fehlerpolynoms darstellt. Die Summe $s(x) + x^j \cdot f_u(x)$ muß also ein Vielfaches von $g(x)$ und damit ein Codewort sein. Weiterhin kann das Gewicht $w(s(x))$ – also die Anzahl der von Null verschiedenen Koeffizienten von $s(x)$ – nicht kleiner gleich E sein, außer wenn gilt:

$$s(x) = x^j \cdot f_u(x). \qquad\qquad\qquad (5.58)$$

Dies folgt aus der Konstruktionsbedingung für E fehlerkorrigierende Codes, die besagt, daß mit Ausnahme des Nullwortes jedes Codewort mindestens das Gewicht $2 \cdot E + 1$ besitzt, also auch $s(x) + x^j \cdot f_u(x)$. Die Gleichung (5.58) zeigt, daß das Syndrom unter den oben genannten Bedingungen gleich dem verschobenen Fehlerpolynom ist! Das nachfolgende Bild 5.17 veranschaulicht die Wirkungsweise des Error Trapping Decoders.

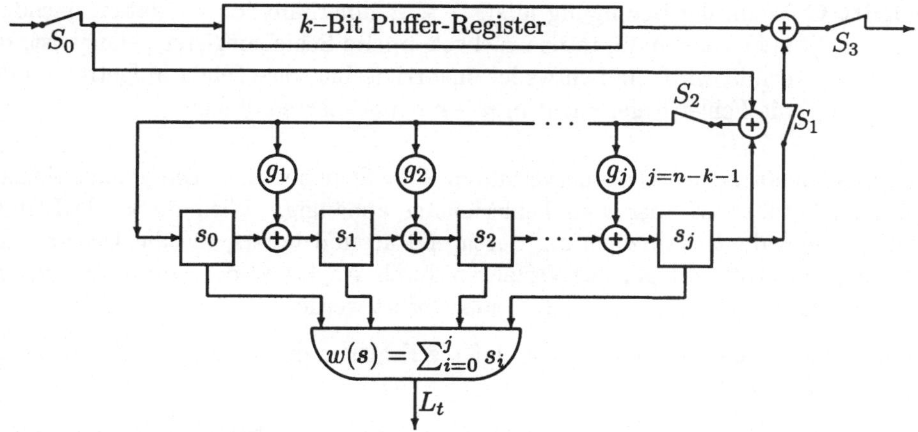

Abbildung 5.17: Error Trapping Decoder für zyklische (n,k) Codes

Schritt A Zuerst gelangt $r(x)$ vollständig in das rückgekoppelte Schieberegister, beginnend mit $r_{n-1}, r_{n-2}, \ldots$, so daß anschließend das erste Syndrom $s^{(n-k)}(x)$ berechnet ist. Die Informationsbits werden gleichzeitig in dem Puffer Register gespeichert. Die Schalter S_0 und S_2 sind geschlossen, bzw. S_1 und S_3 sind geöffnet.

Schritt B Durch ein einfaches Und–Gatter kann nun das Gewicht des Syndroms abgefragt werden. Diese Abfrage erfolgt – wenn notwendig – nach jedem weiteren Takt des Schieberegisters solange, bis gilt: $w(s(x)) \le E$.

B_1 Wird das Fehlermuster sofort gefangen, so erfolgt über den Schalter S_1 die Korrektur der Informationsbits, die über S_3 ausgelesen werden.

B_2 Wird das Fehlermuster erst nach dem l-ten Shift gefangen, mit $1 \leq l \leq k$, so sind die Bits $r_{n-1}, r_{n-2}, \ldots, r_{n-l}$ fehlerfrei und können über S_3 ausgelesen werden. Die anderen Bits im Puffer rücken nach. Wenn dies geschehen ist, werden die Syndrombits über S_1 zur Korrektur von $r_{n-l-1}, r_{n-l-2}, \ldots, r_{k-l}$ verwendet.

B_3 Wird die Prüfbedingung innerhalb der ersten k Shifts nicht erreicht, so liegt ein end around burst oder ein nichtkorrigierbarer Fehler vor. Es wird nun weitergeschoben, so daß für die Anzahl l der Shifts gilt: $k + 1 \leq l \leq n$. Wird die Prüfbedingung erreicht, so liegt der around burst in den Stellen $r_{n+k-l}, r_{n+k-l+1}, \ldots, r_{n-1}, r_0, r_1, \ldots, r_{n-l-1}$ vor. Zur Korrektur werden nur die $l - k$ links im Register stehenden Bits verwendet, da die Prüfbits $r_0, r_1, \ldots, r_{n-l-1}$ nicht korrigiert werden. Deshalb werden alle Schalter geöffnet und der Registerinhalt $n - l$ mal weitergeschoben. Die dann rechtsstehenden Bits werden über S_1 zur Korrektur von $r_{n-1}, r_{n-2}, \ldots, r_{n+k-l}$ verwendet.

Schritt C   Wenn die Bedingung $w(s(x)) \leq E$ innerhalb von n Takten, nachdem $r(x)$ vollständig in das rückgekoppelte Schieberegister gelangt ist, nie erfüllt wird, sind entweder unkorrigierbar viele Fehler aufgetreten oder die Fehler liegen nicht in $n - k$ benachbarten Stellen.

Maximal benötigt das Decodierverfahren $2 \cdot n$ Schiebetakte. Die genaue Anzahl der Schiebetakte ist aber vom Fehlermuster abhängig. Wird für große Längen n und $n - k$ die Zeitverzögerung durch end around bursts, die die Decodierung benötigt, zu groß, so kann das Verfahren durch Weglassen der Vormultiplizierung (vgl. Syndromberechnung Abb. 5.7) modifiziert werden.

Zunächst soll angenommen werden, daß die Fehler in den unteren Stellen $r_0, r_1, \ldots$ von $r(x)$ aufgetreten sind:

$$f(x) = f_0 + f_1 x^1 + \cdots + f_{n-k-1} x^{n-k-1}. \tag{5.59}$$

Der Rest $s(x)$ der Division von $r(x)$ durch $g(x)$ muß demzufolge gleich $f(x)$ sein:

$$s(x) = f(x) = f_0 + f_1 x^1 + \cdots + f_{n-k-1} x^{n-k-1}. \tag{5.60}$$

Nun wird die obige Annahme dahingehend erweitert, daß die Fehler in $n - k$ aufeinanderfolgenden Stellen:

$$x^j, x^{j+1}, \ldots, x^{n-k-1+j},$$

in einem beliebigen zusammenhängenden Teil von $r(x)$ (end around burst eingeschlossen) liegen. Eine zyklische Verschiebung von $r(x)$ nach rechts um $n - j$

Positionen bewirkt, daß der Fehler wieder in den Stellen $x^0, x^1, \ldots, x^{n-k-1}$ von $x^{n-j} \cdot r(x)$ steht. Das Syndrom $s^{(n-j)}(x)$ von $r^{(n-j)}(x)$ ist jetzt wieder identisch mit dem Fehler $f(x)$.

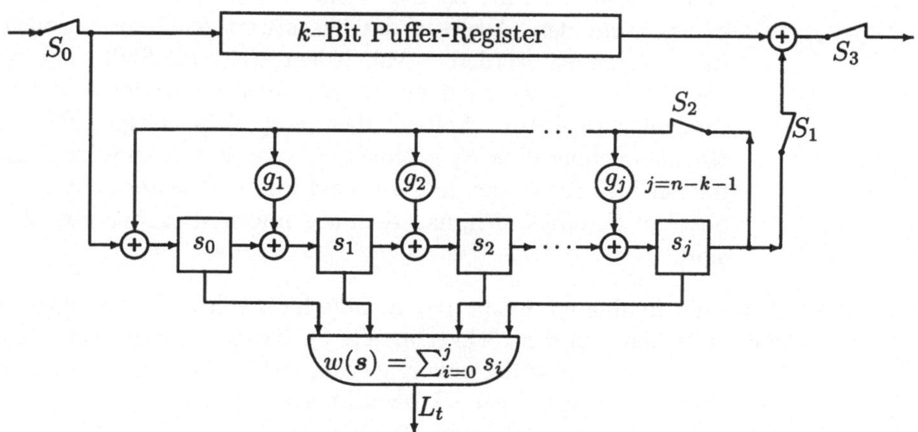

Abbildung 5.18: Error Trapping Decoder ohne Vormultiplizierung

Die einzelnen Schritte des Error Trapping Decoder nach Abbildung 5.18 werden im folgenden beschrieben.

Schritt A Zuerst gelangt $r(x)$ vollständig in das rückgekoppelte Schieberegister, beginnend mit $r_{n-1}, r_{n-2}, \ldots$, so daß anschließend das erste Syndrom $s(x)$ berechnet ist. Die Informationsbits werden gleichzeitig in dem Puffer Register gespeichert. Die Schalter S_0 und S_2 sind geschlossen, bzw. S_1 und S_3 sind geöffnet.

Schritt B Das Gewicht des Syndroms wird abgefragt.

B_1 Wird das Fehlermuster sofort gefangen, so ist keine Korrektur notwendig, da das Fehlermuster in den parity Bits $r_0, r_1, \ldots, r_{n-k-1}$ liegt. Die Informationsbits sind fehlerfrei und können ausgelesen werden.

B_2 Wird das Fehlermuster erst nach dem l-ten Shift gefangen, mit $1 \leq l \leq n-k$, so liegt ein end around burst in den Stellen $r_{n-l}, r_{n-(l-1)}, \ldots, r_{n-1}, r_0, \ldots, r_{n-k-l-1}$ vor. Dieser end around burst ist nun im Syndromregister eingefangen: $s_0 = f_{n-l}$, $s_1 = f_{n-(l-1)}, \ldots, s_{n-k-1} = f_{n-k-l-1}$. Weil keine Korrektur in den Prüfbits erfolgen soll, müssen die $n-k-l$ rechts im Syndromregister stehenden Bits herausgeschoben werden, ohne daß sich der übrige Registerinhalt ändert. Der Schalter S_2 wird also geöffnet, bis die Anzahl der Shifts $n-k$ erreicht. Dann wird S_1 geschlossen und die Informationsstelle r_{n-1} mit der Syndromkomponente s_{l-1}

korrigiert, r_{n-2} mit der Syndromkomponente s_{l-2} korrigiert, usw. bis r_{n-l} mit der Syndromkomponente s_0 korrigiert wird.

B_3 Wird die Prüfbedingung $w(s(x)) \leq E$ innerhalb der ersten $n - k$ Shifts nicht erreicht, so liegt kein end around burst vor und es kann mit dem Auslesen des höchstwertigen Informationsbits r_{n-1} begonnen werden. Mit jedem weiteren Shift, bei dem die Prüfbedingung nicht erfüllt ist, wird ein weiteres Informationsbit ausgelesen. Sobald aber $w(s(x)) \leq E$ gilt, wird die Rückkoppelung über S_2 geöffnet, S_1 geschlossen und das Fehlermuster bitweise zu den Bits aus dem Puffer-Register addiert. Der Schalter S_3 öffnet sich, nachdem alle Informationsbits ausgelesen sind.

Schritt C Wenn die Bedingung $w(s(x)) \leq E$, innerhalb von n Takten, nachdem $r(x)$ vollständig in das rückgekoppelte Schieberegister gelangt ist, nie erfüllt wird, sind entweder unkorrigierbar viele Fehler aufgetreten oder die Fehler liegen nicht in $n - k$ benachbarten Stellen.

Maximal benötigt das Decodierverfahren ebenfalls $2 \cdot n$ Schiebetakte. Die genaue Anzahl der Schiebetakte ist aber ebenfalls vom Fehlermuster abhängig.

Nachfolgend wird als Beispiel die Error Trapping Decodierung für den zwei fehlerkorrigierenden $(15, 7)$ Code behandelt. Es werden drei prinzipiell unterschiedliche Korrekturfälle diskutiert. Zunächst wird ein Einzelfehler in den Informationsstellen angenommen, dann ein end arround burst korrigiert und schließlich das Deodierverhalten aufgezeigt, wenn die Fehler auf Informations- und Prüfteil verteilt sind.

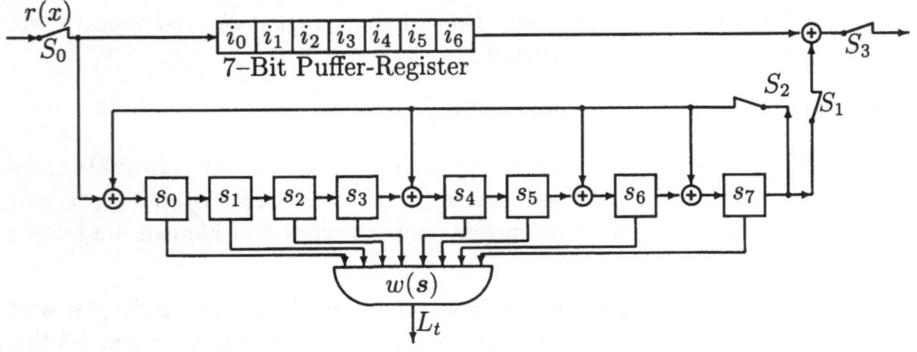

Abbildung 5.19: Decodierung eines zyklischen (15,7) Codes

l	Syndrom
0	0 0 0 1 0 1 1 1
1	1 0 0 0 0 0 0 0
2	0 1 0 0 0 0 0 0
⋮	usw.
8	0 0 0 0 0 0 0 1

In der linksstehenden Tabelle ist in der ersten Zeile $l = 0$ das Syndrom $s(x)$ eines Empfangsvektors $r(x)$ gegeben, der in der Stelle r_{14} fehlerbehaftet ist. Nach dem Weiterschieben ergibt sich sofort für $l = 1$: $w(s) = 1 \leq E$. Das Fehlermuster ist eingefangen, S_2 wird geöffnet und das Schieberegister weitergetaktet bis $l = n - k = 8$ erreicht ist. Dann schließt S_1 und durch gleichzeitiges Schieben beider Register wird der Fehler korrigiert.

l	Syndrom
0	0 1 1 1 1 1 0 0
1	0 0 1 1 1 1 1 0
2	0 0 0 1 1 1 1 1
3	1 0 0 0 0 1 0 0
⋮	usw.
8	0 0 0 0 0 1 0 0

In der linksstehenden Tabelle ist in der ersten Zeile $l = 0$ das Syndrom $s(x)$ eines Empfangsvektors $r(x)$ gegeben, der in den Stellen r_{12} und r_2 fehlerbehaftet ist. Nach dem Weiterschieben ergibt sich für $l = 3$: $w(s) = 2 \leq E$. Das Fehlermuster ist eingefangen, S_2 wird geöffnet und das Schieberegister weitergetaktet bis $l = n - k = 8$ erreicht ist. Dann schließt S_1 und durch gleichzeitiges Schieben beider Register wird der Fehler korrigiert.

l	Syndrom	Out
0	1 0 0 1 1 0 1 1	
1	1 1 0 0 0 1 1 0	
2	0 1 1 0 0 0 1 1	
3	1 0 1 1 1 0 1 0	
4	0 1 0 1 1 1 0 1	
5	1 0 1 0 0 1 0 1	
6	1 1 0 1 1 0 0 1	
7	1 1 1 0 0 1 1 1	
8	1 1 1 1 1 0 0 0	$\to r_{14}$
9	0 1 1 1 1 1 0 0	$\to r_{13}$
10	0 0 1 1 1 1 1 0	$\to r_{12}$
11	0 0 0 1 1 1 1 1	$\to r_{11}$
12	1 0 0 0 0 1 0 0	$\to r_{10}$
13	0 1 0 0 0 0 1 0	$\to r_9$
14	0 0 1 0 0 0 0 1	$\to r_8$

In der linksstehenden Tabelle ist in der ersten Zeile $l = 0$ das Syndrom $s(x)$ eines Empfangsvektors $r(x)$ gegeben, der in den Stellen r_8 und r_3 fehlerbehaftet ist. Nach dem Weiterschieben ergibt sich bis $l = n - k = 8$, niemals $w(s) = 2 \leq E$. Nach dem 8. Takt kann mit dem Auslesen der Information (r_{14}) begonnen werden. Nach dem 9. Takt kann r_{13} ausgelesen werden. Nach dem 12. Takt ist die Prüfbedingung erfüllt, das Fehlermuster ist somit eingefangen. S_2 wird geöffnet, S_1 geschlossen. Nach dem 14. Takt ist dann r_8 korrigiert. Es wird deutlich, daß auch r_3 korrigiert werden könnte, wenn die Prüfbits auch gespeichert worden wären.

Die Decodierung von zyklischen Codes durch Error Trapping ist ein sehr einfaches Verfahren. Es zeichnet sich insbesondere durch geringen Implementierungsaufwand aus. Es kann jedoch nur $e \leq E$ Fehler korrigieren, wenn sie in $n - k$ benachbarten Stellen des Empfangswortes liegen.

Im Abschnitt 8.3 wird später beschrieben wie das Error Trapping Verfahren zur Decodierung von zyklischen Codes genutzt wird, die einen Bündelfehler der maximalen Länge:

$$l \leq \left\lfloor \frac{n - k}{2} \right\rfloor$$

korrigieren können.

5.8 Die Golay Codes

Der $(n = 23, k = 12)$ Golay Code ist der einzige bisher bekannte binäre Code, der
mehrere Fehler korrigieren kann und perfekt (siehe Def. 4.7) ist. Dieser Golay Code
kann eine beliebige Kombination von $e \leq 3$ Fehlern innerhalb von 23 Bits korrigieren. Der Golay Code wurde bereits 1949 von Golay entdeckt[3] und aufgrund seiner
besonderen algebraischen Strukturen zum Studienobjekt vieler Mathematiker und
theoretisch interessierter Codierer. In dem grundlegenden Buch von MacWilliams
und Slone [67] werden die Golay-Codes ausführlich behandelt. Den Golay-Codes
und ihren mathematischen Strukturen ist dort ein ganzes Kapitel gewidmet.

Zu den Golay-Codes gehören die zwei binären Codes $\mathcal{G}_{23} = \mathcal{C}(n = 23, k = 12, d = 7)$
und $\mathcal{G}_{24} = \mathcal{C}(n = 24, k = 12, d = 8)$ sowie die ternären Codes $\mathcal{G}_{11} =$
$\mathcal{C}(n = 11, k = 6, d = 5)$ und $\mathcal{G}_{12} = \mathcal{C}(n = 12, k = 6, d = 6)$. Die binären Golay-
Codes weisen symmetrische Gewichtsverteilungen auf.

Code	$w(c) = i$	0	7	8	11	12	15	16	23	24
$\mathcal{G}_{23}$	A_i	1	253	506	1288	1288	506	253	1	–
$\mathcal{G}_{24}$	A_i	1	–	759	–	2576	–	759	–	1

Tabelle 5.6: Gewichtsverteilungen binärer Golay-Codes

Die Golay-Codes sind zyklische Codes. Nach Satz 5.5 bedeutet dies, daß das Generatorpolynom $g(x)$ ein Faktor von $x^n - 1$ ist. Es gilt:

$$
\begin{align}
x^{23} - 1 &= (1 + x) \cdot g_1(x) \cdot g_2(x), & (5.61) \\
g_1(x) &= 1 + x^2 + x^4 + x^5 + x^6 + x^{10} + x^{11}, & (5.62) \\
g_2(x) &= 1 + x + x^5 + x^6 + x^7 + x^9 + x^{11}. & (5.63)
\end{align}
$$

Die beiden Polynome $g_1(x)$ und $g_2(x)$ sind Faktoren von $x^{23} - 1$ und generieren
einen binären zyklischen $(n = 23, k = 23 - 11 = 12)$ Code.

Zur Codierung kann ein LFSR mit den Rückkoppelungsverbindungen entsprechend
der Generatorpolynome verwendet werden (vgl. Abschnitt 5.3, Abb. 5.5). Die Decodierung mit einem einfachen Error Trapping Decoder (vgl. Abschnitt 5.7) wäre
ungünstig, weil viele Fehlermuster nicht korrigiert werden könnten. So kann z.B.
jeder Doppelfehler, dessen Fehlerabstand größer oder gleich 11 ist, nicht korrigiert
werden: $f(x) = x^0 + x^{11}$, $f(x) = x^1 + x^{12}$, bis $f(x) = x^{22} + x^{10}$.

Von Kasami [39] stammt eine modifizierte Variante des Error Trapping Decoding,
die diesen Nachteil vermeidet.

---

[3]Golay, M.J.E.: *Notes on Digital Coding,* Proceedings IRE, 1949.

Kapitel 6

Reed–Solomon–Codes

Für die in der Einleitung genannten Anwendungen sind BCH– und RS–Codes die wichtigsten Codeklassen, wobei je nach Standpunkt die eine Codeklasse zum Spezialfall der anderen erklärt werden kann (vgl. [44]). Das Verständnis der RS-Codes bildet die Grundlage für ein Verstehen der BCH-Codes und darüber hinaus auch für das Verstehen von Codeklassen, die in diesem Buch nicht behandelt werden. Die endlichen Zahlenkörper – sie werden im Abschnitt 3.3 Seite 47 erläutert – bilden die mathematischen Voraussetzungen der RS-Codes.

In den vorangehenden Kapiteln 1 bis 5 werden fast ausnahmslos binäre Codes und deren Eigenschaften behandelt. Zu ihnen gehören Hamming- und Simplex-Code, Repetition- und Parity Check Code sowie die Fehlerbündel korrigierenden Codes. Bei diesen Codes konnte jedoch kein analytisches Konstruktionsverfahren angegeben werden, das aufgrund der gewünschten Fehlerkorrektureigenschaft und der damit notwendigen Minimaldistanz den Code generiert.

Die RS-Codes und auch die BCH-Codes bilden zwei Klassen von sehr leistungsfähigen Codes, die 1960 entwickelt, auch heute noch von großer praktischer und theoretischer Wichtigkeit sind. Beispielsweise basiert das bei der *Compact Disc* verwendete Fehlerkorrekturverfahren auf Verschachtelung zweier verkürzter Reed-Solomon-Codes des Zahlenkörpers $GF\{2^8 = 256\}$. Die RS-Codes besitzen die Eigenschaft, leicht konstruierbar zu sein. Sie weisen eine sehr gute Fehlerkorrekturfähigkeit auf, besonders auch von Bündelfehlern, bei nahezu frei wählbarer Codewortlänge. Die RS-Codes sind MDS-Codes (siehe Def. 4.6), so daß die Gewichtsverteilung bei gewählter Mindestdistanz analytisch berechenbar ist.

Für die weiteren mathematischen und praktischen Betrachtungen ist eine Definition der RS-Codes erforderlich. Sie erfolgt mit Hilfe einer Polynomtransformation, die der **Diskreten Fourier-Transformation (DFT)** auf endlichen Zahlenkörpern (vgl. [5]) entspricht. Hieraus kann dann in einfacher Weise das Generatorpolynom

$g(x)$ bestimmt und die Mindestdistanz d festgelegt werden. Die Darstellung der Decodierung wird durch die DFT ebenfalls sehr übersichtlich.

6.1 Konstruktion von RS-Codes

Das Konstruktionsprinzip der RS-Codes mittels der DFT beruht auf dem bekannten Fundamentalsatz der linearen Algebra.

Satz 6.1 *Ein Polynom* $A(x) = A_0 + A_1 x + \cdots + A_{k-1} x^{k-1}$ *vom Grad* $k - 1$ *mit Koeffizienten* $A_i \in GF(q)$, *wobei* $A_{k-1} \neq 0$ *ist, hat höchstens* $k - 1$ *verschiedene Nullstellen* $x_i \in GF(q)$.

Beweis: Es wird angenommen, daß x_1 eine Nullstelle des Polynoms $A(x)$ sei und $x_1 \in GF(q)$. Somit enthält $A(x)$ den Linearfaktor von der Form $(x - x_1)$ und ein Restpolynom $A_1(x)$:

$$A(x) = (x - x_1) \cdot A_1(x).$$

Es wird weiter angenommen, $A_1(x)$ habe ebenfalls eine Nullstelle x_2. $A_1(x)$ enthält somit auch einen Linearfaktor der Form $(x - x_2)$ und ein Restpolynom $A_2(x)$:

$$A_1(x) = (x - x_2) \cdot A_2(x) \text{usw.}$$

Die Erzeugung des Ausgangspolynoms $A(x)$ kann mit Hilfe der entstandenen Linearfaktoren $(x - x_1), (x - x_2), \ldots, (x - x_{k-1})$ gebildet werden:

$$
\begin{aligned}
A(x) \quad &= \quad A_{k-1} \cdot (x - x_1) \cdot (x - x_2) \cdots (x - x_{k-1}), &\quad (6.1)\\
&= \quad A_{k-1} \cdot \prod_{i=1}^{k-1} (x - x_i). &\quad (6.2)
\end{aligned}
$$

Somit enthält ein Polynom $A(x) = A_0 + A_1 x + \cdots + A_{k-1} x^{k-1}$, mit $A_{k-1} \neq 0$, $k - 1$ Linearfaktoren, deren Anzahl dem Grad des Polynoms $A(x)$ entspricht.   ∎

6.1.1 Diskrete Fouriertransformation

Für die DFT wird ein Galoisfeld $GF(q = p^s)$ (p ist Primzahl) mit einem primitiven Element z der Ordnung $n = q - 1 = p^s - 1$ vorausgesetzt.

Definition 6.1 *Es sei* $A = (A_0, A_1, \ldots, A_{n-1})$ *der Koeffizientenvektor eines Polynoms* $A(x) = A_0 + A_1 x + \ldots + A_{n-1} x^{n-1}$ *und* $z \in GF(q = p^s)$ *ein Element der Ordnung* n*, d.h.* $z^n = 1$*, aber* $z^i \neq 1$ *für* $0 < i < n$*. Der Vektor* $a = (a_0, a_1, \ldots, a_{n-1})$ *ist dann durch die mit DFT bezeichnete* POLYNOMTRANSFORMATION BESTIMMT:

$$a_i = A(x = z^i) \quad \text{für } i = 0, 1, \ldots, n - 1, \tag{6.3}$$

wobei a *als Koeffizientenvektor eines Polynoms* $a(x) = a_0 + a_1 x + \cdots + a_{n-1} x^{n-1}$ *betrachtet wird. Umgekehrt erhält man* $A = (A_0, A_1, \ldots, A_{n-1})$ *aus* $a(x)$ *durch die* RÜCKTRANSFORMATION:

$$A_j = n^{-1} \cdot a(x = z^{-j}) \quad \text{für } j = 0, 1, \ldots, n - 1. \tag{6.4}$$

Für die DFT[1] wird folgende Schreibweise verwendet:

$$
\begin{array}{lccl}
\text{Originalbereich} & a(x) & \circ\!\!-\!\!-\!\!\bullet & A(x) \quad \text{Transformationsbereich,} \\
\text{Zeitbereich} & a(x) & \circ\!\!-\!\!-\!\!\bullet & A(x) \quad \text{Frequenzbereich,} \\
a = (a_0, a_1, \ldots, a_{n-1}) & & \circ\!\!-\!\!-\!\!\bullet & A = (A_0, A_1, \ldots, A_{n-1}).
\end{array} \tag{6.5}
$$

Da in Galoisfeldern $GF(q = p^s)$ $n = p^s - 1 = -1 \bmod p$ gilt, folgt für den Faktor n^{-1}: $n^{-1} = -1 \bmod p$. Insbesondere gilt für $p = 2$: $n^{-1} = 1 \bmod 2$. Hieraus folgt mit den Gleichungen (6.3) und (6.4) für $i = 0, 1, \ldots, n - 1$:

$$a_i = A(x = z^i) = \sum_{j=0}^{n-1} A_j z^{i \cdot j}, \quad A_i = -a(x = z^{-i}) = - \sum_{j=0}^{n-1} a_j z^{-i \cdot j}. \tag{6.6}$$

Aus Gleichung (6.3) wird deutlich, daß der Koeffizient a_i von $a(x)$ genau dann verschwindet (Null ist), wenn $x_0 = z^i$ eine Nullstelle des Polynoms $A(x)$ ist. Aus Gleichung (6.4) folgt, daß der Koeffizient A_j von $A(x)$ genau dann verschwindet, wenn $x_0 = z^{-j}$ eine Nullstelle des Polynoms $a(x)$ ist. Für den Zusammenhang von Polynomen und Koeffizientenvektoren gilt deshalb:

$$A(x_0 = z^i) = 0 \quad \Longleftrightarrow \quad a = (a_0, a_1, \ldots, a_{i-1}, a_i = 0, a_{i+1}, \ldots, a_{n-1}), \tag{6.7}$$

$$a(x_0 = z^{-j}) = 0 \quad \Longleftrightarrow \quad A = (A_0, A_1, \ldots, A_{j-1}, A_j = 0, A_{j+1}, \ldots, A_{n-1}). \tag{6.8}$$

Die Polynomtransformation nach Gleichung (6.6) kann für die Koeffizientenvektoren $a \circ\!\!-\!\!-\!\!\bullet A$ auch mittels Matrizen beschrieben werden:

$$
\begin{pmatrix} a_0 \\ a_1 \\ a_2 \\ \vdots \\ a_{n-1} \end{pmatrix}
=
\begin{pmatrix}
1 & 1 & 1 & \cdots & 1 \\
1 & z^1 & z^2 & \cdots & z^{n-1} \\
1 & z^2 & z^4 & \cdots & z^{2(n-1)} \\
\vdots & \vdots & \vdots & \cdots & \vdots \\
1 & z^{n-1} & z^{2(n-1)} & \cdots & z^{(n-1)^2}
\end{pmatrix}
\cdot
\begin{pmatrix} A_0 \\ A_1 \\ A_2 \\ \vdots \\ A_{n-1} \end{pmatrix}, \tag{6.9}
$$

---

[1] In einigen Lehrbüchern zur Codierungstheorie wird die DFT auf endlichen Zahlenkörpern so definiert, daß sich eine Vertauschung von Frequenz- und Zeitbereich ergibt: $A_i = a(x = z^i)$ und $a_j = n^{-1} \cdot A(x = z^{-j})$. Einen prinzipiellen Unterschied bedeutet dies aber nicht.

$$\begin{pmatrix} A_0 \\ A_1 \\ A_2 \\ \vdots \\ A_{n-1} \end{pmatrix} = - \begin{pmatrix} 1 & 1 & 1 & \cdots & 1 \\ 1 & z^{-1} & z^{-2} & \cdots & z^{-(n-1)} \\ 1 & z^{-2} & z^{-4} & \cdots & z^{-2(n-1)} \\ \vdots & \vdots & \vdots & \cdots & \vdots \\ 1 & z^{-(n-1)} & z^{-2(n-1)} & \cdots & z^{-(n-1)^2} \end{pmatrix} \cdot \begin{pmatrix} a_0 \\ a_1 \\ a_2 \\ \vdots \\ a_{n-1} \end{pmatrix}. \quad (6.10)$$

Eine Schieberegisterrealisierung der DFT nach Gleichung (6.6) zeigt die Abbildung 6.1.

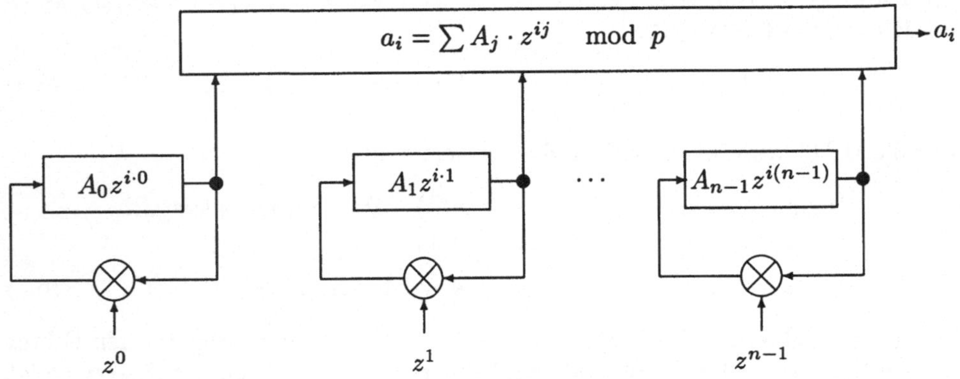

Abbildung 6.1: Realisierung der DFT mittels Schieberegister

Die Abbildung zeigt den i-ten Schritt der Transformation zur Berechnung von $a(x)$. Zu Beginn ($i = 0$) ist das Register mit den Frequenzkomponenten $A_0, A_1, \ldots, A_{n-1}$ initialisiert, so daß gilt:

$$a_0 = A_0 + A_1 + \cdots + A_{n-1} \bmod p.$$

Beispiel 6.1 *Das Polynom $A(x) = 4 + 5x$ mit Koeffizienten aus $GF(7)$ soll transformiert werden. Zur Durchführung der Transformation wird ein primitives Element aus $GF\{7\}$ benötigt. Hier wird $z = 5$ gewählt (vgl. Beispiel 3.6 von Seite 40). Die Transformation $A \bullet\!\!-\!\!\circ a$ wird nach Definition 6.1 durchgeführt:*

$$a_i = A(x = z^i), \quad i = 0, 1, 2, \ldots, n - 1.$$

$$a_0 = A(x = z^0 = 5^0 = 1) = A_0 + A_1 \cdot z^0 = 4 + 5 \cdot 1 = 2,$$
$$a_1 = A(x = z^1 = 5^1 = 5) = A_0 + A_1 \cdot z^1 = 4 + 5 \cdot 5 = 1,$$
$$a_2 = A(x = z^2 = 5^2 = 4) = A_0 + A_1 \cdot z^2 = 4 + 5 \cdot 4 = 3,$$
$$a_3 = A(x = z^3 = 5^3 = 6) = A_0 + A_1 \cdot z^3 = 4 + 5 \cdot 6 = 6,$$
$$a_4 = A(x = z^4 = 5^4 = 2) = A_0 + A_1 \cdot z^4 = 4 + 5 \cdot 2 = 0,$$
$$a_5 = A(x = z^5 = 5^5 = 3) = A_0 + A_1 \cdot z^5 = 4 + 5 \cdot 3 = 5.$$

*Somit gilt für den Vektor **a** im Zeitbereich:*

$$\boldsymbol{A} = (4,5,0,0,0,0) \; \bullet\!\!-\!\!\!\circ \; \boldsymbol{a} = (2,1,3,6,0,5).$$

Die Transformation kann auch nach Gleichung (6.9) durchgeführt werden. Die Exponenten der Potenzen der i-ten Zeile und j-ten Spalte $z^{i \cdot j}$ für $i, j = 0, 1, 2, \ldots, n-1$ werden hierbei wegen $z^n = 1$ modulo-n berechnet:

$$
\begin{pmatrix} a_0 \\ a_1 \\ a_2 \\ a_3 \\ a_4 \\ a_5 \end{pmatrix}
=
\begin{pmatrix}
1 & 1 & 1 & 1 & 1 & 1 \\
1 & z^1 & z^2 & z^3 & z^4 & z^5 \\
1 & z^2 & z^4 & z^0 & z^2 & z^4 \\
1 & z^3 & z^0 & z^3 & z^0 & z^3 \\
1 & z^4 & z^2 & z^0 & z^4 & z^2 \\
1 & z^5 & z^4 & z^3 & z^2 & z^1
\end{pmatrix}
\cdot
\begin{pmatrix} A_0 \\ A_1 \\ A_2 \\ A_3 \\ A_4 \\ A_5 \end{pmatrix},
$$

$$
=
\begin{pmatrix}
1 & 1 & 1 & 1 & 1 & 1 \\
1 & 5 & 4 & 6 & 2 & 3 \\
1 & 4 & 2 & 1 & 4 & 2 \\
1 & 6 & 1 & 6 & 1 & 6 \\
1 & 2 & 4 & 1 & 2 & 4 \\
1 & 3 & 2 & 6 & 4 & 5
\end{pmatrix}
\cdot
\begin{pmatrix} 4 \\ 5 \\ 0 \\ 0 \\ 0 \\ 0 \end{pmatrix}
= 4 \cdot
\begin{pmatrix} 1 \\ 1 \\ 1 \\ 1 \\ 1 \\ 1 \end{pmatrix}
+ 5 \cdot
\begin{pmatrix} 1 \\ 5 \\ 4 \\ 6 \\ 2 \\ 3 \end{pmatrix}
=
\begin{pmatrix} 2 \\ 1 \\ 3 \\ 6 \\ 0 \\ 5 \end{pmatrix}.
$$

*Ein letztes Mal soll das gleiche Ergebnis für den Vektor **a** mit Hilfe der Schieberegisterrealisierung nach Abbildung 6.1 berechnet werden:*

	Faktoren						
	1	5	4	6	2	3	
i	Register						a_i
0	4	5	0	0	0	0	2
1	4	4	0	0	0	0	1
2	4	6	0	0	0	0	3
3	4	2	0	0	0	0	6
4	4	3	0	0	0	0	0
5	4	1	0	0	0	0	5

In der linksstehenden Tabelle sind oben die multiplikativen Faktoren z^j, $j = 0, 1, \ldots, n-1$ eingetragen. Das Register wird zu Beginn ($i = 0$) mit den Koeffizienten des Polynoms $A(x)$ initialisiert. Jede nachfolgende Zeile ergibt sich aus der jeweilig vorstehenden Zeile, indem sie mit den entsprechenden Spaltenfaktoren multipliziert wird. In der letzten Spalte a_i wurde die Summe modulo-7 einer Zeile berechnet. ◇

Bevor im nächsten Beispiel die Umkehrung der Transformation mit Hilfe der Matrix nach Gleichung (6.10) durchgeführt wird, soll auch die Schieberegisterrealisierung betrachtet werden.

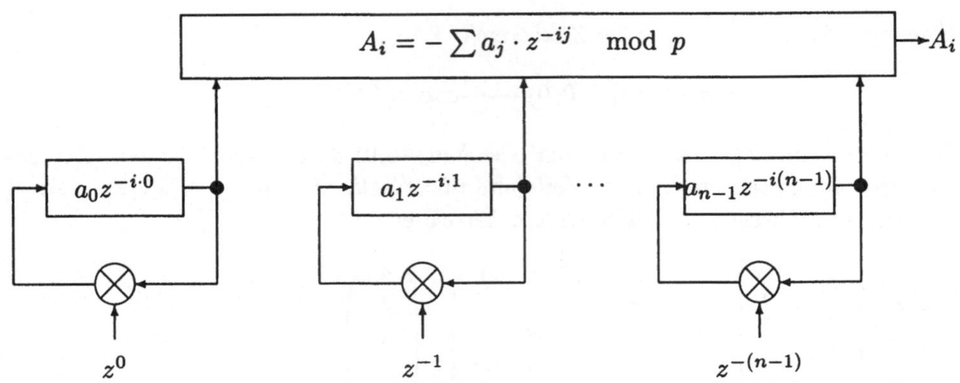

Abbildung 6.2: Realisierung der DFT mittels Schieberegister

Die Abbildung 6.2 zeigt den i-ten Schritt der Transformation zur Berechnung von $A(x)$. Zu Beginn ($i = 0$) ist das Register mit den Zeitkomponenten $a_0, a_1, \ldots, a_{n-1}$ initialisiert, so daß gilt:

$$A_0 = -(a_0 + a_1 + \cdots + a_{n-1}) \bmod p.$$

Beispiel 6.2 *Das Polynom* $a(x) = 2 + x + 3x^2 + 6x^3 + 5x^5$ *aus Beispiel 6.1 mit Koeffizienten aus* $GF(7)$ *soll rücktransformiert werden. Das primitive Element* $z = 5$ *wird beibehalten. Die Transformation* $a \circ\!\!-\!\!\bullet A$ *wird nach Definition 6.1 auf Seite 159 durchgeführt:*

$$A_i = -a(x = z^{-i}), \; i = 0, 1, 2, \ldots, n - 1.$$

Es wird jedoch auf die direkte Anwendung verzichtet, da das Berechnen der einzelnen Potenzen recht mühsam und lang ist. Statt dessen wird die Berechnung mittels Matrix nach Gleichung (6.10) der Berechnung mittels Schieberegister nach Abbildung 6.2 gegenübergestellt.

Die Exponenten der Potenzen der i-ten Zeile und j-ten Spalte $z^{-i\cdot j}$ für $i,j = 0, 1, 2, \ldots, n - 1$ werden hierbei wieder modulo-n berechnet:

$$\begin{pmatrix} A_0 \\ A_1 \\ A_2 \\ A_3 \\ A_4 \\ A_5 \end{pmatrix} = -\begin{pmatrix} 1 & 1 & 1 & 1 & 1 & 1 \\ 1 & z^{-1} & z^{-2} & z^{-3} & z^{-4} & z^{-5} \\ 1 & z^{-2} & z^{-4} & z^{0} & z^{-2} & z^{-4} \\ 1 & z^{-3} & z^{0} & z^{-3} & z^{0} & z^{-3} \\ 1 & z^{-4} & z^{-2} & z^{0} & z^{-4} & z^{-2} \\ 1 & z^{-5} & z^{-4} & z^{-3} & z^{-2} & z^{-1} \end{pmatrix} \cdot \begin{pmatrix} a_0 \\ a_1 \\ a_2 \\ a_3 \\ a_4 \\ a_5 \end{pmatrix},$$

$$\begin{pmatrix} A_0 \\ A_1 \\ A_2 \\ A_3 \\ A_4 \\ A_5 \end{pmatrix} = -\begin{pmatrix} 1 & 1 & 1 & 1 & 1 & 1 \\ 1 & z^{5} & z^{4} & z^{3} & z^{2} & z^{1} \\ 1 & z^{4} & z^{2} & z^{0} & z^{4} & z^{2} \\ 1 & z^{3} & z^{0} & z^{3} & z^{0} & z^{3} \\ 1 & z^{2} & z^{4} & z^{0} & z^{2} & z^{4} \\ 1 & z^{1} & z^{2} & z^{3} & z^{4} & z^{5} \end{pmatrix} \cdot \begin{pmatrix} a_0 \\ a_1 \\ a_2 \\ a_3 \\ a_4 \\ a_5 \end{pmatrix},$$

$$
\begin{pmatrix} A_0 \\ A_1 \\ A_2 \\ A_3 \\ A_4 \\ A_5 \end{pmatrix} = - \begin{pmatrix} 1 & 1 & 1 & 1 & 1 & 1 \\ 1 & 3 & 2 & 6 & 4 & 5 \\ 1 & 2 & 4 & 1 & 2 & 4 \\ 1 & 6 & 1 & 6 & 1 & 6 \\ 1 & 4 & 2 & 1 & 4 & 2 \\ 1 & 5 & 4 & 6 & 2 & 3 \end{pmatrix} \cdot \begin{pmatrix} 2 \\ 1 \\ 3 \\ 6 \\ 0 \\ 5 \end{pmatrix} = - \begin{pmatrix} 3 \\ 2 \\ 0 \\ 0 \\ 0 \\ 0 \end{pmatrix} = \begin{pmatrix} 4 \\ 5 \\ 0 \\ 0 \\ 0 \\ 0 \end{pmatrix}.
$$

Somit gilt für den Vektor $\boldsymbol{A}$ im Frequenzbereich:

$$
\boldsymbol{a} = (2,1,3,6,0,5) \;\circ\!\!\!-\!\!\!\bullet\; \boldsymbol{A} = (4,5,0,0,0,0).
$$

Ein zweites Mal soll das gleiche Ergebnis für den Vektor $\boldsymbol{A}$ mit Hilfe der Schieberegisterrealisierung nach Abbildung 6.2 berechnet werden:

Faktoren						
1	3	2	6	4	5	
i		Register				a_i
0	2	1	3	6	0	5	$-3 = 4$
1	2	3	6	1	0	4	$-2 = 5$
2	2	2	5	6	0	6	0
3	2	6	3	1	0	2	0
4	2	4	6	6	0	3	0
5	2	5	5	1	0	1	0

In der linksstehenden Tabelle sind oben die multiplikativen Faktoren z^{-j}, $j = 0, 1, \ldots, n-1$ eingetragen. Das Register wird zu Beginn ($i = 0$) mit den Koeffizienten des Polynoms $a(x)$ initialisiert. Jede nachfolgende Zeile ergibt sich aus der jeweilig vorstehenden Zeile, indem sie mit den entsprechenden Spaltenfaktoren multipliziert wird. In der letzten Spalte A_i wurde die negative Summe modulo-7 einer Zeile berechnet. ◇

Ähnlich der Faltung bei der Fouriertransformation kann die zyklische Faltung bei der DFT auf endlichen Zahlenkörpern eingeführt werden. Die Multiplikation zweier Polynome im Transformationsbereich:

$$
A(x) = B(x) \cdot C(x) \quad \mathrm{mod}\,(x^n - 1), \tag{6.11}
$$

berechnet sich durch die zyklische Faltung der Koeffizienten, wobei die Indizes modulo-n auszuwerten sind:

$$
A_i = \sum_{j=0}^{n-1} B_{i-j} \cdot C_j \quad \text{für } i = 0, 1, \ldots, n-1 . \tag{6.12}
$$

Die Koeffizienten des Polynoms $a(x)$ im Originalbereich ergeben sich durch die Multiplikation:

$$
a_i = A(z^i) = B(z^i) \cdot C(z^i) = b_i \cdot c_i, \quad \text{für } i = 0, 1, \ldots, n-1 , \tag{6.13}
$$

der einzelnen Koeffizienten der beiden Polynome $a(x)$ und $b(x)$:

$$
A(x) = B(x) \cdot C(x) \;\mathrm{mod}\,(x^n - 1) \iff a(x) = a_0 + a_1 x + \cdots + a_{n-1} x^{n-1} \tag{6.14}
$$

wobei gilt: $a_i = b_i \cdot c_i$.

6.1.2 Mindestdistanz

Als Hamming–Distanz zweier Vektoren bezeichnet man die Anzahl der Komponenten, in denen sich die beiden Vektoren unterscheiden. Der kleinstmögliche Abstand zweier Codewörter wird als Mindestdistanz bezeichnet und ist ein wichtiger Parameter eines Codes. Der folgende Satz verknüpft die wichtigen Begriffe Distanz und Gewicht eines Vektors a mit dem Grad des über die DFT zugehörigen Polynoms $A(x)$.

Satz 6.2 *Sei* $A(x) = A_0 + A_1 x + \cdots + A_{k-1} x^{k-1}$ *ein Polynom mit:*

$$\operatorname{grad} A(x) = k - 1 \leq n - d$$

und beliebigen Koeffizienten aus $GF(q)$. *Wählt man aus* $GF(q)$ n *verschiedene Elemente* z^i *mit* $i = 0, 1, \ldots, n-1$ *aus, dann ist das Gewicht eines Vektors* $a = (a_0, a_1, \ldots, a_{n-1})$, *mit der Beziehung* $a_i = A(x = z^i)$, *für* $i = 0, 1, \ldots, n-1$, *größer gleich* d:

$$w(a) \geq d.$$

Beweis: Laut Satz 6.1 hat das Polynom $A(x)$ höchstens $k - 1$ verschiedene Nullstellen, d.h. der Vektor $a = (a_0, a_1, \ldots, a_{n-1})$ hat nach Gleichung (6.7) mindestens $n - (k - 1) = n - k + 1 = m + 1 \geq d$ von Null verschiedene Stellen. ∎

Nach Satz 6.2 können Vektoren konstruiert werden, deren Gewicht nur von dem Grad eines Polynoms abhängt. Demnach besitzen diese Vektoren ein bestimmtes Mindestgewicht und nach Satz 4.1 auch eine bestimmte Minimaldistanz.

6.1.3 Definition der RS-Codes

Mit Hilfe der DFT können nun die RS–Codes definiert werden. Die Codesymbole a_i eines RS–Codes sind Elemente aus dem Galoisfeld $GF(p^s)$. Die maximale Codewortlänge n (ohne Erweiterungen) ist gleich der Anzahl der von Null verschiedenen Elemente $n = p^s - 1$. Diese Codewortlänge wird auch primitive Blocklänge genannt. RS–Codes lassen durch geeignete Wahl der Codeparameter eine variable Anzahl E der maximal korrigierbaren Fehler zu.

Definition 6.2 *Sei* z *ein Element der Ordnung* n *aus* $GF(p^s)$, *so ist* $a = (a_0, a_1, \ldots, a_{n-1})$ *ein Codewort des RS-Codes* $\mathcal{C}$ *der Länge* $n = p^s - 1$, *Dimension* $k = p^s - d$ *und Distanz* $d = n - k + 1$, *wenn gilt:*

$$\mathcal{C} = \left\{ a \mid a_i = A(z^i), \ \operatorname{grad} A(x) \leq k - 1 = n - d \right\}. \tag{6.15}$$

In dieser Definition wird das Polynom $A(x)$ als Transformierte im Sinne der oben definierten Polynomtransformation (siehe Def. 6.1) aufgefaßt. Durch die Gradbeschränkung des Polynoms $A(x)$ gilt: $A_k = A_{k+1} = \ldots = A_{n-1} = 0$. Ein Codewort a kann demnach mit Hilfe der DFT wie folgt dargestellt werden:

$$a = \boxed{a_0 \mid a_1 \mid \cdots \mid a_{n-1}} \quad \circ\!\!\!-\!\!\!-\!\!\!\bullet \quad A = \boxed{A_0 \mid A_1 \mid \cdots \mid A_{k-1} \mid 0, 0, \cdots, 0}$$

Abbildung 6.3: Darstellung der RS-Code Definition

Die $d-1$ Stellen, die im Frequenzvektor identisch Null sind, werden auch als Prüfsymbole oder Prüffrequenzen bezeichnet. Wird berücksichtigt, daß für die maximal korrigierbare Anzahl von Fehlern $E \leq \lfloor \frac{d-1}{2} \rfloor$ gilt, so zeigt sich, daß zur Korrektur eines Fehlers zwei Prüffrequenzen erforderlich sind: $d - 1 = 2 \cdot E$. Wird z. B. ein RS-Code der Länge $n = 15$ benötigt, der $E = 3$ Fehler korrigieren kann, so besitzt ein Codewort im Frequenzbereich folgendes Aussehen:

$$A = \boxed{A_0 \mid A_1 \mid A_2 \mid A_3 \mid A_4 \mid A_5 \mid A_6 \mid A_7 \mid A_8 \mid 0 \mid 0 \mid 0 \mid 0 \mid 0 \mid 0}$$

Die Frequenzen A_i sind Elemente von $GF(2^4)$, so daß sich jeder Koeffizient durch vier Bits darstellen läßt. Dieser nichtbinäre (15,9) RS-Code läßt sich demnach auch als ein binärer (60,36) Code auffassen. Die Anzahl der maximal korrigierbaren binären Fehler erhöht sich von $E_S = 3$ auf $E_B = 12$ jedoch nur, wenn die 12 Bitfehler in genau 3 Symbole fallen. Mindestens kann der Code aber 3 Bitfehler korrigieren, die in drei verschiedene Symbole fallen. Aus $k = 36$ folgt, daß der Code $2^{36} > 64 \cdot 10^9$ verschiedene Informationen codieren kann.

Für die Coderate R, als Verhältnis der Anzahl von Informationssymbolen eines Codewortes zur Codewortlänge, gilt:

$$R = \frac{k}{n} = \frac{n - (d-1)}{n} = 1 - \frac{d}{n} + \frac{1}{n}. \tag{6.16}$$

Wird für einen RS-Code über $GF(2^s)$ die Mindestdistanz $d = 2^{s-1}$ gewählt, so folgt für die Coderate:

$$R = 1 - \frac{2^{s-1}}{2^s - 1} + \frac{1}{2^s - 1} \approx 1 - \frac{1}{2} = \frac{1}{2}. \tag{6.17}$$

Für $s = 8$ und $d = 128$ ergibt sich ein $(n = 255, k = 128)$ RS-Code. Jedes der 255 Symbole eines Codewortes besteht aus acht Bits. Dieser Code kann deshalb auch als binärer (2040, 1024) Code mit $d = 128$ aufgefaßt werden. Der Code besitzt $q^k = 256^{128} = 2^{1024}$ Codewörter. Mit der Näherung $2^{10} = 1024 > 10^3$ folgt: $2^{1024} = 2^4 \cdot 2^{20} \cdot 2^{1000} > 16 \cdot 10^{306}$.

Abschließend sei noch angemerkt, daß die Definition 6.2 der RS-Codes sich dahingehend erweitern läßt, daß die in Abbildung 6.3 dargestellten Prüfsymbole nicht unbedingt in den höchstwertigen Stellen stehen müssen. Es ist lediglich notwendig, sie zusammenhängend in einem Teil des Codewortes im Frequenzbereich anzuordnen.

6.1.4 Generatorpolynom und Prüfpolynom

Durch die Gradbeschränkung eines Codewortes $A(x)$, gemäß der Definition 6.2, verschwindet ein Teil der Koeffizienten eines Codewortes $A(x)$ im Frequenzbereich:

$$A_i = \frac{1}{n}\,a(z^{-i}) = 0 \qquad \forall\, i = k, k+1, \ldots, n-1\,. \tag{6.18}$$

Aus den Gleichungen (6.3) und (6.8) folgt, daß jedes Codewort an den Stellen z^{-i}, $i = k, k+1, \ldots, n-1$, Nullstellen haben muß. Wird aus diesen Nullstellen ein Polynom $g(x)$ gebildet:

$$g(x) = \prod_{i=k}^{n-1}(x - z^{-i}) = \prod_{i=1}^{n-k}(x - z^{i}), \qquad \Rightarrow \operatorname{grad} g(x) = n - k, \tag{6.19}$$

so wird deutlich, daß jedes Codewortpolynom $a(x)$ ein Vielfaches dieses Polynoms sein muß:

$$a(x) = i(x) \cdot g(x). \tag{6.20}$$

Das Polynom $g(x)$ wird deshalb Generatorpolynom genannt. Ein Codewort $a(x)$ ist ohne Rest durch $g(x)$ teilbar.

Das Prüfpolynom $h(x)$ ist das komplementäre Polynom zum Generatorpolynom und enthält als Nullstellen alle von Null verschiedenen Elemente, die nicht Nullstellen von $g(x)$ sind:

$$h(x) = \prod_{i=0}^{k-1}(x - z^{-i}) = \prod_{i=n-k+1}^{n}(x - z^{i})\,. \tag{6.21}$$

Nach dem Satz 3.5 von Fermat gilt für ein Element $z \in GF(p)$ der Ordnung n:

$$z^{n} = 1 \bmod p. \tag{6.22}$$

Ist z ein primitives Element, so ist es von der Ordnung $n = p - 1$. Die Gleichung $x^{n} - 1 = 0$ gilt auch für die Potenzen des primitiven Elementes z und damit für alle n von Null verschiedenen Elemente $z^{i} \in GF(p)$. Das Polynom $x^{n} - 1$ besteht aus genau n verschiedenen Linearfaktoren $(x - z^{i})$.

Satz 6.3 *Ist $z \in GF(q)$ ein Element der Ordnung n, so gilt:*

$$x^{n} - 1 = \prod_{i=0}^{n-1}(x - z^{i}). \tag{6.23}$$

Das Produkt von Prüf– und Generatorpolynom enthält alle Potenzen von z, so daß gilt:

$$g(x) \cdot h(x) = \prod_{i=0}^{n-1} (x - z^i) = x^n - 1 = 0 \quad \mod (x^n - 1). \tag{6.24}$$

Da jedes Codewort ein Vielfaches von $g(x)$ ist, muß auch die folgende Prüfbedingung gelten:

$$a(x) \cdot h(x) = q(x) \cdot (x^n - 1) = 0 \quad \mod (x^n - 1).$$

Das Prüfpolynom ist das Generatorpolynom eines zum dualen Code äquivalenten Codes $C^\perp$ (vgl. [68, Ch. 7, § 4]):

$$g^T(x) = x^{\operatorname{grad} h(x)} \cdot h(x^{-1}).$$

Beispiel 6.3 *Für den $(6,2)$ RS-Code über $GF(7)$, mit $z = 5$ sollen das Generatorpolynom $g(x)$ und das Prüfpolynom $h(x)$ bestimmt werden. Nach Gleichung (6.19) gilt:*

$$\begin{aligned} g(x) &= \prod_{i=2}^{5}(x - 5^{-i}) = \prod_{i=1}^{4}(x - 5^i), \tag{6.25}\\ &= (x - 5)(x - 4) \cdot (x - 6)(x - 2),\\ &= (6 + 5x + x^2) \cdot (5 + 6x + x^2) = 2 + 5x + 6x^2 + 4x^3 + x^4. \end{aligned}$$

Die Division von $x^n - 1$ durch $g(x)$ ergibt das Prüfpolynom:

$$h(x) = \frac{x^6 - 1}{2 + 5x + 6x^2 + 4x^3 + x^4} = x^2 + 3x + 3 = (x - 1)(x - 3). \tag{6.26}$$

In Gleichung (6.26) ist zu erkennen, daß $h(x)$ genau die Linearfaktoren enthält, die $g(x)$ nach Gleichung (6.25) nicht enthält. ◇

6.1.5 Generatormatrix und Prüfmatrix

Generatormatrix und Prüfmatrix zyklischer Codes wurden bereits im Abschnitt 5.1.3 behandelt. In diesem Abschnitt soll deshalb nur auf einige Besonderheiten der Matrizen für RS-Codes eingegangen werden. Die Generatormatrix G ist die den Code erzeugende Matrix:

$$a = i \cdot G, \tag{6.27}$$

wobei der Vektor $i = (i_0, i_1, \ldots, i_{k-1})$ die zu codierende Information enthält. Die Matrix G enthält in den k Zeilen linear unabhängige Code-Vektoren von C . In Abschnitt 5.1 wurde gezeigt, daß es mit Hilfe des Generatorpolynoms $g(x) = g_0 + g_1 x + g_2 x^2 + \cdots + x^{n-k}$ und den zyklisch verschobenen Polynomen

$xg(x), x^2g(x), \ldots, x^{k-1}g(x)$ möglich ist, den Code zu bilden. Schreiben wir die Koeffizientenvektoren (n-Tupel) dieser Polynome in eine $k \times n$-Matrix, so erhalten wir die Generatormatrix eines zyklischen (n, k) RS-Codes C:

$$
G = \begin{pmatrix}
g_0 & g_1 & g_2 & \cdots & g_{n-k} & 0 & 0 & \cdots & 0 \\
0 & g_0 & g_1 & g_2 & \cdots & g_{n-k} & 0 & \cdots & 0 \\
\vdots & & \ddots & & & \ddots & & & \vdots \\
0 & 0 & \cdots & 0 & g_0 & g_1 & g_2 & \cdots & g_{n-k}
\end{pmatrix} = \begin{pmatrix}
g^{(0)} \\
g^{(1)} \\
\vdots \\
g^{(k-1)}
\end{pmatrix}.
\tag{6.28}
$$

Für den aus Beispiel 6.3 bekannten $(6,2)$ RS-Code über $GF(7)$, mit $z = 5$ und $g(x) = 2 + 5x + 6x^2 + 4x^3 + x^4$ ergibt sich:

$$
G = \begin{pmatrix}
2 & 5 & 6 & 4 & 1 & 0 \\
0 & 2 & 5 & 6 & 4 & 1
\end{pmatrix} = \begin{pmatrix}
g^{(0)} \\
g^{(1)}
\end{pmatrix}.
$$

Diese Generatormatrix kann systematisiert werden, indem zuerst die erste Zeile durch die Addition von $g^{(0)} + g^{(1)}$ ersetzt wird und dann die erste und zweite Zeile mit 4 multipliziert werden:

$$
G = \begin{pmatrix}
2 & 0 & 4 & 3 & 5 & 1 \\
0 & 2 & 5 & 6 & 4 & 1
\end{pmatrix} \iff G_s = \begin{pmatrix}
1 & 0 & 2 & 5 & 6 & 4 \\
0 & 1 & 6 & 3 & 2 & 4
\end{pmatrix}.
$$

Alle Rechnungen müssen modulo-7 durchgeführt werden. Die systematische Generatormatrix erzeugt denselben Code wie die unsystematische Generatormatrix, lediglich die Zuordnung der Information zum Codewort ändert sich.

Mit Hilfe des Prüfpolynoms $h(x)$ kann nach Gleichung (5.25) und (5.27) die Prüfmatrix angegeben werden:

$$
H = \begin{pmatrix}
h_k & h_{k-1} & h_{k-2} & \cdots & h_0 & 0 & 0 & \cdots & 0 \\
0 & h_k & h_{k-1} & h_{k-2} & \cdots & h_0 & 0 & \cdots & 0 \\
\vdots & & \ddots & & & \ddots & & & \vdots \\
0 & 0 & \cdots & 0 & h_k & h_{k-1} & h_{k-2} & \cdots & h_0
\end{pmatrix}.
\tag{6.29}
$$

Die Prüfmatrix H ist eine $(n - k) \times n$-Matrix (vgl. Gl. 5.26) mit der Eigenschaft, daß jeder Zeilenvektor $h^{(j)}$ orthogonal zu jedem Codevektor ist. Für den aus Beispiel 6.3 bekannten $(6,2)$ RS-Code über $GF(7)$, mit $z = 5$ und $h(x) = 3 + 3x + x^2$ ergibt sich:

$$
H = \begin{pmatrix}
1 & 3 & 3 & 0 & 0 & 0 \\
0 & 1 & 3 & 3 & 0 & 0 \\
0 & 0 & 1 & 3 & 3 & 0 \\
0 & 0 & 0 & 1 & 3 & 3
\end{pmatrix}.
$$

Diese Prüfmatrix kann durch elementare Zeilenoperationen systematisiert werden. Einfacher ist es, die systematische Prüfmatrix aus der Generatormatrix

$G = (I_k \,|\, A)$ zu gewinnen. Die zugehörige Prüfmatrix $H = (-A^{(T)} \,|\, I_{n-k})$ nach Gleichung (4.39) kann direkt angegeben werden:

$$H_s = \begin{pmatrix} -2 & -6 & 1 & 0 & 0 & 0 \\ -5 & -3 & 0 & 1 & 0 & 0 \\ -6 & -2 & 0 & 0 & 1 & 0 \\ -4 & -4 & 0 & 0 & 0 & 1 \end{pmatrix} = \begin{pmatrix} 5 & 1 & 1 & 0 & 0 & 0 \\ 2 & 4 & 0 & 1 & 0 & 0 \\ 1 & 5 & 0 & 0 & 1 & 0 \\ 3 & 3 & 0 & 0 & 0 & 1 \end{pmatrix}.$$

Eine weitere Möglichkeit die Prüfmatrix in allgemeiner Form anzugeben, liefert die Gleichung (6.18):

$$\begin{aligned} A_i &= -a(z^{-i}) = 0 \qquad \forall\, i = k, k+1, \ldots, n-1, \\ &= -\sum_{j=0}^{n-1} a_j \cdot z^{-ij} \qquad \forall\, i = k, k+1, \ldots, n-1. \end{aligned}$$

In Matrixform lautet diese Gleichung:

$$-\underbrace{\begin{pmatrix} 1 & z^{-k} & z^{-2k} & \ldots & z^{-(n-1)k} \\ 1 & z^{-(k+1)} & z^{-2(k+1)} & \ldots & z^{-(n-1)(k+1)} \\ 1 & z^{-(k+2)} & z^{-2(k+2)} & \ldots & z^{-(n-1)(k+2)} \\ \vdots & \vdots & \vdots & \ldots & \vdots \\ 1 & z^{-(n-1)} & z^{-2(n-1)} & \ldots & z^{-(n-1)^2} \end{pmatrix}}_{H} \cdot \begin{pmatrix} a_0 \\ a_1 \\ a_2 \\ \vdots \\ a_{n-1} \end{pmatrix} = \begin{pmatrix} 0 \\ 0 \\ 0 \\ \vdots \\ 0 \end{pmatrix}. \qquad (6.30)$$

Ein Vergleich mit Gleichung (6.10) zeigt, daß die Prüfmatrix H von Gleichung (6.30) genau die $(n-k) = (d-1)$ unteren Zeilen der DFT-Matrix von Gleichung (6.10) enthält. Nach der Definition 6.2 müssen ja genau diese $d-1$ Frequenzen verschwinden. Die Prüfmatrizen nach Gleichung (6.29) und Gleichung (6.30) lassen sich durch elementare Zeilenoperationen ineinander überführen.

Für den aus Beispiel 6.3 bekannten $(6,2)$ RS-Code über $GF(7)$, mit $z = 5$ ergibt sich:

$$H = \begin{pmatrix} 1 & z^{-2} & z^{-4} & z^{0} & z^{-2} & z^{-4} \\ 1 & z^{-3} & z^{0} & z^{-3} & z^{0} & z^{-3} \\ 1 & z^{-4} & z^{-2} & z^{0} & z^{-4} & z^{-2} \\ 1 & z^{-5} & z^{-4} & z^{-3} & z^{-2} & z^{-1} \end{pmatrix} = \begin{pmatrix} 1 & 2 & 4 & 1 & 2 & 4 \\ 1 & 6 & 1 & 6 & 1 & 6 \\ 1 & 4 & 2 & 1 & 4 & 2 \\ 1 & 5 & 4 & 6 & 2 & 3 \end{pmatrix}. \qquad (6.31)$$

Die in diesem Abschnitt vorgestellten Matrizen kommen in den Abschnitten zur Syndromberechnung und zur systematischen Codierung zur Anwendung.

6.1.6 Das Syndrom

Treten während der Übertragung eines Codewortes a Fehler auf, so wird ein Vektor:

$$r = a + f \qquad (6.32)$$

empfangen. Durch die Transformation erhält man den entsprechenden Vektor im Frequenzbereich:

$$R = A + F. \tag{6.33}$$

Da das Polynom $A(x)$ gemäß Definition 6.2 gradbeschränkt ist, erhält man in den höchsten Stellen von R einen bekannten Fehleranteil, der Syndrom $S(x)$ genannt wird:

$$
\begin{aligned}
A(x) &= A_0 x^0 + A_1 x^1 + \cdots + A_{k-1} x^{k-1}, \\
F(x) &= F_0 x^0 + F_1 x^1 + \cdots + F_{k-1} x^{k-1} + F_k x^k + \cdots + F_{n-1} x^{n-1}, \\
R(x) &= R_0 x^0 + R_1 x^1 + \cdots + R_{k-1} x^{k-1} + \underbrace{F_k x^k + \ldots + F_{n-1} x^{n-1}}_{S(x) = S_0 + \cdots + S_{2E-1} x^{2E-1}}.
\end{aligned} \tag{6.34}
$$

Es gilt: $R_i = A_i + F_i$ für $i = 0, 1, \ldots, k - 1$. Aus $S(x)$ lassen sich mittels der bekannten Decodieralgorithmen (vgl. [5], [68]) die Fehlerstellen und Fehlerwerte ermitteln, sofern für die Anzahl der Fehler gilt:

$$e \leq \left\lfloor \frac{d-1}{2} \right\rfloor = \left\lfloor \frac{n-k}{2} \right\rfloor = E. \tag{6.35}$$

Es gilt $S(x) = 0$ genau dann, wenn $r(x) = \tilde{a}(x)$, d.h. der Empfangsvektor ein Codewort ist. In diesem Fall ist der Fehlervektor Null ($f = 0$), oder der Fehlervektor ist selbst ein Codewort.

Eine weitere Möglichkeit das Syndrom mittels Prüfmatrix zu berechnen, liefert die Transformation nach Gleichung (6.18):

$$
\begin{aligned}
R_i &= -r(x = z^{-i}) = 0 \quad \forall\, i = k, k+1, \ldots, n-1, \tag{6.36} \\
&= -\sum_{j=0}^{n-1} r_j \cdot z^{-ij} \qquad \forall\, i = k, k+1, \ldots, n-1. \tag{6.37}
\end{aligned}
$$

In Matrixform lautet die Gleichung (6.36), wenn für $R_k = S_0$, für $R_{k+1} = S_1$ usw. geschrieben wird:

$$
-\underbrace{\begin{pmatrix}
1 & z^{-k} & z^{-2k} & \cdots & z^{-(n-1)k} \\
1 & z^{-(k+1)} & z^{-2(k+1)} & \cdots & z^{-(n-1)(k+1)} \\
1 & z^{-(k+2)} & z^{-2(k+2)} & \cdots & z^{-(n-1)(k+2)} \\
\vdots & \vdots & \vdots & \cdots & \vdots \\
1 & z^{-(n-1)} & z^{-2(n-1)} & \cdots & z^{-(n-1)^2}
\end{pmatrix}}_{H}
\cdot
\begin{pmatrix} r_0 \\ r_1 \\ r_2 \\ \vdots \\ r_{n-1} \end{pmatrix}
=
\begin{pmatrix} S_0 \\ S_1 \\ S_2 \\ \vdots \\ S_{2E-1} \end{pmatrix}. \tag{6.38}
$$

Die Matrix in Gleichung (6.38) ist identisch mit der Prüfmatrix H von Gleichung (6.30). Deshalb gilt:

$$H \cdot r^{(T)} = s^{(T)}. \tag{6.39}$$

Die Decodieralgorithmen zur Berechnung der Fehlerstellen und Fehlerwerte werden in Abschnitt 6.3 erläutert.

6.1.7 Bemerkungen zu RS-Codes

In Satz 4.2 wurde gezeigt, daß für die Parameter n, k, d eines linearen Codes die Singleton-Schranke gilt: $d \leq n - k + 1$. Erfüllt ein Code die Singleton-Schranke mit Gleichheit, so wird er als MDS-Code (maximum distance separable) bezeichnet.

Daß RS-Codes diese MDS-Eigenschaft besitzen, wurde bereits in Satz 6.2 bewiesen. RS-Codes sind auch zyklische Codes, denn wenn $b(x) = x \cdot a(x) \bmod (x^n - 1)$ ein zyklisch verschobenes Polynom zum Codewortpolynom $a(x)$ ist, dann gilt nach Gleichung (6.4) und (6.11) für das transformierte Polynom:

$$B_i = z^{-i} A_i \quad \text{und damit} \quad A_i = 0 \iff B_i = 0. \tag{6.40}$$

Dies bedeutet, daß auch ein zyklisch verschobenes Codewortpolynom $a(x)$ im Fequenzbereich gradbeschränkt ist und somit auch ein Codewort ist.

Als Konsequenz daraus können die Stellen eines Codewortes beliebig in k Informations– und $m = n - k$ Prüfstellen aufgeteilt werden. RS-Codes der Länge $n = p^s - 1$ sind zyklisch. RS–Codes können beliebig gekürzt werden, ohne ihre MDS–Eigenschaft zu verlieren. Durch Kürzen der Informationsstellen $k' < k$, $m' = m$ ändert sich die Distanz nicht ($d' = d$). Die um Prüfstellen gekürzten Codes $k' = k$, $m' < m$ (Punktierung) besitzen die Mindestdistanz $d' = m' + 1$. Die gekürzten Codes sind aber im allgemeinen nicht mehr zyklisch.

Eine Erweiterung von RS–Codes um maximal zwei Symbole ist möglich [68, S. 323 ff.]. Die Distanz wird mit jedem Zeichen um Eins erhöht, jedoch sind auch diese Codes nicht mehr zyklisch.

Die folgende Definition 6.3 von RS-Codes ist etwas allgemeiner als die in 6.2 gegebene, da sie auch zyklische Verschiebungen der Codewörter zuläßt. Diese Definition besitzt ebenso Gültigkeit für die BCH-Codes, auf die in Kapitel 7 noch genauer eingegangen wird.

Definition 6.3 *Ein* ALLGEMEINER RS-CODE *der Länge n, Dimension k und Mindestdistanz d ist definiert durch:*

$$C = \{a, \ A(x) = x^j \cdot B(x) \bmod (x^n - 1), \ \text{grad } B(x) \leq k - 1 = n - d\}, \tag{6.41}$$

wobei für die Koeffizienten von a gilt: $a_i = A(x = z^i)$ *und j eine beliebige Zahl ist.*

Der nach 6.3 definierte Code C hat die gleiche Mindestdistanz d wie in Definition 6.2, da A_i mit der Beziehung $A_i = -a(x = z^{-i}) = -z^{-i \cdot j} \cdot b(x = z^{-i}) = z^{-i \cdot j} \cdot B_i$ genau dann Null wird, wenn auch B_i Null wird.

Beachte:
$A(x) = x^j \cdot B(x) \bmod (x^n - 1)$ hat den gleichen Koeffizientenvektor wie $B(x)$, nur um j Stellen zyklisch nach rechts verschoben. Um eine Mindestdistanz von

$d \geq 2E + 1$ zu garantieren[2], müssen lediglich $2E$ zyklisch aufeinanderfolgende Frequenzen, unabhängig von ihrer Lage im Codewort, Null sein.

Häufig werden RS–Codes über Erweiterungskörpern der Charakteristik Zwei verwendet, obwohl sie über beliebigen Galoisfeldern definierbar sind. Die praktische Verwendung von Elementen aus $GF(2^s)$ als Codesymbole anstelle von Binärzeichen bringt oft Vorteile in der Verarbeitungsgeschwindigkeit von Codern und Decodern mit sich. Gerade diese Eigenschaft kann die RS–Codes aber auch für die Korrektur von Einzelbitfehlern – je nach ihrer Verteilung – ineffizient machen, weil sie immer ganze Zeichen korrigieren und dafür entsprechend viel Redundanz benötigen.

Mit dieser kurzen Einführung sind die wichtigsten Eigenschaften der RS–Codes beschrieben, die in den weiteren Abschnitten zum Verständnis benötigt werden.

6.2 Die Verfahren zur Codierung

Bei der Codierung stellt sich immer wieder die Frage, wie die Nachrichten, die zu übertragen sind, den Codewörtern sinnvoll zugeordnet werden können. Vier verschiedene Zuordnungen von Informationen und Codewörtern werden nachfolgend aufgezeigt. Sie werden je nach Problemstellung verwendet.

Methode 1   CODIERUNG IM FREQUENZBEREICH: Die k Informationsstellen werden in das Polynom $A(x) = A_0 + A_1 x + \cdots + A_{k-1} x^{k-1}$ gelegt. Das Codewort a ergibt sich durch die Rücktransformation nach Gleichung (6.3).

Methode 2   UNSYSTEMATISCHE CODIERUNG IM ZEITBEREICH: Die k Informationsstellen werden in das Polynom $i(x) = i_0 + i_1 x + \cdots + i_{k-1} x^{k-1}$ gelegt. Das Codewort a ergibt sich durch Multiplikation mit dem Generatorpolynom: $a(x) = i(x) \cdot g(x)$.

Methode 3   SYSTEMATISCHE CODIERUNG IM ZEITBEREICH: Die k Informationsstellen $i(x) = i_0 + i_1 x + \cdots + i_{k-1} x^{k-1}$ werden in die höchsten Codewortstellen $a_{n-k}, a_{n-k+1}, \ldots, a_{n-1}$ gelegt. Die $n - k$ Prüfstellen werden durch die Division von $x^{n-k} i(x)$ durch $g(x)$ berechnet:

$$a_{n-1} x^{n-1} + \cdots + a_{n-k} x^{n-k} = q(x) \cdot g(x) + r(x),$$
$$a(x) = a_{n-1} x^{n-1} + \cdots + a_{n-k} x^{n-k} - r(x) = q(x) \cdot g(x).$$

Das Codewortpolynom $a(x)$ ist wieder ein Vielfaches von $g(x)$.

---

[2]Diese Beziehung ist für die Korrekturverfahren von RS-Codes von großer Wichtigkeit.

Methode 4   CODIERUNG MIT DEM PRÜFPOLYNOM: Die k Informationsstellen sind $a_{n-k}, a_{n-k+1}, \ldots, a_{n-1}$; die $n - k$ Prüfstellen werden wie folgt berechnet:

$$a_j = -\frac{1}{h_0} \cdot \prod_{i=1}^{k} a_{n-i+j} \cdot h_i, \quad j = 0, 1, \ldots, n - k - 1.$$

Der Index $n - i + j$ ist dabei modulo-n zu berechnen, und h_i sind die Koeffizienten des Prüfpolynoms $h(x)$.

Da die zur Codierung verwendete Methode keinen Einfluß auf die Fehlerkorrektureigenschaft besitzt, erscheint es nicht notwendig, alle vier Methoden ausführlich zu erläutern. Selbstverständlich muß der Decoder jedoch die vom Coder verwendete Codiermethode kennen. In den folgenden Abschnitten 6.2.1 und 6.2.2 wird deshalb nur auf das Verfahren der Codierung im Frequenzbereich und der systematischen Codierung im Zeitbereich eingegangen.

6.2.1   Codierung im Frequenzbereich

Die Codierung im Frequenzbereich soll anhand von Beispielen ausführlich erklärt werden. Als Informationsstellen werden die Koeffizienten des Polynoms $A(x) = A_0 + A_1 x + \cdots + A_{k-1} x^{k-1}$ im Frequenzbereich gewählt. Das Codewort a ergibt sich durch die Rücktransformation nach Gleichung (6.3).

Zur Konstruktion des RS-Codes wird ein Galois-Feld $GF\{7\} = \{0, 1, 2, 3, 4, 5, 6\}$ gewählt[3]. Die maximale Codewortlänge[4] n ist festgelegt durch die Beziehung:

$$n = p - 1 \Rightarrow 7 - 1 = 6.$$

Es soll nun ein Code konstruiert werden, der in der Lage ist, zwei Fehler zu korrigieren. Der Grad des Informationspolynoms ist somit:

$$\operatorname{grad} A(x) \;\leq\; n - d, \ \text{mit} \ d = 2E + 1. \tag{6.42}$$

Daraus folgt:

$$\operatorname{grad} A(x) \;\leq\; n - (2E + 1) = n - d,$$
$$\operatorname{grad} A(x) \;\leq\; 6 - (2 \cdot 2 + 1),$$
$$\operatorname{grad} A(x) \;\leq\; 1.$$

Zur Bildung der Codewörter $a = (a_0, a_1, \ldots, a_{n-1})$ können alle Polynome $A(x)$ benutzt werden, deren Grad kleiner gleich 1 ist. Die Codewörter unterscheiden sich

---

[3] Die Berechnungen erfolgen modulo-7.

[4] Zunächst sollen nur ungekürzte RS-Codes behandelt werden, d.h. RS-Codes, die maximale Länge $n = p^s - 1$ besitzen.

jeweils um mindestens 5 Stellen. Das Polynom hat die allgemeine Form $A(x) = A_0 + A_1 x$, wobei A_0 und A_1 beliebige Koeffizienten aus $GF\{7\}$ sind.

Es existieren folglich $p^{n-d+1} = 7^2 = 49$ verschiedene Polynome $A(x)$ und ebenso viele Codewörter a, so daß dieser RS-Code eine Auswahl von 49 Vektoren aus den 7^6 möglichen Vektoren von $GF(7)$ darstellt. Das folgende Beispiel zeigt, ausgehend von zwei Polynomen $A(x)$ und $B(x)$, den Vorgang der Codierung, d.h. die Berechnung der Codewörter.

Beispiel 6.4 *Für die* **Codierung im Frequenzbereich** *eines* $(6, 2)$ *RS-Codes mit* $d = 5$ *über* $GF(7)$ *wird die Information* $(k = 2)$ *im Frequenzbereich in die Polynome* $A(x) = 3 + 3x$ *und* $B(x) = 1 + 1x$ *gelegt. Für die Codierung wird die Transformation* $A \;\bullet\!\!\!-\!\!\!-\!\!\!\circ\; a$ *nach Definition 6.1 auf Seite 159 verwendet:*

$$a_i = A(x = z^i), \quad i = 0, 1, 2, \ldots, n - 1.$$

Zur Durchführung der Transformation wird noch ein primitives Element aus $GF\{7\}$ *benötigt (z soll hier 5 sein; vgl. Beispiel 3.6 von Seite 40). Für das erste Polynom gilt:*

$$A(x) = 3 + 3x.$$

$$a_0 = A(x = z^0 = 5^0 = 1) = A_0 + A_1 \cdot z^0 = 3 + 3 \cdot 1 = 6,$$
$$a_1 = A(x = z^1 = 5^1 = 5) = A_0 + A_1 \cdot z^1 = 3 + 3 \cdot 5 = 4,$$
$$a_2 = A(x = z^2 = 5^2 = 4) = A_0 + A_1 \cdot z^2 = 3 + 3 \cdot 4 = 1,$$
$$a_3 = A(x = z^3 = 5^3 = 6) = A_0 + A_1 \cdot z^3 = 3 + 3 \cdot 6 = 0,$$
$$a_4 = A(x = z^4 = 5^4 = 2) = A_0 + A_1 \cdot z^4 = 3 + 3 \cdot 2 = 2,$$
$$a_5 = A(x = z^5 = 5^5 = 3) = A_0 + A_1 \cdot z^5 = 3 + 3 \cdot 3 = 5.$$

Somit gilt für das Codewort:

$$A = (3, 3, 0, 0, 0, 0) \;\bullet\!\!\!-\!\!\!-\!\!\!\circ\; a = (6, 4, 1, 0, 2, 5).$$

Für das zweite Polynom gilt:

$$B(x) = 1 + 1x.$$

$$b_0 = B(x = z^0 = 5^0 = 1) = B_0 + B_1 \cdot z^0 = 1 + 1 = 2,$$
$$b_1 = B(x = z^1 = 5^1 = 5) = B_0 + B_1 \cdot z^1 = 1 + 5 = 6,$$
$$b_2 = B(x = z^2 = 5^2 = 4) = B_0 + B_1 \cdot z^2 = 1 + 4 = 5,$$
$$b_3 = B(x = z^3 = 5^3 = 6) = B_0 + B_1 \cdot z^3 = 1 + 6 = 0,$$
$$b_4 = B(x = z^4 = 5^4 = 2) = B_0 + B_1 \cdot z^4 = 1 + 2 = 3,$$
$$b_5 = B(x = z^5 = 5^5 = 3) = B_0 + B_1 \cdot z^5 = 1 + 3 = 4.$$

Somit gilt für das Codewort:

$$\boldsymbol{B} = (1,1,0,0,0,0) \bullet\!\!-\!\!\!-\!\!\circ \; \boldsymbol{b} = (2,6,5,0,3,4).$$

Die zwei Codewörter unterscheiden sich voneinander um mindestens $d = 2E{+}1 = 5$ Stellen. Tatsächlich stimmen sie nur in einer Stelle $a_3 = b_3 = 0$ überein. Dies rührt von der Linearität der DFT her. Aus $\boldsymbol{A} = 3 \cdot \boldsymbol{B}$, bzw. $\boldsymbol{B} = 5 \cdot \boldsymbol{A}$ folgt: $\boldsymbol{a} = 3 \cdot \boldsymbol{b}$, bzw. $\boldsymbol{b} = 5 \cdot \boldsymbol{a}$. ◇

Zur Kontrolle werden im nächsten Beispiel die zwei erzeugten Codewörter in den Frequenzbereich zurücktransformiert. Die Rücktransformation wird nach Definition 6.1 auf Seite 159 durchgeführt.

Beispiel 6.5 *Es gilt für die Rücktransformation:*

$$A_j = n^{-1} \cdot a(x = z^{-j}), \; j = 0,1,2,\ldots,n-1.$$

Zunächst werden die inversen Elemente von z^{-j} bestimmt:

$$
\begin{aligned}
z^{-0} &= 5^{-0} \Rightarrow x = 5^{-0} \Rightarrow 5^0 \cdot x = 1 \Rightarrow 1 \cdot x = 1 \Rightarrow x = 1, \\
z^{-1} &= 5^{-1} \Rightarrow x = 5^{-1} \Rightarrow 5^1 \cdot x = 1 \Rightarrow 5 \cdot x = 1 \Rightarrow x = 3, \\
z^{-2} &= 5^{-2} \Rightarrow x = 5^{-2} \Rightarrow 5^2 \cdot x = 1 \Rightarrow 4 \cdot x = 1 \Rightarrow x = 2, \\
z^{-3} &= 5^{-3} \Rightarrow x = 5^{-3} \Rightarrow 5^3 \cdot x = 1 \Rightarrow 6 \cdot x = 1 \Rightarrow x = 6, \\
z^{-4} &= 5^{-4} \Rightarrow x = 5^{-4} \Rightarrow 5^4 \cdot x = 1 \Rightarrow 2 \cdot x = 1 \Rightarrow x = 4, \\
z^{-5} &= 5^{-5} \Rightarrow x = 5^{-5} \Rightarrow 5^5 \cdot x = 1 \Rightarrow 3 \cdot x = 1 \Rightarrow x = 5 \, .
\end{aligned}
$$

Mit Hilfe einer Tabellenanordnung (vgl. Beispiel 6.2) können die Codewörter wieder in den Frequenzbereich zurücktransformiert werden. Für $\boldsymbol{a} = (6,4,1,0,2,5)$ berechnet sich der Frequenzvektor $\boldsymbol{A}$:

j	$\cdot 1$ a_0	$\cdot 3$ a_1	$\cdot 2$ a_2	$\cdot 6$ a_3	$\cdot 4$ a_4	$\cdot 5$ a_5	$\leftarrow z^{-j},\, j = 0,1,\ldots n-1$ $A_j = n^{-1} \cdot \sum a_j$
0	6	4	1	0	2	5	$6 \cdot 4 = 3$
1	6	5	2	0	1	4	$6 \cdot 4 = 3$
2	6	1	4	0	4	6	$6 \cdot 0 = 0$
3	6	3	1	0	2	2	$6 \cdot 0 = 0$
4	6	2	2	0	1	3	$6 \cdot 0 = 0$
5	6	6	4	0	4	1	$6 \cdot 0 = 0$

Für $\boldsymbol{b} = (2,6,5,0,3,4)$ berechnet sich der Frequenzvektor $\boldsymbol{B}$:

j	$\cdot 1$ b_0	$\cdot 3$ b_1	$\cdot 2$ b_2	$\cdot 6$ b_3	$\cdot 4$ b_4	$\cdot 5$ b_5	$\leftarrow z^{-j},\ j=0,1,\ldots n-1$ $\ B_j = n^{-1}\cdot\sum b_j$
0	2	6	5	0	3	4	$6\cdot 6 = 1$
1	2	4	3	0	5	6	$6\cdot 6 = 1$
2	2	5	6	0	6	2	$6\cdot 0 = 0$
3	2	1	5	0	3	, 3	$6\cdot 0 = 0$
4	2	3	3	0	5	1	$6\cdot 0 = 0$
5	2	2	6	0	6	5	$6\cdot 0 = 0$

$\diamond$

6.2.2 Systematische Codierung im Zeitbereich

Die Codierung von RS-Codes kann auch im Zeitbereich erfolgen. Die dafür notwendige Prozedur entspricht dem im Kapitel 5 erläuterten Verfahren der systematischen Codierung, wenn die modulo-2 durch modulo-p Rechenoperationen ersetzt werden. Für jede Information $i(x)$ gilt:

$$i(x) \quad = \quad i_0 + i_1 x + i_2 x^2 + \cdots + i_{k-1} x^{k-1}\,.$$

Die SYSTEMATISCHE CODIERUNG mit Hilfe des Generatorpolynoms erfolgt in drei Schritten:

1. Schritt Das Informationspolynom wird mit $x^m = x^{n-k}$ vormultipliziert:

$$i(x)\cdot x^{n-k} = i_0 x^{n-k} + i_1 x^{n-k+1} + \cdots + i_{k-1} x^{n-1}\,.$$

Dies bewirkt lediglich eine Verschiebung der Information in die höchsten Koeffizienten des Polynoms $a(x)$.

2. Schritt Das Polynom $i(x)x^{n-k}$ wird durch $g(x)$ dividiert:

$$i(x)\cdot x^{n-k} = q(x)g(x) + r(x)\,, \tag{6.43}$$

wobei $q(x)$ das Vielfache der Division, und $r(x)$ den Rest der Division darstellt. Der Grad des Restpolynoms ist kleiner oder höchstens gleich $(n-k-1)$, da der Grad von $g(x)$ $(n-k)$ beträgt:

$$r(x) = r_0 + r_1 x + \cdots + r_{n-k-1} x^{n-k-1}\,.$$

3. Schritt Umstellen der Divisionsgleichung ergibt:

$$-r(x) + i(x)\cdot x^{n-k} = q(x)g(x) = a(x)\,, \tag{6.44}$$

so daß ein systematisches Codewortpolynom $a(x)$ gefunden wurde.

Das zugehörige Codewort a besitzt somit die Form:

$$a = (-r_0, -r_1, \ldots, -r_{n-k-1}, i_0, i_1, \ldots, i_{k-1})\,. \tag{6.45}$$

Die Informationssymbole bleiben unverändert – sie sind lediglich in die höchsten Stellen verschoben worden. Die Prüfsymbole lassen sich durch eine einfache Division berechnen. Im Unterschied zu den binären Codes muß das Minuszeichen vor den Prüfsymbolen beachtet werden.

Beispiel 6.6 *Für den $(6,2)$ RS-Code über $GF(7)$ soll die Information $i = (3,4)$ systematisch codiert werden. $i(x) = 3 + 4x$, so daß gilt: $i(x)x^{n-k} = 3x^4 + 4x^5$. Die Division durch $g(x) = 2 + 5x + 6x^2 + 4x^3 + x^4$ ergibt:*

$$3x^4 + 4x^5 = (4x + 1) \cdot (2 + 5x + 6x^2 + 4x^3 + x^4) + 2x^2 + x + 5\,,$$

$$r(x) = 2x^2 + x + 5 \quad \Longrightarrow \quad -r(x) = 5x^2 + 6x + 2.$$

Das Codewort a gemäß Gleichung (6.45) lautet:

$$a = (\underbrace{2,6,5,0,}_{-r}\,\underbrace{3,4}_{i}).$$

Wird zur Kontrolle das Ergebnis für den Vektor a mit Hilfe der Schieberegister-realisierung nach Abbildung 6.2 transformiert, so gewinnt man $A = (1,1,0,0,0,0)$ zurück.

Eine andere systematische Codierung im Zeitbereich kann mittels der Generator-matrix aus Abschnitt 6.1.5 durch $b = i \cdot G_s$ erfolgen:

$$b = (3,4) \cdot \begin{pmatrix} 1 & 0 & 2 & 5 & 6 & 4 \\ 0 & 1 & 6 & 3 & 2 & 4 \end{pmatrix} = (3,4,2,6,5,0).$$

Eine zyklische Verschiebung von b um vier Stellen nach rechts führt die beiden Codewörter a und b ineinander über. ◇

Aus diesem Beispiel wird deutlich, daß die Zuordnung von Information zum Codewort von der Codiermethode abhängig ist. Der Code und seine Eigenschaften verändern sich jedoch nicht.

Beispiel 6.7 *Soll ein **RS-Code** über $GF(2^3)$ $E = 2$ Fehler korrigieren, so sind $m = 2 \cdot E = 4$ Prüffrequenzen erforderlich. Damit sind die Codeparameter $n = 2^3 - 1 = 7$, $k = n - m = 7 - 4 = 3$ und $d = m + 1 = 5$ festgelegt. Die Rechenregeln in $GF(2^3)$ ergeben sich durch das primitive Polynom $p(x) = 1 + x + x^3$. Das primitive*

*Element z ist durch $p(x = z) = 0$ festgelegt. Auf Erweiterungskörpern wird das
Element aber weiterhin mit α bezeichnet: $1 + \alpha + \alpha^3 = 0$.*

$$
\begin{array}{|ll|ll|}
\hline
\alpha^0 & = 1 & \alpha^4 & = \alpha + \alpha^2 \\
\hline
\alpha^1 & = \alpha & \alpha^5 & = \alpha^2 + \alpha^3 = 1 + \alpha + \alpha^2 \\
\hline
\alpha^2 & = \alpha^2 & \alpha^6 & = \alpha + \alpha^2 + \alpha^3 = 1 + \alpha^2 \\
\hline
\alpha^3 & = 1 + \alpha & \alpha^7 & = \alpha^0 = 1 \\
\hline
\end{array}
\tag{6.46}
$$

*Das Generatorpolynom $g(x)$ ergibt sich nach Gleichung (6.19) und das Prüfpolynom
$h(x)$ nach Gleichung (6.21):*

$$
\begin{aligned}
g(x) &= (x - \alpha)(x - \alpha^2)(x - \alpha^3)(x - \alpha^4), & (6.47) \\
&= (x^2 + x\alpha^4 + \alpha^3)(x^2 + x\alpha^6 + 1), & (6.48) \\
&= x^4 + x^3\alpha^3 + x^2 + x\alpha + \alpha^3. & (6.49)
\end{aligned}
$$

$$
\begin{aligned}
h(x) &= (x - \alpha^5)(x - \alpha^6)(x - \alpha^7), & (6.50) \\
&= x^3\alpha^3 + x^2\alpha^3 + x\alpha^2 + \alpha^4. & (6.51)
\end{aligned}
$$

*Eine notwendige Bedingung für die Richtigkeit der Polynome ist: $g(x) \cdot h(x) = x^7 -
1$. Nun soll die Information $i = (1,1,1) = (\alpha^0, \alpha^0, \alpha^0)$ mit dem Generatorpolynom
systematisch codiert werden. Die Division von $i(x)x^4$ durch $g(x)$ ergibt:*

$$
x^6 + x^5 + x^4 = (x^4 + x^3\alpha^3 + x^2 + x\alpha + \alpha^3)(x^2 + x\alpha + \alpha^4) + x^3 + x^2 + x + 1. \tag{6.52}
$$

*Das Codewort lautet: $a = (1,1,1,1,1,1,1)$. Die Genaratormatrix kann nach Glei-
chung (6.28) aufgestellt werden:*

$$
G = \begin{pmatrix}
\alpha^3 & \alpha & 1 & \alpha^3 & 1 & 0 & 0 \\
0 & \alpha^3 & \alpha & 1 & \alpha^3 & 1 & 0 \\
0 & 0 & \alpha^3 & \alpha & 1 & \alpha^3 & 1
\end{pmatrix}. \tag{6.53}
$$

*Eine andere systematische Codierung im Zeitbereich kann mittels der Generator-
matrix aus Abschnitt 6.1.5 durch $b = i \cdot G_s$ erfolgen:*

$$
b = (1,1,1) \begin{pmatrix}
1 & 0 & 0 & \alpha^3 & \alpha & 1 & \alpha^3 \\
0 & 1 & 0 & \alpha^6 & \alpha^6 & 1 & \alpha^2 \\
0 & 0 & 1 & \alpha^5 & \alpha^4 & 1 & \alpha^4
\end{pmatrix} = (1,1,1,1,1,1,1). \tag{6.54}
$$

*In diesem speziellen Fall sind die Codewörter a und b identisch. Im allgemei-
nen führt eine zyklische Verschiebung um $n - k$ Stellen nach rechts die beiden
Codewörter a und b ineinander über. Die Prüfmatrix kann nach Gleichung 6.29
angegeben werden:*

$$
H = \begin{pmatrix}
\alpha^3 & \alpha^3 & \alpha^2 & \alpha^4 & 0 & 0 & 0 \\
0 & \alpha^3 & \alpha^3 & \alpha^2 & \alpha^4 & 0 & 0 \\
0 & 0 & \alpha^3 & \alpha^3 & \alpha^2 & \alpha^4 & 0 \\
0 & 0 & 0 & \alpha^3 & \alpha^3 & \alpha^2 & \alpha^4
\end{pmatrix}. \tag{6.55}
$$

Aus der systematischen Form der Generatormatrix nach Gleichung (6.53) kann auch $\boldsymbol{H}_s$ angegeben werden:

$$\boldsymbol{H} = \begin{pmatrix} \alpha^3 & \alpha^6 & \alpha^5 & 1 & 0 & 0 & 0 \\ \alpha & \alpha^6 & \alpha^4 & 0 & 1 & 0 & 0 \\ 1 & 1 & 1 & 0 & 0 & 1 & 0 \\ \alpha^3 & \alpha^2 & \alpha^4 & 0 & 0 & 0 & 1 \end{pmatrix}. \tag{6.56}$$

Das Minuszeichen in der Beziehung $\boldsymbol{H} = (-\boldsymbol{A}^{(T)}, \boldsymbol{I}_{n-k})$ muß hier nicht beachtet werden, da die Additionen modulo-2 erfolgen. ◇

6.2.3 Gewichtsverteilung von RS-Codes

In Abschnitt 4.2 wurde die Gewichtsverteilung linearer Codes definiert. Die Gewichtsverteilung kann nur für wenige Codes in geschlossener Form berechnet werden. Zu diesen Codes gehören der Hamming- und Simplex-Code (siehe Abschnitt 4.7) sowie die MDS-Codes (siehe Definition 4.6). RS-Codes sind MDS-Codes.

Satz 6.4 *Die Gewichtsfunktion $W_C(y)$ nach Gleichung (4.17) kann für einen (n,k) MDS-Code $(d = n - k + 1)$ über $GF(q)$ wie folgt berechnet werden:*

$$W_C(1,y) = W_C(y) = \sum_{i=0}^{n} A_i \cdot y^i = \sum_{c \in \mathcal{C}} y^{w(c)}, \tag{6.57}$$

$$mit \quad A_i = \begin{cases} 1 & i = 0, \\ 0 & 1 \leq i < d, \\ \binom{n}{i}(q-1)\sum_{j=0}^{i-d}(-1)^j \binom{i-1}{j} q^{i-d-j} & d \leq i. \end{cases} \tag{6.58}$$

Der Beweis dieses Satzes (siehe z.B. [5, Abschnitt 14.1] oder [68, Kap. 10]) erfolgt mit Hilfe von kombinatorischen Überlegungen, die im wesentlichen auf die MDS-Eigenschaft der RS-Codes beruhen.

Beispiel 6.8 *Die Gewichtsverteilung des $(7,3)$ **RS-Code** über $GF(2^3)$ aus Beispiel 6.7, mit $d = m + 1 = 5$, soll untersucht werden. Nach Gleichung (6.58) folgt:*

$$A_0 = 1, \tag{6.59}$$

$$A_1 = A_2 = A_3 = A_4 = 0, \tag{6.60}$$

$$A_5 = \binom{7}{5} \cdot 7 = 21 \cdot 7 = 147, \tag{6.61}$$

$$A_6 \;=\; \binom{7}{6} \cdot 7 \sum_{j=0}^{1} (-1)^j \binom{5}{j} 8^{1-j} = 147, \tag{6.62}$$

$$A_7 \;=\; \binom{7}{7} \cdot 7 \sum_{j=0}^{2} (-1)^j \binom{6}{j} 8^{2-j} = 217. \tag{6.63}$$

Für die Summe der A_i gilt:

$$\sum_{i=0}^{n} A_i = 1 + 147 + 147 + 217 = 512 = q^3 = 2^9,$$

denn die Summe der A_i entspricht der Anzahl der Codewörter. Wird der RS-Code als binärer Code interpretiert, so handelt es sich um einen $(21,9)$ Code mit 2^9 Codewörtern. Die Gewichtsfunktion nach Gleichung (6.57) des $(7,3)$ RS-Codes lautet:

$$W_C(y) = 1 + 147y^5 + 147y^6 + 217y^7. \tag{6.64}$$

◇

Zum Schluß dieses Abschnittes soll noch die Gewichtsverteilung des im Buch häufig vorkommenden $(6,2)$ Codes über $GF(7)$ angegeben werden.

Beispiel 6.9 *Die Gewichtsverteilung des $(6,2)$* **RS-Code über $GF(7)$** *aus Beispiel 6.3, mit $d = m + 1 = 5$, soll untersucht werden. Nach Gleichung (6.58) folgt:*

$$A_0 \;=\; 1, \tag{6.65}$$

$$A_1 \;=\; A_2 = A_3 = A_4 = 0, \tag{6.66}$$

$$A_5 \;=\; \binom{6}{5} \cdot 6 = 6 \cdot 6 = 36, \tag{6.67}$$

$$A_6 \;=\; \binom{6}{6} \cdot 6 \sum_{j=0}^{1} (-1)^j \binom{5}{j} 7^{1-j} = 6 \cdot (7 - 5) = 12. \tag{6.68}$$

Für die Summe der A_i gilt:

$$\sum_{i=0}^{n} A_i = 1 + 36 + 12 = 49 = q^k = 7^2,$$

denn die Summe der A_i entspricht der Anzahl der Codewörter. Die Gewichtsfunktion nach Gleichung (6.57) des $(6,2)$ RS-Codes lautet:

$$W_C(y) = 1 + 36y^5 + 12y^6. \tag{6.69}$$

◇

6.3 Algebraische Decodierung von RS-Codes

Durch Störungen im Übertragungskanal können Codewörter verfälscht oder ausgelöscht werden. Im folgenden wird hierbei nur der Fall betrachtet, daß die entstandenen Fehlerwerte zum gleichen Zahlenkörper gehören wie die gesendeten Codewörter, und die Störungen nur additiv auftreten.

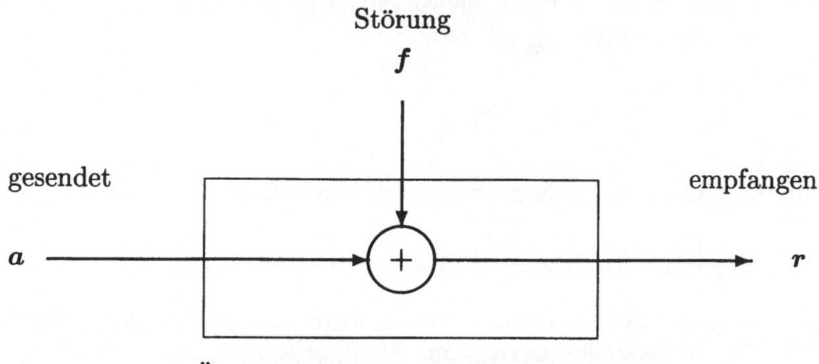

Abbildung 6.4: Modell der Fehleraddition im Übertragungskanal

Abbildung 6.4 zeigt ein Kanalmodell, bei dem ein Vektor a gesendet und $r = a + f$ empfangen wird, wobei f der Fehlervektor ist. Das Decodierproblem besteht nun darin, aus dem empfangenen r das ursprünglich gesendete Codewort a zu bestimmen. Unter der Annahme, daß alle möglichen Codewörter mit der gleichen Wahrscheinlichkeit gesendet werden, und daß die auftretenden Fehler nicht von den gesendeten Codewörtern abhängen, wird zur Beschreibung der algebraischen Decodierung von einem RS-Code $\mathcal{C}$ gemäß Definition 6.2 ausgegangen, für den gilt:

$$\mathcal{C} = \{a \mid \operatorname{grad} A(x) \leq n - d\}.$$

Die Anzahl der Informationsstellen ist $k = n - m$, wobei für die Anzahl der Prüfstellen $m = 2E$ gilt. Mit einer Mindestdistanz $d = 2E + 1$ kann der Code maximal E Fehler korrigieren.

Ein Codewort a von der Form:

$$a = (a_0, a_1, \ldots, a_{n-1}) \circ\!\!-\!\!\bullet \; A = \underbrace{(\underbrace{A_0, A_1, \ldots, A_{k-1}}_{k=n-2E}, \underbrace{0, \ldots, 0}_{m=2E})}_{n=2^s-1} \tag{6.70}$$

wird gesendet, empfangen wird ein verfälschter Vektor:

$$r = a + f = (a_0 + f_0, a_1 + f_1, \ldots, a_{n-1} + f_{n-1}). \tag{6.71}$$

Es sind die Stellen des Fehlervektors f ungleich Null, in denen sich der empfangene Vektor r vom gesendeten Vektor a unterscheidet, d.h.:

$$f_i = r_i - a_i \implies \begin{cases} f_i = 0 & \text{für} \quad r_i = a_i, \\ f_i \neq 0 & \text{für} \quad r_i \neq a_i. \end{cases} \tag{6.72}$$

Für die weitere Darstellung der Decodierung soll angenommen werden, daß die Anzahl der aufgetretenen Fehler e je Codewort nicht größer ist als der Code maximal ($e_{max} = E$) korrigieren kann. Es gilt daher:

$$w(f) = e \leq E \; = \; \left\lfloor \frac{d-1}{2} \right\rfloor . \tag{6.73}$$

Die Decodierung kann in drei notwendige Schritte aufgeteilt werden:

1. Berechnung eines Syndroms[5] $S(x)$ aus dem empfangenen Vektor $r = a + f$.

2. Berechnung der Fehlerstellen, d. h. gesucht sind die Indizes i für die gilt: $f_i \neq 0$. Die Fehlerstellen werden aus $S(x)$ berechnet.

3. Berechnung der Fehlerwerte des Vektors f, so daß das zugehörige Codewort mit der Beziehung $a = r - f$ bestimmt ist.

6.3.1 Berechnung des Syndroms

Wird ein Vektor r empfangen, so kann durch Transformation geprüft werden, ob r ein Codewort ist. Definitionsgemäß besitzt ein Codewort A im Frequenzbereich $2E$ aufeinanderfolgende Koeffizienten, die Null sind. Diese $2E$ Stellen des Vektors R werden als Syndromvektor oder kurz als Syndrom bezeichnet (vgl. Abschnitt 6.1.6).

$$\begin{aligned} r = a + f \;\circ\!\!-\!\!\bullet\; R \; &= \; A + F \\ &= \; (A_0 + F_0, A_1 + F_1, \ldots, A_{k-1} + F_{k-1}, \underbrace{F_{n-2E}, \ldots, F_{n-1}}_{Syndrom\ S}). \end{aligned} \tag{6.74}$$

Enthält nun der transformierte Empfangsvektor R ein Syndrom, dessen Koeffizienten alle Null sind $f = 0$, so ist der Vektor r ein Codewort. Im fehlerfreien Fall gilt:

$$\begin{aligned} f = 0 \;\circ\!\!-\!\!\bullet\; & F = 0, \;\text{ also } f_i = 0 \Rightarrow F(x = z^i) = 0, \\ r = a \;\circ\!\!-\!\!\bullet\; & R = A = (A_0, A_1, \ldots, A_{k-1}, \underbrace{0, 0, \ldots, 0}_{S = 0}). \end{aligned}$$

---

[5]Medizinisch: Krankheitsbild. Bei der Decodierung kennzeichnet das Syndrom $S(x)$ den bekannten Einfluß des Fehlers.

Entsteht bei der Übertragung ein Fehler, d.h. $\boldsymbol{f} \neq 0$, dann ist das Syndrom $\boldsymbol{S}$ von $\boldsymbol{R}$ nicht mehr Null. Für $\boldsymbol{f} \neq 0 \circ\!\!-\!\!\bullet\ \boldsymbol{F} \neq 0$ gilt: $f_i \neq 0 \Rightarrow F(x = z^i) \neq 0$, und somit:

$$\begin{aligned} \boldsymbol{r} = \boldsymbol{a} + \boldsymbol{f} \circ\!\!-\!\!\bullet\ \boldsymbol{R} &= \boldsymbol{A} + \boldsymbol{F} \\ &= (\underbrace{A_0 + F_0, A_1 + F_1, \ldots, A_{K-1} + F_{K-1}}_{\boldsymbol{F}\ unbekannt}, \underbrace{S_0, S_1, \ldots, S_{2E-1}}_{\boldsymbol{S}\ bekannt}) \end{aligned} \tag{6.75}$$

Für das Syndrom $\boldsymbol{S}$ in Vektorschreibweise: $\boldsymbol{S} = (S_0, S_1, \ldots, S_{2E-1})$ gilt nach Gleichung (6.74):

$$S_0 = F_{n-2E}, \quad S_1 = F_{n-2E+1}, \ \ldots, \ S_{2E-1} = F_{n-1}. \tag{6.76}$$

In der Polynomschreibweise gilt für das Syndrom:

$$S(x) = S_0 + S_1 x + \cdots + S_{2E-1} x^{2E-1}. \tag{6.77}$$

$$\boldsymbol{a} = \boxed{a_0 \mid a_1 \mid \ \cdots \ \mid a_{n-1}} \circ\!\!-\!\!\bullet\ \boldsymbol{A} = \boxed{A_0 \mid A_1 \mid \ \cdots \ \mid A_{k-1} \mid 0, 0, \cdots, 0}$$

$$\boldsymbol{f} = \boxed{f_0 \mid f_1 \mid \ \cdots \ \mid f_{n-1}} \circ\!\!-\!\!\bullet\ \boldsymbol{F} = \boxed{F_0 \mid F_1 \mid \ \cdots \ \mid F_{k-1} \mid F_k, \cdots, F_{n-1}}$$

$$\boldsymbol{r} = \boxed{r_0 \mid r_1 \mid \ \cdots \ \mid r_{n-1}} \circ\!\!-\!\!\bullet\ \boldsymbol{R} = \boxed{R_0 \mid R_1 \mid \ \cdots \ \mid R_{k-1} \mid S_0, \cdots, S_{2E-1}}$$

Abbildung 6.5: Sende-, Fehler- und Empfangsvektor im Zeit- und Frequenzbereich

Beispiel 6.10 *Empfangen wird ein Vektor* $\boldsymbol{r} = (2, 1, 3, 6, 0, 5)$ *in* $GF\{7\}$ *mit* $n = 6$, $E = 2$, $z = 5$. *Für die Überprüfung wird die Beziehung* $R_j = n^{-1} \cdot r(x = z^{-j})$, *für* $j = 0, 1, 2, \ldots, n-1$ *verwendet:*

j	$\cdot 1$ r_0	$\cdot 3$ r_1	$\cdot 2$ r_2	$\cdot 6$ r_3	$\cdot 4$ r_4	$\cdot 5$ r_5	$\leftarrow z^{-j}$, $j = 0, 1, \ldots n-1$ $R_j = n^{-1} \cdot \sum r_j$
0	2	1	3	6	0	5	$6 \cdot 3 = 4$
1	2	3	6	1	0	4	$6 \cdot 2 = 5$
2	2	2	5	6	0	6	$6 \cdot 0 = 0$
3	2	6	3	1	0	2	$6 \cdot 0 = 0$
4	2	4	6	6	0	3	$6 \cdot 0 = 0$
5	2	5	5	1	0	1	$6 \cdot 0 = 0$

$$\overbrace{}^{S}$$

der Frequenzvektor $\boldsymbol{R} = (4, 5, \overbrace{0, 0, 0, 0}^{S})$ *mit* $\boldsymbol{S} = (F_2, F_3, F_4, F_5) = (0, 0, 0, 0)$. *Wie man erkennen kann, ist das Syndrom $\boldsymbol{S}$ bei dem empfangenen Vektor Null, daher ist $\boldsymbol{r}$ ein Codewort.*   ◊

Beispiel 6.11 *Empfangen wird ein anderer Vektor* $\boldsymbol{r} = (1, 2, 3, 1, 1, 1)$ *in* $GF\{7\}$ *mit* $n = 6$, $E = 2$ *und* $z = 5$. *Durch die Transformation ergibt sich aus* $\boldsymbol{r}$:

j	$\cdot 1$ r_0	$\cdot 3$ r_1	$\cdot 2$ r_2	$\cdot 6$ r_3	$\cdot 4$ r_4	$\cdot 5$ r_5	$\leftarrow z^{-j}, \ j = 0, 1, \ldots n-1$ $R_j = n^{-1} \cdot \sum r_j$
0	1	2	3	1	1	1	$6 \cdot 2 = 5$
1	1	6	6	6	4	5	$6 \cdot 0 = 0$
2	1	4	5	1	2	4	$6 \cdot 3 = 4$
3	1	5	3	6	1	6	$6 \cdot 1 = 6$
4	1	1	6	1	4	2	$6 \cdot 1 = 6$
5	1	3	5	6	2	3	$6 \cdot 6 = 1$

der Frequenzvektor $\boldsymbol{R} = (5, 0, \overbrace{4, 6, 6, 1}^{S})$, *wobei das Syndrom* $\boldsymbol{S} = (F_2, F_3, F_4, F_5) = (4, 6, 6, 1)$ *ungleich Null ist, daher ist der Vektor* $\boldsymbol{r} = (1, 2, 3, 1, 1, 1)$ *kein Codewort.*
◊

Das Syndrom $\boldsymbol{S}$ wird aus dem Empfangsvektor $\boldsymbol{r}$ abgeleitet und besitzt die Eigenschaft, daß es nur vom Fehlervektor $\boldsymbol{f}$ abhängt; $\boldsymbol{S}$ wird genau dann Null (unabhängig vom gesendeten Codewort!), wenn $\boldsymbol{f}$ Null wird, d.h. wenn der Vektor $\boldsymbol{r}$ fehlerfrei empfangen wurde.

6.3.2 Die Berechnung der Fehlerstellen

Die Bestimmung der Fehlerstellen, also der Stellen im Empfangsvektor $r = a + f$, bei denen $f_i \neq 0$ gilt, ist das eigentliche Problem der Fehlerkorrektur. Hierzu wird die sogenannte SCHLÜSSELGLEICHUNG mathematisch hergeleitet, die einen Bezug zwischen dem Syndrom und einem Polynom herstellt, dessen Nullstellen die Fehlerorte markieren.

Ein solches Fehlerstellenpolynom $c(x) \circ\!\!-\!\!\bullet \ C(x)$ wird so definiert, daß es die Eigenschaft besitzt: $c_i = 0$, für $f_i \neq 0$, so daß für alle c_i und f_i gilt:

$$c_i \cdot f_i \ = \ 0 \quad \text{für } i = 0, 1, \ldots, n-1. \tag{6.78}$$

Die Koeffizienten c_i des definierten Polynoms $c(x)$ sind an den auftretenden Fehlerstellen gleich Null, die restlichen Koeffizienten sind beliebig, da an diesen „restlichen" Stellen $f(x)$ gleich Null ist. So entsteht nach der Transformation

$c(x) \circ\!\!-\!\!\bullet\ C(x)$ eine Menge von Polynomen, aus denen diejenigen ausgewählt werden, deren Grad gerade der Anzahl der auftretenden Fehlerstellen ($\rightarrow$ Nullstellen) entspricht.

Mit Hilfe der DFT nach Definition 6.1 auf der Seite 159 kann das Fehlerstellenpolynom $C(x)$ dargestellt werden:

$$C(x) \;=\; \prod_{i,\,f_i \neq 0} (x - z^i)\,. \tag{6.79}$$

Damit sind genau die Koeffizienten c_i von $c(x)$ gleich Null an den Stellen i, an denen $C(x)$ seine Nullstellen $(x - z^i)$ besitzt. Nach Gleichung (6.11) und (6.13) gilt:

$$c_i \cdot f_i = 0 \quad \circ\!\!-\!\!\bullet \quad C(x) \cdot F(x) = 0 \bmod (x^n - 1)\,. \tag{6.80}$$

Das Polynom $C(x) \cdot F(x)$ besitzt alle möglichen Nullstellen. Die Anzahl der aufgetretenen Fehler e im Empfangsvektor r entspricht dem Grad des Fehlerstellenpolynoms $C(x)$. Dies gilt, wenn die Anzahl der aufgetretenen Fehler kleiner ist als die Anzahl der maximal korrigierbaren Fehler:

$$e \leq E = \left\lfloor \frac{d-1}{2} \right\rfloor\,.$$

Für das Fehlerstellenpolynom $C(x)$ gilt somit gemäß Gleichung (6.79):

$$C(x) \;=\; C_0 + C_1 x + \cdots + C_e x^e\,. \tag{6.81}$$

$C(x)$ nach Gleichung (6.81) besitzt genau $e + 1$ Koeffizienten. Es sind jedoch die e Nullstellen des Polynoms von Interesse, somit ist ein Koeffizient C_i frei wählbar und kann auf den Wert 1 normiert werden. Nach Gleichung (6.79) ist der Koeffizient[6] $C_e = 1$ gewählt[7]. Wird $C_0 = 1$ gewählt, so ist $C(x)$ definiert durch:

$$C(x) \;=\; \prod_{i,\,f_i \neq 0} (1 - z^{-i} \cdot x), \tag{6.82}$$

$$\;=\; 1 + C_1 x + \cdots + C_e x^e\,. \tag{6.83}$$

6.3.2.1 Schlüsselgleichung

Zur Bestimmung von $C(x)$ durch Aufstellen und anschließendes Lösen der Schlüsselgleichung wird zunächst angenommen, daß genau $e = E = \lfloor \frac{d-1}{2} \rfloor$ Fehler aufgetreten sind. Die Gleichung (6.80) in der Form:

$$C(x) \cdot F(x) \;=\; 0 \bmod (x^n - 1), \tag{6.84}$$

kann als Gleichungssystem geschrieben werden, wobei die Koeffizienten nach aufsteigenden Indexsummen modulo-n, d.h. nach Potenzen x^0 bis x^{n-1} ($x^n = x^0$) geordnet sind:

---

[6]Bei der Berechnung des Fehlerstellenpolynoms $C(x)$ mit Hilfe des Berlekamp-Massey-Algorithmus (BMA) wird als frei wählbarer Koeffizient $C_0 = 1$ gewählt.

[7]Durch die Art der Normierung von $C(x)$ werden die Nullstellen nicht verändert.

$$
\begin{array}{llllll}
C_0 F_0 & + C_1 F_{n-1} & + C_2 F_{n-2} & + \cdots + C_E F_{n-E} & = 0, \\
C_0 F_1 & + C_1 F_0 & + C_2 F_{n-1} & + \cdots + C_E F_{n-E+1} & = 0, \\
\quad\vdots & & & & \quad\vdots \\
C_0 F_{n-E-1} & + C_1 F_{n-E-2} & + C_2 F_{n-E-3} & + \cdots + C_E F_{n-2E-1} & = 0, \\
\boxed{\begin{array}{llll}
C_0 F_{n-E} & + C_1 F_{n-E-1} & + C_2 F_{n-E-2} & + \cdots + C_E F_{n-2E} & = 0, \\
C_0 F_{n-E+1} & + C_1 F_{n-E} & + C_2 F_{n-E-1} & + \cdots + C_E F_{n-2E+1} & = 0, \\
\quad\vdots & & & & \quad\vdots \\
C_0 F_{n-2} & + C_1 F_{n-3} & + C_2 F_{n-4} & + \cdots + C_E F_{n-E-2} & = 0, \\
C_0 F_{n-1} & + C_1 F_{n-2} & + C_2 F_{n-3} & + \cdots + C_E F_{n-E-1} & = 0.
\end{array}}
\end{array}
\tag{6.85}
$$

Untersucht man das Gleichungssystem (6.85), so wird ersichtlich, daß E Gleichungen existieren, in denen die bekannten Syndromkoeffizienten von $S(x)$ und ebenso E unbekannte Koeffizienten des Fehlerstellenpolynoms $C(x)$ enthalten sind (siehe eingerahmter Teil). Unter Berücksichtigung von Gleichung (6.76) gilt:

$$
S_0 = F_{n-2E}, \quad S_1 = F_{n-2E+1}, \quad \ldots, \quad S_{2E-1} = F_{n-1},
$$

so daß in dem eingerahmten Teil von Gleichung (6.85) auch die bekannten Syndromkoeffizienten eingesetzt werden können:

$$
\boxed{\begin{array}{llllll}
C_0 S_E & + C_1 S_{E-1} & + C_2 S_{E-2} & + \cdots + C_E S_0 & = & 0, \\
C_0 S_{E+1} & + C_1 S_E & + C_2 S_{E-1} & + \cdots + C_E S_1 & = & 0, \\
\quad\vdots & & & & & \quad\vdots \\
C_0 S_{2E-1} & + C_1 S_{2E-2} & + C_2 S_{2E-3} & + \cdots + C_E S_{E-1} & = & 0.
\end{array}}
\tag{6.86}
$$

Das lineare Gleichungssystem ist eindeutig lösbar, denn es besitzt für E Unbekannte E Gleichungen. Der hierdurch erhaltene Zusammenhang zwischen den gesuchten Koeffizienten C_i und den bekannten Koeffizienten S_i ist in Gleichung (6.87) dargestellt:

$$
\sum_{i=0}^{E} C_i \cdot S_{j-i} = 0, \quad \text{für } j = E, \ldots, 2E - 1.
\tag{6.87}
$$

Der Zusammenhang zwischen den Koeffizienten der Polynome $C(x)$ und $S(x)$ nach Gleichung (6.87) kann auch durch eine Polynommultiplikation dargestellt werden.

Betrachtet man analog zur Gleichung (6.84) das Produkt $C(x) \cdot S(x)$:

$$
\begin{aligned}
x^0 \quad & C_0 S_0, \\
x^1 \quad & C_0 S_1 \quad + C_1 S_0, \\
& \vdots \\
x^{E-1} \quad & C_0 S_{E-1} + C_1 S_{E-2} + \cdots \qquad\qquad + C_{E-1} S_0, \\
x^{E} \quad & \boxed{\begin{aligned} C_0 S_E &+ C_1 S_{E-1} + C_2 S_{E-2} + \cdots + C_E S_0 = 0, \\ C_0 S_{E+1} &+ C_1 S_E \;\;+ C_2 S_{E-1} + \cdots + C_E S_1 = 0, \\ &\;\;\vdots \qquad\qquad\qquad\qquad\qquad\qquad \vdots \\ C_0 S_{2E-1} &+ C_1 S_{2E-2} + C_2 S_{2E-3} + \cdots + C_E S_{E-1} = 0, \end{aligned}} \\
x^{2E} \quad & \qquad\quad C_1 S_{2E-1} + C_2 S_{2E-2} + \cdots + C_E S_E = T_0, \\
& \vdots \qquad\qquad\qquad\qquad\ddots \qquad\qquad\qquad \vdots \\
x^{3E-1} \quad & \qquad\qquad\qquad\qquad\qquad\qquad\qquad\quad C_E S_{2E-1} = T_{E-1},
\end{aligned}
\tag{6.88}
$$

so wird deutlich, daß hier der interessierende Teil des Gleichungssystems mit den Koeffizienten $E, E+1, \ldots, 2E-1$ zur Bestimmung von $C(x)$, mit der Gleichung (6.86) identisch ist. Der Teil des Gleichungssystems mit den Koeffizienten: $2E, 2E+1, \ldots, 3E-1$ dient der Berechnung des Polynoms $x^{2E} \cdot T(x)$:

$$
T(x) \;=\; T_0 + T_1 x + \cdots + T_{E-1} x^{E-1}.
\tag{6.89}
$$

Das Polynom $T(x)$ kann zur Bestimmung der Fehlerwerte (vgl. Abschnitt 6.3.7) verwendet werden. Es ergibt sich aus einem Koeffizientenvergleich, wenn Gleichung (6.84) neu formuliert wird:

$$
\begin{aligned}
C(x) \cdot F(x) \;&=\; 0 \bmod (x^n - 1), \\
&=\; T(x) \cdot (x^n - 1) \;=\; T(x) x^n - T(x).
\end{aligned}
\tag{6.90}
$$

Die Koeffizienten mit den Indizes $n, n+1, \ldots, n+E-1$ des Produktes $C(x)F(x)$ sind identisch mit den Koeffizienten $2E, 2E+1, \ldots, 3E-1$ des Produktes $C(x)S(x)$. Die Gleichungssysteme (6.85), (6.86) und (6.88) sowie die Bestimmung von $T(x)$ werden im Beispiel 6.12 noch einmal ausführlich behandelt.

Bisher trafen wir die vereinfachende Annahme, daß genau $E = \lfloor \frac{d-1}{2} \rfloor$ Fehler aufgetreten sind. Tatsächlich kann ein Empfänger die genaue Anzahl der Fehler natürlich nicht kennen. Deshalb ist es notwendig zu überlegen, wie sich das Gleichungssystem (6.85) verändert, wenn nur $e < E$ Fehler auftreten.

Bedenken wir, daß gilt: $\operatorname{grad} C(x) = e$, so wird deutlich, daß im Gleichungssystem (6.85) von den ursprünglich E Bestimmungsgleichungen nur e verwendet werden können. Trotzdem müssen aber die verbleibenden $E-e$ Gleichungen erfüllt werden. Die Erfüllung dieser $E - e$ Gleichungen bewirkt eine Gradreduzierung von $T(x)$, da jetzt zusätzliche Gleichungen (vgl. Gl. (6.88) und Beispiel 6.12) nur bekannte Syndromkoeffizienten enthalten, so daß weniger Gleichungen und damit auch Koeffizienten zur Bestimmung von $T(x)$ zur Verfügung stehen. Das Gleichungssystem ist somit überbestimmt, denn für die zu bestimmenden e Koeffizienten C_i stehen $2E - e$ Gleichungen zur Verfügung. In Matrixdarstellung lautet das Gleichungssystem mit $e \leq E$ zur Bestimmung des Fehlerstellenpolynoms:

$$\begin{pmatrix} S_e & \cdots & S_1 & S_0 \\ S_{e+1} & \cdots & S_2 & S_1 \\ \vdots & & & \vdots \\ \vdots & & & \vdots \\ S_{2E-1} & \cdots & S_{2E-e} & S_{2E-e-1} \end{pmatrix} \cdot \begin{pmatrix} C_0 \\ C_1 \\ \vdots \\ C_{e-1} \\ 1 \end{pmatrix} = \mathbf{0} \, . \qquad (6.91)$$

Die Schlüsselgleichung wird in der folgenden Definition noch einmal zusammengefaßt.

Definition 6.4 *Das Fehlerstellenpolynom* $C(x)$ *kann aus der* SCHLÜSSELGLEICHUNG *berechnet werden:*

$$\begin{aligned} C(x) \cdot F(x) &= 0 \bmod (x^n - 1), & (6.92) \\ &= T(x)(x^n - 1) \text{ mit } \operatorname{grad} T(x) < \operatorname{grad} C(x), \\ \sum_{i=0}^{e} C_i \cdot S_{j-i} &= 0, \text{ für } j = e, \ldots, 2E - 1 \text{ für } e = 1, 2, \ldots, E \, , & (6.93) \\ \sum_{i=1}^{e-j} C_{i+j} \cdot S_{2E-i} &= T_j \text{ für } j = 0, 1, \ldots, e - 1 \, . & (6.94) \end{aligned}$$

Hierbei entspricht $\operatorname{grad} C(x) = e$ *der Anzahl der aufgetretenen Fehler.*

Normalerweise ist bei der Übertragung die Anzahl der tatsächlich aufgetretenen Fehler e im Empfangsvektor dem Empfänger nicht bekannt. Es entsteht unter Umständen bei der Bestimmung von $C_0, C_1, \ldots, C_{e-1}$ ein großer Rechenaufwand, denn man muß für $e = 1, 2, \ldots, E$ nacheinander jeweils aus den ersten e Gleichungen die zugehörigen Koeffizienten von $C(x)$ berechnen und anschließend prüfen, ob die restlichen Gleichungen erfüllt sind. Untersuchungen zeigen, daß der Rechenaufwand für jedes e etwa proportional zu e^2 ist. Der Gesamtaufwand wächst somit mit etwa E^3 und wird für große Codewortlängen n und große Fehlerkorrekturen E sehr groß.

Das nachfolgende Beispiel soll die Gleichungssysteme (6.85), (6.86) und (6.88) für einen $E = 2$ fehlerkorrigierenden RS-Code über $GF(7)$ noch einmal verdeutlichen.

Beispiel 6.12 *Gleichungssysteme für einen RS-Code über $GF(7)$, $E = 2$. Nach Gleichung (6.90) folgt:*

$$C(x) \cdot F(x) = T(x) \cdot (x^n - 1) = T(x)x^6 - T(x),$$

1. Fall $e = 1$		2. Fall $e = 2 = E$	

$$
\begin{array}{ll}
x^0 & C_0 F_0 \\
x^1 & C_0 F_1 + C_1 F_0 \\
x^2 & C_0 F_2 + C_1 F_1 \\
x^3 & \boxed{C_0 F_3 + C_1 F_2 = 0} \\
x^4 & \boxed{C_0 F_4 + C_1 F_3 = 0} \\
x^5 & \boxed{C_0 F_5 + C_1 F_4 = 0} \\
x^6 & \quad\quad\quad C_1 F_5 = T_0
\end{array}
$$

$$\operatorname{grad} C(x) = 1, \quad \operatorname{grad} T(x) = 0$$
$$T(x) = T_0$$
$$T_0 = C_1 F_5 = -C_0 F_0$$

$$
\begin{array}{ll}
x^0 & C_0 F_0 \\
x^1 & C_0 F_1 + C_1 F_0 \\
x^2 & C_0 F_2 + C_1 F_1 + C_2 F_0 \\
x^3 & C_0 F_3 + C_1 F_2 + C_2 F_1 \\
x^4 & \boxed{C_0 F_4 + C_1 F_3 + C_2 F_2 = 0} \\
x^5 & \boxed{C_0 F_5 + C_1 F_4 + C_2 F_3 = 0} \\
x^6 & \quad\quad C_1 F_5 + C_2 F_4 = T_0 \\
x^7 & \quad\quad\quad\quad C_2 F_5 = T_1
\end{array}
$$

$$\operatorname{grad} C(x) = 2, \quad \operatorname{grad} T(x) = 1$$
$$T(x) = T_0 + T_1 x$$
$$T_0 = C_1 F_5 + C_2 F_4 = -C_0 F_0$$
$$T_1 = C_2 F_5 = -C_0 F_1 - C_1 F_0$$

Das Polynom $T(x)$ kann für jedes Polynom $C(x)$ mit $\operatorname{grad} C(x) = e$ unabhängig von der gewählten Normierung bestimmt werden. Die Koeffizienten sind zwar von der Normierung abhängig, nicht jedoch die im Polynom enthaltenen Nullstellen.

Für das Produkt $C(x) \cdot S(x)$ folgt nach Gleichung (6.88):

1. Fall $e = 1$		2. Fall $e = 2 = E$	

$$
\begin{array}{ll}
x^0 & C_0 S_0 \\
x^1 & \boxed{C_0 S_1 + C_1 S_0 = 0} \\
x^2 & \boxed{C_0 S_2 + C_1 S_1 = 0} \\
x^3 & \boxed{C_0 S_3 + C_1 S_2 = 0} \\
x^4 & \quad\quad\quad C_1 S_3 = T_0
\end{array}
$$

$$\operatorname{grad} C(x) = 1, \quad \operatorname{grad} T(x) = 0$$
$$T(x) = T_0$$
$$T_0 = C_1 S_3$$

$$
\begin{array}{ll}
x^0 & C_0 S_0 \\
x^1 & C_0 S_1 + C_1 S_0 \\
x^2 & \boxed{C_0 S_2 + C_1 S_1 + C_2 S_0 = 0} \\
x^3 & \boxed{C_0 S_3 + C_1 S_2 + C_2 S_1 = 0} \\
x^4 & \quad\quad C_1 S_3 + C_2 S_2 = T_0 \\
x^5 & \quad\quad\quad\quad C_2 S_3 = T_1
\end{array}
$$

$$\operatorname{grad} C(x) = 2, \quad \operatorname{grad} T(x) = 1$$
$$T(x) = T_0 + T_1 x$$
$$T_0 = C_1 S_3 + C_2 S_2$$
$$T_1 = C_2 S_3$$

Die eingerahmten Bestimmungsgleichungen für das Fehlerstellenpolynom $C(x)$ sind in beiden Gleichungssystemen identisch. Für $T(x)$ sind sie nur dann identisch, wenn jeweils die unteren Gleichungen betrachtet werden.

Es ist zu erkennen, daß eine Gradreduzierung von $C(x)$ eine Gradreduzierung von $T(x)$ zur Folge hat und gleichzeitig die Anzahl der Gleichungen, die $C(x)$ erfüllen muß, ansteigt. $\diamond$

In Beispiel 6.11 auf der Seite 184 wurde festgestellt, daß der Empfangsvektor $r = (1, 2, 3, 1, 1, 1)$ nicht fehlerfrei übertragen wurde, da seine Syndromkoeffizienten ungleich Null waren. Dieses Beispiel soll nun mit der Berechnung des Fehlerstellenpolynoms $C(x)$ fortgesetzt werden, das definitionsgemäß die Fehlerstellen des Empfangsvektors r markiert.

Beispiel 6.13 *In Beispiel 6.11 gilt:*

$$r = (1, 2, 3, 1, 1, 1) \; \circ\!\!\!-\!\!\!\bullet \; R = (5, 0, 4, 6, 6, 1).$$

Das Syndrom ist durch $S = (S_0, S_1, S_2, S_3) = (4, 6, 6, 1)$ bestimmt. Da die Anzahl der tatsächlich enthaltenen Fehler e in r unbekannt ist, muß zunächst angenommen werden, es sei 1 Fehler aufgetreten. Somit gilt für $C(x)$ nach Gleichung (6.81): $C(x) = C_0 + C_1 x$. Dabei ist ein Koeffizient frei wählbar (hier $C_1 = 1$).

Aus Gleichung (6.93) ergibt sich:

$$\sum_{i=0}^{e=1} C_i \cdot S_{j-i} \;\; = \;\; 0, \text{ für } j = 1\,,$$
$$C_0 \cdot S_{1-0} + S_{1-1} \;\; = \;\; 0 \Rightarrow C_0 \cdot S_1 + S_0 = 0.$$

Die Syndromkoeffizienten werden eingesetzt:

$$C_0 \cdot 6 + 4 = 0 \;\Rightarrow\; 6 \cdot C_0 = -4 \;\Rightarrow\; 6 \cdot C_0 = 3 \;\Rightarrow\; C_0 = 3 \cdot 6^{-1} \;\Rightarrow\; C_0 = 3 \cdot 6 = 4.$$

Mit dem errechneten $C(x) = 4 + x$ müssen aber auch die anderen Gleichungen erfüllt sein:

$$\left.\begin{array}{l} C_0 \cdot S_2 + S_1 = 0 \;\Rightarrow\; 4 \cdot 6 + 6 = 0 \;\Rightarrow\; 2 \neq 0 \\ C_0 \cdot S_3 + S_2 = 0 \;\Rightarrow\; 4 \cdot 1 + 6 = 0 \;\Rightarrow\; 3 \neq 0 \end{array}\right\} \; \textit{Widerspruch erkennbar!}$$

Nun wird angenommen, es seien $e = 2$ Fehler aufgetreten. Somit ist $C(x)$ nach Gleichung (6.81): $C(x) = C_0 + C_1 x + x^2$ ($C_2 = 1$ wurde jetzt gewählt). Nach Gleichung (6.93) ergibt sich:

$$\sum_{i=0}^{e=2} C_i \cdot S_{j-i} \;\; = \;\; 0, \quad \text{für } j = 2, 3\,,$$
$$C_0 \cdot S_2 + C_1 \cdot S_1 + S_0 \;\; = \;\; 0, \quad \text{für } j = 2\,,$$
$$C_0 \cdot S_3 + C_1 \cdot S_2 + S_1 \;\; = \;\; 0, \quad \text{für } j = 3\,.$$

Die Syndromkoeffizienten werden nun eingesetzt:

$$C_0 \cdot 6 + C_1 \cdot 6 + 4 = 0, \qquad \Rightarrow C_0 = 4 + 6 \cdot C_1.$$

Das errechnete C_0 wird in die zweite Gleichung: $C_0 \cdot S_3 + C_1 \cdot S_2 + S_1 = 0$ eingesetzt:

$$(4 + 6 \cdot C_1) \cdot 1 + C_1 \cdot 6 + 6 = 0, \qquad \Rightarrow C_1 = 4 \cdot 3 = 5.$$

Zum Schluß wird noch das C_0 mit Hilfe von C_1 berechnet:

$$C_0 = 4 + 6 \cdot C_1 = 4 + 6 \cdot 5 = 6.$$

Das Fehlerstellenpolynom ist $C(x) = C_0 + C_1 x + x^2 = 6 + 5x + x^2$. Die Elemente aus $GF\{7\}$ werden jetzt nacheinander, geordnet nach Potenzen z^i, in $C(x)$ eingesetzt, um die Fehlerstellen als Nullstellen von $C(x) = (x - z^i) \cdot (x - z^j)$ zu ermitteln. Diese Form der Berechnung der Fehlerstellen wird auch als CHIEN SEARCH *bezeichnet:*

$$
\begin{aligned}
z^0: \quad & 6 + 5 + 1 = 5, \\
z^1: \quad & 6 + 4 + 4 = 0, \; \rightarrow \; \textit{Nullstelle bei } = z^1 \quad \rightarrow \textit{Fehler in der 1. Stelle} \\
z^2: \quad & 6 + 6 + 2 = 0, \; \rightarrow \; \textit{Nullstelle bei } = z^2 \quad \rightarrow \textit{Fehler in der 2. Stelle} \\
z^3: \quad & 6 + 2 + 1 = 2, \\
z^4: \quad & 6 + 3 + 4 = 6, \\
z^5: \quad & 6 + 1 + 2 = 2.
\end{aligned}
$$

Mit Hilfe der gefundenen Nullstellen kann man zur Probe das Fehlerstellenpolynom $C(x)$ erzeugen:

$$
\begin{aligned}
C(x) \;\; &= (x - z^1) \cdot (x - z^2) \;\; = (x - 5^1) \cdot (x - 5^2), \\
&= (x - 5) \cdot (x - 4) \quad\;\; = (x + 2) \cdot (x + 3), \\
&= x^2 + 3x + 2x + 6 \;\; = 6 + 5x + x^2.
\end{aligned}
$$

Durch Änderung der Normierung erhält man $\tilde{C}(x) = 1 + 2x + 6x^2$ nach Gleichung (6.83).   ◇

Findet man bei der Lösung des linearen Gleichungssystems nicht so viele Nullstellen in $GF(q)$, wie dem Grad des Fehlerstellenpolynoms $C(x)$ entspricht, so liegt ein Decodierversagen vor. Es sind $e > E$, also mehr als die Anzahl der korrigierbaren Fehler, aufgetreten.

6.3.3 Der Berlekamp-Massey-Algorithmus

Die regelmäßige Struktur des linearen Gleichungssystems läßt vermuten, daß noch andere Verfahren existieren, die mit einem geringeren Rechenaufwand das Fehlerstellenpolynom $C(x)$ mit *möglichst kleinem* Grad[8] e berechnen. Die zwei am häufigsten verwendeten Verfahren, die eine elegante Lösung der Schlüsselgleichung liefern, sind der BERLEKAMP-MASSEY-ALGORITHMUS (BMA) und der EUKLID'SCHE-DIVISIONS-ALGORITHMUS (EDA).

Der Euklid'sche-Divisions-Algorithmus, der zur Bestimmung des größten gemein-samen Teilers (ggT) zweier Zahlen bzw. Polynome und damit zur Berechnung des Fehlerstellenpolynoms geeignet ist, wurde erstmals im Jahre 1975 von *Sugiyama* zur Lösung der Schlüsselgleichung für Goppa-Codes eingesetzt. Der EDA wird im Anschluß dieses Abschnitts und im Zusammenhang mit den BCH-Codes in Kapitel 7 behandelt.

---

[8]Die Berechnung eines $C(x)$ mit möglichst kleinem Grad e entspricht der Suche nach einem Fehlervektor f mit kleinstem Gewicht.

Im folgenden wird die Methode, ein Fehlerstellenpolynom $C(x)$ mit kleinstem Grad e zu finden, mit Hilfe des Berlekamp-Massey-Algorithmuses ausführlich erläutert. Beide Verfahren, sowohl EDA als auch der BMA, werden in der Praxis zur Berechnung des $C(x)$ verwendet.

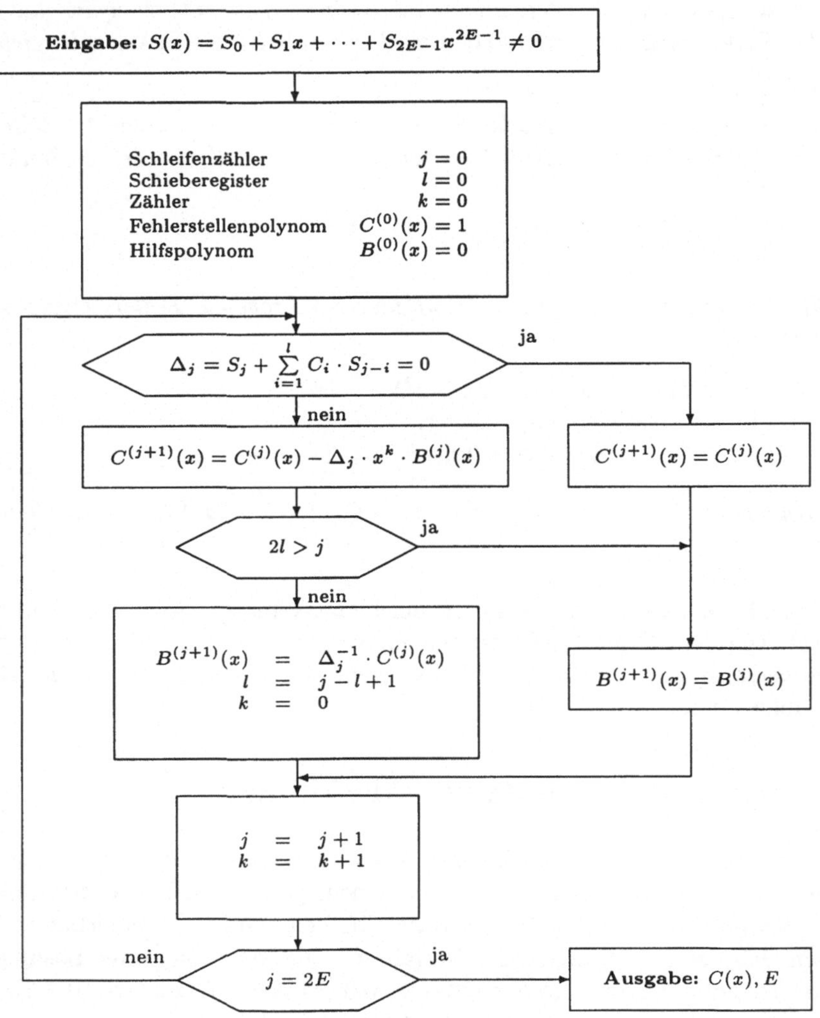

Abbildung 6.6: Ablaufdiagramm des BMA

Der Berlekamp-Massey-Algorithmus wurde von *Berlekamp* gefunden und von *Massey* als Schieberegisterproblem formuliert. Der Algorithmus findet das kürzeste rückgekoppelte Schieberegister (siehe Abb. 6.7) mit den Rückkopplungsfaktoren C_i, das alle Syndromkoeffizienten erzeugt. Der Algorithmus geht iterativ vor, indem er mit einem $C(x)$ vom Grad 1 beginnt und dann gegebenenfalls den Grad von $C(x)$ erhöht. Das neue $C(x)$ wird aus dem alten $C(x)$ berechnet.

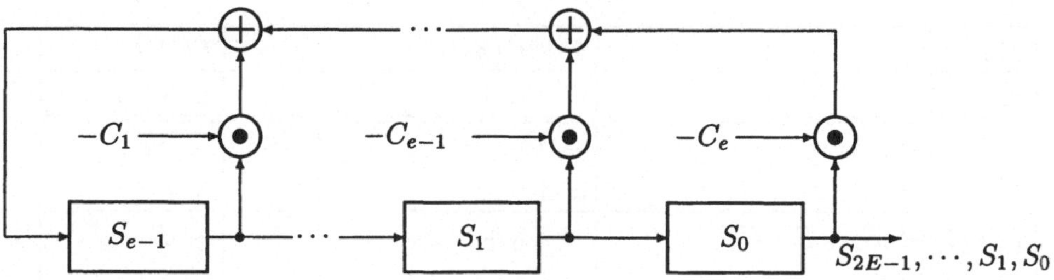

Abbildung 6.7: Realisierung des BMA als LFSR mit $C(x) = 1 + C_1 x + \cdots + C_e x^e$

Die Arbeitsweise des BMA ist in Abbildung 6.6 in der strukturierten Form des Flußdiagramms dargestellt. Es soll hier nur die Durchführung des BMA selbst angegeben werden, da der Beweis nach Auffassung des Autors nur wenig zum Verständnis des BMA beiträgt. Zum Beweis des BMA siehe z.B. [5], [8, S. 67].

Als Eingabe verwendet der Algorithmus das berechnete Syndrom $(S_0, S_1, \ldots, S_{2E-1})$. Der Zähler l durchläuft die Schieberegisterlänge und j gibt die Anzahl der Iterationen und damit die Länge der vom BMA neu generierten Syndromfolge an. Zunächst (s. erste Raute in Abb. 6.6) wird die sogenannte Diskrepanz Δ_j berechnet. Gilt $\Delta_j = 0$, so kann mit dem aktuellen $C^{(j)}(x)$ und der aktuellen Schieberegisterlänge l das nächste Element der Syndromfolge erzeugt werden. Gilt $\Delta_j \neq 0$, so müssen die Koeffizienten von $C(x)$ verändert werden: $C^{(j)}(x) \rightarrow C^{(j+1)}(x)$. Danach wird die Schieberegisterlänge neu eingestellt. Bei $2l \leq j$ wird das Register verlängert, anderenfalls bleiben das Hilfspolynom $B(x)$ und die Länge des Registers unverändert. Wird das Schieberegister verlängert, so muß auch $B(x) = \Delta_j^{-1} C^{(j)}(x)$ mit Hilfe der Diskrepanz verändert werden.

Der BMA stoppt, wenn die Anzahl der Iterationen (Schleifendurchläufe) $j = 2E$ erreicht ist und somit alle $2E$ Syndromfrequenzen in die Berechnung von $C(x)$ einbezogen wurden. Ein Decodierversagen wird vom BMA entdeckt, wenn nach dem Stopp der Grad von $C(x)$ nicht mit der berechneten Schieberegisterlänge l übereinstimmt, bzw. $l > E$ wird. Ebenfalls kann bei der Bestimmung der Nullstellen durch Chien Search ein Decodierversagen festgestellt werden, wenn weniger Nullstellen in $C(x)$ gefunden werden, als nach dem Grad von $C(x)$ zu erwarten sind.

Beispiel 6.14 *Zur iterativen Berechnung des Fehlerstellenpolynoms $C(x)$ wird auf das schon aus Beispiel 6.11 auf Seite 184 bekannte Syndrom $S = (4, 6, 6, 1)$ zurückgegriffen. In der Tabelle 6.1 sind die einzelnen Schritte des BMA aufgelistet.*

j	l	k	Δ_j	$C^{(j+1)}(x)$	$2l > j$	$B^{(j+1)}$
Start				$C^{(0)} = 1$		$B^{(0)} = 0$
0	0	0	$\rightarrow S_0$ $= 4$	$\rightarrow C_0$ $= 1$	nein	$\rightarrow B_0$ $= 2$
1	1	1	$\rightarrow S_1 + S_0 \cdot C_1$ $= 6$	$\rightarrow C_0 + C_1 x$ $= 1 + 2x$	ja	$\rightarrow B_0$ $= 2$
2	1	2	$\rightarrow S_2 + S_1 \cdot C_1$ $= 4$	$\rightarrow C_0 + C_1 x + C_2 x^2$ $= 1 + 2x + 6x^2$	nein	$\rightarrow B_0 + B_1 x$ $= 2 + 4x$
3	2	1	$\rightarrow S_3 + S_2 \cdot C_1 + S_1 \cdot C_2$ $= 0$	$\rightarrow C_0 + C_1 x + C_2 x^2$ $= 1 + 2x + 6x^2$	ja	$\rightarrow B_0 + B_1 x$ $= 2 + 4x$

Tabelle 6.1: Berechnung von $C(x)$ mit dem BMA

Es ergibt sich das Fehlerstellenpolynom $C_u(x) = C_0 + C_1 x + C_2 x^2 = 1 + 2x + 6x^2$. Bedenkt man, daß beim BMA C_0 auf 1 normiert wurde, so besitzt $C_u(x) = 6 \cdot (6 + 5x + x^2)$ die gleichen Nullstellen wie das $C_o(x) = 6 + 5x + x^2$ von Beispiel 6.13 auf Seite 190:

$$C_o(x) \quad = (x - z^1) \cdot (x - z^2) \quad = (x - 5^1) \cdot (x - 5^2) = 6 + 5x + x^2,$$
$$C_u(x) \quad = (1 - z^{-1}x) \cdot (x - z^{-2}x) \quad = (1 - 3x) \cdot (1 - 2x) = 1 + 2x + 6x^2. \quad \diamond$$

Die Abbildungen 6.7 und 6.8 zeigen die möglichen Schieberegisterschaltungen des BMA bei unterschiedlicher Normierung von $C(x)$. Der Unterschied der Schaltungen besteht lediglich in der Reihenfolge, in der die Syndromfolge und damit auch der gesamte Fehlervektor im Frequenzbereich erzeugt wird.

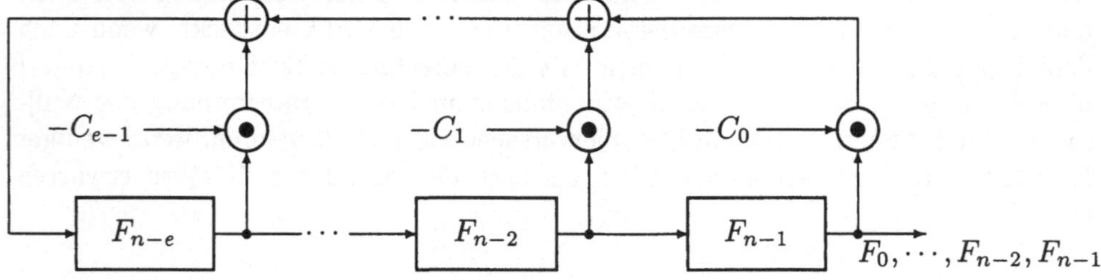

Abbildung 6.8: Realisierung des BMA als LFSR mit $C(x) = C_0 + C_1 x + \cdots + x^e$

Das Schieberegister nach Abbildung 6.8 realisiert die Gleichung (6.95):

$$\sum_{i=0}^{e} C_i \cdot F_{j-i} = 0, \text{ für } j = n - 1, n - 2 \ldots, 1, 0. \tag{6.95}$$

6.3.4 BMA auf dem Erweiterungskörper

Zum besseren Verständnis der RS-Codes (vgl. Definition 6.2 auf Seite 164) und der Decodieralgorithmen folgen einige Decodierbeispiele für einen RS-Code über $GF(2^4)$. Die Codierung von RS-Codes auf Erweiterungskörpern wird hier nicht gesondert betrachtet (siehe Bsp. 6.7), da sie den aufgezeigten Verfahren der Codierung von RS-Codes auf $GF(p)$ bzw. der Codierung von BCH-Codes auf $GF(q)$ entspricht. Die notwendigen Rechenregeln sind im Abschnitt 3.4 *Erweiterungskörper* dargelegt.

In den nachfolgenden drei Beispielen wird das Verhalten des BMA bei unterschiedlicher Anzahl von Fehlern untersucht. Es wird im folgenden vorausgesetzt, daß das Nullcodewort gesendet wurde.

Beispiel 6.15 *Es wird der $(15,9)$ RS-Code, $E = 3$ über $GF(2^4)$ mit $p(x) = x^4 + x + 1$ betrachtet. Das Empfangspolynom sei: $r_I(x) = \alpha^0 \cdot x$. Für das Syndrom gilt:*

$$S_I(x) = \alpha^6 + \alpha^5 x + \alpha^4 x^2 + \alpha^3 x^3 + \alpha^2 x^4 + \alpha^1 x^5.$$

j	l	k	Δ_j	$C^{(j)}(x)$	$C^{(j+1)}(x)$	$2l > j$	$B^{(j+1)}$	
Start				$C^{(0)} = 1$			$B^{(0)} = 0$	a)
0	0	0	$S_0 = \alpha^6$	1	$C_0 = 1$	*nein*	$B_0 = \alpha^9$	
1	1	1	$S_1 + C_1 S_0 = \alpha^5$	1	$1 + \alpha^{14}x$	*ja*	$B_0 = \alpha^9$	
2	1	2	$S_2 + C_1 S_1 = 0$	$1 + \alpha^{14}x$	$1 + \alpha^{14}x$	*ja*	$B_0 = \alpha^9$	
3	1	3	$S_3 + C_1 S_2 = 0$	$1 + \alpha^{14}x$	$1 + \alpha^{14}x$	$-$	$B_0 = \alpha^9$	b)
4	1	4	$S_4 + C_1 S_3 = 0$	$1 + \alpha^{14}x$	$1 + \alpha^{14}x$	$-$	$B_0 = \alpha^9$	
5	1	5	$S_5 + C_1 S_4 = 0$	$1 + \alpha^{14}x$	$1 + \alpha^{14}x$	$-$	$B_0 = \alpha^9$	

Der Algorithmus wird mit S_0 (s. Bild a) gestartet. Danach wird festgestellt, daß mit diesem Schieberegister die Frequenz $S_1 \neq S_0$ nicht erzeugt werden kann. Das Hilfspolynom $B_0 = \alpha^9$ wird errechnet, so daß $\Delta_0 B_0 = C_0$ wird. Durch Hinzufügen des Faktors α^{14} wird erreicht, daß $S_1 = \alpha^{14} S_0$ richtig berechnet wird. Ebenfalls werden die Gleichungen für die übrigen Syndromfrequenzen: $S_i = \alpha^{14} \cdot S_{i-1}$ für $i = 1, 2, \ldots, 5$ erfüllt, so daß für $C_I(x)$ gilt:

$$C_I(x) = 1 + \alpha^{14}x.$$

Aus $C_I(x = \alpha^1) = 0$ folgt, daß die Stelle r_1 im Empfangswort falsch ist. ◇

Beispiel 6.16 *Für den $(15,9)$ RS-Code, $E = 3$ über $GF(2^4)$ $(p(x) = x^4 + x + 1)$ mit dem Empfangspolynom $r_{II}(x) = \alpha^0 + \alpha^0 \cdot x$, ergibt sich als Syndrom:*

$$S_{II}(x) = \alpha^{13} + \alpha^{10}x + \alpha^1 x^2 + \alpha^{14}x^3 + \alpha^8 x^4 + \alpha^4 x^5.$$

j	l	k	Δ_j	$C^{(j)}(x)$	$C^{(j+1)}(x)$	$2l > j$	$B^{(j+1)}$
Start				$C^{(0)} = 1$			$B^{(0)} = 0$
0	0	0	$S_0 = \alpha^{13}$	1	$C_0 = 1$	*nein*	$B_0 = \alpha^2$
1	1	1	$S_1 + C_1 S_0 = \alpha^{10}$	1	$1 + \alpha^{12}x$	*ja*	$B_0 = \alpha^2$
2	1	2	$S_2 + C_1 S_1 = \alpha^{14}$	$1 + \alpha^{12}x$	$1 + \alpha^{12}x + \alpha x^2$	*nein*	$\alpha + \alpha^{13}x$
3	2	1	$S_3 + C_1 S_2 + C_2 S_1$ $= \alpha^{14} + \alpha^{13} + \alpha^{11}$ $= \alpha^9$	$1 + \alpha^{12}x + \alpha x^2$	$1 + \alpha^3 x + \alpha^{14}x^2$	*ja*	$\alpha + \alpha^{13}x$
4	2	2	$S_4 + C_1 S_3 + C_2 S_2$ $= \alpha^8 + \alpha^2 + 1$ $= 0$	$1 + \alpha^3 x + \alpha^{14}x^2$	$1 + \alpha^3 x + \alpha^{14}x^2$	–	$\alpha + \alpha^{13}x$
5	2	3	$S_5 + C_1 S_4 + C_2 S_3$ $= 0$	$1 + \alpha^3 x + \alpha^{14}x^2$	$1 + \alpha^3 x + \alpha^{14}x^2$	–	$\alpha + \alpha^{13}x$

$$C_{II}(x) = 1 + \alpha^3 x + \alpha^{14}x^2 = (1 + x) \cdot (1 + \alpha^{14}x)$$

Aus $C_{II}(x = \alpha^0) = 0$ und $C_{II}(x = \alpha^1) = 0$ folgt, daß die Stellen r_0 und r_1 im Empfangswort falsch sind.

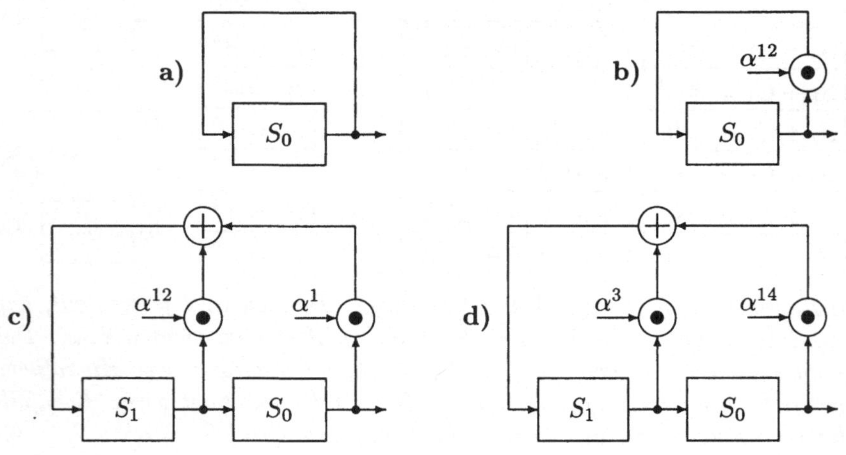

a)   *Der Algorithmus wird mit S_0 gestartet. Danach wird festgestellt, daß mit diesem Schieberegister S_1 nicht erzeugt werden kann. Das Hilfspolynom B_0 wird errechnet, so daß $\Delta_0 B_0 = C_0$ wird. In $B(x)$ werden die notwendigen Veränderungen von $C(x)$ gespeichert.*

b)   *Durch Hinzufügen des Faktors α^{12} wird erreicht, daß $S_1 = \alpha^{12}S_0$ richtig berechnet wird. Aber es gilt: $\tilde{S}_2 = \alpha^{12}S_1 = \alpha^7 \neq S_2$, so daß das Schieberegister verlängert werden muß.*

c) *Mit der Abweichung (der Diskrepanz) $\Delta_2 = S_2 + C_1 S_1 = \alpha^{14}$ vom Sollwert Null und dem Hilfspolynom $B(x) = B_0$ wird nun erreicht, daß die Gleichung $S_2 + C_1 S_1 + C_2 S_0 = 0$ erfüllt ist. Aber: $\tilde{S}_3 = C_1 S_2 + C_2 S_1 \neq S_2$.*

d) *Ohne das Schieberegister zu verlängern, wird nun versucht, die Koeffizienten von $C(x)$ so zu verändern, daß S_3 erzeugt werden kann. Mit Hilfe der gespeicherten Veränderungen in $B(x)$ gelingt dies, ohne daß die bereits erfüllten Gleichungen ihre Gültigkeit verlieren.* $\diamond$

Beispiel 6.17 *Reed-Solomon-Code $(15,9)$, $E = 3$ über $GF(2^4)$ mit $p(x) = x^4 + x + 1$. Das Empfangspolynom ist: $r_{III}(x) = \alpha^0 + \alpha^0 \cdot x + x^2$.*

$$S_{III}(x) = \alpha^1 + 0x + \alpha^{10} x^2 + \alpha^8 x^3 + \alpha^5 x^4 + \alpha^{10} x^5$$

j	l	k	Δ_j	$C^{(j)}(x)$	$C^{(j+1)}(x)$	$2l > j$	$B^{(j+1)}$
Start				$C^{(0)} = 1$			$B^{(0)} = 0$
0	0	0	$S_0 = \alpha^1$	1	$C_0 = 1$	*nein*	$B_0 = \alpha^{14}$
1	1	1	$S_1 + C_1 S_0 = 0$	1	$1 + 0x$	$-$	α^{14}
2	1	2	$S_2 + C_1 S_1 = \alpha^{10}$	1	$1 + 0x + \alpha^9 x^2$	*nein*	α^5
3	2	1	$S_3 + C_1 S_2 + C_2 S_1$ $= S_3 = \alpha^8$	$1 + \alpha^9 x^2$	$1 + \alpha^{13} x + \alpha^9 x^2$	*ja*	α^5
4	2	2	$S_4 + C_1 S_3 + C_2 S_2$ $= \alpha^5 + \alpha^6 + \alpha^4$ $= \alpha^{14}$	$1 + \alpha^{13} x + \alpha^9 x^2$	$1 + \alpha^{13} x + \alpha^{14} x^2$	*nein*	$\alpha + \alpha^{14} x$ $+ \alpha^{10} x^2$
5	3	1	$S_5 + C_1 S_4 + C_2 S_3$ $= \alpha^{10} + \alpha^3 + \alpha^7$ $= \alpha^2$	$1 + \alpha^{13} x + \alpha^{14} x^2$	$1 + \alpha^8 x$ $+ \alpha^7 x^2 + \alpha^{12} x^3$	*ja*	$\alpha + \alpha^{14} x$ $+ \alpha^{10} x^2$

$$C(x) = 1 + \alpha^8 x + \alpha^7 x^2 + \alpha^{12} x^3 = (1 + x) \cdot (1 + \alpha^{14} x) \cdot (1 + \alpha^{13} x)$$

Aus $C_{III}(x = \alpha^0) = 0$, $C_{III}(x = \alpha^1) = 0$ und $C_{III}(x = \alpha^2) = 0$ folgt, daß die Stellen r_0, r_1 und r_2 falsch sind.

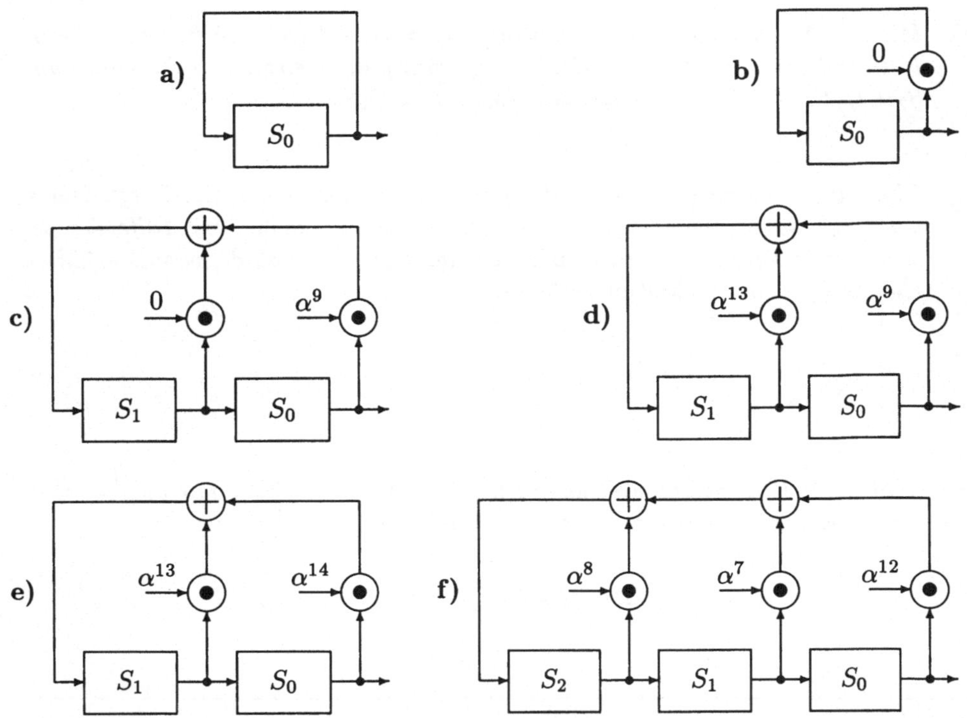

In Abbildung **a)** startet der Algorithmus wie in den beiden vorangegangenen Beispielen. In **b)** wird mit dem Faktor Null das Syndrom S_1 erzeugt. Danach wird in **c)**, **d)** und **e)** versucht durch Änderungen der Faktoren mit einem Schieberegister der Länge zwei auszukommen, um die nachfolgenden Syndromfrequenzen zu erzeugen. Beispielsweise generiert das Schieberegister in Abbildung **d)** die Syndrome S_0, S_1, S_2 und S_3 richtig. Für $S_4 = S_3\alpha^{13} + S_2\alpha^9 = \alpha^{12} \neq \alpha^5$ tritt dann jedoch eine Diskrepanz ungleich Null auf.

Weil die Diskrepanz nicht Null wird, muß im letzten Schritt das Register verlängert werden. Danach stoppt der Algorithmus, da die Bedingung $j = 2E = 6$ erreicht wird. ◇

6.3.5 Euklidscher Divisions-Algorithmus

In diesem Abschnitt wird mit dem Euklidschen Divisions-Algorithmus (EDA) ein weiterer Weg dargestellt, das Fehlerstellenpolynom $C(x)$ zu berechnen. Die Schlüsselgleichung (6.84) auf Seite 185:

$$C(x) \cdot F(x) \;=\; 0 \bmod (x^n - 1),$$

legt die Vermutung nahe, daß es mittels einer Division von $(x^n - 1)$ durch die bekannten Syndromkoeffizienten von $F(x)$ gelingen könnte, das gesuchte Fehlerstellenpolynom $C(x)$ zu bestimmen.

Der Euklidsche Divisions-Algorithmus berechnet den größten gemeinsamen Teiler (ggT) zweier Zahlen $(a, b) \in I\!N$, mit $a < b$ oder zweier Polynome $a(x)$ und $b(x)$, mit $\operatorname{grad} a(x) < \operatorname{grad} b(x)$. Zunächst wird der EDA mit zwei mathematischen Formulierungen eingeführt und anschließend auf Galois-Felder übertragen.

Satz 6.5 *Seien $a, b \neq 0$ zwei ganze Zahlen mit $a < b$, dann kann der größte gemeinsame Teiler von a und b, $\mathrm{ggT}(a, b)$, mit dem Euklidschen Algorithmus berechnet werden, wobei eine ganzzahlige Division mit Rest durchgeführt wird:*

$$\left.\begin{aligned}
b \;=\; r_{-1} \;&=\; q_1 \cdot a \;&+\; r_1 \\
a \;=\; r_0 \;&=\; q_2 \cdot r_1 \;&+\; r_2 \\
r_1 \;&=\; q_3 \cdot r_2 \;&+\; r_3 \\
&\;\;\vdots & \vdots \\
r_{k-2} \;&=\; q_k \cdot r_{k-1} \;&+\; r_k \\
r_{k-1} \;&=\; q_{k+1} \cdot r_k \;&+\; 0
\end{aligned}\right\} \;\;\Longrightarrow\;\; \mathrm{ggT}(a, b) = r_k. \qquad (6.96)$$

Die Rekursion lautet mit den Startwerten $a = r_0$ und $b = r_{-1}$:

$$r_{j-1} = q_{j+1} \cdot r_j + r_{j+1} \quad \text{wobei} \quad r_{j+1} < r_j.$$

Beweis: Der Rest r_k teilt r_{k-1}, denn $\frac{r_{k-1}}{r_k} = q_{k+1}$. Hieraus folgt, daß r_k auch r_{k-2} teilt, denn:

$$r_{k-2} = q_k \cdot r_{k-1} + r_k \quad \Longleftrightarrow \quad \frac{r_{k-2}}{r_k} \;=\; \frac{q_k \cdot r_{k-1}}{r_k} + 1,$$

$$= \; q_k \cdot q_{k+1} + 1 = \tilde{q}_k,$$

also teilt r_k auch $r_0 = a$ und $r_{-1} = b$. Da aber jeder gemeinsame Teiler von a und b die Folge der monoton fallenden Reste $r_{-1}, r_0, r_1, \ldots, r_k$ teilt, muß r_k der größte gemeinsame Teiler von a und b sein. $\blacksquare$

Satz 6.6 *Für beliebige ganze Zahlen $a, b \neq 0$ existieren ganze Zahlen m und n so, daß gilt:*

$$\mathrm{ggT}(a, b) = a \cdot m + b \cdot n. \qquad (6.97)$$

Beweis: Aus Satz 6.5 folgt:

$$\begin{aligned}
r_1 &= a \cdot (-q_1) + b, \\
r_2 &= a - q_2 r_1 = a - q_2(b - q_1 a), \\
&= a \cdot (1 + q_1 q_2) - b \cdot q_2.
\end{aligned}$$

Wird dieses Verfahren fortgesetzt, so kann jeder Rest r_j, somit auch r_k, in der Form $r_j = a \cdot m + b \cdot n$ dargestellt werden. ∎

Beispiel 6.18 *Es soll der* $\mathrm{ggT}(46{,}28)$ *berechnet werden:*

$$\begin{array}{rclcrclcrclcr}
46 &:& 28 &=& 1 \ \text{Rest} & 18, & \Longleftrightarrow & 46 &=& 1 \cdot 28 &+& 18 \\
28 &:& 18 &=& 1 \ \text{Rest} & 10, & \Longleftrightarrow & 28 &=& 1 \cdot 18 &+& 10 \\
\hline
18 &:& 10 &=& 1 \ \text{Rest} & 8, & \Longleftrightarrow & 18 &=& 1 \cdot 10 &+& 8 \\
10 &:& 8 &=& 1 \ \text{Rest} & 2, & \Longleftrightarrow & 10 &=& 1 \cdot 8 &+& 2 \\
8 &:& 2 &=& 4 \ \text{Rest} & 0, & \Longleftrightarrow & 8 &=& 4 \cdot 2 &+& 0 \\
\hline
\end{array}$$
$$\Longrightarrow \quad \mathrm{ggT}(46, 28) = r_4 = 2 = 46 \cdot (-3) + 28 \cdot 5$$

Für die Darstellung der Reste folgt:

$$\begin{aligned}
b = \ r_{-1} &= 46 = & 0 \cdot 28 &+ & 1 \cdot 46, \\
a = \ r_0 &= 28 = & 1 \cdot 28 &+ & 0 \cdot 46, \\
r_1 &= 18 = & -1 \cdot 28 &+ & 1 \cdot 46, \\
r_2 &= 10 = & 2 \cdot 28 &+ & (-1) \cdot 46, \\
r_3 &= 8 = & -3 \cdot 28 &+ & 2 \cdot 46, \\
r_4 &= 2 = & 5 \cdot 28 &+ & (-3) \cdot 46, \\
r_5 &= 0 = & -23 \cdot 28 &+ & 14 \cdot 46.
\end{aligned}$$

Für jeden Rest r_i *wurde eine Darstellung gemäß Gleichung* (6.97) *gefunden.* ◇

Für Polynome bzw. für ganze Zahlen a, b gilt gemäß Satz 6.6, daß jeder Rest $r_j(x)$ durch $a(x)$ und $b(x)$ darstellbar ist:

$$r_j(x) = m_j(x) \cdot a(x) + n_j(x) \cdot b(x). \tag{6.98}$$

Die $m_j(x)$ und $n_j(x)$ sind rekursiv berechenbar. Dabei beginnt man zweckmäßigerweise mit $b(x)$, $a(x)$, $r_1(x)$, usw.:

$$\begin{aligned}
b(x) &= r_{-1} &&= m_{-1}(x) \cdot a(x) &+& n_{-1}(x) \cdot b(x), \\
a(x) &= r_0 &&= m_0(x) \cdot a(x) &+& n_0(x) \cdot b(x), \\
& r_1(x) &&= m_1(x) \cdot a(x) &+& n_1(x) \cdot b(x), \\
& \quad \vdots && \quad \vdots && \\
& r_j(x) &&= m_j(x) \cdot a(x) &+& n_j(x) \cdot b(x), \\
& \quad \vdots && \quad \vdots && \\
& r_{k+1}(x) &&= m_{k+1}(x) \cdot a(x) &+& n_{k+1}(x) \cdot b(x) &= 0.
\end{aligned}$$

Es ergeben sich daraus $m_j(x)$ und $n_j(x)$ allgemein zu:

$$
\begin{aligned}
m_{-1}(x) &= 0, & n_{-1}(x) &= 1, \\
m_0(x) &= 1, & n_0(x) &= 0, \\
m_1(x) &= m_{-1}(x) - q_1(x)m_0(x), & n_1(x) &= n_{-1}(x) - q_1(x)n_0(x), \\
&\;\;\vdots & &\;\;\vdots \\
m_j(x) &= m_{j-2}(x) - q_j(x)m_{j-1}(x), & n_j(x) &= n_{j-2}(x) - q_j(x)n_{j-1}(x).
\end{aligned}
$$

6.3.6 EDA und Schlüsselgleichung

Der Euklidsche Algorithmus ist in Satz 6.5 angegeben. Er berechnet den größten gemeinsamen Teiler von zwei Zahlen (oder Polynomen). Zur Übertragung auf das Decodierproblem – der Bestimmung der Fehlerstellen – soll noch einmal an die Bedeutung (vgl. Seite 184 ff.) der unterschiedlichen Polynome erinnert werden:

$$
x^n - 1 = \prod_{i=0}^{n-1}(x - z^i) \qquad \text{enthält alle Nullstellen von } GF(q),
$$

$$
F(x) = n^{-1}\sum_{j=0}^{n-1} f(x = z^{-j})x^j \qquad \text{enthält Nullstellen an den Nichtfehlerstellen,}
$$

$$
C(x) = \prod_{i,\,f_i \neq 0}(x - z^i) \qquad \text{enthält Nullstellen an den Fehlerstellen.}
$$

Hieraus folgt, daß der größte gemeinsame Teiler von $F(x)$ und $(x^n - 1)$ die Nullstellen $(x - z^i)$ enthält, für die gilt: $f_i = 0$ (Nichtfehlerstellen). Dieses Polynom $D(x)$ kann aber auch durch Division von $(x^n - 1)$ durch $C(x)$ gebildet werden:

$$
D(x) = \prod_{i,\,f_i = 0}(x - z^i) = \mathrm{ggT}(F(x), (x^n - 1)) = \frac{(x^n - 1)}{C(x)}. \tag{6.99}
$$

Um Gleichung (6.99) für die Lösung der Schlüsselgleichung (6.90) anwenden zu können, muß diese noch etwas modifiziert werden. Aus der Gleichung:

$$
C(x) \cdot F(x) = 0 \mod (x^n - 1) = T(x) \cdot (x^n - 1), \tag{6.100}
$$

mit

$$
\begin{aligned}
F(x) &= F_0 + F_1 x + \cdots + F_{k-1}x^{k-1} + S_0 x^{n-2E} + \cdots + S_{2E-1}x^{n-1}, \\
&= \tilde{F}(x) + S(x) \cdot x^{n-2E},
\end{aligned}
$$

wobei $\tilde{F}(x)$ den unbekannten Anteil von $F(x)$ enthält, liefert das Produkt:

$$
C(x) \cdot F(x) = C(x) \cdot \tilde{F}(x) + C(x) \cdot S(x)x^{n-2E} = T(x) \cdot (x^n - 1). \tag{6.101}
$$

Die Gleichung (6.101) kann nun zur Lösung in die Schreibweise des EDA (vgl. Gl. 6.98) gebracht werden:

$$-C(x) \cdot \tilde{F}(x) \;=\; C(x) \cdot S(x) x^{n-2E} - T(x) \cdot (x^n - 1), \qquad (6.102)$$

$$r_t(x) \;=\; m_t(x) \cdot S(x) x^{n-2E} + n_t(x) \cdot (x^n - 1) \,. \qquad (6.103)$$

Die Voraussetzung für den Algorithmus ist hier ähnlich, wie die Forderung $a < b$ in Satz 6.5:

$$\text{grad } T(x) < \text{grad } C(x) \,. \qquad (6.104)$$

Diese Voraussetzung (6.104) ist gemäß der Schlüsselgleichung (6.100) immer dann erfüllt, wenn $e < E$ Fehler aufgetreten sind. Die Abbruchbedingung des EDA ergibt sich aus dem Vergleich von $\text{grad}\, r_t(x)$ und $\text{grad}\{C(x) \cdot \tilde{F}(x)\} = e + n - 2E - 1$. Da $\text{grad}\, C(x)$ maximal E sein kann, muß das Verfahren abbrechen, wenn gilt:

$$\text{grad}\, r_t(x) < n - E. \qquad (6.105)$$

Das folgende Beispiel versucht, die Vorgehensweise beim EDA am bereits bekannten Empfangsvektor r aus Beispiel 6.13 anschaulich zu machen.

Beispiel 6.19 *Gegeben ist ein RS-Code über $GF(7)$ mit $n = 6$, der maximal $E = 2$ Fehler korrigieren kann. Bekannt ist der Empfangsvektor r:*

$$r = (1, 2, 3, 1, 1, 1) \; \circ\!\!-\!\!\!-\!\!\bullet \; R = (5, 0, 4, 6, 6, 1),$$

mit seinem Syndrom $S = (S_0, S_1, S_2, S_3) = (4, 6, 6, 1)$.

$$S(x) \cdot x^{n-2E} = S(x) \cdot x^2 = x^5 + 6x^4 + 6x^3 + 4x^2$$

1. *Division*

$$
\begin{array}{l}
(x^6 \;-\; 1) \;\div\; (x^5 \;+\; 6x^4 \;+\; 6x^3 \;+\; 4x^2) = x + 1 \\[2pt]
\underline{-\; (x^6 \;+\; 6x^5 \;+\; 6x^4 \;+\; 4x^3)} \\[2pt]
\qquad\quad (x^5 \;+\; x^4 \;+\; 3x^3) \;-1 \\[2pt]
\qquad\quad \underline{-\; (x^5 \;+\; 6x^4 \;+\; 6x^3 \;+\; 4x^2)} \\[2pt]
\qquad\qquad\quad (2x^4 \;+\; 4x^3 \;+\; 3x^2) \;-1
\end{array}
$$

$$r_{-1}(x) \;=\; q_1(x) \cdot r_0(x) + r_1(x) \Longleftrightarrow$$
$$(x^6 - 1) \;=\; (x + 1) \cdot (x^5 + 6x^4 + 6x^3 + 4x^2) + (2x^4 + 4x^3 + 3x^2) - 1$$

2. *Division*

$$
\begin{array}{l}
(x^5 \;+\; 6x^4 \;+\; 6x^3 \;+\; 4x^2) \;\div\; (2x^4 \;+\; 4x^3 \;+\; 3x^2 - 1) = 4x + 2 \\[2pt]
\underline{-\; (x^5 \;+\; 2x^4 \;+\; 5x^3 \;-\; 4x)} \\[2pt]
\qquad\quad 4x^4 \;+\; x^3 \;+\; 4x^2 \;+\; 4x \\[2pt]
\qquad\quad \underline{-\; (4x^4 \;+\; x^3 \;+\; 6x^2 \;-\; 2)} \\[2pt]
\qquad\qquad\qquad\quad 5x^2 \;+\; 4x \;+\; 2
\end{array}
$$

$$r_0(x) = q_2(x) \cdot r_1(x) + r_2(x) \Longleftrightarrow$$

$$(x^5 + 6x^4 + 6x^3 + 4x^2) = (4x + 2) \cdot (2x^4 + 4x^3 + 3x^2 - 1) + 5x^2 + 4x + 2.$$

Hier bricht das Verfahren ab, denn $r_2 = 5x^2 + 4x + 2$ ist vom Grad kleiner als vier (grad $r_2 < 4$). Für die Darstellung der Reste $r_j(x) = a(x)m_j(x) + b(x)n_j(x)$ gemäß des Satzes 6.6 folgt:

$$\boxed{m_j(x) = m_{j-2}(x) - q_j(x)m_{j-1}(x)} \qquad \boxed{n_j(x) = n_{j-2}(x) - q_j(x)n_{j-1}(x)}$$

$$
\begin{aligned}
m_{-1}(x) &= 0, & n_{-1}(x) &= 1, \\
m_0(x) &= 1, & n_0(x) &= 0, \\
m_1(x) &= -(x+1), & n_1(x) &= 1, \\
m_2(x) &= 1 + (4x+2)(x+1), & n_2(x) &= -(4x+2), \\
&= 4x^2 + 6x + 3 = C(x), & &= -T(x).
\end{aligned}
$$

Damit ist das Fehlerstellenpolynom $C(x)$ und das Fehlerwertpolynom $T(x)$ bestimmt. Ein Vergleich mit Beispiel 6.13 zeigt einen kleinen Unterschied auf. Das Polynom $C(x) = 4x^2 + 6x + 3$ ist weder auf den Koeffizient C_0 noch auf den Koeffizient C_2 normiert. Es weist jedoch dieselben Nullstellen auf wie das Fehlerstellenpolynom aus Beispiel 6.13:

$$
\begin{aligned}
C(x) &= 4x^2 + 6x + 3 = 4 \cdot (x^2 + 5x + 6) = 3 \cdot (6x^2 + 2x + 1), \\
&= 4(x - 5^1)(x - 5^2), \\
T(x) &= 4x + 2 = 4 \cdot (x + 4) = 3 \cdot (6x + 3).
\end{aligned}
$$

Im Vorgriff auf den nachfolgenden Abschnitt sollen auch die Fehlerwerte berechnet werden. Die Berechnung erfolgt mit dem Forney-Algorithmus (Gl. 6.112, S. 208) und liefert trotz der unterschiedlichen Polynome die gleichen Ergebnisse wie in Beispiel 6.21:

$$
\begin{aligned}
f_i &= n \cdot \left.\frac{T(x)}{x \cdot C'(x)}\right|_{x = z^i} &= 6 \cdot \left.\frac{4x + 2}{x \cdot (x + 6)}\right|_{x = 5^i}, \\
f_1 &= 6 \cdot \frac{4 \cdot 5 + 2}{5 \cdot (5 + 6)} = 6 \cdot \frac{1}{6} = 1, \\
f_2 &= 6 \cdot \frac{4 \cdot 4 + 2}{4 \cdot (4 + 6)} = 6 \cdot \frac{4}{4 \cdot 3} = 2.
\end{aligned}
$$

Durch die Division der Polynome $T(x)$ und $C'(x)$ bleibt der Normierungsfaktor, der sich herauskürzt, ohne Einfluß. Das Polynom $C'(x)$ ergibt sich durch die Ableitung von $C(x)$. ◇

Das folgende Flußdiagramm 6.9 stellt die Berechnung mit dem Euklidschen Algorithmus noch einmal zusammenhängend dar.

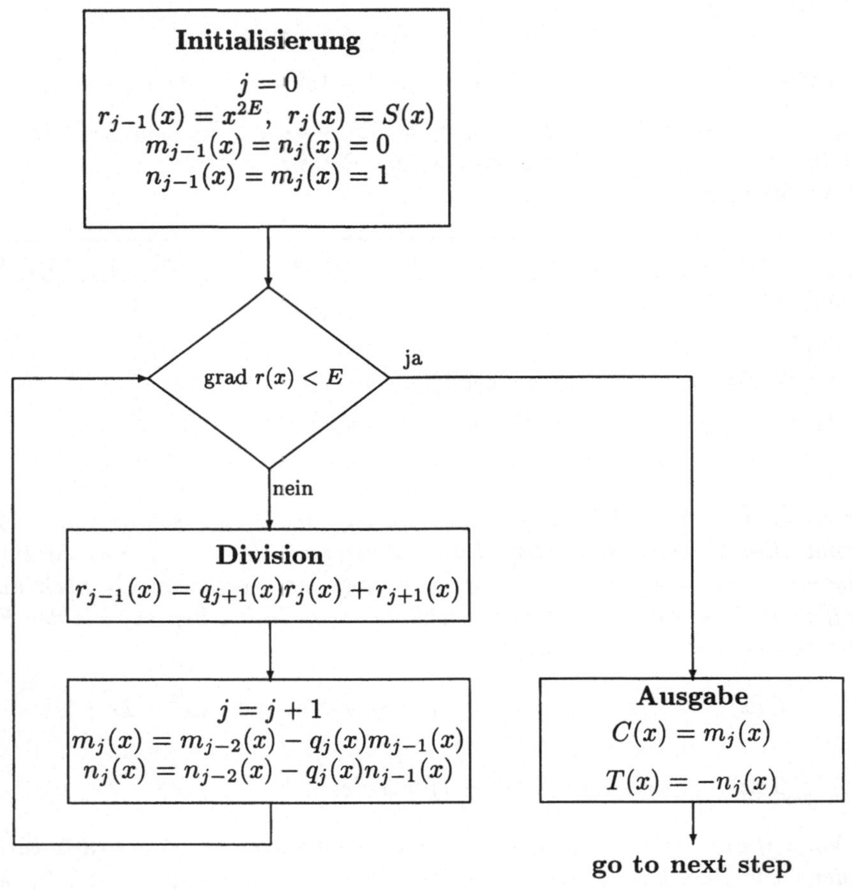

Abbildung 6.9: Euklidscher Algorithmus

Abschließend soll die erste Division des letzten Beispiels 6.19 noch einmal betrachtet werden. Die Division ist nicht von dem Faktor $(x^6 - 1)$, sondern nur von x^6 abhängig. Die Division:

$$x^n \div x^{n-2E} \cdot S(x) \tag{6.106}$$

würde zum gleichen Ergebnis führen. Deshalb kann in Gleichung (6.106) eine Gradreduzierung um $n - 2E$ erfolgen. Die Gleichung (6.106) geht dann in:

$$x^{2E} \div S(x) \tag{6.107}$$

über. Der so formulierte EDA wird in der Literatur häufig EDA I genannt, während die Formulierung mit den ursprünglichen Polynomen mit EDA II bezeichnet wird. Nachstehend sind noch einmal die Formulierungen und Bedingungen zusammengefaßt:

EDA I : $r_{-1}(x) = x^{2E}$, $r_0(x) = S(x)$, d ist ungerade
Abbruch: $\operatorname{grad} r_t(x) < \lfloor \frac{d-1}{2} \rfloor = E$ und $\operatorname{grad} r_{t-1} \geq E$
$C(x) = m_t(x)$ und $T(x) = -n_t(x)$.

EDA II : $r_{-1}(x) = x^n - 1$, $r_0(x) = S(x)x^{n-2E}$, d ist ungerade
Abbruch: $\operatorname{grad} r_t(x) < n - E$
$C(x) = m_t(x)$ und $T(x) = -n_t(x)$.

6.3.7 Die Berechnung der Fehlerwerte

Zwei unterschiedliche Methoden werden betrachtet, um den Fehlervektor $f = (f_0, f_1, \ldots, f_{n-1})$ und somit das zugehörige Codewort $a = r - f$ zu berechnen. Das Fehlerstellenpolynom $C(x)$ wird im folgenden als bekannt vorausgesetzt.

6.3.7.1 Rekursive Berechnung der Fehlerwerte f_i

Die erste Methode beschreibt die Rückkopplung $C(x)$ aus den bekannten Syndromkoeffizienten $S = (S_0, S_1, \ldots, S_{2E-1}) = (F_{n-2E}, F_{n-2e+1}, \ldots, F_{n-1})$, um die restlichen Fehlerwerte $F_0, F_1, \ldots, F_{n-2E-1}$ zu berechnen und durch Transformation in den Zeitbereich den Fehlervektor f und letztendlich a zu bestimmen. Die fehlenden Koeffizienten von $F(x)$ werden rekursiv bestimmt:

$$C(x) \cdot F(x) = 0 \mod (x^n - 1).$$

Für die Koeffizienten gilt entsprechend:

$$\sum_{i=0}^{e} C_i \cdot F_{n-i+l} = 0, \quad l = 0, 1, \ldots, n-1 \; (\text{Index mod } n),$$

$$C_0 F_{n+l} + \sum_{i=1}^{e} C_i \cdot F_{n-i+l} = 0, \quad l = 0, 1, \ldots, n-1 \; (\text{Index mod } n), \quad (6.108)$$

wobei für $C(x)$ und $F(x)$ (Gl. (6.80) und (6.81), S. 185) gilt:

$$C(x) = C_0 + C_1 x + \cdots + C_e x^e,$$
$$F(x) = \underbrace{F_0 + F_1 x + \cdots + F_{k-1} x^{k-1}}_{\text{unbekannter Teil von } F(x)}, \underbrace{F_k x^k + F_{k+1} x^{k+1} + \cdots + F_{n-1} x^{n-1}}_{S \text{ bekannt}}$$

Mit Gleichung (6.108) lassen sich die Koeffizienten von $F(x)$ rekursiv berechnen:

$$F_{n+l} = -C_0^{-1} \cdot \sum_{i=1}^{e} C_i \cdot F_{n-i+l}, \quad \text{für } l = 0, 1, \ldots, n-1. \quad (6.109)$$

Setzt man in Gleichung (6.109) für $n + l = j$ ein, so erhält man für die Berechnung der fehlenden Koeffizienten von $F(x)$:

$$F_j = -C_0^{-1} \cdot \sum_{i=1}^{e} C_i \cdot F_{j-i} \quad \text{für } j = 0, 1, \ldots, n-1 \quad \text{(Index mod n)}. \tag{6.110}$$

Beispiel 6.20 *Mit dem bekannten $C(x) = 1 + 2x + 6x^2$ aus Beispiel 6.13 auf der Seite 190 und $S = (F_2, F_3, F_4, F_5) = (4, 6, 6, 1)$ aus Beispiel 6.11 sollen die noch fehlenden Fehlerwerte F_0 und F_1 rekursiv bestimmt werden.*

Mit der Gleichung (6.110) ergibt sich:

$$
\begin{aligned}
F_0 &= -(C_1 \cdot F_{0-1} + C_2 \cdot F_{0-2}), & F_1 &= -(C_1 \cdot F_{1-1} + C_2 \cdot F_{1-2}), \\
&= -(C_1 \cdot F_5 + C_2 \cdot F_4), & &= -(C_1 \cdot F_0 + C_2 \cdot F_5), \\
&= -(2 \cdot 1 + 6 \cdot 6), \quad \text{und} & &= -(2 \cdot 4 + 6 \cdot 1), \\
&= -3 = 4, & &= -0 = 0.
\end{aligned}
$$

Der Fehlervektor ist somit $F = (F_0, F_1, F_2, F_3, F_4, F_5) = (4, 0, 4, 6, 6, 1)$. Transformiert man den Frequenzvektor, so erhält man:

i	$\cdot 1$ F_0	$\cdot 5$ F_1	$\cdot 4$ F_2	$\cdot 6$ F_3	$\cdot 2$ F_4	$\cdot 3$ F_5	$\leftarrow z^i,\ i = 0, 1, \ldots n-1$ $f_i = \sum F_i$
0	4	0	4	6	6	1	0
1	4	0	2	1	5	3	1
2	4	0	1	6	3	2	2
3	4	0	4	1	6	6	0
4	4	0	2	6	5	4	0
5	4	0	1	1	3	5	0

den Fehlervektor im Zeitbereich $f = (0, 1, 2, 0, 0, 0)$. Mit der Beziehung $a = r - f$ kann das ursprüngliche Codewort berechnet werden: $\Rightarrow a = (1, 1, 1, 1, 1, 1)$.

Entsprechend den Schieberegisterrealisierungen in den Abbildungen 6.7 und 6.8 kann die rekursive Berechnung des transformierten Fehlervektors F auch durch ein rückgekoppeltes Schieberegister erfolgen.

In den Abbildungen 6.10 und 6.11 sind die Schieberegister bei unterschiedlicher Normierung von $C(x)$ dargestellt. Die jeweils nebenstehende Tabelle gibt Aufschluß über den funktionalen Ablauf. Unterschiedlich ist die Reihenfolge, in der die Syndromfrequenzen und damit auch die Fehlerfrequenzen generiert werden.

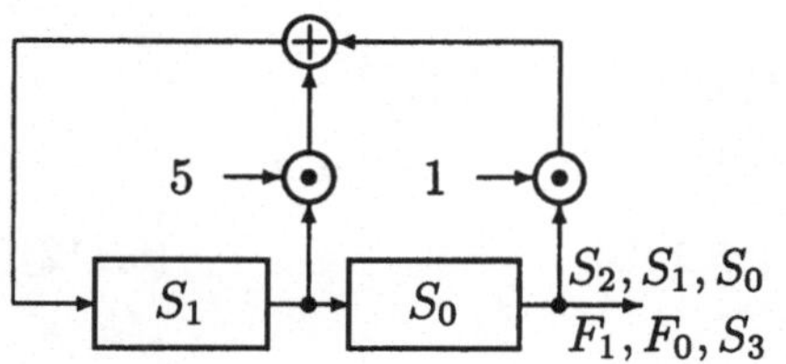

j	S_{j+1}	$5 \cdot S_{j+1}$	$S_j = F_{n-2E+j}$	$S_j \oplus 5 \cdot S_{j+1}$
0	6	2	4	6
1	6	2	6	1
2	1	5	6	4
3	4	6	1	0
4	0	0	4	4
5	4	6	0	6

Abbildung 6.10: Realisierung des BMA als Schieberegister: $C(x) = 1 + 2x + 6x^2$

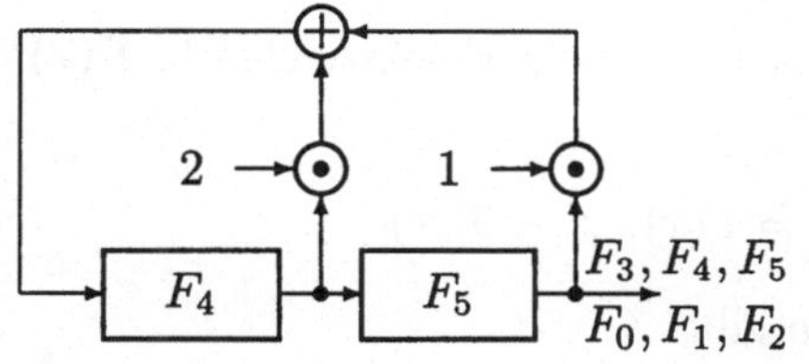

j	F_{j-1}	$2 \cdot F_{j-1}$	$F_j = \text{Out}$	$F_j \oplus 2 \cdot F_{j-1}$
5	6	5	1	6
4	6	5	6	4
3	4	1	6	0
2	0	0	4	4
1	4	1	0	1
0	1	2	4	6

Abbildung 6.11: Realisierung des BMA als Schieberegister: $C(x) = 6 + 5x + x^2$

6.3.7.2 Der Forney-Algorithmus

Bei näherer Untersuchung der rekursiven Methode erkennt man, daß der Grad von $F(x)$ viel höher ist als der von $C(x)$. Deshalb erscheint es zweckmäßiger, die wenigen e Fehlerstellen direkt aus $C(x)$ und $T(x)$ zu bestimmen. Hierfür gehen wir wieder von der Schlüsselgleichung (siehe Def. 6.4) aus:

$$\begin{aligned} C(x) \cdot F(x) &= 0 \ \text{mod} \ (x^n - 1), \\ &= T(x) \cdot (x^n - 1). \end{aligned}$$

Werden die Polynome $C(x)$ und $T(x)$ als bekannt vorausgesetzt, so kann die Schlüsselgleichung nach $F(x)$ aufgelöst werden:

$$f_i = F(x = z^i) = \left. \frac{T(x) \cdot (x^n - 1)}{C(x)} \right|_{x=z^i}. \tag{6.111}$$

Bei genauer Betrachtung stellt man jedoch fest, daß $C(z^i) = 0$ für $f_i \neq 0$ und $x^n - 1 = 0$ für alle Elemente z^i in $GF(q)$:

$$\left. (x^n - 1) \frac{T(x)}{C(x)} \right|_{x=z^i, f_i \neq 0} = \frac{0}{0}.$$

Der Ausdruck ist damit unbestimmt. In einem solchen Fall kann nach dem Satz von *L'Hospital* der gesuchte Wert durch formale Ableitung des Zählers und des

Nenners bestimmt werden. Daraus folgt:

$$
\begin{aligned}
f_i \;=\; F(x = z^i) &= \left. \frac{T'(x) \cdot (x^n - 1) + n \cdot x^{n-1} \cdot T(x)}{C'(x)} \right|_{x=z^i} \\
&= \left. n \cdot \frac{T(x)}{x \cdot C'(x)} \right|_{x=z^i}, \quad \mathrm{da}\,(z^i)^n = 1 \text{ ist.}
\end{aligned}
\tag{6.112}
$$

Die Gleichung (6.112) wird als FORNEY-ALGORITHMUS bezeichnet.

Damit man den Forney-Algorithmus zur Berechnung der Fehlerwerte anwenden kann, muß hier noch zusätzlich $T(x)$ bestimmt werden, das beim BMA in der angegebenen Form im Gegensatz zum EDA nicht erzeugt wird.[9]

Die Koeffizienten von $T(x)$ können aus den bekannten Fehlerkoeffizienten in $F(x)$ und der Beziehung:

$$
C(x) \cdot F(x) = T(x) \cdot (x^n - 1) = T(x) \cdot x^n - T(x)
$$

berechnet werden. Ein Koeffizientenvergleich ergibt:

$$
\begin{aligned}
x^n : \quad T_0 &= \sum_{i=1}^{e} F_{n-i} \cdot C_i \,, \\[2mm]
x^{n+1} : \quad T_1 &= \sum_{i=1}^{e-1} F_{n-i} \cdot C_{i+1} \,, \\[2mm]
\vdots \qquad\qquad &\;\;\vdots \\[2mm]
x^{n+j} : \quad T_j &= \sum_{i=1}^{e-j} F_{n-i} \cdot C_{i+j}, \quad \text{für } j < e \,.
\end{aligned}
\tag{6.113}
$$

Die Beispiele 6.13 und 6.20 können nun fortgesetzt werden. Die Berechnung der Fehlerstellen f_i erfolgt mit dem Forney-Algorithmus.

Beispiel 6.21 *Mit dem bekannten $C(x) = 1 + 2x + 6x^2$ aus Beispiel 6.13 auf der Seite 190 und $S = (F_2, F_3, F_4, F_5) = (4, 6, 6, 1)$ aus Beispiel 6.11 werden die Koeffizienten T_0 und T_1 aus Gleichung (6.113) wie folgt berechnet:*

$$
\begin{aligned}
T_0 &= F_{6-1} \cdot C_1 + F_{6-2} \cdot C_2, \\
&= F_5 \cdot C_1 + F_4 \cdot C_2, \\
&= 1 \cdot 2 + 6 \cdot 6 = 2 + 1 = 3, \\
T_1 &= F_{6-1} \cdot C_2, \\
&= F_5 \cdot C_2, \\
&= 1 \cdot 6 = 6.
\end{aligned}
$$

---

[9]Mit einer leichten Modifikation kann jedoch mit dem BMA das $T(x)$ zusätzlich zum $C(x)$ mitberechnet werden.

Damit gilt: $T(x) = 3 + 6x$. *Für die Ableitung von* $C(x) = 1 + 2x + 6x^2$ *gilt:*

$$C'(x) = 2 + 5x.$$

Für die Fehlerstellen gilt nach Gleichung (6.112):

$$f_1 = 6 \cdot \left.\frac{3+6x}{x \cdot (2+5x)}\right|_{x=z^i=5^i} = 6 \cdot \left.\frac{3+6 \cdot 5^1}{5^1 \cdot (2+5 \cdot 5^1)}\right|_{x=5^1} = 6 \cdot \left.\frac{3+2}{5 \cdot (2+4)}\right|_{x=5^1} = 1,$$

$$f_2 = 6 \cdot \left.\frac{3+6x}{x \cdot (2+5x)}\right|_{x=z^i=5^i} = 6 \cdot \left.\frac{3+6 \cdot 5^2}{5^2 \cdot (2+5 \cdot 5^2)}\right|_{x=5^2} = 6 \cdot \left.\frac{3+3}{5 \cdot (2+6)}\right|_{x=5^2} = 2.$$

Der Fehlervektor ist $\boldsymbol{f} = (0,1,2,0,0,0), \Rightarrow \boldsymbol{a} = \boldsymbol{r} - \boldsymbol{f} = (1,1,1,1,1,1).$ ◇

6.3.8 Zusammenfassung

Der RS-Code über $GF(q = p^s)$ hat die Codewortlänge $n = p^s - 1$ und besitzt die Mindestdistanz $d = 2E + 1$. Ein Codewort des RS-Codes wird mit:

$$\boldsymbol{a} = (a_0, a_1, \ldots, a_{n-1}), \text{ für } a_i \in GF(q)$$

bezeichnet. Empfangen wird ein Vektor:

$$\boldsymbol{r} = \boldsymbol{a} + \boldsymbol{f} \quad \text{mit } r_i, f_i \in GF(q),$$

wobei $\boldsymbol{f}$ der auftretende Fehlervektor ist. Die algebraische Decodierung von RS-Codes setzt sich aus folgenden Schritten zusammen:

- Berechnung des Syndroms S aus dem Empfangsvektor $\boldsymbol{r}$,

- Berechnung des Fehlerstellenpolynoms $C(x)$ und des Fehlerwertpolynoms $T(x)$,

- Suchen der Nullstellen von $C(x)$,

- Berechnung der Fehlerwerte f_i,

- Korrektur des Empfangsvektors $\boldsymbol{a} = \boldsymbol{r} - \boldsymbol{f}$.

Die folgende grafische Übersicht soll das Prinzip der algebraischen Decodierung von RS-Codes zusammenfassend darstellen.

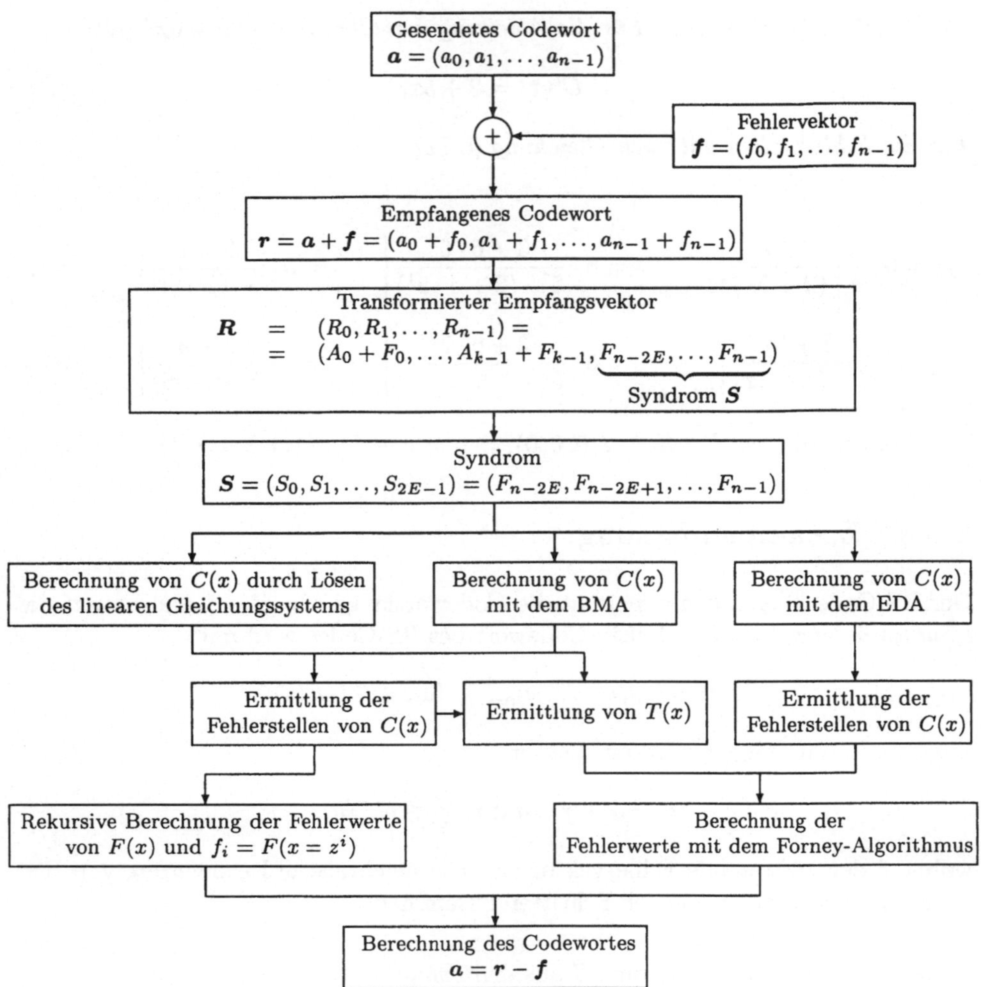

Abbildung 6.12: Zusammenfassung der algebraischen Decodierung

6.4 Korrektur von Fehlern und Auslöschungen

Im Kapitel 1 wurde bereits auf die starke Zeitabhängigkeit der Störungen von Mobilfunkkanälen hingewiesen. Es kann sogar zeitweise zu Kanalausfällen kommen, die durch starke Signaleinbrüche beim Empfänger erkannt werden können. Es zeigt sich, daß die während einer solchen Phase übertragenen Symbole mit großer Wahrscheinlichkeit falsch sind und deshalb als Auslöschungen betrachtet werden sollten. Auslöschungen sind demzufolge Fehler an bekannter Stelle, aber mit einem unbekannten Fehlerwert.

Ein effizientes Korrekturverfahren muß die Eigenschaft besitzen, sich einem zeitlich stark ändernden Störverhalten des Kanals[10] anzupassen. Deshalb wird z. B. in [56] ein adaptives Korrekturverfahren vorgeschlagen, bei dem vom Sender nur soviele Prüfzeichen nach der Information übertragen werden, bis der Empfänger zurückmeldet: STOPP, die gesendeten Prüfzeichen reichen zur Korrektur der tatsächlich aufgetretenen Fehler und Auslöschungen aus. Die nicht gesendeten Prüfzeichen werden in den Decodierprozeß als Auslöschungen miteinbezogen.

Es ist erkennbar, daß die Behandlung der Auslöschungen besondere Aufmerksamkeit verdient. Besonders geeignet für Auslöschungskorrektur und adaptive Kanalcodierung sind RS–Codes, die bei jeder Anzahl empfangener Prüfzeichen maximale Korrektureigenschaften besitzen.

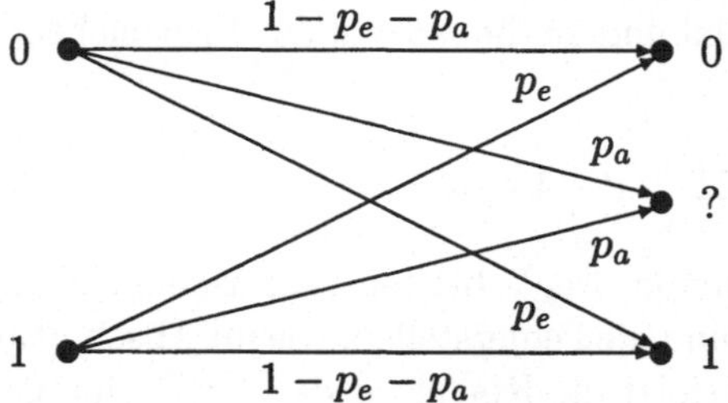

Die linksstehende Abbildung zeigt das Modell eines binären ($q = 2$), symmetrischen Kanals (BSEC steht für Binay Symmetric Erasure Channel) mit Auslöschungen. Das Modell läßt sich leicht für $q > 2$ verallgemeinern.

Abbildung 6.13: Gedächtnisloser Kanal mit Auslöschungen (BSEC)

Die Codewörter a vor der Übertragung besitzen Koeffizienten aus $GF(q)$, während die Empfangsvektoren r Koeffizienten aus $GF(q) \cup \{?\}$ aufweisen. Das $\{?\}$ steht für die ausgelöschten Symbole:

$$\text{Channel}_{in} = \{a | a_i \in GF(q)\}, \qquad \text{Channel}_{out} = \{r | r_i \in GF(q) \cup \{?\}\}. \qquad (6.114)$$

Werden die in einem Empfangsvektor r enthaltenen Auslöschungen $\{?\}$ zu einem Vektor b zusammengefaßt, so gilt:

$$r = a + f + b. \qquad (6.115)$$

---

[10]Vergleiche hierzu den Abschnitt 1.5.4 *Adaptive Verfahren.*

Der Vektor f bezeichnet in Gleichung (6.115) wieder den Einfluß der Fehler. Für die Rechnung von Codewörtern mit den Auslöschungen sollen die folgenden Vereinbarungen gelten:

$$a_i \in GF(q), \quad b_i \in \{0, ?\} \implies$$
$$a_i + b_i =?, \quad a_i \cdot b_i =? \text{ für } b_i \neq 0 \quad \text{und} \quad 0 \cdot b_i = 0. \tag{6.116}$$

Ganz ähnlich zur Definition des Fehlerstellenpolynoms $C(x)$ (vgl. Gl. 6.79):

$$C(x) \;=\; \prod_{i,f_i \neq 0} (x - z^i),$$

kann ein AUSFALLPOLYNOM $C_b(x)$ definiert werden:

$$C_b(x) \;=\; \prod_{i,b_i \neq 0} (x - z^i) = \prod_{i,b_i =?} (x - z^i), \tag{6.117}$$

dessen Nullstellen auf die Ausfallstellen zeigen. Da ein Ausfall nicht als Fehler behandelt wird, besitzen die Polynome $C(x)$ und $C_b(x)$ ausschließlich verschiedene Nullstellen. Im Unterschied zu den Fehlerstellen und damit zu $C(x)$ sind die Ausfallstellen und damit $C_b(x)$ bekannt. Der Grad von $C(x)$ entspricht der Anzahl der aufgetretenen Fehler e, und der Grad von $C_b(x)$ entspricht der Anzahl der aufgetretenen Auslöschungen e_b. Die Fehler- und Ausfallkorrektur für einen $(n = p^s - 1, k = n - 2E)$ RS-Code mit der Mindestdistanz $d = 2E + 1$ gelingt (vgl. Gl. 4.12), wenn die Summe von Ausfällen und $2e$ die Anzahl der Prüfzeichen nicht übersteigt:

$$e_b + 2 \cdot e \;\leq\; 2E = d - 1 = n - k. \tag{6.118}$$

Im folgenden wird das Decodierverfahren in drei Schritten beschrieben. Zunächst wird der Einfluß der Ausfälle eliminiert und die Fehlerstellen, wie im Abschnitt 6.3.2 beschrieben, berechnet. Anschließend erfolgt die Korrektur der Auslöschungen.

1. Schritt: Modifikation des Empfangsvektors
Für das Ausfallpolynom $C_b(x) \bullet\!\!-\!\!-\!\!\circ c_b(x)$ gilt:

$$c_{b,i} \;=\; C_b(x = z^i) = 0 \text{ für } \{i | b_i \neq 0\}. \tag{6.119}$$

Folglich gilt für alle $b_i \cdot c_{b,i} = 0$. Die Gleichung (6.115) und damit der Empfangsvektor r kann mit Hilfe der Koeffizienten $c_{b,i}$ modifiziert werden:

$$r_i c_{b,i} = a_i c_{b,i} + f_i c_{b,i} + b_i c_{b,i} \implies$$
$$\tilde{r}_i = \tilde{a}_i + \tilde{f}_i + 0 \text{ für } i = 0, 1, \ldots, n - 1. \tag{6.120}$$

Die Gleichung (6.120) kann mit Hilfe der Gleichungen (6.11) bis (6.13) zur zyklischen Faltung in den Frequenzbereich transformiert werden. Zur praktischen

Durchführung der Transformation setzt man die Koeffizienten mit Fragezeichen zu Null, da ihre Werte beliebig sind.

$$R(x)C_b(x) = A(x)C_b(x) + F(x)C_b(x) \implies$$
$$\tilde{R}(x) = \tilde{A}(x) + \tilde{F}(x) \bmod (x^n - 1). \tag{6.121}$$

Für das Polynom $A(x)$ gilt nach der Definition 6.2 der RS-Codes:

$$A = (\underbrace{A_0, A_1, \ldots, A_{k-1}}_{(n-2E)\text{ Stellen}}, \underbrace{0, 0, \ldots, 0}_{2E\text{ Stellen}}). \tag{6.122}$$

Für das Produkt $A(x)C_b(x) = \tilde{A}(x)$ gilt: $\operatorname{grad}\{A(x)C_b(x)\} \leq n - 1$, da $\operatorname{grad}\{C_b(x)\} = e_b \leq 2E$:

$$\tilde{A} = (\underbrace{\tilde{A}_0, \tilde{A}_1, \ldots, \tilde{A}_{k-1}}_{k=(n-2E)\text{ Stellen}}, \underbrace{\tilde{A}_k, \ldots, \tilde{A}_{k+e_b-1}}_{e_b\text{ Stellen}}, \underbrace{0, 0, \ldots, 0}_{(2E-e_b)\text{ Stellen}}), \tag{6.123}$$

$$\tilde{R} = (\underbrace{\tilde{R}_0, \tilde{R}_1, \ldots, \tilde{R}_{k-1}}_{k=(n-2E)\text{ Stellen}}, \underbrace{\tilde{R}_k, \ldots, \tilde{R}_{k+e_b-1}}_{e_b\text{ Stellen}}, \underbrace{\tilde{F}_{k+e_b}, \ldots, \tilde{F}_{n-1}}_{\text{Syndrom}}). \tag{6.124}$$

Es stehen nach Gleichung (6.123) nur noch $(2E - e_b)$ Stellen zur Syndrombildung $S = (S_0, S_1, \ldots, S_{2E-e_b-1})$ zur Verfügung. Entsprechend der Gleichung (6.118) können jetzt nur noch e Fehler korrigiert werden, wenn gilt:

$$e \leq e_{\max} = E - \left\lceil \frac{e_b}{2} \right\rceil. \tag{6.125}$$

Die Klammer $\lceil \; \rceil$ bedeutet, daß der innerhalb der Klammer berechnete Wert auf die nächste natürliche Zahl aufgerundet wird.

2. Schritt: Bestimmung der Fehlerstellen

Die Schlüsselgleichung (6.93) zur Bestimmung der Fehlerstellen muß auf den verbleibenden Teil nach Gleichung (6.123) eingeschränkt werden:

$$\sum_{i=0}^{e} C_i \cdot S_{j-i} = 0, \text{ für } j = e, \ldots, 2e_{\max} - 1 \text{ für } e = 1, 2, \ldots, e_{\max}. \tag{6.126}$$

Die Gleichung (6.126) kann auch mit den Koeffizienten von $\tilde{F}(x)$ ausgedrückt werden:

$$\sum_{i=0}^{e} C_i \cdot \tilde{F}_{j-i} = 0, \text{ für } j = n - 1, \ldots, n - e_{\max} \text{ für } e = 1, 2, \ldots, e_{\max}. \tag{6.127}$$

Ist das Fehlerstellenpolynom $C(x)$ nach Gleichung (6.126) oder (6.127) berechnet, so sind nicht nur die Ausfallstellen sondern auch die Fehlerstellen bekannt. Beide können jetzt wie bekannte Ausfallstellen betrachtet werden, zu denen nur noch die unbekannten Ausfallwerte berechnet werden müssen.

3. Schritt: Bestimmung der Ausfallwerte

Zur Bestimmung der Ausfallwerte werden die Fehlerstellen in das Ausfallpolynom miteinbezogen:

$$C(x) \cdot C_b(x) \longrightarrow C_b(x) = \prod_{i,\,b_i \neq 0} (x - z^i). \tag{6.128}$$

Der Grad des neuen Polynoms $C_b(x)$ soll der einfacheren Schreibweise wegen mit $e_b + e \to e_b$ bezeichnet werden: $\operatorname{grad} C_b(x) = e_b \leq 2E$. Die Gleichung (6.115) vereinfacht sich zu:

$$\boldsymbol{r} = \boldsymbol{a} + \boldsymbol{b} \iff \boldsymbol{R} = \boldsymbol{A} + \boldsymbol{B}. \tag{6.129}$$

Der Vektor $\boldsymbol{b}$ in Gleichung (6.129) ist nicht identisch mit dem Vektor $\boldsymbol{b}$ in Gleichung (6.115). Er enthält jetzt zusätzlich die Fehlerstellen, die im 2. Schritt des Korrekturverfahrens ermittelt wurden.

Wie im 1. Schritt erläutert, gilt:

$$c_{b,i} \cdot b_i \;=\; 0 \quad \text{für } i = 0, 1, \ldots, n - 1. \tag{6.130}$$

Damit sind genau die Koeffizienten $c_{b,i}$ von $c_b(x)$ an den Stellen (i) gleich Null, an denen $C_b(x)$ seine Nullstellen $(x - z^i)$ besitzt. Nach Gleichung (6.11) und (6.13) gilt:

$$c_{b,i} \cdot b_i = 0 \quad \circ\!\!-\!\!\!-\!\!\bullet \quad C_b(x) \cdot B(x) = 0 \bmod (x^n - 1). \tag{6.131}$$

Das Polynom $C_b(x) \cdot B(x)$ besitzt alle möglichen Nullstellen. Die Gleichung (6.131) kann analog zu Gleichung (6.90) neu formuliert werden:

$$C_b(x) \cdot B(x) \;=\; 0 \bmod (x^n - 1), \tag{6.132}$$

$$=\; T_b(x) \cdot (x^n - 1) \;=\; T_b(x)x^n - T_b(x). \tag{6.133}$$

In Analogie zur Berechnung der Fehlerwerte nach Gleichung (6.110) erhält man aus Gleichung (6.132) die rekursive Berechnung der fehlenden Koeffizienten von $B(x)$:

$$B_j = -C_{b,0}^{-1} \cdot \sum_{i=1}^{e_b} C_{b,i} \cdot B_{j-i} \quad \text{für } j = 0, 1, \ldots, n - 1 \quad \text{(Index mod n).} \tag{6.134}$$

Das Polynom $T_b(x)$ aus Gleichung (6.133) kann zur Bestimmung der ausgelöschten Werte – wie im Abschnitt 6.3.7 – verwendet werden. Es ergibt sich aus einem Koeffizientenvergleich der Gleichung (6.133). Es gilt:

$$T_b(x) \;=\; T_{b,0} + T_{b,1}x + \cdots + T_{b,e_b-1}x^{e_b-1}. \tag{6.135}$$

Für die Koeffizienten gilt:

$$x^n : \qquad T_{b,0} \;=\; \sum_{i=1}^{e_b} B_{n-i} \cdot C_{b,i} \,,$$

$$x^{n+1}: \quad T_{b,1} = \sum_{i=1}^{e_b-1} B_{n-i} \cdot C_{b,i+1},$$

$$x^{n+j}: \quad T_{b,j} = \sum_{i=1}^{e_b-j} B_{n-i} \cdot C_{b,i+j}, \quad \text{für } j < e_b. \tag{6.136}$$

Mittels der Polynome $T_b(x)$ und $C_b'(x)$ kann der Forney-Algorithmus (vgl. Gl. 6.112) auch zur Berechnung der Ausfallwerte benutzt werden:

$$b_i = B(x = z^i) = n \cdot \left. \frac{T_b(x)}{x \cdot C_b'(x)} \right|_{x=z^i} \quad \text{für } \{i | b_i \neq 0\}. \tag{6.137}$$

Beispiel 6.22 *Für die **Fehler-und Ausfallkorrektur** soll wieder der $(6,2)$ RS-Code, mit $E = 2$ und $z = 5$, über $GF\{7\}$ betrachtet werden. Das gesendete Codewort* a *wird mit einem Fehlervektor* f *und einem Ausfallvektor* b *überlagert:*

$$\begin{aligned}
a &= (a_0, a_1, a_2, a_3, a_4, a_5) &= (0,0,0,0,0,0), \\
f &= (f_0, f_1, f_2, f_3, f_4, f_5) &= (1,0,0,0,0,0), \\
b &= (b_0, b_1, b_2, b_3, b_4, b_5) &= (0,0,?,0,?,0), \\
r &= a + f + b &= (1,0,?,0,?,0) = (r_0, r_1, r_2, r_3, r_4, r_5).
\end{aligned}$$

Der Vektor $r = (1,0,?,0,?,0)$ *stellt den empfangenen Vektor dar. Die ausgelöschten Stellen sind mit einem Fragezeichen markiert. Sie können also beliebige Werte annehmen. Zuerst wird das Ausfallpolynom* $C_b(x)$ *nach Gleichung* (6.117) *bestimmt:*

$$\begin{aligned}
C_b(x) &= (x - 5^2)(x - 5^4) = (x - 4)(x - 2), \\
&= (x + 3)(x + 5) = x^2 + x + 1.
\end{aligned}$$

Die Transformation $c_{b,i} = C_b(x = z^i)$ *ergibt* $c_b = (3,3,0,1,0,6)$. *Der Vektor* c_b *besitzt an den gleichen Stellen Nullen, an denen der Empfangsvektor* r *Fragezeichen aufweist. Der Empfangsvektor* r *wird nun nach Gleichung* (6.120) *modifiziert:*

$$\begin{aligned}
c_b &= (3,3,0,1,0,6), \\
r &= (1,0,?,0,?,0), \\
\tilde{r} &= (3,0,0,0,0,0), \quad \tilde{r}_i = r_i \cdot c_{b,i}.
\end{aligned}$$

Zur Syndrombildung nach Gleichung (6.124) *wird* $\tilde{r}$ *in den Frequenzbereich transformiert.*

$$\tilde{r} = (3,0,0,0,0,0) \; \circ\!\!-\!\!\bullet \; \tilde{R} = (4,4,4,4,\overbrace{4,4}^{S}) = (\tilde{R}_0, \tilde{R}_1, \tilde{R}_2, \tilde{R}_3, \tilde{F}_4, \tilde{F}_5).$$

Es folgt nun der zweite Schritt des Korrekturverfahrens: Die Berechnung der Fehlerstellen. Nach Beseitigung des Einflusses der Auslöschungen folgt nach Gleichung

(6.125), *daß noch maximal ein weiterer Fehler (e = 1) korrigiert werden kann. Das Fehlerstellenpolynom hat deshalb die Form:* $C(x) = C_0 + x$. *Die Schlüsselgleichung (6.126) bzw. (6.127) liefert:* $C_0 \cdot S_1 + S_0 = 0$ *bzw.* $C_0 \cdot \tilde{F}_5 + \tilde{F}_4 = C_0 \cdot 4 + 4 = 0$. *Das Fehlerstellenpolynom lautet also* $C(x) = 6 + x = x - 1 = x - 5^0$. *Die gesuchte Fehlerstelle ist* r_0 *bzw.* $\tilde{r}_0$. *Im dritten Schritt werden nun das Fehlerstellenpolynom* $C(x)$ *und das Ausfallpolynom* $C_b(x)$ *durch Multiplikation zusammengefaßt:*

$$C_b(x) = (x^2 + x + 1) \cdot (x - 1) = x^3 + 6.$$

Zur Syndrombildung nach Gleichung (6.129) werden die Fragezeichen in r *durch einen beliebigen Wert (meist Null) ersetzt und* r *in den Frequenzbereich transformiert.*

$$r = (1,0,0,0,0,0) \circ\!\!-\!\!\bullet \; R = (6,6,\overbrace{6,6,6,6}^{S}) = (R_0, R_1, B_2, B_3, B_4, B_5).$$

Durch rekursive Ergänzung nach Gleichung (6.134) kann der Vektor B *vervollständigt werden. Mit* $-C_{b,0}^{-1} = 1$, $C_{b,1} = C_{b,2} = 0$ *und* $C_{b,3} = 1$ *folgt:*

$$j = 0 \quad B_0 \;=\; -C_{b,0}^{-1} \cdot (C_{b,1}B_5 + C_{b,2}B_4 + C_{b,3}B_3) = B_3 = 6,$$
$$j = 1 \quad B_1 \;=\; -C_{b,0}^{-1} \cdot (C_{b,1}B_0 + C_{b,2}B_5 + C_{b,3}B_4) = B_4 = 6.$$

Die Korrektur kann im Frequenzbereich erfolgen:

$$A = R - B = (0,0,0,0,0,0) \; \bullet\!\!-\!\!\circ \; a = (0,0,0,0,0,0).$$

Eine weitere Möglichkeit der Korrektur besteht in der Berechnung von $T_b(x)$ *nach Gleichung (6.136) und Anwendung des Forney-Algorithmusses (6.137):*

$$T_{b,0} \;=\; C_{b,1}B_5 + C_{b,2}B_4 + C_{b,3}B_3 = B_3 = 6,$$
$$T_{b,1} \;=\; C_{b,2}B_5 + C_{b,3}B_4 = B_4 = 6,$$
$$T_{b,2} \;=\; C_{b,3}B_5 = B_5 = 6.$$

Es gilt somit: $T_b(x) = 6(1 + x + x^2)$. *Mit* $C_b'(x) = 3x^2$ *kann der Forney-Algorithmus nach Gleichung (6.137) wie folgt formuliert werden:*

$$b_i \;=\; -\frac{6(1 + x + x^2)}{3x^3}\bigg|_{x=z^i} \qquad \textit{für } \{i \,|\, b_i \neq 0\},$$

$$b_0 \;=\; -\frac{2(1 + x + x^2)}{x^3}\bigg|_{x=z^0=1} = -\frac{2(1 + 1 + 1)}{1} = 1,$$

$$b_2 \;=\; -\frac{2(1 + x + x^2)}{x^3}\bigg|_{x=z^2=4} = -\frac{2(1 + 4 + 2)}{1} = 0,$$

$$b_4 \;=\; -\frac{2(1 + x + x^2)}{x^3}\bigg|_{x=z^4=2} = -\frac{2(1 + 2 + 4)}{1} = 0.$$

Die Korrektur erfolgt direkt im Zeitbereich:

$$a \;=\; r - b = (0,0,0,0,0,0).$$

Beide Lösungswege weisen dasselbe Ergebnis auf.   ◇

Kapitel 7

BCH-Codes

Bose-Chaudhuri-Hocquenghem (BCH) Codes gehören wie die RS-Codes zur Klasse der zyklischen Codes und stellen eine wichtige Erweiterung der Hamming-Codes dar. Sie sind besonders für die Korrektur von mehreren statistisch unabhängigen Fehlern, aber in bestimmtem Umfang auch zur Korrektur von Bündelfehlern, geeignet.

Die BCH-Codes wurden von Hocquenghem 1959, und unabhängig davon 1960 von Bose und Chaudhuri, entdeckt. Ein algebraisches Decodierverfahren ist 1960 von W. W. Peterson für binäre BCH-Codes entwickelt worden, das von D. C. Gorenstein und N. Zierler 1961 für nichtbinäre BCH-Codes verallgemeinert werden konnte. 1968 wurde der BMA zur Lösung der Schlüsselgleichung von E. R. Berlekamp beschrieben und ein Jahr später vom J. L. Massey als Schieberegisterproblem dargestellt. Eine wichtige Unterklasse der nichtbinären BCH-Codes stellen die Reed-Solomon-Codes dar, die 1960 von Reed und Solomon vorgestellt wurden.

In den nachfolgenden Abschnitten werden die binären BCH-Codes als Spezialfall der RS-Codes über $GF(2^m)$ betrachtet. Jedes Codewort a im Zeitbereich besteht aus Komponenten $a_i \in GF(2)$.

7.1 Binäre BCH-Codes

In diesem Abschitt werden die binären BCH-Codes ganz analog zu den RS-Codes beschrieben. Ein wesentlicher Unterschied ist jedoch, daß Zeit- und Frequenzbereich, die über die DFT verbunden sind, nicht auf demselben Zahlenkörper erklärt werden. Ein BCH-Codewort wird im Zeitbereich als ein Vektor:

$$a = (a_0, a_1, a_2, \ldots, a_{n-1}) \qquad \text{mit} \quad a_i \in GF(2), \tag{7.1}$$

dargestellt. Im Frequenzbereich gilt:

$$a \; \circ\!\!-\!\!\bullet \; A = (A_0, A_1, A_2, \ldots, A_{n-1}), \quad A_i \in GF(2^m). \qquad (7.2)$$

Für die Transformation benötigt man jedoch ein Element der Ordnung n, das natürlich in $GF(2)$ nicht vorhanden sein kann. Dieses benötigte Element kann nur aus einem Erweiterungskörper stammen, und damit sind auch die Komponenten A_i von A Elemente des Erweiterungskörpers. Aus Gründen der besseren Unterscheidbarkeit von Klein- und Großbuchstaben, sollen die Codevektoren nicht mit c bzw. C, sondern im Zeitbereich mit a und im Frequenzbereich mit A bezeichnet werden.

Primitive BCH-Codes $\mathcal{C}(n, k)$ können mit folgenden Parametern konstruiert werden:

> **Blocklänge:** $n = 2^m - 1$, für $m = 2, 3, 4, \ldots$
>
> **Prüfsymbole:** $n - k \leq mE,$
>
> **Minimaldistanz:** $d \geq 2E + 1.$

Ein solcher Code, der jedes Fehlermuster vom Gewicht E oder kleiner innerhalb der Codewortlänge $n = 2^m - 1$ korrigieren kann, wird ein E-Fehler korrigierender BCH-Code genannt.

Die Beschreibung der BCH-Codes kann ähnlich der RS-Codes im Frequenzbereich über eine vorgegebene Anzahl von verschwindenden benachbarten Frequenzen erfolgen, aber auch im Zeitbereich mit Hilfe des Generatorpolynoms. In den nachfolgenden Abschnitten wird auf beide Möglichkeiten eingegangen.

7.1.1   Definition mittels Generatorpolynom

Das Verständnis der BCH-Codes setzt Kenntnisse des Abschnittes 3.4 *Erweiterungskörper* und des Kapitels 6 *RS-Codes* voraus.

Der Bildung des Generatorpolynoms $g(x)$ geht folgende Überlegung voraus. Zu einer Komponente $A_i = 0$ eines Vektors A im Frequenzbereich gehören auch die konjugierten Komponenten $A_i^* = 0$. Der Komponente $A_i = 0$ im Frequenzbereich entspricht eine Nullstelle (Wurzel) im Zeitbereich und entsprechend den konjugierten Komponenten im Frequenzbereich auch konjugierte Wurzeln im Zeitbereich. Das Produkt dieser konjugierten Wurzeln erzeugt ein Minimalpolynom mit Koeffizienten aus $GF(2)$ gemäß den Gleichungen (3.22) und (3.24). Bilden wir nun einen Frequenzvektor derart, daß bestimmte aufeinanderfolgende Komponenten $A_i, A_{i-1}, \ldots$ identisch Null werden, so erzeugt das Produkt der zugehörigen Minimalpolynome das Generatorpolynom.

Definition 7.1 K_j *sind die Kreisteilungsklassen bezüglich einer Zahl* $n = 2^m - 1$, α *ein primitives Element der Ordnung* n *in* $GF(2^m)$, *und* $\mathcal{M}$ *die Vereinigungsmenge der Kreisklassen:* $\mathcal{M} = \{K_{j_1}, K_{j_2}, \ldots\}$. *Ein* PRIMITIVER BCH-CODE *der Länge* $n = 2^m - 1$ *ist bestimmt durch das Generatorpolynom:*

$$g(x) = \prod_{i \in \mathcal{M}} (x - \alpha^i) = m_{j_1}(x) \cdot m_{j_2}(x) \cdots, \quad g_i, m_i \in GF(2).$$

Gibt es $d - 1$ *aufeinanderfolgende Zahlen in* $\mathcal{M}$, *so ist die konstruierte Mindestdistanz (designed distance)* d. *Die tatsächlich erreichte Mindestdistanz kann größer sein.*

Die Definition des Generatorpolynoms eines BCH-Codes ist der Definition des Generatorpolynoms eines RS-Codes (s. Def. 6.2 auf Seite 164) sehr ähnlich. Lediglich müssen zusätzlich auch die konjugierten Frequenzen Null gesetzt werden, damit die Vektoren im Zeitbereich binär werden. In Definition 7.1 entsprechen die $d - 1$ aufeinanderfolgenden Zahlen im Frequenzbereich $d - 1$ aufeinanderfolgenden Frequenzen, die Null werden. Nach Satz 6.2 ist damit garantiert, daß das Gewicht eines Vektors im Zeitbereich $w(a) \geq d$ wird.

In Tabelle 7.1 sind alle konjugierten Wurzeln aus $GF(2^4)$ sowie die zugehörigen Minimalpolynome eingetragen. Der Erweiterungskörper $GF(2^4)$ wird durch das primitive Polynom $p(x) = 1 + x + x^4$ erzeugt.

Konjugierte Wurzeln	Minimalpolynome $m_i(x)$
0	x
$\alpha^0 = 1$	$m_0(x) = x + 1$
$\alpha^1, \alpha^2, \alpha^4, \alpha^8$	$m_1(x) = x^4 + x + 1$
$\alpha^3, \alpha^6, \alpha^9, \alpha^{12}$	$m_3(x) = x^4 + x^3 + x^2 + x + 1$
α^5, α^{10}	$m_5(x) = x^2 + x + 1$
$\alpha^7, \alpha^{11}, \alpha^{13}, \alpha^{14}$	$m_7(x) = x^4 + x^3 + 1$

Tabelle 7.1: Konjugierte Wurzeln und Minimalpolynome aus $GF(2^4)$

Beispiel 7.1 *In* $GF(2^4)$, *mit* $E = 1$, *bestimmt sich das Generatorpolynom des 1-Fehler korrigierenden BCH-Codes der Länge 15 durch:*

$$\begin{aligned} g(x) &= \prod_{i \in K_1} (x - \alpha^i) = m_1(x), \\ &= x^4 + x + 1. \end{aligned}$$

Die konstruierte Mindesdistanz ist $d = 3$, *da es in*

$$\mathcal{M} = K_1 = \{1, 2, 4, 8\}$$

zwei aufeinanderfolgende Zahlen gibt. Der durch $g(x)$ gegebene BCH-Code besitzt die Dimension $k = 15 - 4 = 11$ und somit 2048 Codewörter. ◇

Beispiel 7.2 *In $GF(2^4)$, mit $E = 2$, bestimmt sich das Generatorpolynom des 2-Fehler korrigierenden BCH-Codes der Länge 15 durch:*

$$
\begin{aligned}
g(x) \;&=\; \prod_{i \in K_1 \cup K_3} (x - \alpha^i) \;=\; m_1(x) \cdot m_3(x), \\
&=\; (x^4 + x + 1) \cdot (x^4 + x^3 + x^2 + x + 1), \\
&=\; x^8 + x^7 + x^6 + x^4 + 1.
\end{aligned}
$$

Die konstruierte Mindesdistanz ist $d = 5$, da es in

$$
\mathcal{M} = K_1 \cup K_3 = \{1, 2, 3, 4, 6, 8, 9, 12\}
$$

vier aufeinanderfolgende Zahlen gibt. Der durch $g(x)$ gegebene BCH-Code besitzt die Dimension $k = 15 - 8 = 7$ und somit 128 Codewörter. ◇

Beispiel 7.3 *In $GF(2^4)$, mit $E = 3$, bestimmt sich das Generatorpolynom des 3-Fehler korrigierenden BCH-Codes der Länge 15 durch:*

$$
\begin{aligned}
g(x) \;&=\; \prod_{i \in K_1 \cup K_3 \cup K_5} (x - \alpha^i) \;=\; m_1(x) \cdot m_3(x) \cdot m_5(x), \\
&=\; (x^4 + x + 1) \cdot (x^4 + x^3 + x^2 + x + 1) \cdot (x^2 + x + 1), \\
&=\; (x^8 + x^7 + x^6 + x^4 + 1) \cdot (x^2 + x + 1), \\
&=\; x^{10} + x^8 + x^5 + x^4 + x^2 + x + 1.
\end{aligned}
$$

Die konstruierte Mindesdistanz ist $d = 7$, da es in

$$
\mathcal{M} = K_1 \cup K_3 \cup K_5 = \{1, 2, 3, 4, 5, 6, 8, 9, 10, 12\}
$$

sechs aufeinanderfolgende Zahlen gibt. Der durch $g(x)$ gegebene BCH-Code besitzt die Dimension $k = 15 - 10 = 5$ und somit 32 Codewörter. ◇

Beispiel 7.4 *In $GF(2^4)$, mit $E = 7$, bestimmt sich das Generatorpolynom des 7-Fehler korrigierenden BCH-Codes der Länge 15 durch:*

$$
\begin{aligned}
g(x) \;&=\; \prod_{i \in K_1 \cup K_3 \cup K_5 \cup K_7} (x - \alpha^i) \;=\; m_1(x) \cdot m_3(x) \cdot m_5(x) \cdot m_7(x), \\
&=\; (x^{10} + x^8 + x^5 + x^4 + x^2 + x + 1) \cdot (x^4 + x^3 + 1), \\
&=\; x^{14} + x^{13} + x^{12} + x^{11} + x^{10} + x^9 + x^8 + x^7 + x^6 + x^5 + x^4 + x^3 + x^2 + x + 1.
\end{aligned}
$$

Die konstruierte Mindesdistanz ist $d = 15$, da es in

$$
\mathcal{M} = K_1 \cup K_3 \cup K_5 \cup K_7 = \{1, 2, 3, 4, 5, 6, 7, 8, 9, 10, 11, 12, 13, 14\}
$$

14 aufeinanderfolgende Zahlen gibt. Der durch $g(x)$ gegebene BCH-Code besitzt die Dimension $k = 15 - 14 = 1$. Dieser Code besitzt nur zwei Codewörter, zum einen das Nullwort und zum anderen das Einswort. Dieser BCH-Code ist zu einem einfachen Repetition-Code geworden. ◇

Es ist einsichtig, daß jeder 1-fehlerkorrigierende BCH-Code über $GF(2^m)$ das Generatorpolynom:

$$g(x) = m_1(x) \tag{7.3}$$

besitzt, da in K_1 die Zahlen 1 und 2 immer aufeinanderfolgend sind. Jeder 1-fehlerkorrigierende BCH-Code der Länge $2^m - 1$ ist ein Hamming-Code, denn α ist in $GF(2^m)$ ein primitives Element und $m_1(x)$ ein primitives Polynom mit $\mathrm{grad}\{m_1(x)\} = m$.

7.1.2 Definition mittels DFT

Bei binären BCH-Codes ist es wichtig festzuhalten, daß Codewörter im Zeitbereich Elemente aus $GF(2)$ und im Frequenzbereich aus $GF(2^m)$ besitzen. Die Codewortlänge $n = 2^m - 1$ ist immer ungerade, also gilt: $n \bmod 2 = 1$. In der Transformationsgleichung kann deshalb $n^{-1} = 1$ gesetzt werden:

$$A_i = a(x = \alpha^{-i}), \qquad a_j = A(x = \alpha^j). \tag{7.4}$$

Gilt: $A_i = 0$, so besitzt das Polynom $a(x)$ im Zeitbereich eine Wurzel α^{-i} d.h., $a(x)$ enthält den Faktor $(x - \alpha^{-i})$:

$$A_i = 0 \ = \ a(x = \alpha^{-i}). \tag{7.5}$$

Wegen Satz 3.10 auf Seite 62 gilt für Polynome über $GF(2)$:

$$
\begin{aligned}
A_{2i} &= a(x = \alpha^{-2i}) = a(x = (\alpha^{-i})^2) = (A_i)^2, \\
A_{4i} &= a(x = (\alpha^{-2i})^2) = (A_{2i})^2 = (A_i)^4, \\
A_{8i} &= a(x = (\alpha^{-4i})^2) = (A_{4i})^2 = (A_{2i})^4 = (A_i)^8.
\end{aligned}
$$

Allgemein gilt:

$$A_{(2^k i)} = (A_i)^{2^k}, \qquad k = 0, 1, 2, \ldots \tag{7.6}$$

Wenn mit der Transformationsbeziehung Codewortelemente $a_i \in GF(2)$ entstehen sollen, dann muß Beziehung (7.6) erfüllt sein. Hierdurch erhält ein Codewort zusätzlich die zu α^{-i} konjugierten Elemente als Wurzeln. Ein solches Codewort besitzt (siehe Abschnitt 7.1.1) im Zeitbereich nur Elemente aus $GF(2)$.

Definition 7.2 *Der* PRIMITIVE BCH-CODE C *mit der Länge $n = 2^m - 1$ und der konstruierten Mindestdistanz d ist bestimmt durch:*

$$C = \left\{ a \mid a_i = A(x = \alpha^i),\ A_{n-1} = \cdots = A_{n-(d-1)} = 0,\ \forall_i\, A_{(2^k i)} = (A_i)^{2^k} \right\}.$$

Vergleiche hierzu auch die Definition 6.2 der RS-Codes.

Beispiel 7.5 *Ein Codewort im Frequenzbereich eines BCH-Codes in $GF(2^3)$ mit $n = 2^3 - 1 = 7$ Stellen der $E = 1$ Fehler korrigieren kann, hat die Form:*

$$A = (A_0, A_1, A_2, A_3, A_4, A_5, A_6).$$

Mit Gleichung (7.6) folgt: $A_{(2^k 0)} = A_0 = (A_0)^{2^k}$. A_0 ist somit zu sich selbst konjugiert. Für A_0 können nur Elemente aus $GF(2^3)$ eingesetzt werden, die die Bedingung (7.6) erfüllen. Das sind die Elemente 0 und $\alpha^0 = 1$, wegen $0^2 = 0$ und $(\alpha^0)^2 = \alpha^0$, also zwei Informationen aus $GF(2^3)$; das entspricht dem Informationsgehalt einer Binärstelle (Bit).

Für A_1 ergeben sich die konjugierten Komponenten:

$$A_2 = (A_1)^2, \; A_4 = (A_2)^2 = (A_1)^4, \; A_{8 \bmod 7} = (A_1)^8 = A_1.$$

Alle Elemente aus $GF(2^3)$ erfüllen die Beziehung $(A_1)^8 = A_1$, da die Exponenten modulo-7 gerechnet werden ($8 \bmod 7 = 1$). Es lassen sich somit acht Elemente wählen. Diese repräsentieren 3 Bit Information.

Das gleiche gilt für die konjugierten Komponenten von A_3 :

$$A_3, A_{2 \cdot 3} = A_6, A_{4 \cdot 3} = A_{12 \bmod 7} = A_5, \qquad (A_{8 \cdot 3} = A_{24 \bmod 7} = A_3).$$

Die letzten $2E = 2$ Stellen sollen Null gesetzt werden: $A_6 = A_5 = 0$ und somit auch $A_3 = 0$. Als Information soll gewählt werden: $A_0 = \alpha^0 = 1$, $A_1 = \alpha^1$ und somit $A_2 = \alpha^2$, $A_4 = \alpha^4$:

$$A = (\alpha^0, \alpha^1, \alpha^2, 0, \alpha^4, 0, 0).$$

In Polynomform:

$$A(x) = \alpha^0 + \alpha^1 x + \alpha^2 x^2 + 0x^3 + \alpha^4 x^4 + 0x^5 + 0x^6.$$

Für die Transformation ist es hilfreich, die Elemente von $GF(2^3)$ aufzulisten. Sie ergeben sich durch das primitive Polynom $p(x) = 1 + x + x^3$:

$\alpha^0 \;=\; 1$	$\alpha^4 \;=\; \alpha + \alpha^2$	
$\alpha^1 \;=\; \alpha$	$\alpha^5 \;=\; \alpha^2 + \alpha^3 = 1 + \alpha + \alpha^2$	(7.7)
$\alpha^2 \;=\; \alpha^2$	$\alpha^6 \;=\; \alpha + \alpha^2 + \alpha^3 = 1 + \alpha^2$	
$\alpha^3 \;=\; 1 + \alpha$	$\alpha^7 \;=\; \alpha^0 = 1$	

Mit der Transformationsbeziehung $a_i = A(x = \alpha^i)$ erhält man die Codewortelemente a_i aus $GF(2) = \{0, 1\}$, wenn die Rechenregeln in Abschnitt 3.4.7 beachtet werden. Das Codewort a berechnet sich zu:

$$a = (1, 1, 0, 1, 0, 0, 0).$$

Das Codewortpolynom $a(x)$ entspricht dem Generatorpolynom $g(x) = 1 + x + x^3$ aus Beispiel 5.1. $\diamond$

Führt man für den $(7,4)$ BCH-Code aus Beispiel 7.5 eine vollständige Codierung durch, so ergibt sich die Tabelle 7.2.

Nr.	Frequenzbereich A							Zeitbereich a							Gewicht
i	A_0	A_1	A_2	A_3	A_4	A_5	A_6	a_0	a_1	a_2	a_3	a_4	a_5	a_6	$w(a_i)$
0	0	0	0	0	0	0	0	0	0	0	0	0	0	0	0
1	0	α^0	α^0	0	α^0	0	0	1	0	0	1	0	1	1	4
2	0	α^1	α^2	0	α^4	0	0	0	0	1	0	1	1	1	4
3	0	α^2	α^4	0	α^1	0	0	0	1	0	1	1	1	0	4
4	0	α^3	α^6	0	α^5	0	0	1	0	1	1	1	0	0	4
5	0	α^4	α^1	0	α^2	0	0	0	1	1	1	0	0	1	4
6	0	α^5	α^3	0	α^6	0	0	1	1	1	0	0	1	0	4
7	0	α^6	α^5	0	α^3	0	0	1	1	0	0	1	0	1	4
8	1	0	0	0	0	0	0	1	1	1	1	1	1	1	7
9	1	α^0	α^0	0	α^0	0	0	0	1	1	0	1	0	0	3
10	1	α^1	α^2	0	α^4	0	0	1	1	0	1	0	0	0	3
11	1	α^2	α^4	0	α^1	0	0	1	0	1	0	0	0	1	3
12	1	α^3	α^6	0	α^5	0	0	0	1	0	0	0	1	1	3
13	1	α^4	α^1	0	α^2	0	0	1	0	0	0	1	1	0	3
14	1	α^5	α^3	0	α^6	0	0	0	0	0	1	1	0	1	3
15	1	α^6	α^5	0	α^3	0	0	0	0	1	1	0	1	0	3

Tabelle 7.2: $(7,4)$ BCH-Code über $GF(2^3)$ mit $d = 3$

In der Tabelle 7.2 können einige wesentliche Merkmale von BCH-Codes erkannt werden. Für alle Codewörter A_i im Frequenzbereich gilt, daß sie gemeinsame Komponenten $A_j = 0$ besitzen. Im Beispiel sind dies $A_3 = A_5 = A_6 = 0$. Auch die anderen Frequenzen sind nicht frei wählbar. Ist A_1 gewählt, so sind $A_2 = A_1^2$ und $A_4 = A_2^2$ festgelegt. Im Beispiel kann also nur A_0 und A_1 gewählt werden. Im oberen Teil der Tabelle 7.2 sind die Codewörter mit $A_0 = 0$, und im unteren Teil sind die Codewörter mit $A_0 = 1$ angegeben. Weitere Wahlmöglichkeiten bestehen für A_0 wegen $A_{2 \cdot 0} = A_0^2$ nicht. Die Komponente A_1 kann alle acht Werte $\{0, 1, \alpha^1, \ldots, \alpha^6\}$ aus $GF(2^3)$ annehmen.

Die Codewörter a_i im Zeitbereich ergänzen sich paarweise zu $a_8 = (1,1,1,1,1,1,1)$. Beispielsweise $a_0 + a_8$, $a_1 + a_9$, usw. bis $a_7 + a_{15}$. Der Code ist auch zyklisch. Wird das Codewort aus Beispiel 7.5 (hier a_{10}) zyklisch nach rechts verschoben, so ergibt sich: $a_{10}^{(1)} = a_9$.

In Beispiel 7.5 ist die Anzahl s der konjugierten Frequenzen gleich der Anzahl der Informationsbits, die sie repräsentieren. Gilt für diese Zahl $s = m$, dann können alle Elemente aus $GF(2^m)$ als Information gewählt werden. Ist sie kleiner m, dann müssen die Elemente aus $GF(2^m)$ gefunden werden, die die Codebedingung erfüllen. Diese Elemente bilden dann einen Unterkörper $GF(2^s)$ von $GF(2^m)$.

Dieser Sachverhalt soll im folgenden Beispiel verdeutlicht werden.

Beispiel 7.6 *Es soll noch einmal der BCH-Code $C(15,7)$ in $GF(2^4)$ untersucht werden, der $E = 2$ Fehler korrigieren kann. Folgende Komponenten des Frequenzvektors A sind jeweils konjugiert zueinander:*

$$\begin{array}{ll} A_0 & (A_{2\cdot0} = A_0), \\ A_1, A_2, A_4, A_8 & (A_{16 \bmod 15} = A_1), \\ A_3, A_6, A_{12}, A_9 & (A_{18 \bmod 15} = A_3), \\ A_7, A_{14}, A_{13}, A_{11} & (A_{22 \bmod 15} = A_7), \\ A_5, A_{10} & (A_{20 \bmod 15} = A_5). \end{array}$$

Die Elemente, die für die konjugierten Frequenzen A_5 und A_{10} die Bedingung:

$$(A_5)^4 = A_{(4\cdot5 \bmod 15)} = A_5$$

erfüllen, sind: $0, \alpha^0, \alpha^5, \alpha^{10}$, denn:

$$\begin{array}{lll} 0^4 & = 0, & \\ (\alpha^0)^4 & = \alpha^{0\cdot4} & = \alpha^0, \\ (\alpha^5)^4 & = \alpha^{20 \bmod 15} & = \alpha^5, \\ (\alpha^{10})^4 & = \alpha^{40 \bmod 15} & = \alpha^{10}. \end{array}$$

Diese Elemente bilden einen Unterkörper $GF(2^2)$ von $GF(2^4)$. Dieser Unterkörper kann durch ein Element der Ordnung $n = 2^2 - 1 = 3$ erzeugt werden. Ein Element der Ordnung 3 ist α^5:

$$(\alpha^5)^0 = \alpha^0, \quad (\alpha^5)^1 = \alpha^5, \quad (\alpha^5)^2 = \alpha^{10}, \quad (\alpha^5)^3 = \alpha^0.$$

Die letzten $2E = 4$ Frequenzen sollen Null sein: $A_{14} = A_{13} = A_{12} = A_{11} = 0$ und somit auch die konjugierten Frequenzen: $A_7 = A_3 = A_6 = A_9 = 0$. Ein Codewort A im Frequenzbereich hat folgenden Aufbau:

A_0	A_1	A_1^2	0	A_1^4	A_5	0	0	A_1^8	0	A_5^2	0	0	0	0
0	1	2	3	4	5	6	7	8	9	10	11	12	13	14

Als Information soll gewählt werden:

$$\begin{array}{ll} A_0 & = 0, \\ A_1 & = \alpha^2, \; A_2 = \alpha^4, \; A_4 = \alpha^8, \; A_8 = \alpha^{16} = \alpha^1, \\ A_5 & = \alpha^5, \; A_{10} = \alpha^{10}, \\ A & = (0, \, \alpha^2, \, \alpha^4, \, 0, \, \alpha^8, \, \alpha^5, \, 0, \, 0, \, \alpha^1, \, 0, \, \alpha^{10}, \, 0, \, 0, \, 0, \, 0). \end{array}$$

Das Codewort im Zeitbereich berechnet sich durch Transformation $a_i = A(x = \alpha^i)$:

$$a = (1, 0, 0, 1, 0, 1, 1, 0, 0, 0, 0, 1, 0, 1, 0).$$

Wie erwartet gilt für das Gewicht des Codewortes: $w(a) \geq d = 5$. ◇

Beispiel 7.7 *Für den 2-Fehlerkorrigierenden BCH-Code $C(15, 7)$ aus Beispiel 7.6 soll das Generatorpolynom aus der Kenntnis der verschwindenden Frequenzen bestimmt werden. Das Generatorpolynom im Zeitbereich muß die folgenden Linearfaktoren enthalten:*

$$
\begin{aligned}
g(x) &= (x - \alpha^{-14})(x - \alpha^{-13})(x - \alpha^{-11})(x - \alpha^{-7}) \cdot \\
&\quad \cdot (x - \alpha^{-12})(x - \alpha^{-9})(x - \alpha^{-6})(x - \alpha^{-3}), \\
&= (x - \alpha^1)(x - \alpha^2)(x - \alpha^3)(x - \alpha^4)(x - \alpha^6)(x - \alpha^8)(x - \alpha^9)(x - \alpha^{12}), \\
&= x^8 + x^7 + x^6 + x^4 + 1 = m_1(x) \cdot m_3(x).
\end{aligned}
$$

Das Ergebnis entspricht der Definition 7.1. ◇

7.1.3 Codierung von BCH-Codes

Die Codierung von BCH-Codes im Zeitbereich erfolgt mit Hilfe des Generatorpolynoms in gleicher Weise wie die Codierung für lineare Codes in Kapitel 4.

Jedes Codewort $a(x) = a_0 + a_1 x + a_2 x^2 + \cdots + a_{n-1} x^{n-1}$ wird als Vielfaches des Generatorpolynoms $g(x)$ berechnet. Dies kann in der unsystematischen Form durch einfache Multiplikation mit einem Informationspolynom $i(x)$ geschehen:

$$a(x) = i(x) \cdot g(x), \tag{7.8}$$

oder in der systematischen Form mittels Division der verschobenen Information $i(x) \cdot x^{n-k}$ durch $g(x)$:

$$a(x) = i(x) \cdot x^{n-k} + r(x) = q(x) \cdot g(x), \tag{7.9}$$

wobei gilt: $\mathrm{grad}\{a(x)\} \leq \mathrm{grad}\{i(x)\} + \mathrm{grad}\{g(x)\} \iff n - 1 \leq k - 1 + m$.

Der Grad m des Generatorpolynoms entspricht der Anzahl der Prüfstellen. Aufgrund der Konstruktion des Generatorpolynoms als Produkt von Wurzeln der Minimalpolynome (vgl. Def. 7.1) ist erkennbar, daß die Anzahl der Prüfstellen gleich der Anzahl der Wurzeln des Generatorpolynoms ist. Die erforderliche Anzahl von Prüfstellen m ist durch die designte Korrekturfähigkeit von E Fehlern festgelegt.

Beispiel 7.8 *Berechnung der Anzahl der Prüfstellen für einen BCH-Code mit* $n = 15$, *der* $E = 3$ *Fehler korrigieren kann. Werden die letzten* $2E = 6$ *Elemente im Frequenzbereich und die zugehörigen konjugierten Komponenten Null gesetzt, so ergeben sich aus Tabelle 7.1 drei Mengen von Wurzeln:*

$$\{\alpha^1, \alpha^2, \alpha^4, \alpha^8\} \cup \{\alpha^3, \alpha^6, \alpha^9, \alpha^{12}\} \cup \{\alpha^5, \alpha^{10}\}.$$

Mit diesen $4 + 4 + 2 = 10$ *Wurzeln werden* $m = 10$ *Prüfstellen benötigt.*　　◇

Es müssen nicht unbedingt die letzten $2E$ Elemente im Frequenzbereich zu Null gewählt werden. Es können beliebige $2E$ aufeinanderfolgende Elemente sein. Häufig werden in der Literatur auch die Elemente $A_1, A_2, \ldots$ usw. gewählt.

7.1.4　Prüfmatrix von BCH-Codes

Nach Definition 7.1 berechnet sich das Generatorpolynom $g(x)$ als Produkt der Wurzeln bestimmter Minimalpolynome:

$$g(x) = \prod_{i \in \mathcal{M}} (x - \alpha^i) = m_{j_1}(x) \cdot m_{j_2}(x) \cdots, \quad g_i, m_i \in GF(2).$$

Ist α^i eine Wurzel des Generatorpolynoms $g(\alpha^i) = 0$, so ist es auch eine Wurzel des Codewortpolynoms $a(x)$, das immer ein Vielfaches: $a(x) = q(x)g(x)$ des Generatorpolynoms ist:

$$a(x = \alpha^i) = a_0 + a_1\alpha^i + a_2\alpha^{2i} + \cdots + a_{n-1}\alpha^{(n-1)i} = 0. \tag{7.10}$$

Die Gleichung (9.43) kann auch in Matrizenform gebracht werden:

$$(a_0, a_1, a_2, \cdots, a_{n-1}) \cdot \begin{pmatrix} 1 \\ \alpha^i \\ \alpha^{2i} \\ \vdots \\ \alpha^{(n-1)i} \end{pmatrix} = 0, \qquad \text{für } 1 \leq i \leq 2E. \tag{7.11}$$

Die Gleichung (7.11) läßt sich in die gewohnte Form: $\boldsymbol{H} \cdot \boldsymbol{a}^{(T)} = \boldsymbol{0}$ (vgl. RS-Codes Gl. 6.30) mit der Prüfmatrix umschreiben:

$$\underbrace{\begin{pmatrix} 1 & \alpha & \alpha^2 & \cdots & \alpha^{n-1} \\ 1 & \alpha^2 & (\alpha^2)^2 & \cdots & (\alpha^2)^{n-1} \\ \vdots & \vdots & \vdots & & \vdots \\ 1 & \alpha^{2E} & (\alpha^{2E})^2 & \cdots & (\alpha^{2E})^{n-1} \end{pmatrix}}_{\boldsymbol{H}} \cdot \begin{pmatrix} a_0 \\ a_1 \\ \vdots \\ a_{n-1} \end{pmatrix} = \boldsymbol{0}. \tag{7.12}$$

Im Unterschied zu den RS-Codes braucht das Minuszeichen von Gleichung (6.30) hier nicht beachtet werden, da nur primitive BCH-Codes über $GF(2^m)$ betrachtet werden, bei denen die Addition modulo-2 erfolgt.

Die Gleichung (7.12) kann noch etwas vereinfacht werden, da die Zeilen in denen nur konjugierte Elemente zu bereits vorhandenen Zeilen auftreten, keinen Informationsbeitrag leisten:

$$\underbrace{\begin{pmatrix} 1 & \alpha & \alpha^2 & \cdots & \alpha^{n-1} \\ 1 & \alpha^3 & (\alpha^3)^2 & \cdots & (\alpha^3)^{n-1} \\ 1 & \alpha^5 & (\alpha^5)^2 & \cdots & (\alpha^5)^{n-1} \\ \vdots & \vdots & \vdots & & \vdots \\ 1 & \alpha^{2E-1} & (\alpha^{2E-1})^2 & \cdots & (\alpha^{2E-1})^{n-1} \end{pmatrix}}_{H} \cdot \begin{pmatrix} a_0 \\ a_1 \\ a_2 \\ \vdots \\ a_{n-1} \end{pmatrix} = 0. \qquad (7.13)$$

H ist die Prüfmatrix eines E-fehlerkorrigierenden BCH-Codes. Die Prüfgleichung lautet in der schon aus Kapitel 4 bekannten Kurzform:

$$H \cdot a^{(T)} = 0.$$

Beispiel 7.9 *Betrachten wir erneut den 2-fehlerkorrigierenden BCH-Code $C(15,7)$ über $GF(2^4)$. Ist α ein primitives Element in $GF(2^4)$, so lautet H nach Gleichung (7.12):*

$$H = \begin{pmatrix} 1 & \alpha & \alpha^2 & \alpha^3 & \alpha^4 & \alpha^5 & \alpha^6 & \alpha^7 & \alpha^8 & \alpha^9 & \alpha^{10} & \alpha^{11} & \alpha^{12} & \alpha^{13} & \alpha^{14} \\ 1 & \alpha^2 & \alpha^4 & \alpha^6 & \alpha^8 & \alpha^{10} & \alpha^{12} & \alpha^{14} & \alpha^1 & \alpha^3 & \alpha^5 & \alpha^7 & \alpha^9 & \alpha^{11} & \alpha^{13} \\ 1 & \alpha^3 & \alpha^6 & \alpha^9 & \alpha^{12} & 1 & \alpha^3 & \alpha^6 & \alpha^9 & \alpha^{12} & 1 & \alpha^3 & \alpha^6 & \alpha^9 & \alpha^{12} \\ 1 & \alpha^4 & \alpha^8 & \alpha^{12} & \alpha^1 & \alpha^5 & \alpha^9 & \alpha^{13} & \alpha^2 & \alpha^6 & \alpha^{10} & \alpha^{14} & \alpha^3 & \alpha^7 & \alpha^{11} \end{pmatrix}.$$

Mit der Vereinfachung nach Gleichung (7.13) folgt:

$$H = \begin{pmatrix} 1 & \alpha & \alpha^2 & \alpha^3 & \alpha^4 & \alpha^5 & \alpha^6 & \alpha^7 & \alpha^8 & \alpha^9 & \alpha^{10} & \alpha^{11} & \alpha^{12} & \alpha^{13} & \alpha^{14} \\ 1 & \alpha^3 & \alpha^6 & \alpha^9 & \alpha^{12} & 1 & \alpha^3 & \alpha^6 & \alpha^9 & \alpha^{12} & 1 & \alpha^3 & \alpha^6 & \alpha^9 & \alpha^{12} \end{pmatrix}.$$

Hierbei wurde ausgenutzt, daß $\alpha^{15} = 1$ gilt. Wollen wir die Prüfmatrix in binärer Form darstellen, so müssen die α^i durch binäre Viertupel gemäß Tabelle 3.20 auf Seite 59 ersetzt werden:

$$H = \left(\begin{array}{ccccccccccccccc} 0 & 0 & 0 & 1 & 0 & 0 & 1 & 1 & 0 & 1 & 0 & 1 & 1 & 1 & 1 \\ 0 & 0 & 1 & 0 & 0 & 1 & 1 & 0 & 1 & 0 & 1 & 1 & 1 & 1 & 0 \\ 0 & 1 & 0 & 0 & 1 & 1 & 0 & 1 & 0 & 1 & 1 & 1 & 1 & 0 & 0 \\ 1 & 0 & 0 & 0 & 1 & 0 & 0 & 1 & 1 & 0 & 1 & 0 & 1 & 1 & 1 \\ \hline 0 & 1 & 1 & 1 & 1 & 0 & 1 & 1 & 1 & 1 & 0 & 1 & 1 & 1 & 1 \\ 0 & 0 & 1 & 0 & 1 & 0 & 0 & 1 & 0 & 1 & 0 & 0 & 1 & 0 & 1 \\ 0 & 0 & 0 & 1 & 1 & 0 & 0 & 0 & 1 & 1 & 0 & 0 & 0 & 1 & 1 \\ 1 & 0 & 0 & 0 & 1 & 1 & 0 & 0 & 0 & 1 & 1 & 0 & 0 & 0 & 1 \end{array} \right).$$

$\diamond$

7.1.5   Syndromberechnung bei BCH-Codes

Treten bei der Übertragung eines Codewortes a Fehler auf, so wird ein fehlerbehafteter Vektor r empfangen:

$$r = a + f. \tag{7.14}$$

Der Vektor f repräsentiert die aufgetretenen Fehler. Wird r mit der Prüfmatrix multipliziert:

$$\begin{aligned}
H \cdot r^{(T)} &= H \cdot \left(a^{(T)} + f^{(T)}\right), \\
&= H \cdot a^{(T)} + H \cdot f^{(T)}, \\
&= 0 + H \cdot f^{(T)}, \\
&= S^{(T)}, \tag{7.15}
\end{aligned}$$

so stellt das Ergebnis nur den Einfluß des Fehlers dar. Im Unterschied zu den RS-Codes wird das Syndrom S wie folgt bezeichnet:

$$S^{(BCH)} = (S_1, S_2, S_3, \dots, S_{2E}). \tag{7.16}$$

Beispiel 7.10 *Wegen $H \cdot a^{(T)} = 0$ ist der Nullvektor $a = 0$ auf jeden Fall ein gültiges Codewort. Dieses Codewort soll nun an den Stellen mit Index drei und sieben verfälscht werden:*

$$r = (0, 0, 0, 1, 0, 0, 0, 1, 0, 0, 0, 0, 0, 0, 0).$$

Das Syndrom errechnet sich mit der Prüfmatrix aus Gleichung (7.13) zu:

$$S^{(BCH)}_{kurz} = (S_1, S_3) = \left(\alpha^3 + \alpha^7, \alpha^9 + \alpha^6\right) = \left(\alpha^4, \alpha^5\right).$$

Das Ergebnis lautet: $S_1 = \alpha^4$ und $S_3 = \alpha^5$. Die fehlenden Syndromkomponenten ergeben sich durch quadrieren von S_1. $S_2 = S_1^2 = \alpha^8$ und $S_4 = S_2^2 = \alpha^1$. Das vollständige Syndrom ist somit berechnet: $S^{(BCH)} = (\alpha^4, \alpha^8, \alpha^5, \alpha)$.   ◇

Erinnern wir uns an die Codevektordarstellung A im Frequenzbereich (vgl. Beispiel 7.6), so wird deutlich, daß diese $2E$ Syndromkomponenten den $2E$ letzten Stellen des transformierten Empfangsvektors R entsprechen müssen:

$$\begin{aligned}
R &= A + F, \tag{7.17} \\
A &= (A_0, A_1, A_2, \dots, A_{n-1-2E}, 0, 0, \dots, 0), \tag{7.18} \\
F &= (F_0, F_1, F_2, \dots, F_{n-1-2E}, \dots, F_{n-1}). \tag{7.19}
\end{aligned}$$

Berechnen wir die letzten $2E$ Stellen von R mit Hilfe der DFT $R_i = r(x = \alpha^{-i})$, so ergibt sich unter Berücksichtigung von $\alpha^n = 1$:

$$\boxed{\begin{aligned}
S^{(BCH)} &= (S_1, S_2 \dots, S_{2E}) \quad \text{mit} \\
S_1 &= R_{n-1} = r(x = \alpha^{-(n-1)}) = r(x = \alpha^1), \\
S_2 &= R_{n-2} = r(x = \alpha^{-(n-2)}) = r(x = \alpha^2), \\
&\quad\vdots \qquad\quad\vdots \qquad\qquad\quad\vdots \\
S_{2E} &= R_{n-2E} = r(x = \alpha^{-(n-2E)}) = r(x = \alpha^{2E}).
\end{aligned}} \tag{7.20}$$

Es ist ersichtlich, daß sich jede Komponente S_i des Syndroms wie folgt aus dem Codewortpolynom $r(x)$ berechnen läßt:

$$S_i = r(\alpha^i). \tag{7.21}$$

Die einfache Darstellung des Syndroms nach Gleichung (7.21) begründet die in Gleichung (7.16) gewählte Schreibweise. An dieser Stelle ist festzustellen, daß das Syndrom der BCH-Codes $S^{(BCH)} = (S_1, S_2, \ldots, S_{2E})$ in der Reihenfolge der Komponenten nicht dem Syndrom $S^{(RS)}$ der RS-Codes entspricht, denn dort gilt:

$$
\begin{array}{|lllll|}
\hline
\multicolumn{5}{|c|}{S^{(RS)} = (S_0, S_1, \ldots, S_{2E-1}) \qquad \text{mit}} \\
\hline
S_{2E-1} & = R_{n-1} & = r(x = z^{-(n-1)}) & = r(x = z^1) \\
S_{2E-2} & = R_{n-2} & = r(x = z^{-(n-2)}) & = r(x = z^2) \\
\vdots & \vdots & & \vdots \\
S_0 & = R_{n-2E} & = r(x = z^{-(n-2E)}) & = r(x = z^{2E}) \\
\hline
\end{array}
\tag{7.22}
$$

Diese andere Schreibweise[1] muß berücksichtigt werden, wenn die gleichen Lösungsverfahren zur Bestimmung der Fehlerstellen benutzt werden sollen wie bei den RS-Codes. Mit Hilfe der Gleichungen (7.20) und (7.22) ist eine Umrechnung von $S^{(BCH)}$ nach $S^{(RS)}$ problemlos.

Beispiel 7.11 *Für die Bestimmung der Fehlerstelle eines 1-fehlerkorrigierenden BCH-Codes über $GF(2^3)$ gehen wir von einem Codewort im Frequenzbereich aus:*

$$a = (1, 1, 0, 1, 0, 0, 0) \circ\!\!-\!\!\bullet\ A = (\alpha^0, \alpha^1, \alpha^2, 0, \alpha^4, 0, 0).$$

Empfangen wird der Vektor r:

$$r = (0, 1, 0, 1, 0, 0, 0) \circ\!\!-\!\!\bullet\ R = (0, \alpha^3, \alpha^6, \alpha^0, \alpha^5, \underbrace{\alpha^0, \alpha^0}_{S}).$$

Durch Transformation:

$$R_j = r(x = \alpha^{-j}) \quad \Longleftrightarrow\quad R_{n-j} = r(x = \alpha^j)$$

kann R ermittelt werden. Für die Fehlerstellenberechnung sind jedoch nur die beiden letzten Stellen wichtig:

$$S(x) = \alpha^0 + x\alpha^0 = 1 + x.$$

Gemäß der Gleichung (6.93) in der Definition 6.4 der Schlüsselgleichung bestimmt sich das Fehlerstellenpolynom $C(x)$ durch $C_0 \cdot S_1 + S_0 = 0$ zu:

$$C(x) = 1 + x.$$

Durch Einsetzen der Elemente von $GF(2^3)$ kann die Nullstelle des Polynoms ermittelt werden. $C(x = \alpha^0 = 1) = 0$ bedeutet, daß die Stelle von r mit Index Null die gesuchte Fehlerstelle ist.   ◇

---

[1]In der Fachliteratur finden sich diese unterschiedlichen Schreibweisen wieder. Je nachdem wie die DFT definiert ist, ergeben sich Vorteile für die eine oder andere Schreibweise.

Eine Fehlerwertberechnung erübrigt sich bei binären Codes, da der Fehlerwert immer Eins sein muß.

Beispiel 7.12 *Für die Bestimmung der Fehlerstellen eines 2-fehlerkorrigierenden BCH-Codes über* $GF(2^4)$ *gehen wir von dem Syndrom aus Beispiel 7.10 aus:*

$$S^{(BCH)} = (S_1, S_2, S_3, S_4) = (R_{14}, R_{13}, R_{12}, R_{11}) = (\alpha^4, \alpha^8, \alpha^5, \alpha).$$

Soll wieder eine Lösung gemäß der Gleichung (6.93) in der Definition 6.4 der Schlüsselgleichung für RS-Codes bestimmt werden, muß lediglich die Reihenfolge der Syndromkomponenten geändert werden:

$$S^{(RS)} = (S_0, S_1, S_2, S_3) = (R_{11}, R_{12}, R_{13}, R_{14}) = (\alpha, \alpha^5, \alpha^8, \alpha^4).$$

Da wir aus Beipiel 7.10 wissen, daß zwei Fehler aufgetreten sind, soll die Schlüsselgleichung direkt für $e = E = 2$ *gelöst werden:*

$$C_0 S_2 + C_1 S_1 + S_0 = 0,$$
$$C_0 S_3 + C_1 S_2 + S_1 = 0,$$

$$\begin{pmatrix} \alpha^8 & \alpha^5 \\ \alpha^4 & \alpha^8 \end{pmatrix} \cdot \begin{pmatrix} C_0 \\ C_1 \end{pmatrix} = \begin{pmatrix} \alpha \\ \alpha^5 \end{pmatrix}.$$

Multiplizieren der zweiten Zeile mit α^4 *und Subtraktion von der ersten Zeile liefert die Lösung* $C_1 = \alpha^4$. *Die Lösung* $C_0 = \alpha^{10}$ *erhalten wir beispielsweise durch Einsetzen von* C_1 *in die erste Zeile. Für die notwendigen Additionen in* $GF(2^4)$ *sei auf Tabelle in Beispiel 3.20 verwiesen. Das Fehlerstellenpolynom lautet:*

$$C(x) = \alpha^{10} + \alpha^4 x + x^2.$$

Durch Einsetzen der Elemente von $GF(2^4)$ *können die Nullstellen des Polynoms ermittelt werden:*

$$C(x = \alpha^3) = \alpha^{10} + \alpha^7 + \alpha^6 = 0,$$
$$C(x = \alpha^7) = \alpha^{10} + \alpha^{11} + \alpha^{14} = 0.$$

Die Stellen von r *mit Index drei und sieben sind die gesuchten Fehlerstellen.* ◇

7.1.6 Syndromberechnung durch Division

Für BCH-Codes kann ein weiterer Weg zur Ermittlung des Syndroms mit Hilfe der Minimalpolynome $m_i(x)$ gezeigt werden, wobei $m_i(x)$ das Minimalpolynom von α^i ist. Aus Gleichung (5.39) in Abschnitt 5.5 ist bekannt, daß das Syndrom durch die Division von $r(x)$ durch $g(x)$:

$$r(x) = q(x) \cdot g(x) + s(x)$$

berechnet werden kann. Da nach der Definition 7.1 das Generatorpolynom durch ein Vielfaches der Minimalpolynome $m_i(x)$ gebildet wird, deren Wurzeln das Syndrom $S(x)$ festlegt, gilt:

$$r(x) = a_i(x) \cdot m_i(x) + b_i(x). \tag{7.23}$$

Das Polynom $b_i(x)$ ist der Rest der Division. Ein Gradvergleich von $b_i(x)$ und $m_i(x)$ ergibt: $\operatorname{grad} b_i(x) < m_i(x)$. Wird berücksichtigt, daß gilt:

$$m_i(\alpha^i) = 0,$$

so ergibt sich nach Gleichung (7.21):

$$S_i = r(\alpha^i) = a_i(\alpha^i) \cdot 0 + b_i(\alpha^i) = b_i(\alpha^i). \tag{7.24}$$

Das in Beispiel 7.10 ermittelte Syndrom soll nun nach Gleichung (7.24) berechnet werden. Die zwei benötigten Minimalpolynome zur Berechnung von $S_{kurz}^{(BCH)} = (S_1, S_3)$ sind $m_1(x)$ und $m_3(x)$. Nach Tabelle 7.1 gilt:

$$\begin{aligned} m_1(x) &= x^4 + x + 1, \\ m_3(x) &= x^4 + x^3 + x^2 + x + 1. \end{aligned}$$

Beispiel 7.13 *Zur Syndromberechnung durch Division wird das verfälschte Codewortpolynom* $r(x) = x^7 + x^3$ *zunächst durch* $m_1(x)$ *dividiert:*

$$\frac{r(x)}{m_1(x)} \implies \left\{ \begin{array}{rcl} x^7 + x^3 & : \ x^4 + x^1 + 1 = x^3 + 1 \\ \underline{x^7 + x^4 + x^3} & \\ x^4 & \\ \underline{x^4 + x^1 + 1} & \\ x^1 + 1 = b_1(x), \end{array} \right.$$

$$
\frac{r(x)}{m_3(x)} \implies \left\{
\begin{array}{l}
x^7 + x^3 \qquad\qquad : x^4 + x^3 + x^2 + x^1 + 1 = x^3 + x^2 \\
\underline{x^7 + x^6 + x^5 + x^4 + x^3} \\
\qquad x^6 + x^5 + x^4 \\
\qquad \underline{x^6 + x^5 + x^4 + x^3 + x^2} \\
\qquad\qquad\qquad\qquad x^3 + x^2 = b_3(x).
\end{array}
\right.
$$

Die Komponenten des Syndroms berechnen sich nun nach Gleichung (7.24) mit den ermittelten Divisionsresten b_i:

$$
\begin{aligned}
S_1 &= b_1(\alpha^1) = (\alpha^1)^1 + 1 = \alpha^1 + 1 = \alpha^4, \\
S_3 &= b_3(\alpha^3) = (\alpha^3)^3 + (\alpha^3)^2 = \alpha^9 + \alpha^6 = \alpha^5.
\end{aligned}
$$

Die Additionen der α^i erfolgen nach der Tabelle aus Beispiel 3.20 auf Seite 59. Die fehlenden Syndromfrequenzen S_j können durch quadrieren oder durch Einsetzen des entsprechenden α^j in $b_i(x)$ bestimmt werden:

$$
\begin{aligned}
S_2 &= S_1^2 = b_1(\alpha^2) = (\alpha^2)^1 + 1 = \alpha^2 + 1 = \alpha^8, \\
S_4 &= S_2^2 = b_1(\alpha^4) = (\alpha^4)^1 + 1 = \alpha^4 + 1 = \alpha^1.
\end{aligned}
$$

Das vollständige Syndrom lautet somit: $\boldsymbol{S}^{(BCH)} = (S_1, S_2, S_3, S_4) = (\alpha^4, \alpha^8, \alpha^5, \alpha^1)$. $\qquad\qquad\diamond$

Auch bei BCH-Codes besteht ein weiteres Problem darin, aus einem Syndrom den Fehlervektor zu bestimmen. So besitzt der Fehlervektor:

$$
\boldsymbol{f} = (1,0,0,0,0,0,0,0,0,0,0,0,0,0,0)
$$

dasselbe Syndrom:

$$
\boldsymbol{S} = (1,1,1,1),
$$

wie der Fehlervektor:

$$
\boldsymbol{f} = (0,1,1,0,1,0,0,0,1,0,0,0,0,0,0).
$$

Bei 2^m unterschiedlichen Fehlervektoren, die dasselbe Syndrom $\boldsymbol{S}$ besitzen, ist die Decodierentscheidung nur eindeutig, wenn der Fehlervektor mit geringstem Gewicht gewählt wird. Ein Decodieralgorithmus, der dieses gewährleistet, ist z.B. der Euklidsche-Divisions-Algorithmus.

7.2   Decodierung von BCH-Codes mit dem EDA

In diesem Abschnitt wird der Euklidsche Divisions-Algorithmus (siehe Abschnitt 6.3.5) auf die Decodierung von BCH-Codes angewendet. Der Ablauf des Algorithmusses ist im Flußdiagramm (siehe Abb. 6.9) für RS-Codes dargestellt. Für BCH-Codes ergibt sich nur insofern eine Veränderung, als auf die Berechnung des Fehlerwertpolynoms $T(x)$ verzichtet werden kann. Das mit $n_j(x)$ bezeichnete Polynom in der Schleife des Algorithmusses braucht nicht berechnet werden.

Für das Syndrom aus Beispiel 7.13 $S^{(BCH)} = (S_1, S_2, S_3, S_4) = (\alpha^4, \alpha^8, \alpha^5, \alpha^1)$ soll das Fehlerstellenpolynom berechnet werden.

Beispiel 7.14 *Zunächst wird das BCH-Syndrom in die Reihenfolge des RS-Syndrom gebracht:*

$$S^{(BCH)} = (\alpha^4, \alpha^8, \alpha^5, \alpha^1) \implies S^{(RS)} = (\alpha^1, \alpha^5, \alpha^8, \alpha^4) = (R_{11}, R_{12}, R_{13}, R_{14}).$$

$$\boxed{1.\ Division\ x^{2E} \div S(x)}$$

$$
\begin{array}{l}
x^4 \qquad\qquad \div\ x^3\alpha^4 + x^2\alpha^8 + x\alpha^5 + \alpha = x\alpha^{11} + 1 \\
\underline{+\ x^4 + x^3\alpha^4 + x^2\alpha + x\alpha^{12}} \\
\qquad\quad x^3\alpha^4 + x^2\alpha + x\alpha^{12} \\
\qquad\underline{+\ x^3\alpha^4 + x^2\alpha^8 + x\alpha^5 + \alpha} \\
\qquad\qquad\quad x^2\alpha^{10} + x\alpha^{14} + \alpha,
\end{array}
$$

$$
\begin{array}{rl}
r_{-1}(x) =\ & q_1(x) \cdot r_0(x) + r_1(x) \iff \\
x^4 =\ & (x\alpha^{11} + 1) \cdot (x^3\alpha^4 + x^2\alpha^8 + x\alpha^5 + \alpha) + (x^2\alpha^{10} + x\alpha^{14} + \alpha),
\end{array}
$$

$$\boxed{2.\ Division\ S(x) \div r_1(x)}$$

$$
\begin{array}{l}
x^3\alpha^4 + x^2\alpha^8 + x\alpha^5 + \alpha \div x^2\alpha^{10} + x\alpha^{14} + \alpha = x\alpha^9 \\
\underline{+\ x^3\alpha^4 + x^2\alpha^8 + x\alpha^{10}} \\
\qquad\qquad\qquad x + \alpha,
\end{array}
$$

$$
\begin{array}{rl}
r_0(x) =\ & q_2(x) \cdot r_1(x) + r_2(x) \iff \\
x^3\alpha^4 + x^2\alpha^8 + x\alpha^5 + \alpha =\ & x\alpha^9 \cdot (x^2\alpha^{10} + x\alpha^{14} + \alpha) + (x + \alpha).
\end{array}
$$

Hier bricht das Verfahren ab, denn $r_2 = x + \alpha$ ist vom Grad kleiner als zwei (grad $r_2 < E = 2$). Für die Darstellung der Reste $r_j(x) = a(x)m_j(x) + b(x)n_j(x)$

gemäß des Satzes 6.6 *folgt:*

$$\boxed{m_j(x) = m_{j-2}(x) - q_j(x)m_{j-1}(x)} \qquad \boxed{n_j(x) = n_{j-2}(x) - q_j(x)n_{j-1}(x)}$$

$$
\begin{aligned}
m_{-1}(x) &= & 0, & \qquad n_{-1}(x) &= & 1, \\
m_0(x) &= & 1, & \qquad n_0(x) &= & 0, \\
m_1(x) &= & (x\alpha^{11}+1), & \qquad n_1(x) &= & 1, \\
m_2(x) &= & 1 + x\alpha^9(x\alpha^{11}+1), & \qquad n_2(x) &= & x\alpha^9, \\
&= & 1 + x\alpha^9 + x^2\alpha^5 = C(x), & \qquad &= & T(x).
\end{aligned}
$$

Damit ist das Fehlerstellenpolynom $C(x)$ *und das Fehlerwertpolynom* $T(x)$ *bestimmt:*

$$C(x) = 1 + x\alpha^9 + x^2\alpha^5 \quad \text{und} \quad T(x) = x\alpha^9.$$

Ein Vergleich mit Beispiel 7.12 ($C(x) = \alpha^{10} + \alpha^4 x + x^2$) *zeigt einen kleinen Unterschied auf. Das Polynom* $C(x)$ *in Beispiel 7.14 wurde nicht normiert. Es weist nur zufällig den Koeffizienten* $C_0 = 1$ *auf. Durch Ausklammern des Faktors* α^5 *kann gezeigt werden:*

$$
\begin{aligned}
C(x) &= 1 + x\alpha^9 + x^2\alpha^5 = \alpha^5(\alpha^{10} + \alpha^4 x + x^2), \\
&= \alpha^5 \cdot (x + \alpha^3)(x + \alpha^7),
\end{aligned}
$$

daß die Polynome $C_u(x) = 1 + x\alpha^4 + x^2\alpha^5$ *und* $C_o(x) = \alpha^{10} + \alpha^4 x + x^2$ *dieselben Nullstellen besitzen.* $\diamond$

7.2.1 Gewichtsverteilung binärer BCH-Codes

Die Gewichtsverteilung ist nur für wenige BCH-Codes bekannt. Zu ihnen gehören die 2- und 3-fehlerkorrigierenden BCH-Codes sowie einige niederratige Codes. Für die anderen BCH-Codes konnte bisher die Gewichtsverteilung nicht angegeben werden. Die Berechnung der Gewichtsverteilung von 2- und 3-fehlerkorrigierenden BCH-Codes geschieht über die Berechnung der Gewichtsverteilung der dualen Codes (siehe Abschnitt 4.5.2). Mit Hilfe der MacWilliams Identität (siehe Abschnitt 4.8) kann dann die Gewichtsverteilung der BCH-Codes berechnet werden.

Die Ergebnisse sind in den nachfolgenden Gleichungen (7.25) bis (7.28) angegeben. Sie stammen im wesentlichen von Kasami [40] und wurden 1968 veröffentlicht. Die Gleichungen (7.25) und (7.26) geben die Gewichtsverteilungen der dualen Codes zu den 2-fehlerkorrigierenden BCH-Codes der Länge $2^m - 1$ an. Die Gleichungen (7.27) und (7.28) geben die Gewichtsverteilungen der dualen Codes zu den 3-fehlerkorrigierenden BCH-Codes der Länge $2^m - 1$ an. Die Notation lehnt sich hierbei an den Abschnitt 4.2 *Gewichtsverteilung linearer Codes* an.

Gewichtsverteilung dualer Codes zu BCH-Codes, $n = 2^m - 1$, $m \geq 3$ ungerade, $E = 2$	
Gewicht $w(a) = i$	Anzahl A_i der Codewörter a
0	1
$2^{m-1} - 2^{\frac{m+1}{2}-1}$	$(2^{m-2} + 2^{\frac{m-1}{2}-1}) \cdot (2^m - 1)$
2^{m-1}	$(2^m - 2^{m-1} + 1) \cdot (2^m - 1)$
$2^{m-1} + 2^{\frac{m+1}{2}-1}$	$(2^{m-2} - 2^{\frac{m-1}{2}-1}) \cdot (2^m - 1)$

$$(7.25)$$

Gewichtsverteilung dualer Codes zu BCH-Codes, $n = 2^m - 1$, $m \geq 4$ gerade, $E = 2$	
Gewicht $w(a) = i$	Anzahl A_i der Codewörter a
0	1
$2^{m-1} - 2^{\frac{m+2}{2}-1}$	$2^{\frac{m-2}{2}-1}(2^{\frac{m-2}{2}} + 1) \cdot \frac{2^m-1}{3}$
$2^{m-1} - 2^{\frac{m}{2}-1}$	$2^{\frac{m+2}{2}-1}(2^{\frac{m}{2}} + 1) \cdot \frac{2^m-1}{3}$
2^{m-1}	$(2^{m-2} + 1) \cdot (2^m - 1)$
$2^{m-1} + 2^{\frac{m}{2}-1}$	$2^{\frac{m+2}{2}-1}(2^{\frac{m}{2}} - 1) \cdot \frac{2^m-1}{3}$
$2^{m-1} + 2^{\frac{m+2}{2}-1}$	$2^{\frac{m-2}{2}-1}(2^{\frac{m-2}{2}} - 1) \cdot \frac{2^m-1}{3}$

$$(7.26)$$

Gewichtsverteilung dualer Codes zu BCH-Codes, $n = 2^m - 1$, $m \geq 5$ ungerade, $E = 3$	
Gewicht $w(a) = i$	Anzahl A_i der Codewörter a
0	1
$2^{m-1} - 2^{\frac{m+1}{2}}$	$2^{\frac{m-5}{2}}(2^{\frac{m-3}{2}} + 1) \cdot \frac{(2^{m-1}-1)(2^m-1)}{3}$
$2^{m-1} - 2^{\frac{m-1}{2}}$	$2^{\frac{m-3}{2}}(2^{\frac{m-1}{2}} + 1) \cdot \frac{(5\cdot 2^{m-1}+4)(2^m-1)}{3}$
2^{m-1}	$(9 \cdot 2^{2m-4} + 3 \cdot 2^{m-3} + 1) \cdot (2^m - 1)$
$2^{m-1} + 2^{\frac{m-1}{2}}$	$2^{\frac{m-3}{2}}(2^{\frac{m-1}{2}} - 1) \cdot \frac{(5\cdot 2^{m-1}+4)(2^m-1)}{3}$
$2^{m-1} + 2^{\frac{m+1}{2}}$	$2^{\frac{m-5}{2}}(2^{\frac{m-3}{2}} - 1) \cdot \frac{(2^{m-1}-1)(2^m-1)}{3}$

$$(7.27)$$

Gewichtsverteilung dualer Codes zu BCH-Codes, $n = 2^m - 1$, $m \geq 6$ gerade, $E = 3$	
Gewicht $w(\boldsymbol{a}) = i$	**Anzahl A_i der Codewörter $\boldsymbol{a}$**
0	1
$2^{m-1} - 2^{\frac{m+4}{2}-1}$	$(2^{m-1} + 2^{\frac{m+4}{2}-1}) \cdot \frac{(2^m - 4)(2^m - 1)}{960}$
$2^{m-1} - 2^{\frac{m+2}{2}-1}$	$7(2^{m-1} + 2^{\frac{m+2}{2}-1}) \cdot \frac{2^m(2^m - 1)}{48}$
$2^{m-1} - 2^{\frac{m}{2}-1}$	$2(2^{m-1} + 2^{\frac{m}{2}-1}) \cdot \frac{(3 \cdot 2^m + 8)(2^m - 1)}{15}$
2^{m-1}	$(29 \cdot 2^{2m} - 4 \cdot 2^m + 64) \cdot \frac{(2^m - 1)}{64}$
$2^{m-1} - 2^{\frac{m}{2}-1}$	$2(2^{m-1} - 2^{\frac{m}{2}-1}) \cdot \frac{(3 \cdot 2^m + 8)(2^m - 1)}{15}$
$2^{m-1} - 2^{\frac{m+2}{2}-1}$	$7(2^{m-1} - 2^{\frac{m+2}{2}-1}) \cdot \frac{2^m(2^m - 1)}{48}$
$2^{m-1} - 2^{\frac{m+4}{2}-1}$	$(2^{m-1} - 2^{\frac{m+4}{2}-1}) \cdot \frac{(2^m - 4)(2^m - 1)}{960}$

$$(7.28)$$

Beispiel 7.15 *Im folgenden soll die* **Gewichtsverteilung des (15,7) BCH-Codes** *betrachtet werden. Der bereits aus Beispiel 7.2 bekannte $(15,7)$ BCH-Code C über $GF(2^4)$, mit $E = 2$, soll untersucht werden. Nach Gleichung (7.26) besitzt der zu C duale $(15,8)$ Code $C^\perp$ folgende Gewichtsverteilung:*

Gewichtsverteilung von $C^\perp(15,8)$	
Gewicht $w(\boldsymbol{a}) = i$	*Anzahl A_i der Codewörter $\boldsymbol{a}$*
0	1
$2^{4-1} - 2^{\frac{4+2}{2}-1} = 4$	$2^{\frac{2}{2}-1}(2^{\frac{2}{2}} + 1) \cdot 5 = 15$
$2^{4-1} - 2^{\frac{4}{2}-1} = 6$	$2^{\frac{6}{2}-1}(2^{\frac{4}{2}} + 1) \cdot 5 = 100$
$2^{4-1} = 8$	$(2^2 + 1) \cdot 15 = 75$
$2^{4-1} + 2^{\frac{4}{2}-1} = 10$	$2^{\frac{6}{2}-1}(2^{\frac{4}{2}} - 1) \cdot 5 = 60$
$2^{4-1} + 2^{\frac{4+2}{2}-1} = 12$	$2^{\frac{2}{2}-1}(2^{\frac{2}{2}} - 1) \cdot 5 = 5$

$$\sum_i A_i = 256 = 2^8. \quad (7.29)$$

Die Gewichtsfunktion $W_{C^\perp}(y)$ lautet nach Gleichung (7.29):

$$W_{C^\perp}(y) = 1 + 15y^4 + 100y^6 + 75y^8 + 60y^{10} + 5y^{12}. \tag{7.30}$$

Nach Satz 4.10 kann die Gleichung (7.30) in die Gewichtsverteilung des BCH-Codes umgerechnet werden:

$$W_{C^{BCH}}(y) = \frac{(1+y)^n}{2^{n-k}} \cdot W_{C^\perp}\left(\frac{1-y}{1+y}\right), \tag{7.31}$$

denn der BCH-Code ist dual zu dem (15,8) Code mit der bekannten Gewichtsverteilung:

$$W_{C_{BCH}}(y) = \frac{(1+y)^{15}}{2^8} \cdot \left[1 \quad + \quad 15 \left(\frac{1-y}{1+y}\right)^4 + 100 \left(\frac{1-y}{1+y}\right)^6 + 75 \left(\frac{1-y}{1+y}\right)^8 + \right.$$

$$\left. + \quad 60 \left(\frac{1-y}{1+y}\right)^{10} + 5 \left(\frac{1-y}{1+y}\right)^{12} \right]. \tag{7.32}$$

Die Gleichung (7.32) kann durch etwas Fleißarbeit noch vereinfacht werden:

$$\begin{aligned} W_{C_{BCH}}(y) \quad = \quad & \frac{(1+y)^3}{256} \cdot \left\{ (1+y)^{12} + 5(1-y)^{12} + 100(1-y^2)^6 + \right. \\ & + \quad (1-y^2)^4 \left[75(1-y)^4 + 15(1+y)^4 \right] + \\ & + \quad \left. 60(1-y^2)^2(1-y)^8 \right\}. \end{aligned} \tag{7.33}$$

Durch Einsetzen der Binomialkoeffizienten erhält man schließlich:

$$W_{C_{BCH}}(y) \quad = \quad 1 + 18y^5 + 30y^6 + 15y^7 + 15y^8 + 30y^9 + 18y^{10} + y^{15}. \tag{7.34}$$

Die symmetrische Gewichtsverteilung des (15,7) BCH-Codes weist ein Codewort vom Gewicht Null und ein Codewort vom Gewicht 15 auf. Codeworte a_i mit einem Gewicht $1 \le w(a_i) \le 4$ kann es nicht geben, da der Code zweifehlerkorrigierend ist, d.h. für die Mindestdistanz und damit für das Mindestgewicht gilt: $d \ge 5$. Die Addition der A_i ($W_{C_{BCH}}(y=1)$) ergibt $128 = 2^7$ und entspricht der Anzahl aller Codeworte. ◇

7.3 Nichtbinäre BCH-Codes

Im Abschnitt 7.1 wurden die binären BCH-Codes auf dem Erweiterungskörper $GF(q = 2^m)$ behandelt. Ein wesentliches Merkmal dieser Codes ist die Länge $n = 2^m - 1$. Im Kapitel 6 wurden die RS-Codes auf dem Erweiterungskörper $GF(q = p^s)$ mit der Länge $n = p^s - 1$ definiert (vgl. Def. 6.2). Ein Vergleich dieser Parameter zeigt, daß die binären BCH-Codes als Spezialfall ($p = 2$ und $s = m$) des RS-Codes betrachtet werden können. Der folgende Abschnitt zeigt, daß die RS-Codes als Spezialfall der nichtbinären BCH-Codes erklärt werden können.

Die RS-Codes können ganz ähnlich zu nichtbinären BCH-Codes verallgemeinert werden, wie binäre BCH-Codes zu RS-Codes verallgemeinert werden können. Nichtbinäre BCH-Codes $C(n,k)$ können mit folgenden Parametern konstruiert werden:

Blocklänge: $\qquad n = q^m - 1$, für $m = 1, 2, 3, \ldots$

Prüfsymbole: $\qquad n - k \le 2mE,$

Minimaldistanz: $\quad d \ge 2E + 1.$

$q = p^s$ ist hierbei als Potenz einer Primzahl p darstellbar. Wird $m = 1$ gewählt, so erhält man einen RS-Code.

Definition 7.3 NICHTBINÄRE BCH-CODES *können wie folgt definiert werden. Ist* α *ein primitives Element der Ordnung* n *in* $GF(q^m)$, *dann kann das Generatorpolynom* $g(x)$ *eines E-fehlerkorrigierenden nichtbinären BCH-Codes als Polynom mit kleinstem Grad und mit Koeffizienten aus* $GF(q)$ *durch* $2E$ *aufeinanderfolgende Wurzeln* $\alpha, \alpha^2, \alpha^3, \dots, \alpha^{2E}$ *dargestellt werden:*

$$g(x) \;=\; \prod_{i \in \mathcal{M}} (x - \alpha^i) \;=\; m_{j_1}(x) \cdot m_{j_2}(x) \cdots, \quad g_i, m_i \in GF(q). \tag{7.35}$$

Gibt es in $\mathcal{M}$ $d - 1$ *aufeinanderfolgende Zahlen, so ist die konstruierte Mindestdistanz (designed distance)* d. *Die tatsächlich erreichte Mindestdistanz kann größer sein.*

Der Tatsache, daß die Minimalpolynome $m_{j_i}(x)$ in Gleichung (7.35) alle verschieden sind, kann auch dadurch Rechnung getragen werden, daß $g(x)$ durch das kleinste gemeinsame Vielfache (KGV) der Minimalpolynome gebildet wird:

$$g(x) \;=\; \text{KGV}\left\{ m_1(x), m_2(x), \dots, m_{2E}(x) \right\}, \quad m_i \in GF(q). \tag{7.36}$$

Der Grad jedes Minimalpolynoms (vgl. Def. 3.18) ist gleich oder kleiner m. Also muß für den Grad des Generatorpolynoms nach Gleichung (7.36) gelten:

$$\text{grad}\{g(x)\} \;\leq\; 2mE. \tag{7.37}$$

Ein BCH-Code der von $g(x)$ nach Gleichung (7.36) erzeugt wird, besitzt entsprechend Gleichung (7.37) höchstens $2mE$ Prüfzeichen. Für $q = 2$ erhalten wir wieder einen binären BCH-Code. Weitere Einzelheiten nichtbinärer BCH-Codes sind z.B. in [4], [68] und [52] beschrieben.

Kapitel 8

Bündelfehler korrigierende Codes

Den Fehlerbündeln - wie sie beispielsweise beim Mobilfunk auftreten - wird häufig versucht, durch Interleaving (vgl. Abschnitt 1.5.3) zu begegnen, um dann eine Einzelfehlerkorrektur durchzuführen. Ein so behandeltes Fehlerbündel gleicht einem Sack voller Flöhe, der zuerst geöffnet wird, damit sich die Flöhe möglichst gleichmäßig verteilen, um sie anschließend einzeln wieder einzufangen. Trotzdem kann, je nach Anwendungsfall, eine solche Vorgehensweise zur Vermeidung einer nichtkorrigierbaren Anzahl von Fehlern je Codewort notwendig sein. In jedem Fall muß bei der Auswahl eines Übertragungsverfahrens und eines Codes darauf geachtet werden, daß sie sich möglichst gut den zu erwartenden Fehlerstrukturen anpassen.

Die bisher in den Kapiteln 5 bis 7 behandelten Codes können auf unterschiedliche Weise auch dazu verwendet werden, Fehlerbündel zu korrigieren. Besonders die in Kapitel 6 erläuterten RS-Codes über $GF(2^s)$ sind aufgrund ihrer Symbolkorrektur (jedes Symbol besteht aus s Bits) hervorragend hierzu geeignet. Eine Änderung der erläuterten Decodierverfahren ist für RS-Codes nicht notwendig.

In Kapitel 8 werden nun Wege aufgezeigt, Fehlerbündel direkt zu korrigieren. Die nachfolgenden Abschnitte behandeln die Bündelfehlerkorrektur für binäre *Zyklische Codes, BCH-Codes, Fire-Codes* und *Produkt-Codes*.

Definition 8.1 *Ein* BÜNDELFEHLER (BURST ERROR) *der Länge $l \geq 1$ ist durch l aufeinanderfolgende Stellen eines Fehlervektors f bestimmt, dessen erste und letzte Stelle ungleich Null sind. Die Werte der Stellen, die zwischen der ersten und letzten*

Stelle des Fehlerbündels liegen, sind beliebig. Enthält ein Fehlervektor f nur einen Bündelfehler b, so gilt für das entsprechende Fehlerpolynom:

$$f(x) = x^i b(x) \quad \text{mit} \quad \operatorname{grad} b(x) = l - 1, \ 0 \le i \le n - l. \qquad (8.1)$$

Für zyklische Codes wird ein zyklischer Bündelfehler der Länge l so erklärt, daß gilt:

$$f(x) = x^i b(x) \bmod (x^n - 1) \quad \text{mit} \quad \operatorname{grad} b(x) = l - 1, \ 0 \le i \le n - 1. \qquad (8.2)$$

Ein zyklischer Bündelfehler (end arround burst) kann demnach auch am Ende eines Fehlervektors beginnen und sich am Anfang fortsetzen.

In der Tabelle 8 sind einige Beispiele für Bündelfehler $l \le 4$ aufgelistet.

$f = (f_0, f_1, f_2, f_3, f_4, f_5, f_6, f_7)$			
f_1	00010000	$l = 1$	$w(f_1) = 1$
f_2	00110000	$l = 2$	$w(f_2) = 2$
f_3	00101000	$l = 3$	$w(f_3) = 2$
f_4	00101100	$l = 4$	$w(f_4) = 3$
$f_5 = f_4^{(3)}$	10000101	end arround burst	
f_6	00010001	kein Bündelfehler	

Tabelle 8.1: Beispiele für Bündelfehler der Länge $l \le 4$ und $n = 8$

Der Vektor f_5 ist ein end arround burst der Länge $l = 4$. Er wird von den *benachbarten* Stellen f_5, f_6, f_7, f_1 gebildet und geht durch dreifaches zyklisches Verschieben aus f_4 hervor. Der Vektor f_6 ist kein burst der Länge $l = 4$ und auch kein end arround burst, da der Fehler nicht in vier benachbarten Stellen liegt.

8.1   Erkennung von Bündel- und Einzelfehlern

Aus der Berechnung der Restfehlerwahrscheinlichkeit (Gl. 2.12) und der Hamming-Schranke (4.26) ist bereits die Anzahl L_l korrigierbarer Einzelfehler bekannt. Für die Anzahl der Fehlermuster eines Fehlervektors f vom Gewicht $w(f) \le l$, bzw. eines zyklischen Bündelfehlers der Länge $\le l$ gilt:

$$L_l = \begin{cases} \displaystyle\sum_{e=0}^{l} \binom{n}{e} \cdot (q-1)^e & \text{Einzelfehler mit } w(f) \le l, \\[2ex] 1 + n \cdot (q-1)^1 \cdot q^{l-1} & \text{Bündelfehler der Länge } \le l. \end{cases} \qquad (8.3)$$

Für zyklische Bündelfehler der Länge $\leq l$ nach Gleichung (8.2) gibt es für den ersten Koeffizienten $q - 1$ verschiedene Werte ungleich Null. Die anderen $l - 1$ Koeffizienten können alle q Werte annehmen. Für die Lage des Bündelfehlers der durch x^i in Gleichung (8.2) bestimmt wird, gibt es n Möglichkeiten ($0 \leq i \leq n-1$). $l = 0$ wird als der fehlerfreie Fall hinzugezählt.

Beispiel 8.1 *Gegeben sei der folgende lineare $(5,2)$ Code C_1 mit $d = 3$:*

$$C_1 = \{00\,000, 01\,111, 10\,101, 11\,010\}.$$

Von zyklischen Verschiebungen abgesehen, gibt es für $0 < l \leq 3$ vier verschiedene Fehlermuster:

$$f_1 = (10\,000), \quad f_2 = (11\,000), \quad f_3 = (11\,100), \quad f_4 = (10\,100).$$

Berücksichtigt man zu jedem Fehlermuster die möglichen vier zyklischen Verschiebungen, so erhält man nach Gleichung (8.3) die $L_l = 5 \cdot 2^2 = 20$ Fehlermuster ungleich Null:

f_i	$f_i^{(1)}$	$f_i^{(2)}$	$f_i^{(3)}$	$f_i^{(4)}$
$(10\,000)$	$(01\,000)$	$(00\,100)$	$(00\,010)$	$(00\,001)$
$(11\,000)$	$(01\,100)$	$(00\,110)$	$(00\,011)$	$(10\,001)$
$(11\,100)$	$(01\,110)$	$(00\,111)$	$(10\,011)$	$(11\,001)$
$(10\,100)$	$(01\,010)$	$(00\,101)$	$(10\,010)$	$(01\,001)$

Jeder dieser Bündelfehler kann vom Code C_1 erkannt werden, da stets gilt: $c_i + f_j^{(k)} \neq 0$. Der Code C_1 kann durch Permutation in einen äquivalenten Code (gleicher Mindestdistanz) C_2 verändert werden:

$$C_2 = \{00\,000, 01\,111, 10\,110, 11\,001\}.$$

Der Code C_2 ist ebenfalls ein linearer $(5,2)$ Code mit $d = 3$. C_2 kann jedoch nicht jeden Bündelfehler der Länge $l \leq 3$ erkennen, da das Codewort $c_3 = (11\,001)$ identisch mit dem Fehlermuster $f_3^{(4)}$ ist. ◇

Das Beispiel zeigt, daß äquivalente Codes nicht unbedingt die gleiche Anzahl von Bündelfehlern erkennen können. Hingegen sind die Codes C_1 und C_2 bezüglich der Erkennbarkeit von Einzelfehlern gleich gut.

Satz 8.1 *Jeder lineare zyklische (n,k) Code C über $GF(q)$ erkennt alle Bündelfehler der Länge $l' \leq n - k = \mathrm{grad}\,g(x)$. Ist $l' > n - k$ so gilt für das Verhältnis L_u von nicht erkannten Fehlerbündeln zur Anzahl aller Fehlerbündel:*

$$L_u = \begin{cases} \dfrac{q^{-(n-k-1)}}{q-1} & \text{für } l' = n - k + 1, \\[2mm] q^{-(n-k)} & \text{für } l' \geq n - k + 2. \end{cases} \tag{8.4}$$

Beweis: Ein Fehlerbündel f nach Gleichung (8.2) wird erkannt, wenn $b(x)$ als Fehler detektiert wird. Gilt $\operatorname{grad} b(x) < \operatorname{grad} g(x) = n - k$ $(l' \leq n - k)$, so kann $b(x)$ kein Codewortpolynom sein. Es wird als Fehler erkannt.

Gilt: $\operatorname{grad} b(x) = \operatorname{grad} g(x) = n - k$ $(l' = n - k + 1)$, so können die $(q - 1)$ $b(x)$ nicht als Fehler erkannt werden, für die gilt: $b(x) = i_0 \cdot g(x)$, $i_0 \neq 0$. Insgesamt gibt es $(q - 1)^2 q^{n-k-1}$ Möglichkeiten $b(x)$ so zu wählen, daß gilt: $b_0, b_{n-k} \neq 0$.

Gilt: $\operatorname{grad} b(x) \geq n - k + 1 > \operatorname{grad} g(x)$ $(l' \geq n - k + 2)$, so können die $b(x)$ nicht als Fehler erkannt werden, für die gilt: $b(x) = i(x) \cdot g(x)$ mit $\operatorname{grad} i(x) = l' - 1 - (n - k) \leq k - 1$ und $i_0, i_{l'-1-(n-k)} \neq 0$. Die Anzahl der nichterkennbaren $b(x)$ beträgt: $(q - 1)^2 q^{l'-2-(n-k)}$. Insgesamt gibt es $(q - 1)^2 q^{l'-2}$ Möglichkeiten $b(x)$ so zu wählen, daß gilt: $b_0, b_{n-k} \neq 0$. Es folgt:

$$\frac{(q - 1)^2 q^{l'-2-(n-k)}}{(q - 1)^2 q^{l'-2}} = q^{-(n-k)}.$$

$\blacksquare$

Bereits aus Kapitel 4 Gleichung (4.7) ist bekannt, daß ein linearer Code maximal $S = d - 1$ Einzelfehler erkennen kann. Nach der Singleton–Schranke (Abschnitt 4.3.1 Satz 4.2) gilt: $d \leq n - k + 1$. Während die Erkennung eines Bündelfehlers der Länge $n - k$ garantiert ist, sind höchstens $n - k$ Einzelfehler erkennbar.

8.1.1 CRC-Codes

Für die Praxis wichtig und oft verwendet zur Fehlererkennung sind die Cyclic Redundancy Check Codes (CRC-Codes). Im einfachsten Fall kann ein Hamming Code mit $n = 2^m - 1$ und $d = 3$ verwendet werden. In Datenübertragungsverfahren mit 32-Bit Redundanz (wie z.B. im Ethernet) wird ein Code durch sein Generatorpolynom:

$$g(x) = x^{32} + x^{26} + x^{23} + x^{22} + x^{16} + x^{12} + x^{11} + x^{10} + x^8 + x^7 + x^5 + x^4 + x^2 + x + 1$$

spezifiziert. Hierbei ist nicht entscheidend, daß der Code innerhalb der $2^{32} - 1 \approx 4$ Milliarden Bits ein Bit korrigieren kann, sondern alle Fehlerbündel der Länge $l' \leq 32$ und darüberhinaus auch noch sehr viele Fehlerbündel größerer Länge erkennen kann. Wurde ein Datenblock als falsch erkannt, so muß er allerdings wiederholt übertragen werden (vgl. Abschnitt 1.5.1), da eine Korrektur nicht möglich ist.

Eine weitere Möglichkeit bieten die Hamming-Codes (siehe Abschnitt 4.7), die um ein Prüfbit (siehe Abschnitt 4.5.3) expandiert werden. Das Generatorpolynom $g(x)$ hat dann die Form:

$$g(x) = (1 + x) \cdot g_m(x). \tag{8.5}$$

Das Polynom $g_m(x)$ ist das Generatorpolynom eines zyklischen Hamming-Codes vom Grad m. Es wird so ein binärer $(n = 2^m, k = n - m)$ Code mit der Mindestdistanz $d = 4$ gebildet. Dieser Code ist jedoch im allgemeinen nicht zyklisch.

Nach Satz 5.5 muß das Generatorpolynom $g(x)$ eines zyklischen (n,k) Codes C ein Faktor von $x^n + 1$ sein. Ist das Generatorpolynom $g_m(x)$ des Hamming-Codes ein Faktor von $x^n + 1$ mit $n = 2^m - 1$, so ist auch $g(x) = (1 + x) \cdot g_m(x)$ ein Faktor von $x^n + 1$, denn $(x + 1)$ teilt $x^n + 1$ ohne Rest. Es gilt:

$$x^n + 1 = (x + 1) \cdot (x^{n-1} + x^{n-2} + x^{n-3} + \cdots + 1). \tag{8.6}$$

Das Generatorpolynom $g_m(x)$ des Hamming-Codes ist im allgemeinen kein Faktor von $x^n + 1$ mit $n = 2^m$ und somit ist der von $g(x)$ gebildete Code nicht mehr zyklisch. Durch Kürzen um eine Informationsstelle: $n \longrightarrow 2^m - 1$ wird erreicht, daß der Code wieder zyklisch wird, ohne an Distanz einzubüßen.

Definition 8.2 *Ein binärer zyklischer $(n = 2^m - 1, k = n - m - 1)$ Code mit der Mindestdistanz $d = 4$ wird als* CRC-CODE *bezeichnet, wenn das Generatorpolynom $g(x)$ die Form:*

$$g(x) = (1 + x) \cdot g_m(x) \tag{8.7}$$

besitzt. Das Polynom $g_m(x)$ ist ein primitives Polynom vom Grad m.

Aus Gleichung (8.7) können einige Eigenschaften der CRC-Codes abgeleitet werden:

Länge:	n	$=$	$2^m - 1$,
Dimension:	k	$=$	$n - m - 1$,
Mindestdistanz:	d	$=$	4 ,
Fehlermuster:			werden erkannt für $w(f) \leq 3$,
Fehlermuster:			werden erkannt für $w(f) =$ ungerade,
Fehlerbündel:			der Länge $l' \leq m + 1$ werden erkannt,
Fehlerbündel:			$l' = m + 2$ nicht erkannt $L_u = 2^{-m}$,
Fehlerbündel:			$l' > m + 2$ nicht erkannt $L_u = 2^{-(m+1)}$.

Beispiel 8.2 *Das bereits bekannte Generatorpolynom $g_3(x) = 1 + x + x^3$ generiert einen zyklischen $(7,4)$ Hamming-Code. Die Erweiterung mit $(1 + x)$ liefert:*

$$g(x) = (1 + x + x^3) \cdot (1 + x) = 1 + x^2 + x^3 + x^4.$$

Mit $g(x)$ kann nun ein zyklischer $(7,3)$ Code generiert werden.

i	Codewort c_i
0	0 0 0 0 0 0 0
1	1 0 1 1 1 0 0
2	0 1 0 1 1 1 0
3	0 0 1 0 1 1 1
4	1 0 0 1 0 1 1
5	1 1 0 0 1 0 1
6	1 1 1 0 0 1 0
7	0 1 1 1 0 0 1

Jedes Codewort c_i , $2 \leq i \leq 7$ ergibt sich durch einen zyklischen Shift aus seinem Vorgänger:

$$c_i = c_{i-1}^{(1)} \, .$$

Die Linearität kann ebenfalls überprüft werden, beispielsweise ergibt $c_1 + c_2 = c_6$. ◇

Einige der CRC-Codes wurden vom Comité Consultatif International de Télégraphique et Téléphonique (CCITT) zum Standard erhoben. Bei Datenübertragungen mit 16 Bit Redundanz (z.B. ISDN D-Kanal, X.25-Protokoll) werden folgende CRC-Codes verwendet:

$$
\begin{aligned}
g_1(x) &= x^{16} + x^{12} + x^5 + 1, & (8.8)\\
&= (x^{15} + x^{14} + x^{13} + x^{12} + x^4 + x^3 + x^2 + x + 1)(x + 1),\\
g_2(x) &= x^{16} + x^{15} + x^2 + 1 = (x^{15} + x + 1)(x + 1). & (8.9)
\end{aligned}
$$

Bei diesen Codes werden 100% der Bündelfehler bis zur Länge ≤ 16 erkannt. Für $l' = 17$ ergibt sich für die unerkannten Fehlerbündel ein Verhältnis $L_u(17) = 2^{-16}$ und für $l' \geq 18$ ein Verhältnis $L_u = 2^{-17}$. Es werden demnach mehr als 99.99% der Bündelfehler mit $l' \geq 17$ erkannt.

8.2   Korrektur von Bündelfehlern

Zyklische Codes sind nicht nur zur Erkennung von Bündelfehlern, sondern auch zu deren Korrektur geeignet. Sie wurden bezüglich der Bündelfehlerkorrektur 1959 zuerst von Abramson [1] beschrieben und von Fire [19] zu einer großen Klasse Bündelfehler korrigierender Codes verallgemeinert. Fire-Codes (vgl. Abschnitt 8.4) können mit sehr einfachen Schaltungen decodiert werden.

Definition 8.3 *Ein Code wird als l Bündelfehler korrigierender Code bezeichnet, wenn er jeden Bündelfehler bis zur Länge l, aber nicht jeden Bündelfehler der Länge $l + 1$, korrigieren kann.*

Für eine vorgegebene Codewortlänge n und eine maximale Bündelfehlerlänge l soll versucht werden, einen Code mit möglichst geringer Redundanz $n - k$ zu konstruieren.

Satz 8.2 *Eine notwendige Bedingung für einen (n, k) Code der alle Bündelfehler der Länge $\leq l$ korrigiert ist, daß es kein Fehlerbündel der Länge $\leq 2l$ gibt, das ein Codewort ist.*

Beweis: Annahme: u sei ein Bündelfehler der Länge $\leq 2l$ und ein Codewort. Dann kann u als Summe zweier Bündelfehler $u = v + w$ dargestellt werden, wobei die Länge der Bündelfehler v und w jeweils kleiner gleich l ist. Die Vektoren v und w müssen in der gleichen Nebenklasse des Standard Arrays des Codes liegen, da die Summe ja ein Codewort ist (vgl. Tab. 4.5, Seite 92). Wird z.B. v als Cosetführer verwendet (korrigierbarer Fehler), so ist w ein unkorrigierbarer Fehler. Dies ist ein Widerspruch zur Aussage, daß der Code alle Bündelfehler der Länge $\leq l$ korrigiert. Es darf also keinen Bündelfehler der Länge $\leq 2l$ geben, der ein Codewort ist.   ∎

Satz 8.3 *Ein binärer, linearer (n,k) Code, der keinen Bündelfehler der Länge $\leq 2l$ als Codewort enthält, hat mindestens $2l$ Prüfbits: Es gilt also:*

$$n - k \geq 2l. \tag{8.10}$$

Beweis: Es gibt 2^{2l} verschiedene Bündelfehler der Länge kleiner gleich $2l$. Diese müssen alle in verschiedenen Nebenklassen des Standard Arrays des Codes liegen, da sonst ihre Summe ein Codewort bilden würde. Maximal gibt es aber 2^{n-k} verschiedene Nebenklassen. Folglich muß $n - k \geq 2l$ gelten. ∎

Die Sätze 8.2 und 8.3 liefern eine Bedingung für die Anzahl der Prüfbits und damit für den Grad des Generatorpolynoms eines Codes, der jeden Bündelfehler der Länge l korrigiert.

Satz 8.4 (Rieger-Schranke)
Die Anzahl der Prüfbits $n - k$ eines Codes der Bündelfehler der Länge $\leq l$ als Codewort korrigiert, ist mindestens $2l$:

$$n - k \geq 2l.$$

Werden die Parameter n und k vorgegeben, so bedeutet dies, daß der Code maximal Bündelfehler der Länge:

$$l \leq \left\lfloor \frac{n-k}{2} \right\rfloor \tag{8.11}$$

korrigieren kann.

Diese obere Schranke wird Rieger-Schranke [55] genannt. Codes, die die Rieger-Schranke mit Gleichheit erfüllen, werden als optimal bezeichnet. Das Verhältnis:

$$R_e \leq \frac{2l}{n-k} \tag{8.12}$$

wird als Maß für die Effizienz der Bündelfehlerkorrektur eines Codes benutzt.

8.3 Decodierung von Bündelfehler korrigierenden Codes

Ein zyklischer (n,k) Code C, der jedes Fehlerbündel der Länge l korrigieren kann, läßt sich sehr einfach durch *Error Trapping* decodieren. Dieses Verfahren wurde bereits im Abschnitt 5.7 auf den Seiten 149 bis 155 für die Einzelfehlerkorrektur erläutert und muß nur geringfügig modifiziert werden.

Für das empfangene – Bündelfehler behaftete – Polynom $r(x)$ gelte:

$$r(x) = c(x) + f(x) \quad \Longleftrightarrow \quad r = c + f.$$

Das Syndrom $s(x)$ (vgl. Abschnitt 5.4, Gleichung 5.35) des Empfangspolynoms $r(x)$, läßt sich allgemein wie folgt darstellen:

$$s(x) = s_0 + s_1 x + s_2 x^2 + \cdots + s_{n-k-1} x^{n-k-1}. \tag{8.13}$$

Wenn der Bündelfehler in den höchsten l Stellen der Prüfbits $x^{n-k-l}, \ldots, x^{n-k-2}, x^{n-k-1}$ von $r(x)$ aufgetreten ist, dann sind die höchsten l Stellen des Syndroms $s^{n-k-l}, \ldots, s^{n-k-2}, s^{n-k-1}$ identisch mit dem Fehler $f(x)$. Die verbleibenden $n - k - l$ Syndromstellen $s_0, s_1, \ldots, s^{n-k-l-1}$ sind alle Null.

Im allgemeinen wird der Bündelfehler aber nicht in den Stellen $x^{n-k-l}, \ldots, x^{n-k-2}, x^{n-k-1}$ von $r(x)$ liegen. Es wird jedoch weiterhin vorausgesetzt, daß der Bündelfehler in l benachbarten Bits liegt. Nach einigen weiteren j zyklischen Shifts wird der Bündelfehler dann doch in die Position $x^{n-k-l}, \ldots, x^{n-k-2}, x^{n-k-1}$ von $r^{(j)}(x)$ gelangt sein. Nach Satz 5.7 gehört zum zyklisch verschobenen Empfangspolynom:

$$r^{(j)}(x) = x^j \cdot r(x) = v(x) \cdot g(x) + s^{(j)}(x), \tag{8.14}$$

das Syndrom $s^{(j)}(x)$. Die höchsten l Stellen des Syndroms $s^{n-k-l}, \ldots, s^{n-k-2}, s^{n-k-1}$ von $s^{(j)}(x)$ sind dann identisch mit dem Fehler $f(x)$ und die $n - k - l$ Syndromstellen $s_0, s_1, \ldots, s^{n-k-l-1}$ sind alle Null. Der Bündelfehler *geht in die Falle* während $r(x)$ zyklisch geschoben wird.

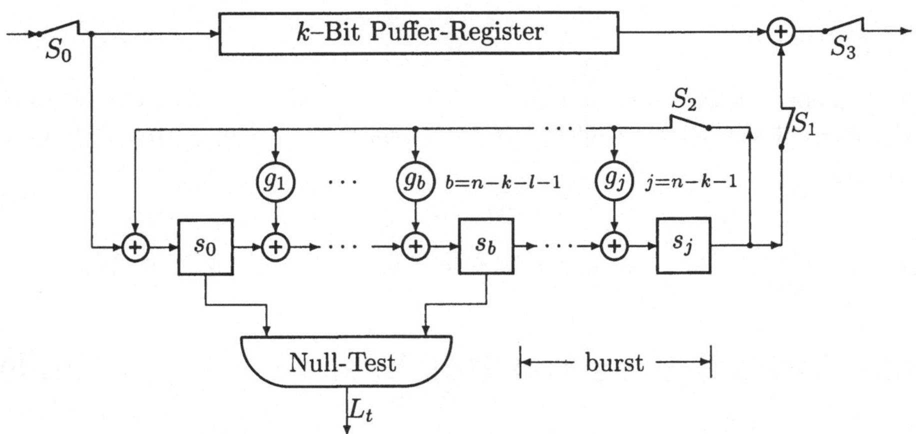

Abbildung 8.1: Error Trapping Decoder für Bündelfehler

Die Abbildung 8.1 zeigt einen Error Trapping Decoder für einen l Bündelfehler korrigierenden Code. Die einzelnen Schritte des Error Trapping Decoders werden im folgenden beschrieben.

Schritt A Zuerst gelangt $r(x)$ vollständig in das rückgekoppelte Schieberegister, beginnend mit $r_{n-1}, r_{n-2}, \ldots$, so daß anschließend das erste Syndrom

$s(x)$ berechnet ist. Die Informationsbits (wenn keine Korrektur in den Prüfbits erfolgen soll) werden gleichzeitig in dem Puffer Register gespeichert. Die Schalter S_0 und S_2 sind geschlossen, bzw. S_1 und S_3 sind geöffnet.

Schritt B Die unteren $n - k - l$ Komponenten des Syndroms werden abgefragt.

B_1 Sind alle $n - k - l$ Komponenten des Syndroms gleich Null, so ist der Burst in den l höchsten Komponenten des Syndroms gefangen. Eine Korrektur ist nicht notwendig, da das Fehlermuster in den Parity Bits $r_{n-k-l}, \ldots, r_{n-k-1}$ liegt. Die Informationsbits sind fehlerfrei und können ausgelesen werden. Dies gilt entsprechend auch für die ersten $j \leq n - k - l$ Shifts. Wenn die Prüfbedingung innerhalb dieser ersten Shifts nicht erreicht wird, so liegt der burst nicht vollständig innerhalb der Prüfbits.

B_2 Wird das Fehlermuster erst nach dem j-ten Shift gefangen, mit $n - k - l + 1 \leq j \leq n - k$, so liegt ein end around burst in den Stellen $r_{n-j}, r_{n-(j-1)}, \ldots, r_{n-1}, r_0, \ldots, r_{l-j-1}$ vor. Dieser end around burst ist nun im Syndromregister eingefangen. Die $l - j$ höchstwertigen (rechtsstehenden) Komponenten im Schieberegister enthalten den Fehlerbündelanteil, der in den Prüfbits: $r_0, \ldots, r_{l-j-1}$ von $r(x)$ liegt. Die nachfolgenden Komponenten des Schieberegisters (linksstehend) enthalten den Fehlerbündelanteil, der in den Informationsbits: $r_{n-j}, r_{n-(j-1)}, \ldots, r_{n-1}$ von $r(x)$ liegt. Weil keine Korrektur in den Prüfbits erfolgen soll, müssen die $n - k - j$ rechts im Syndromregister stehenden Bits herausgeschoben werden, ohne daß sich der übrige Registerinhalt ändert. Der Schalter S_2 wird also geöffnet, bis die Anzahl der Shifts $n - k$ erreicht. Dann wird S_1 geschlossen und die Informationsstelle r_{n-1} mit der Syndromkomponente s_{j-1} korrigiert, r_{n-2} mit der Syndromkomponente s_{j-2} korrigiert, usw. bis r_{n-j} mit der Syndromkomponente s_0 korrigiert wird.

B_3 Wird die Prüfbedingung innerhalb der ersten $n - k$ Shifts nicht erreicht, so liegt kein end around burst vor und es kann mit dem Auslesen des höchstwertigen Informationsbits r_{n-1} begonnen werden. Mit jedem weiteren Shift, bei dem die Prüfbedingung nicht erfüllt ist, wird ein weiteres Informationsbit ausgelesen. Sobald aber alle $n - k - l$ linksstehenden Komponenten des Schieberegisters gleich Null sind, wird die Rückkoppelung über S_2 geöffnet, S_1 geschlossen und das Fehlermuster bitweise zu den Bits aus dem Puffer-Register addiert. Der Schalter S_3 öffnet sich, nachdem alle Informationsbits ausgelesen sind.

Schritt C Wenn die Prüfbedingung, innerhalb von n Takten, nachdem $r(x)$ vollständig in das rückgekoppelte Schieberegister gelangt ist, nie erfüllt wird, ist entweder ein unkorrigierbares Fehlerbündel oder ein unkorrigierbares Einzelfehlermuster aufgetreten.

Maximal benötigt das Decodierverfahren ebenfalls $2 \cdot n$ Schiebetakte. Die genaue Anzahl der Schiebetakte ist aber vom Fehlermuster abhängig.

Auf der CCITT Working Party XV/1 1989 in Oslo wurde zur Fehlerkorrektur bei Bildübertragung der binäre (511,493) BCH–Code, mit $d = 5$ diskutiert. Der vorgeschlagene BCH–Code ermöglicht entweder eine Korrektur bis zu zwei Einzelfehlern oder eines Bündelfehlers bis zur maximalen Länge $l = 6$ Bit. Die Leistungsfähigkeit des Decoders wird jedoch wesentlich vom implementierten Decodierverfahren und damit vom Aufwand bestimmt. Prinzipiell ist jedoch die maximale Bündellänge, bis zu der eine eindeutige Decodierentscheidung bei gleichzeitiger Einzelfehlerkorrektur getroffen werden kann, von der Wahl des Generatorpolynoms $g(x)$ abhängig:

$$g(x) \quad = x^{18} + x^{15} + x^{12} + x^{10} + x^8 + x^7 + x^6 + x^3 + 1. \tag{8.15}$$

Die Abbildung 8.2 zeigt die Codierschaltung für den (511,493) BCH-Code bei Verwendung des Generatorpolynoms nach Gleichung (8.15).

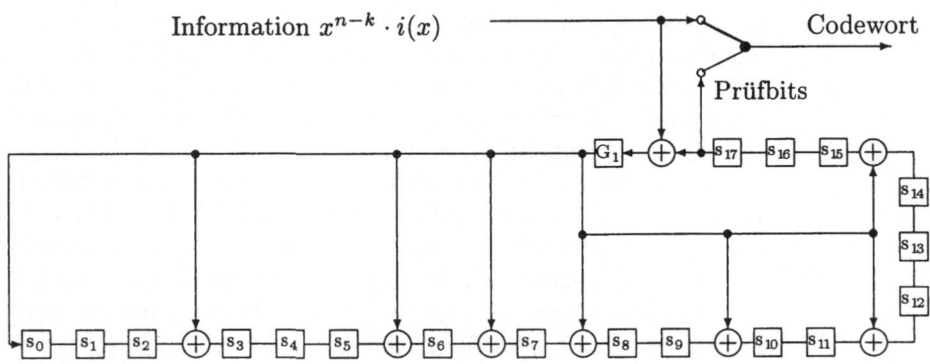

Abbildung 8.2: Coder für einen zyklischen (511,493) BCH-Code

Vom Autor wurde für diesen Code ein geringfügig modifiziertes Error-Trapping Verfahren vorgeschlagen, das sowohl die Korrektur von Fehlerbündeln als auch eine eingeschränkte Korrektur von Einzelfehlern erlaubt. Eine mögliche Schaltung zur Korrektur von Bündel- und Einzelfehlern für den (511,493) BCH–Code ist in Abbbildung 8.3 dargestellt. Der Decoder decodiert alle Bündelfehler (Burst) bis zur Länge $l = 6$ korrekt. Das Fehlermuster erscheint in den letzten 6 rechtsstehenden Speichern des Schieberegisters, wenn alle 12 ersten linksstehenden Speicher eine 'Null' enthalten. Die Einzelfehler können nicht in beliebigen Positionen, sondern nur, wenn sie in $n-k = 18$ benachbarten Stellen des Empfangsvektors r aufgetreten sind korrigiert werden.

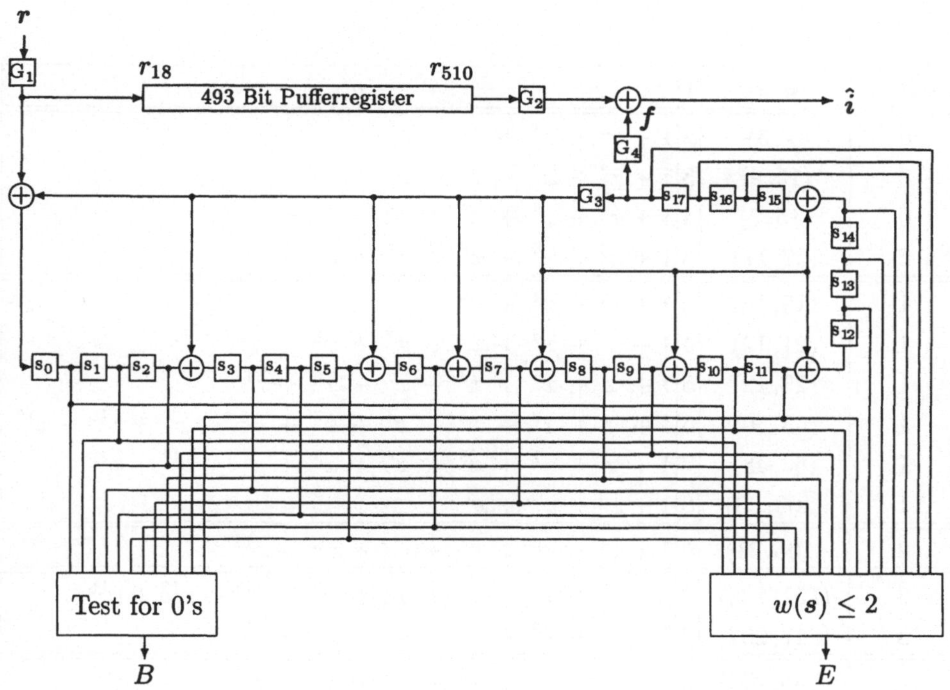

Abbildung 8.3: Decoder für einen zyklischen (511,493) BCH-Code

Besonders wichtig ist es, an dieser Stelle noch einmal darauf hinzuweisen, daß eine Korrektur von Fehlerbündeln und Einzelfehlern nicht immer eindeutig ist. Bestimmte Muster von Einzelfehlern können das gleiche Syndrom aufweisen wie ein Fehlerbündel. Bei dem betrachteten $(511, 493)$ BCH-Code kann ein Doppelfehler mit Fehlerabstand 16 einen Bündelfehler $b = (1, 0, 1, 1, 1)$ der Länge $l = 5$ vortäuschen. Für den Decoder nach Abbildung 8.3 müßte eine Korrektur dieser beiden Fehlermuster (Einzel- und Bündelfehler) unterdrückt werden, um eine Eindeutigkeit der Korrektur zu gewährleisten.

Nach der Rieger-Schranke (Satz 8.4) kann die Differenz zwischen der Anzahl der Prüfbits und der doppelten korrigierbaren Fehlerbündellänge: $n - k \geq 2l$ als Maß für die Effizienz der Codes verwendet werden. Die Tabelle 8.2 listet die Generatorpolynome einiger der guten hochratigen Codes auf.

$n-k-2l$	(n,k)	l	$g(x)$
0	$(7,3)$	2	$1 + x^2 + x^3 + x^4$
0	$(15,9)$	3	$1 + x^3 + x^4 + x^5 + x^6$
0	$(15,7)$	4	$1 + x^4 + x^6 + x^7 + x^8$
0	$(27,17)$	5	$1 + x^3 + x^4 + x^5 + x^7 + x^8 + x^{10}$
1	$(15,10)$	2	$1 + x^2 + x^4 + x^5$
1	$(21,12)$	4	$1 + x + x^4 + x^5 + x^7 + x^8 + x^9$
1	$(23,12)$	5	$1 + x + x^5 + x^6 + x^7 + x^9 + x^{11}$
1	$(63,50)$	6	$1 + x + x^2 + x^3 + x^4 + x^5 + x^6 + x^7 + x^{10} + x^{13}$
1	$(63,48)$	7	$1 + x + x^2 + x^3 + x^4 + x^8 + x^9 + x^{11} + x^{15}$
1	$(103,88)$	8	$1 + x^9 + x^{15} + x^{17}$
2	$(105,91)$	6	$1 + x^4 + x^6 + x^8 + x^{12} + x^{13} + x^{14}$
3	$(151,136)$	6	$1 + x^3 + x^4 + x^5 + x^6 + x^7 + x^{11} + x^{12} + x^{15}$
3	$(217,202)$	6	$1 + x + x^2 + x^5 + x^7 + x^{13} + x^{15}$
4	$(255,245)$	3	$1 + x + x^4 + x^6 + x^8 + x^9 + x^{10}$
4	$(255,241)$	5	$1 + x^2 + x^6 + x^7 + x^{10} + x^{11} + x^{12} + x^{13} + x^{14}$
4	$(255,239)$	6	$1 + x^2 + x^4 + x^5 + x^6 + x^8 + x^9 + x^{15} + x^{16}$
4	$(595,581)$	5	$1 + x^2 + x^3 + x^5 + x^7 + x^8 + x^{11} + x^{13} + x^{14}$
5	$(1023,1010)$	4	$1 + x^2 + x^4 + x^5 + x^6 + x^7 + x^{10} + x^{13}$

Tabelle 8.2: Gute binäre Bündelfehler korrigierende Codes

8.4 Fire-Codes

Fire-Codes sind eine Klasse von zyklischen Codes, die speziell zur Korrektur von Fehlerbündeln konstruiert werden. Die Codekonstruktion bedingt (siehe z.B. [5, S. 117]), daß das Generatorpolynom eines binären Fire-Codes C_f der jeden Bündelfehler der Länge l korrigieren kann, durch das Produkt:

$$g(x) = (x^{2l-1} - 1) \cdot p(x) \quad \text{mit} \;\; \text{grad}\{p(x)\} = m \geq l \tag{8.16}$$

gegeben ist. Hierbei ist $p(x)$ ein irreduziebles (meist primitives) Polynom vom Grad $m \geq l$, das das Polynom $(x^{2l-1} - 1)$ nicht ohne Rest teilt und dessen Koeffizienten aus $GF(2)$ sind. Ist l_p die Periode von $p(x)$ so gilt: $x^{l_p} = 1 \bmod p(x)$. Die Polynome $p(x)$ und $(x^{2l-1} - 1)$ sind also zueinander relativ prim.

Die Länge n des Fire-Codes ist das kleinste gemeinsame Vielfache von $2l-1$ und l_p. Aus der Gleichung (8.16) für das Generatorpolynom ist ersichtlich, daß die Anzahl der Prüfbits $m + 2l - 1$ beträgt:

$$
\begin{aligned}
n &= (2^m - 1) \cdot (2 \cdot l - 1), & (8.17) \\
k &= (2^m - 1) \cdot (2 \cdot l - 1) - (m + 2 \cdot l - 1), & (8.18) \\
m &= (m + 2 \cdot l - 1). & (8.19)
\end{aligned}
$$

Die Länge des für Codierung und Decodierung benötigten Schieberegisters beträgt somit ebenfalls $m = (m + 2 \cdot l - 1)$. Ein Beweis, daß der so konstruierte Code tatsächlich jeden Bündelfehler der Länge $\leq l$ korrigiert findet sich z.B. in [41, S. 262].

Beispiel 8.3 *Ein* **(279,265) Fire-Code** *wird durch sein Generatorpolynom festgelegt. Bereits aus der Tabelle 3.4 ist das primitive Polynom $p(x) = 1 + x^2 + x^5$ bekannt. Es besitzt die Periode $l_p = 2^5 - 1 = 31$, d.h. $x^{31} = 1 \bmod p(x)$. Die maximal korrigierbare Fehlerbündellänge beträgt $l = 5 = m$. Die Bedingung, daß $l_p = 31$ nicht $2l = 10$ teilt, ist ebenfalls erfüllt. Das Generatorpolynom lautet:*

$$
g(x) = (x^9 - 1) \cdot (1 + x^2 + x^5) = 1 + x^2 + x^5 + x^9 + x^{11} + x^{14}. \tag{8.20}
$$

Für die Codewortlänge gilt: $n = 9 \cdot 31 = 279$. Folglich generiert $g(x)$ einen $(279, 265)$ Fire-Code, der jeden Burst der Länge $l = 5$ korrigieren kann. ◇

Die Decodierung der Fire-Codes kann durch ein Error Trapping Verfahren (s. Abschnitt 5.7) erfolgen. In [41] finden sich unterschiedliche Varianten des Error Trappings, die je nach Anwendungsfall Vor- oder Nachteile besitzen.

8.4.1 Fire-Code im GSM-System

Ein modernes Anwendungsbeispiel für den Fire-Code findet sich im GSM-System. Das Generatorpolynom des Fire Codes C_f im GSM-System (GSM Rec. 05) ist durch das Produkt:

$$
g(x) = (x^{23} + 1) \cdot (x^{17} + x^3 + 1) = x^{40} + x^{26} + x^{23} + x^{17} + x^3 + 1 \tag{8.21}
$$

festgelegt. Hierbei ist $p(x) = x^{17} + x^3 + 1$ ein primitives Polynom vom Grad $m = 17 \geq l = 12$. Die Blocklänge n des so definierten zyklischen Fire Codes beträgt:

$$
n = (2^m - 1) \cdot (2l - 1) = (2^{17} - 1) \cdot (2 \cdot 12 - 1) = 3014633. \tag{8.22}
$$

Für die Informationslänge k gilt:

$$
\begin{aligned}
k &= (2^m - 1) \cdot (2l - 1) - (m + 2 \cdot l - 1) = n - m - (2l - 1), & (8.23) \\
&= 3014633 - 40, & (8.24)
\end{aligned}
$$

wobei $(m + 2 \cdot l - 1) = 17 + 2 \cdot 12 - 1 = 40$ die Anzahl der Prüfbits und zugleich die Länge des Schieberegisters für Codierung und Decodierung ist. Die maximale Burstlänge, bis zu der der Fire Code – durch die Codekonstruktion garantiert – richtig decodiert werden kann ist $l = 12$.

In der GSM Recommendation[1] 05 ist die Anzahl der mit dem Fire Code zu schützenden Informationsstellen auf $k = 184$ festgelegt und damit der $(n = 224, k = 184)$ Fire-Code C_f. Dies entspricht einer Verkürzung des Codes um 3014409 Stellen gegenüber der zyklischen Länge. Diese starke Verkürzung ist für die Codierung unproblematisch. Für die Decodierung hingegen erfordert sie eine Modifikation.

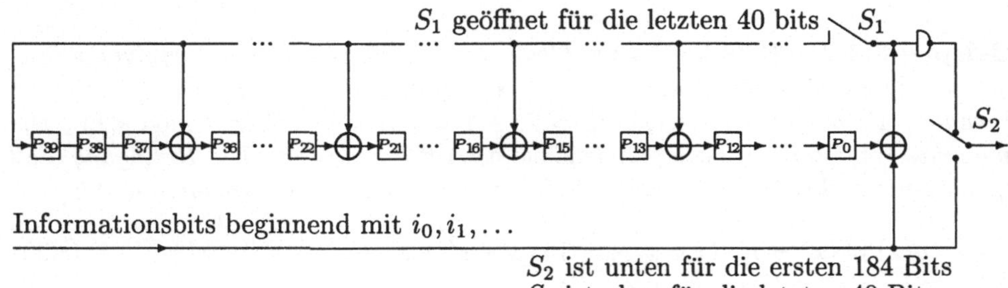

Abbildung 8.4: Encoder für den GSM (224,184) Fire Code

Die für die Codierung der 184 Informationbits $i = (i_0, i_1, \ldots, i_{183})$ des Fire Codes in systematischer Form erforderliche Schaltung ist in Abbildung 8.4 dargestellt. Systematische Codierung bedeutet hier, daß in GF(2) das Codewort in Polynomschreibweise (ungewöhnlicherweise) folgende Form hat:

$$c(x) = c_0 \cdot x^{223} + c_1 \cdot x^{222} + \cdots + c_{222} \cdot x^1 + c_{223},$$

wobei $\{c_0, \ldots, c_{183}\}$ die Informationsbits sind:

$$c_k = i_k \quad \text{für} \quad k = 0, \ldots, 183,$$

und $\{c_{184}, \ldots, c_{223}\}$ die Parity Bits p_k sind:

$$c_{k+184} = p_k \quad \text{für } k = 0, \ldots, 39.$$

Sie ergeben sich als Restpolynom $b(x)$ der Division von Informationspolynom durch $g(x)$. Abbildung 8.4 zeigt eine Implementierung dieser Division durch g(x). Nach 184 Schritten dieser Division, sind alle Informationsbits unverändert weitergeleitet und die Division beendet d.h. die Parity Bits $p(k)$ für $k = 0, \ldots, 39$ können ausgelesen werden. Sie werden zusätzlich invertiert um lange Null- bzw. Einsfolgen zu vermeiden. Während der letzten 40 Shifts ist der Rückkoppelungspfad (S_1

---

[1]Die Bezeichnungen der folgenden Codeparameter sind aus der GSM Rec. 05 übernommen und geringfügig der Notation dieses Buches angepaßt.

geöffnet) unterbrochen. Die komplette Codierung benötigt also insgesamt nur 224 Shifts.

Das Problem der Decodierung

Bei dem im GSM System standardisierten Fire Code handelt es sich um einen, gegenüber der maximalen (zyklischen) Länge $n_{zyk} = 3014633$, stark verkürzten nicht zyklischen Code der Länge $n = 224$. Hierdurch entsteht ein Problem bei der Berechnung des für die Decodierung notwendigen Syndroms. Drei der Möglichkeiten, die es prinzipiell zur Berechnung des Syndroms eines verkürzten Fire Codes[2] gibt, sind:

1. Zusätzliche 3014409 Schieberegisterzyklen, dies entspricht dem "Auffüllen" des verkürzten Codewortes mit Nullen bis zur zyklischen Länge.

2. Zusätzliche 224 Schieberegisterzyklen "rückwärts", dies erfordert ein zweites Schieberegister, das den Registerinhalt des ersten übernimmt und aus jedem Registerinhalt den Vorzustand ermittelt.

3. Vormultiplizierung mittels eines der Verkürzung des Fire Codes entsprechenden Polynoms $a(x)$. Diese Vorgehensweise wurde in Abschnitt 5.6.2 (siehe Abb. 5.13) beschrieben:

$$a(x) = x^{3014409} \mod g(x). \tag{8.25}$$

Die letzte der 3 Möglichkeiten ist vom Standpunkt der Implementierung auf einem Signalprozessor effizienter, da sie weder wie beide vorgenannten Möglichkeiten zusätzliche Rechen- und Verzögerungszeit noch erhöhten Hardwareaufwand benötigt. Sie erfordert lediglich eine einmalige Berechnung des Polynoms $a(x)$, die nur einmal 3014410 Schieberegisterzyklen erfordert.

Die Berechnung von $a(x)$ erfolgte mit Hilfe eines Programms, das zur Kontrolle der Richtigkeit des Verkürzungspolynoms eine Codierung, nebst Einblenden von Fehlern und eine Decodierung, die eine Korrektur eines Burstfehlers bis zur Länge $l = 12$, durchführen kann. Das Ergebnis von Gleichung (8.25) ist nachfolgend dargestellt:

$$\begin{aligned} a(x) &= x^{3014409} \mod g(x), \\ &= x^0 + x^4 + x^6 + x^{10} + x^{16} + x^{27} + x^{29} + x^{33} + x^{39}. \end{aligned} \tag{8.26}$$

Für die Implementierung läßt sich die Vormultiplizierung mit $a(x)$ ganz analog der Vormultiplizierung mit x^{n-k} bei der systematischen Codierung wie in Abbildung 5.5 gezeigt mittels eines Schieberegisters (siehe Abb. 8.5) durchführen.

Der Vorteil dieser Implementierung besteht darin, daß dieses Schieberegister ohne wesentlichen Hardwareaufwand in das für die Decodierung ohnehin benötigte rückgekoppelte Schieberegister (siehe Abb. 8.4) integriert werden kann. Es sind lediglich die zusätzlichen Exor-Verknüpfungen ($\oplus$) zu ergänzen.

---

[2]Ganz analog gilt gleiches auch für andere zyklische Blockcodes (z.B. BCH-Codes) die durch ihre Verkürzung nicht mehr zyklisch sind.

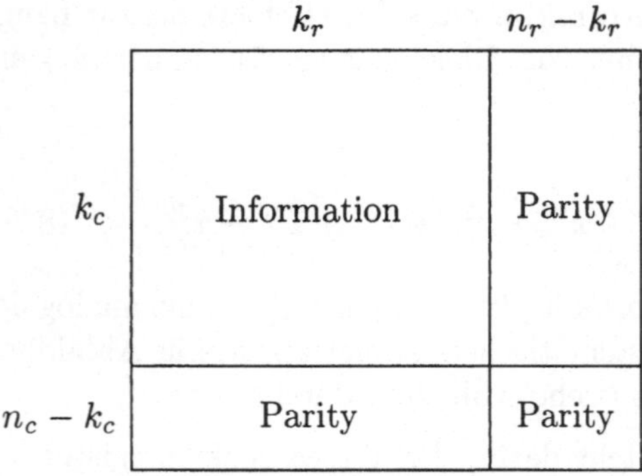

Informationsbits startend mit $i_0, i_1, \ldots$

Abbildung 8.5: Vormultiplizierung mit $a(x) = x^0 + x^4 + x^6 + x^{10} + x^{16} + x^{27} + x^{29} + x^{33} + x^{39}$

8.5 Produkt-Codes

Produkt-Codes gehören zu den mehrdimensionalen Codes, und nach Blahut [5] gehören sie zu den einfachsten Codes dieser Art. Ohne dieser Aussage zu widersprechen, ergeben sich trotzdem bei der Betrachtung der Leistungsmerkmale der Decodierung gerade aufgrund der Zweidimensionalität einige Probleme. Produkt-Codes eignen sich wegen ihrer sehr guten Korrekturfähigkeit von Bündelfehlern besonders für Übertragungssysteme in denen die Fehler nicht statistisch unabhängig sind, sondern bündelartig auftreten.

Definition 8.4 *Ein* PRODUKT-CODE $\mathcal{C}$ *wird als Produkt:*

$$\mathcal{C} = \mathcal{C}_r \otimes \mathcal{C}_c \tag{8.27}$$

zweier (n, k) *Codes* $\mathcal{C}_r(n_r, k_r)$ *und* $\mathcal{C}_c(n_c, k_c)$ *definiert, dessen Codewörter aus allen zweidimensionalen Feldern bestehen, die als Zeilenvektoren nur Codeworte aus* $\mathcal{C}_r$ *und als Spaltenvektoren nur Codeworte aus* $\mathcal{C}_c$ *enthalten.*

	k_r	$n_r - k_r$
k_c	Information	Parity
$n_c - k_c$	Parity	Parity

Aus der Abbildung 8.6 ist erkennbar, daß der Produkt-Code $\mathcal{C}$ genau dann systematisch ist, wenn auch $\mathcal{C}_r$ und $\mathcal{C}_c$ systematisch sind.
Die Indizes von Zeilen- und Spaltencodes leiten sich von den englischen Begriffen *row − code* und *column − code* ab.

Abbildung 8.6: Systematisches Codewort eines Produkt-Codes $\mathcal{C}$

Die Abbildung 8.6 veranschaulicht gleichzeitig die Prozedur für die Codierung. Sie besteht aus zwei Schritten:

Schritt 1: Codierung der Zeilen durch C_r,

Schritt 2: Codierung der Spalten durch C_c.

Die Leistungsfähigkeit eines Produkt-Codes hängt wesentlich von seiner Mindestdistanz und dem verwendeten Decodierverfahren ab. Die Mindestdistanz d eines Produkt-Codes wird natürlich von den Distanzeigenschaften des Zeilencodes C_r und des Spaltencodes C_c bestimmt. Es zeigt sich (siehe z.B. [5]), daß für die Mindestdistanz d gilt: $d = d_r \cdot d_c$. Hierbei ist d_r die Mindestdistanz des Zeilencodes und d_c die Mindestdistanz des Spaltencodes. Weiterhin kann gezeigt werden (siehe z.B. [41]), daß für die Korrekturfähigkeit von zufälligen und burstartigen Fehlern gilt:

$$E \leq \left\lfloor \frac{d_r \cdot d_c - 1}{2} \right\rfloor \qquad \text{zufällige Fehler,} \qquad (8.28)$$

$$l \leq \max(n_r E_c, n_c E_r) \quad \text{burstartige Fehler.} \qquad (8.29)$$

Die Codes C_r und C_c sollen im folgenden als Reed-Solomon Codes (s. Kap. 6) über $GF(2^s)$ (s. Abb. 8.7) betrachtet werden.

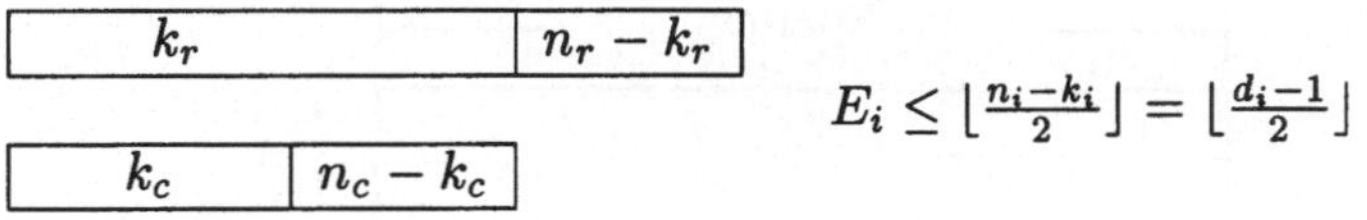

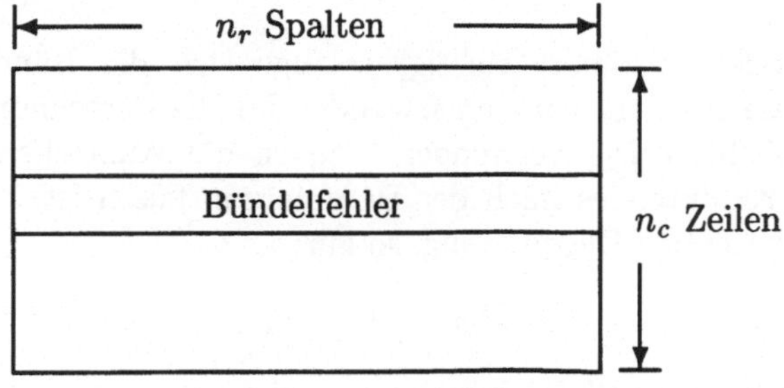

Abbildung 8.7: Systematisches Codewort eines Reed-Solomon Codes

Ohne Beschränkung der Allgemeinheit kann $n_r > n_c$ vorausgesetzt werden. Sind z. B. d_r und d_c gleich drei, so folgt: $E_r = E_c = 1$. Für die maximale korrigierbare Fehlerbündellänge gilt dann: $l = n_r$.

Abbildung 8.8: Korrekturfähigkeit für Bündelfehler mit $E_r = E_c = 1$

Die Abbildung 8.8 veranschaulicht die Korrekturfähigkeit des Produkt-Codes für Bündelfehler. Der Burst maximaler Länge $l = n_r$ erstreckt sich über eine ganze Zeile. Der Zeilendecoder muß in diesem Fall versagen. Da aber in jeder Spalte nur ein Fehler aufgetreten ist, kann der Spaltendecoder den Burst korrigieren. Vorausgesetzt wird hierbei das denkbar einfachste Decodierverfahren:

Schritt 1: Zuerst wird jede Zeile durch den Zeilendecoder decodiert.

Schritt 2: Danach wird jede Spalte durch den Spaltendecoder decodiert.

Mit optimalen (iterativen) Decodierverfahren, die diese Schritte mehrmals durchlaufen, lassen sich bessere Ergebnisse erzielen. Für die Praxis sind solche Verfahren jedoch häufig – insbesondere für lange Codes – zu aufwendig, bzw. in der vorgegebenen Verzögerungszeit für die Decodierung nicht realisierbar.

In Abbildung 8.9 wird eine Verallgemeinerung der zuvor beschriebenen Korrektursituation dargestellt. Das Codewort eines Produktcodes wird gemäß des oben dargestellten Decodierverfahrens in zwei Schritten genau dann richtig decodiert:

– wenn der Zeilendecoder $(n_c - w)$ Zeilen fehlerfrei decodiert

– und in den verbleibenden w Zeilen die Fehlerbündel der Länge l_i derart verteilt sind, daß sich in jeder Spalte nicht mehr als ein Fehler befindet.

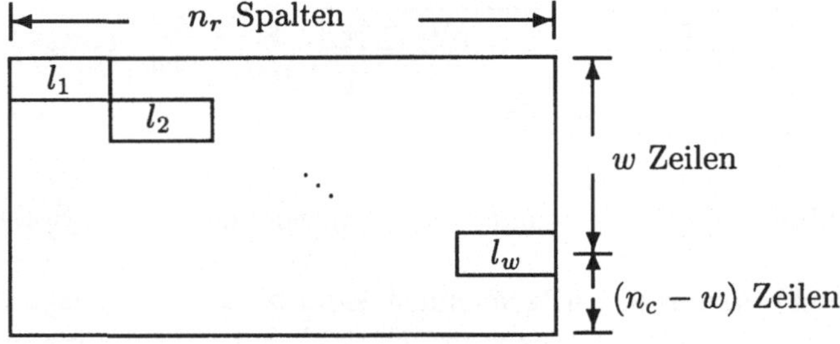

Abbildung 8.9: Korrekte Decodierung für $E_r = E_c = 1$

Der Spaltendecoder korrigiert richtig, solange sich die Bündelfehler l_i nicht überlappen. Diese Aussage wird im folgenden für die Berechnung der Restblockfehlerwahrscheinlichkeit P_{Bl} verwendet. P_{Bl} ist die Wahrscheinlichkeit, daß ein Codewort des Produktcodes nach der Decodierung falsch ist. Ist P_k die Wahrscheinlichkeit für richtige Decodierung, so gilt:

$$P_{Bl} = 1 - P_k. \tag{8.30}$$

P_k kann durch Gleichung (8.31) berechnet werden:

$$P_k = \sum_{w=0}^{n_c} \binom{n_c}{w} P_w \cdot P_r^{(n_c - w)} \text{ mit } P_w|_{w=0} = 1. \tag{8.31}$$

Hierbei ist P_r die Wahrscheinlichkeit, daß in jeder der $n_c - w$ Zeilen nicht mehr als E_r Fehler sind. $P_r^{(n_c - w)}$ ist somit die Wahrscheinlichkeit, daß der Zeilendecoder $n_c - w$ Zeilen richtig korrigiert:

$$P_r = \sum_{i=0}^{E_r} \binom{n_r}{i} SER^i \cdot (1 - SER)^{n_r - i}. \tag{8.32}$$

SER ist die Symbolfehlerwahrscheinlichkeit (symbol error rate) für jedes Codewortsymbol und P_w ist die Wahrscheinlichkeit, daß nicht mehr als $E_c \cdot n_r$ Fehler in w Zeilen sind. Diese $E_c \cdot n_r$ Fehler müssen so verteilt sein, daß in jeder Spalte nicht mehr als E_c Fehler verbleiben.

Die Abbildung 8.9 zeigt dies für den speziellen Fall, daß C_r und C_c Reed-Solomon Codes mit $E_r = E_c = 1$ sind. Für die Wahrscheinlichkeit P_w gilt mit $l_0 = 0$:

$$P_w \;=\; \sum_{\substack{2 \cdot w \leq l_1 + l_2 + \cdots + l_w \leq n_r \\ l_i \geq 2}} \; \prod_{k=1}^{w} \binom{n_r - \sum_{j=0}^{k-1} l_j}{l_k} SER^{l_k} (1 - SER)^{n_r - l_k}. \tag{8.33}$$

P_r für den Fall $E_r = 1$ berechnet sich nach Gleichung (8.32):

$$P_r = \sum_{i=0}^{1} \binom{n_r}{i} SER^i \cdot (1 - SER)^{n_r - i}, \tag{8.34}$$

wobei die Symbolfehlerwahrscheinlichkeit $SER = 1 - (1 - P_b)^s$ für jedes Symbol bestehend aus s-Bit eines RS-Codewortes von der Bitfehlerwahrscheinlichkeit P_b abhängt.

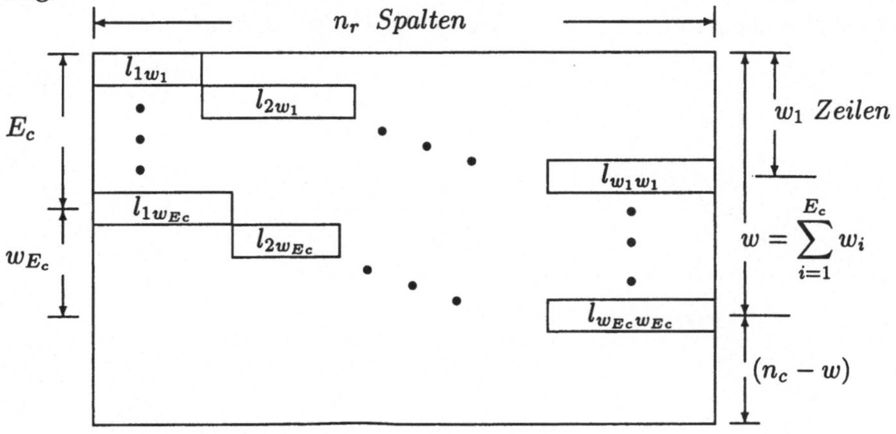

Abbildung 8.10: Allgemeine Bedingung für richtige Decodierung

Für den allgemeinen Fall $E_r > 1$ und $E_c > 1$, müssen die unterschiedlichen Mengen $w_1, w_2, \ldots, w_{E_c}$ betrachtet werden, die die Bedingung $0 \leq w_1 + w_2 + \cdots + w_{E_c} \leq w$

und $w_i \geq 0$ erfüllen. Für die Wahrscheinlichkeit P_w gilt dann:

$$P_w = \sum_{\substack{0 \leq w_1 + w_2 + \cdots + w_{E_c} \leq w \\ w_i \geq 0}} \prod_{i=1}^{E_c} P_{w_i}, \qquad (8.35)$$

wobei mit $l_0 = 0$ gilt:

$$P_{w_i} = \sum_{\substack{(E_r+1)\cdot w_i \leq l_1 + l_2 + \cdots + l_{w_i} \leq n_r \\ l_i \geq (E_r+1)}} \prod_{k=1}^{w_i} \binom{n_r - \sum_{j=0}^{k-1} l_j}{l_k} SER^{l_k} (1-SER)^{n_r - l_k}. \quad (8.36)$$

Mit der Beziehung (8.31) zur Berechnung der Wahrscheinlichkeit für richtige Korrektur läßt sich nach Gleichung (8.30) die Restblockfehlerwahrscheinlichkeit P_{Bl} berechnen. Hierzu muß noch über alle möglichen w's in Gleichung (8.31) summiert werden.

Es soll noch einmal betont werden, daß die Berechnung der Restblockfehlerwahrscheinlichkeit P_{Bl} mittels Gleichung (8.31) nur ein Näherung (allerdings eine recht gute) darstellt. Es ist eine untere Grenze der korrekten Fehlerwahrscheinlichkeit, da vorausgesetzt wurde, daß der Zeilendecoder erkennt, welche Zeilen er nicht korrigieren kann.

Mittels Gleichung (8.31) kann aber auch eine obere Grenze für die Blockfehlerwahrscheinlichkeit hergeleitet werden. Hierzu wird angenommen, daß der Zeilendecoder in den w Zeilen immer unerkannt falsch korrigiert. Die Fehler würden sich dann maximal von l_i auf $l_i + E_r$ erhöhen. Simulationen ergaben eine sehr gute Übereinstimmung mit der unteren Grenze der Fehlerwahrscheinlichkeit.

Kapitel 9

Faltungscodes

Neben den Blockcodes bilden die Faltungscodes[1] eine zweite wichtige Gruppe fehlerkorrigierender Codes. Im Gegensatz zu den Blockcodes existiert für die Faltungscodes nicht eine so ausgeprägte, algebraisch nutzbare mathematische Struktur. Leistungsmerkmale für Faltungscodes lassen sich im allgemeinen nicht durch mathematische Analyse berechnen, weil die korrigierbare Fehleranzahl, bezogen auf die Codelänge, auch vom Fehlermuster abhängig ist. Besonders empfindlich reagieren Faltungscodes auf bündelartig auftretende Fehler, die durch zusätzliche Maßnahmen – wie Interleaving – verteilt werden sollten. Ein häufig angewendetes Verfahren die Leistungsfähigkeit von Faltungscodes zu bestimmen, stellt die Simulation dar. Durch gemessene Fehlerfolgen ist die Simulation auch geeignet, einen Praxisbezug dieser Leistungsfähigkeit zu gewährleisten.

Die Informationsfolge wird nicht unbedingt, so wie bei Blockcodes, in Informationswörter eingeteilt, die dann unabhängig voneinander codiert werden. Ein Faltungscode kann theoretisch eine unendliche Länge besitzen. Es ist jedoch auch bei der Faltungscodierung möglich, eine Blockung durch periodisches Hinzufügen von sogenannten Tail-Bits zu erhalten, die den Coder in einen definierten Anfangszustand zurücksetzen. Hierdurch gelingt es, Faltungscodes formal auch als Blockcodes darzustellen.

Die n Codesymbole am Ausgang eines Faltungscoders hängen nicht nur von den aktuellen k Symbolen am Eingang ab, sondern auch von den letzten $m \cdot k$ Informationssymbolen. Dieser Einfluß wird als GEDÄCHTNIS des Codes und die Gedächtnislänge mit m bezeichnet. Im weiteren soll deshalb ein Faltungscode durch die drei Merkmale n, k, m beschrieben als $C_{n,k,m}$ bezeichnet werden.

---

[1] Faltungscodes werden auch als Convolutional Codes und manchmal etwas mißverständlich als Tree–Codes bezeichnet.

Zusammenfassend können folgende Unterschiede zwischen Faltungs- und Blockcodes benannt werden:

- Faltungscodierer bilden durch Falten der Information Codesequenzen. Blockcodes setzen Informationsworte in Codeworte um.

- Blockcodes besitzen analytische Konstruktionsverfahren. Faltungscodes werden durch Rechnersimulation gefunden.

- Faltungscodes besitzen gegenüber den Blockcodes eine einfachere mathematische Struktur.

- Faltungscodes können Zusatzinformationen über die Zuverlässigkeit von Codesymbolen einfacher zur Decodierung verwenden als Blockcodes.

In den folgenden Abschnitten werden Codierung und Decodierung von Faltungscodes erläutert. Besonderes Augenmerk wird darauf gelegt, dem Anwender Faltungscodes in praxisorientierter Weise zu erläutern. Im Anschluß an die theoretischen Ausführungen verdeutlichen Beispiele die Anwendungen von Faltungscodes.

9.1 Codierung von Faltungscodes

Die Codierung von Faltungscodes wird häufig durch Schieberegisterschaltungen veranschaulicht, die den Strukturen von FIR-Filtern ganz ähnlich sind. Die Abbildung 9.1 zeigt einen möglichen Aufbau eines *Finite Impulse Response* (FIR) Filters.

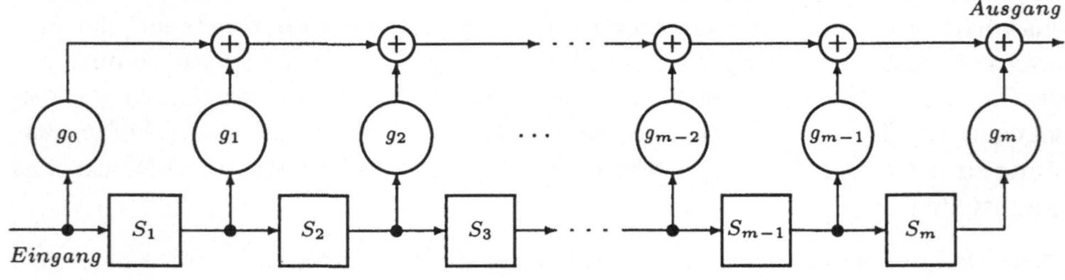

Abbildung 9.1: Aufbau eines rückkoppelungsfreien Schieberegisters

Der Name FIR-Filter rührt von der endlich langen Impulsantwort (vgl. [48]) eines solchen Schieberegisters her. Wird nämlich ein Einheitsimpuls:

$$\delta(n \cdot T) = \begin{cases} 1 & \text{für} \quad n = 0, \\ 0 & \text{für} \quad n \neq 0. \end{cases} \tag{9.1}$$

auf ein solches Systen gegeben, so kann der Ausgang der Schaltung nach Abbildung 9.1 maximal für $m+1$ Takte ungleich Null sein. Danach ist der Einfluß dieser einen Eins nicht mehr in der Schaltung vorhanden.

In Abbildung 9.1 stellen die Elemente $\boxed{S_i}$ jeweils einen Speicherbaustein dar. Ein solcher Baustein kann beispielsweise durch ein JK-Flipflop realisiert werden. Alle Speicherbausteine zusammen ergeben das endliche Gedächtnis eines Codierers. Die Anzahl der Gedächtniszustände wird durch die Anzahl der Speicherbausteine festgelegt. Im Falle von binären Codes können die Speicherbausteine wegen $GF(2)$ nur die Werte Null oder Eins annehmen. Aus diesem Grund sind bei einem Gedächtnis mit m Speicherbausteinen insgesamt 2^m verschiedene Speicherzustände möglich.

Die Elemente $\textcircled{g_i}$ führen eine Skalierung ihrer Eingangswerte durch. Bei der Betrachtung von binären Codes können auch die Koeffizienten g_i nur die Werte Null und Eins annehmen. Dies hat zur Folge, daß im Falle $g_i = 0$ die entsprechende Leitung, wegen $0 \cdot a = 0$, als Unterbrechung aufgefaßt werden kann. Wenn hingegen g_i den Wert 1 annimmt, so kann dies, wegen $1 \cdot a = a$, als eine direkte Verbindung (Skalierung mit Faktor 1) zum Folgeelement dargestellt werden.

Die Verknüpfungsstellen $\oplus$ geben Additionsstellen bezüglich des verwendeten Zahlenkörpers an. Aufgrund der binären Verarbeitung erfolgt an diesen Verknüpfungsstellen eine modulo-2 Addition.

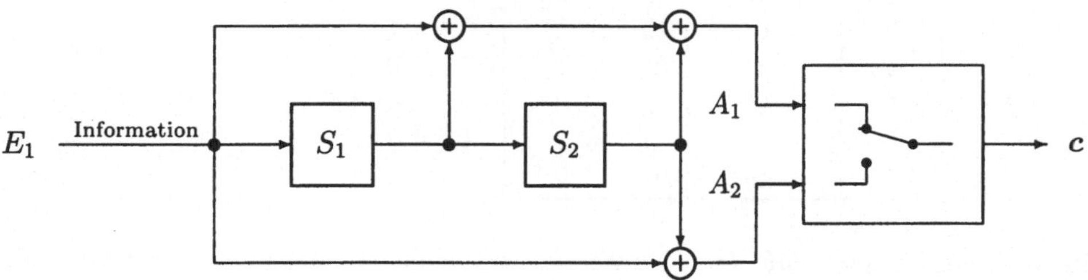

Abbildung 9.2: Beispiel eines Faltungscoders mit $n = 2$, $k = 1$ und $m = 2$

Im Unterschied zu FIR-Filtern nach Abbildung 9.1 kann ein Faltungcoder auch mehrere Ein- und Ausgänge besitzen (vgl. Abb. 9.3). Ein Faltungscode wird deshalb grundsätzlich durch drei wesentliche Parameter bestimmmt:

$$\begin{array}{lll} \text{Anzahl der Eingänge} & k, & \\ \text{Gedächtnislänge} & m, & (9.2) \\ \text{Anzahl der Ausgänge} & n. & \end{array}$$

Ein in der Literatur häufig angeführtes Beispiel eines Faltungscoders zeigt die Abbildung 9.2. Die $m \cdot k$ Bits stellen dann das Gedächtnis des Codierers dar. Es existieren also $2^{m \cdot k}$ verschiedene Gedächtnisinhalte. Pro Takt wird ein Informationsbit in das Schieberegister geschoben. Dort wird es mit n linearen Operationen und den $m \cdot k$ Bits verknüpft.

Bevor die zugrundeliegende Struktur des Beispiels erläutert wird, soll pragmatisch die Funktionsweise des Coders beschrieben werden. Zu Beginn des Codiervorgangs enthält das Gedächtnis des Codierers nur Nullen. Die Informationsbits gelangen über den Eingang E_1 in das Gedächtnis des Coders und über die Exor-Verknüpfungen an die beiden Ausgänge A_1 und A_2. Da der Coder nur einen Eingang hat, gelangt pro Takt ein Informationsbit in das Schieberegister. Über einen zeitlich getakteten Schalter werden die Ausgangsbits bitweise zu einer Codefolge c zusammengestellt. Durch die Gedächtnislänge $m \cdot k = 2$ Bit wird die Codefolge von $(m + 1) \cdot k = 3$ Bits beeinflußt. Anhand einer konkreten Eingangsfolge (Abbildung 9.2) wird die Codierung erläutert.

Beispiel 9.1 *Für die Information* (1101000) *am Eingang des Coders nach Abbildung 9.2, würde sich am Ausgang die Codefolge* (11 01 01 00 10 11 00) *ergeben. Die sich während dem Codiervorgang ergebenden Speicherzustände und Ausgangssequenzen sind in der folgenden Tabelle aufgeführt.*

| Takt | Eingabe | Gedächtnis | | Ausgabe | | restliche |
i	E_1	S_1	S_2	A_1	A_2	Information
1	1	0	0	1	1	101000
2	1	1	0	0	1	01000
3	0	1	1	0	1	1000
4	1	0	1	0	0	000
5	0	1	0	1	0	00
6	0	0	1	1	1	0
7	0	0	0	0	0	-

Es ist zu erkennen, daß der Speicher S_1 die Informationsbits vom Eingang E_1 aufnimmt und einen Takt später wieder ausgibt. Das gleiche Verhalten zeigt der Speicher S_2, der die vom ersten Speicher ausgegebenen Bits aufnimmt und ebenfalls einen Takt später wieder ausgibt. $\diamond$

Dieser $(n = 2, k = 1, m = 2)$ Faltungscoder verfügt über einen Eingang und zwei Ausgänge. Die Verknüpfung von Ein- und Ausgang kann vollständig durch die beiden folgenden Generatorpolynome erfolgen:

$$\begin{aligned} g^{(1)}(x) &= 1 + x + x^2, \\ g^{(2)}(x) &= 1 + x^2. \end{aligned}$$

Hierbei gibt das Polynom $g^{(1)}(x)$ die Verknüpfung des Eingangs mit dem ersten Ausgang und das Polynom $g^{(2)}(x)$ die Verknüpfung des Eingangs mit dem zweiten

Ausgang an. Anhand der Schaltung (Abb. 9.2) ist zu erkennen, daß die Skalierungselemente g_i aus der Abbildung 9.1 durch eine Leitung (im Falle $g_i = 1$) bzw. durch eine Unterbrechung (im Falle $g_i = 0$) ersetzt wurden.

Dieser Codierer könnte wegen $k = 1$ und $n = 2$ durch $k \cdot n = 2$ komplette FIR-Filter realisiert werden. Diese beiden Filter würden jedoch wegen $k = 1$ bezüglich ihrer Eingänge parallel geschaltet werden. Aus diesem Grund wären die beiden Gedächtnisinhalte stets gleich. Somit können die beiden Gedächtnisstränge dieses Codierers, zur hard- und softwaremäßigen Realisierung, zu einem einzigen Gedächtnisstrang zusammengefaßt werden. Auf die Anzahl der möglichen Gedächtniszustände hat das keine Auswirkung, da die Speicherinhalte der beiden Stränge immer identisch sind.

Die Zusammenfassung der Gedächtnisstränge kann jeweils nur pro Eingang erfolgen. Bei einem Codierer mit k Eingängen können jeweils die n an einem Eingang liegenden Speicherstränge für sich zusammengefaßt, d.h. durch jeweils einen einzigen Speicherstrang ersetzt werden. Daraus resultiert, daß bei einem Faltungscoder mit k Eingängen letztendlich immer k voneinander unabhängige Gedächtnisstränge existieren. Prinzipiell können die einzelnen FIR-Filter auch über unterschiedlich lange Speicherstränge verfügen. Da solche Codierer jedoch nur in speziellen Anwendungen vorkommen, wird hier auf diesen Sonderfall nicht eingegangen.

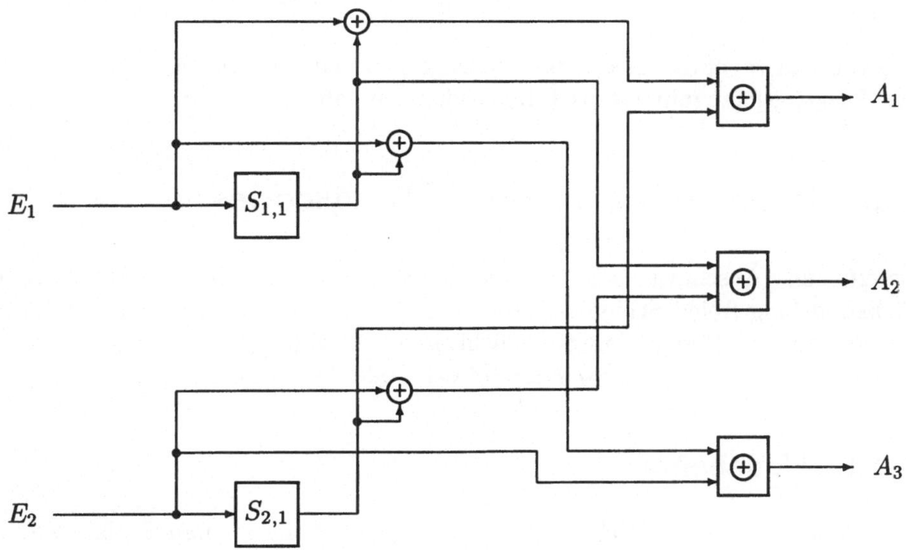

Abbildung 9.3: Ein Faltungscoder mit $n = 3$, $k = 2$ und $m = 1$

Ein Beispiel für einen Codierer mit zwei Eingängen, drei Ausgängen und einer Gedächtnislänge von eins, zeigt Abbildung 9.3. Auch hier wird die Information (11 01 00 00) auf den Codierer gegeben. Das nachfolgende Beispiel 9.2 zeigt, daß als Codefolge (110 010 110 000) generiert wird.

Beispiel 9.2 *Wenn mit diesem Encoder eine Informationsfolge codiert werden soll, so muß die Anzahl ihrer Bits wegen $k = 2$ gerade sein. Um die Bitfolge aus Beispiel 9.1 verwenden zu können, wird an diese eine Null angefügt, so daß die Informationsfolge $i = (11\,01\,00\,00)$ codiert wird. Das Gedächtnis wird wieder mit Nullen initialisiert.*

Für den Codiervorgang ergibt sich folgende Tabelle:

| Takt | Eingabe | | Gedächtnis | | Ausgabe | | | restliche |
i	E_1	E_2	$S_{1,1}$	$S_{2,1}$	A_1	A_2	A_3	Information
1	1	1	0	0	1	1	0	010000
2	0	1	1	1	0	1	0	0000
3	0	0	0	1	1	1	0	00
4	0	0	0	0	0	0	0	- -

Das Resultat dieser Codierung ist die Ausgangsfolge $(110\,010\,110\,000)$.   ◇

Der Faltungscode von Beispiel 9.2 hat eine Coderate von:

$$R = \frac{k}{n} = \frac{2}{3}.$$

Die von ihm zugefügte Redundanz beträgt somit ein Bit pro Takt. Deshalb ist in der Ausgangsfolge mindestens $\frac{1}{3}$ Redundanz enthalten.

9.2 Beschreibung von Faltungscodes

Bereits im Abschnitt 9.1 wurden Faltungscodes durch die Funktion der rückkoppelungsfreien Schieberegister beschrieben. In den folgenden Abschnitten werden andere Beschreibungsmöglichkeiten für Faltungscodes angegeben, die geeignet sind, weitere Eigenschaften dieser Codes besser zu erkennen.

9.2.1 Codebaum

Ein Codebaum ist ein Gebilde aus Zweigen mit Anfangs- und Endknoten. Im Codebaum wird jeder auftretende Gedächtniszustand eines Faltungscoders durch einen Knoten dargestellt. Von jedem Endknoten gehen 2^k Zweige ab, an denen die jeweilige Codefolge ablesbar ist. Jeder dieser abgehenden Zweige steht dabei für eine eindeutige Eingabesequenz.

Im Codebaum endet in jedem Zustandsknoten nur ein einziger aus einem vorangegangenen Zustand kommender Zweig. Daraus resultiert, daß zu jedem im Codebaum existierenden Knoten ein **eindeutiger** Codierweg gehört.

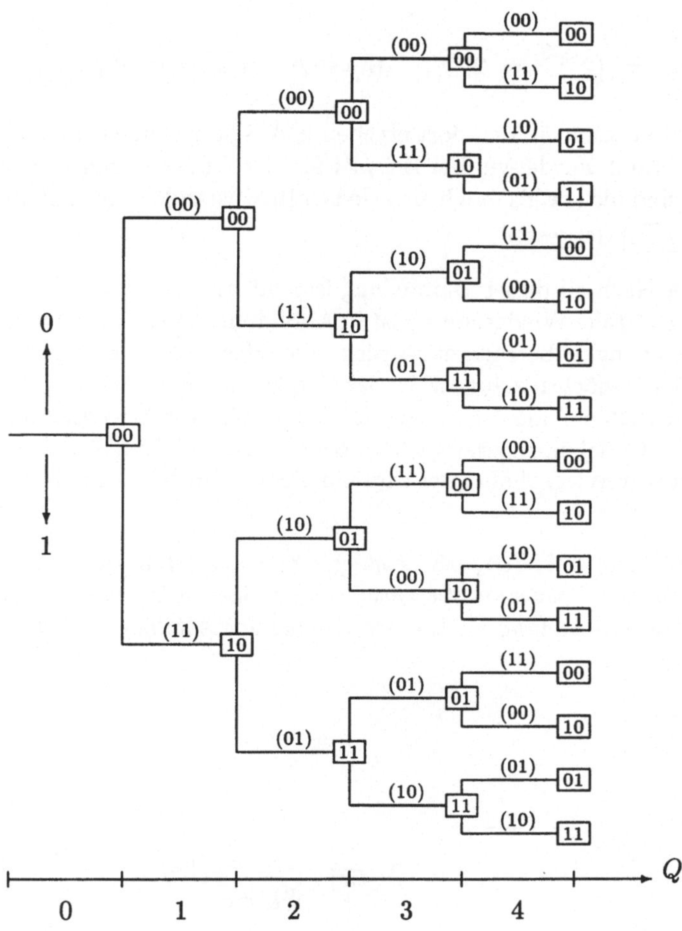

Abbildung 9.4: Codebaum des Codierers aus Abbildung 9.2

Ein Nachteil dieser exakten Darstellung ist, daß mit jedem Codierschritt 2^k mal mehr Folgeknoten möglich sind, und der Codebaum somit mit jedem weiteren Codierschritt exponentiell anwächst.

Zu dem Codierer aus Abbildung 9.2 ist der Codebaum in Abbildung[2] 9.4 dargestellt, wobei die Eingabe einer Null durch einen nach oben zeigenden Zweig, die Eingabe einer Eins durch einen nach unten zeigenden Zweig dargestellt ist. Die Eindringtiefe Q entspricht der Anzahl der Eingabezeichen, die notwendig sind, um den entsprechenden Knoten zu erreichen. Mittels der Eindringtiefe kann angege-

[2]Der Autor dankt Herrn Dipl.-Ing. Volker Drees [16] für die Erstellung einiger Abbildungen zu dem Kapitel Faltungscodes.

ben werden, wie viele verschiedene Pfade (Codierwege) bei gegebenem Q insgesamt existieren:

$$np = \left(2^k\right)^Q = 2^{k \cdot Q} \qquad (np \text{ steht für } \textit{number of paths}). \qquad (9.3)$$

An jedem Pfad steht die sich dort ergebende Ausgangssequenz in der Form $(A_1\,A_2)$. Als Startzustand wurde wie bei Beispiel 9.1 der Null-Zustand gewählt. In dieser Abbildung sind die jeweils möglichen Gedächtniszustände (Knoten) durch Kästchen der Form $\boxed{S_1\,S_2}$ dargestellt.

Ein weiterer Nachteil dieser Darstellung ist, daß dies keine wiederholungsfreie Beschreibung ist. Eine Wiederholung ist in Abbildung 9.4 deutlich zu erkennen, wenn Baumverzweigungen betrachtet werden, die identische Ausgangsbits aufweisen. Aufgrund der Gedächtnislänge m ist der Codebaum aus Abbildung 9.4 bereits nach $m + 1 = 3$ Schritten eindeutig festgelegt. Jeder weitere Schritt stellt eine Wiederholung einer im Codebaum bereits vorhandenen Zustands-Eingabe-Kombination dar. Aufgrund dieser Wiederholungen wird ein Codebaum sehr schnell unübersichtlich.

Beispiel 9.3 *Die Abbildung 9.5 zeigt, wie man bei der Darstellung von Faltungscodes durch einen Codebaum die Codefolge zu einer bestimmten Informationsfolge ermittelt. Diese Abbildung stellt einen Auszug der Abbildung 9.4 dar.*

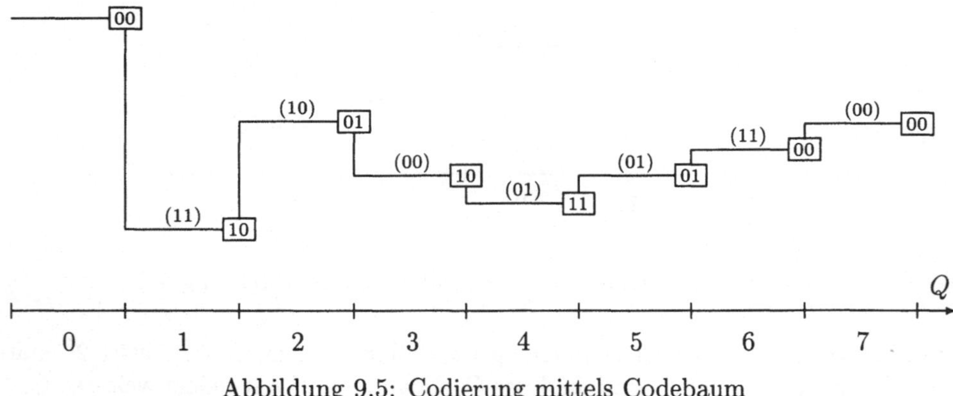

Abbildung 9.5: Codierung mittels Codebaum

Hier wurde die Informationsfolge $(1\,0\,1\,1\,0\,0\,0)$ *gewählt und die zugehörige Codefolge* $(11\,10\,00\,01\,01\,11\,00)$ *dargestellt. Der Codiervorgang beginnt im Startknoten* $\boxed{00}$*, der auch als Wurzelknoten bezeichnet wird. Von dort wird, da das erste Infobit eine Eins ist, nach unten verzweigt. Aufgrund dieser Verzweigung wird die Sequenz* (11) *aus dem Codierer ausgegeben. Der Codierer befindet sich nach diesem Codierschritt im Zustand* $\boxed{10}$*. Das nächste Bit (eine Null) hat zur Folge, daß aus dem aktuellen Zustand nach oben verzweigt wird und dementsprechend die Sequenz* (10) *ausgegeben wird.*

Diese Vorgehensweise wiederholt sich solange, bis der komplette Informationsvektor verarbeitet worden ist. Nach der vollständigen Verarbeitung der Eingangssequenz befindet sich der Codierer im Zustand $\boxed{00}$. *Im Codebaum stellt dieser Zustand einen eindeutigen Endzustand dar, da es zu diesem Knoten nur einen einzigen Codierweg gibt.* ◇

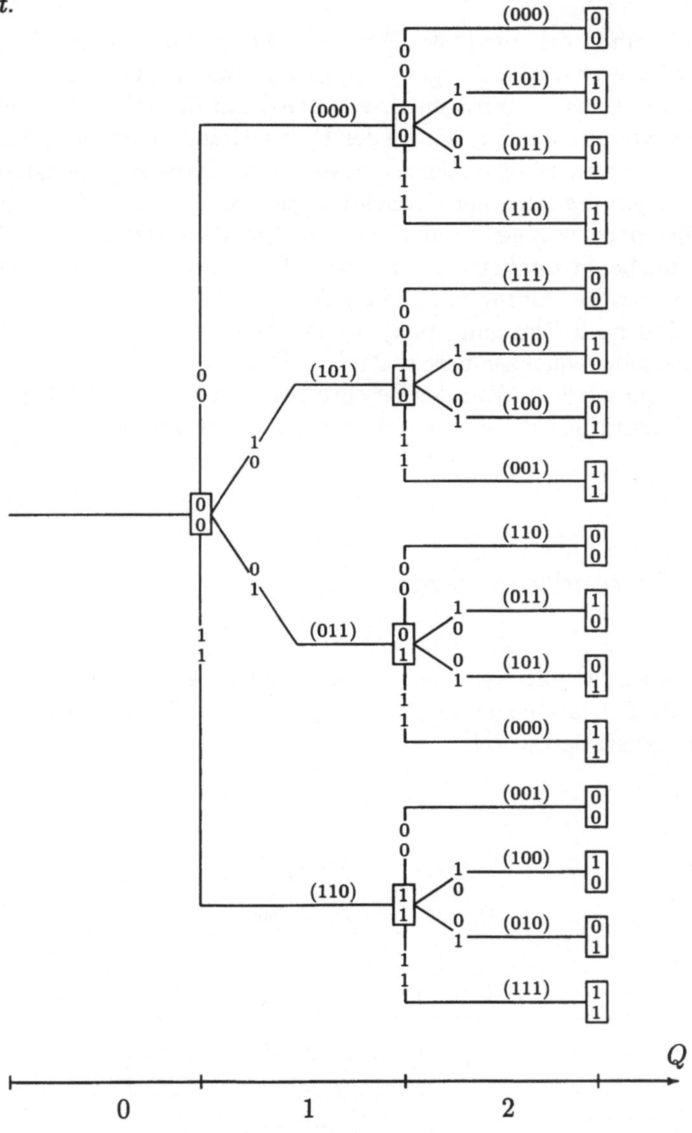

Abbildung 9.6: Codebaum des Faltungscodes nach Abbildung 9.3

In Abbildung 9.6 ist der Codebaum für den $(n = 3, k = 2, m = 1)$ Faltungscoder aus Abbildung 9.3 von Seite 263 bis zu einer Eindringtiefe von $Q = 2$ dargestellt. Bedingt durch die $k = 2$ Eingänge sind in jedem der $2^{k \cdot m} = 4$ Gedächtniszustände jeweils $2^k = 4$ unterschiedliche Eingabesequenzen möglich. Jede dieser Eingaben wird durch die Bits dargestellt, die in den Zweigen stehen, die die Zustände verbinden. Dargestellt werden diese Eingabesequenzen in der Form $\frac{E_1}{E_2}$. Jeder mögliche Gedächtniszustand, den die zwei existierenden Speicherstellen annehmen können, wird bei diesem Codebaum in der Form $\boxed{\frac{S_{1,1}}{S_{2,1}}}$ angegeben. Die sich bei jedem Codierschritt jeweils ergebenden Ausgangssequenzen sind in dem Codebaum horizontal in der Form $(A_1\, A_2\, A_3)$ eingetragen. Da das Gedächtnis bei diesem Faltungscode nur eine Länge von $m = 1$ hat, wird jeder Folgezustand vollständig durch die aktuell eingegebene Informationssequenz repräsentiert. Diese Eigenschaft findet sich bei allen Faltungscodes mit einer Gedächtnislänge von 1 wieder. Es zeigt sich deutlich, daß bereits nach wenigen Codierschritten die Darstellung eines Codiervorgangs mittels Codebaum unübersichtlich wird. Die Anzahl der möglichen Codierwege nimmt bei diesem Faltungscode mit jedem Codierschritt um den Faktor vier zu. Deshalb sind nach Gleichung (9.3) bei der Darstellung eines Codiervorgangs mit nur vier Eingabesequenzen bereits $2^{k \cdot Q} = 2^{2 \cdot 4} = 256$ unterschiedliche Endzustände im Codebaum möglich. Von der Beschreibungsmöglichkeit der Faltungscodes mittels Codebaum rührt in der englischsprachigen Literatur der Begriff des *tree–codes* her.

9.2.2 Zustandsdiagramm

Um eine wiederholungsfreie Beschreibung eines Faltungscodes zu erhalten, werden alle möglichen Gedächtnisinhalte des Coders (Zustände) und die möglichen Zustandswechsel betrachtet.

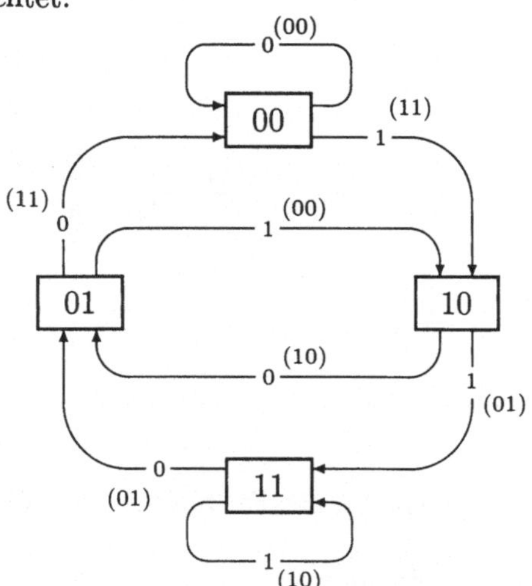

Abbildung 9.7: Zustandsdiagramm des Faltungscoders nach Abbildung 9.2

Jeder Zustand wird einmal gezeichnet und alle möglichen Übergänge werden möglichst kreuzungsfrei eingetragen. Der sich ergebende Folgezustand wird dabei eindeutig durch den momentanen Gedächtniszustand und durch die aktuelle Eingabefolge festgelegt. Das Zustandsdiagramm eignet sich jedoch nicht, um die Codierung einer Informationsfolge in Form eines Codierwegs nachzuvollziehen, da die Zustände mehrmalig durchlaufen werden.

Anhand des Zustandsdiagramms kann z.B. abgelesen werden, wie viele Codierschritte nötig sind, um von einem Zustand z.B. Z_0 wieder in den gleichen Zustand Z_0 zu gelangen. Die dabei ausgegebenen Codefolgen sind für die Distanzbetrachtung (siehe hierzu Abschnitt 9.3.3 auf Seite 283) eines Faltungscodes sehr wichtig. Es ist erkennbar, daß mindestens 3 Eingabezeichen benötigt werden, um vom Zustand 00 wieder in den Zustand 00 zu gelangen. In der Automatentheorie spielt die Beschreibung von Vorgängen, die definierte Zustände einnehmen können, mit Hilfe eines Zustandsdiagrammes, eine große Rolle.

Abbildung 9.7 zeigt das Zustandsdiagramm des (2,1,2)-Faltungscoders aus Abbildung 9.2. Die $2^{k \cdot m} = 4$ unterschiedlichen Speicherzustände sind in diesem Diagramm in der Form $\boxed{S_1\,S_2}$ angegeben. Das für einen Zustandswechsel jeweils nötige Eingangsbit E_1 steht auf dem entsprechenden Zweig. Die sich bei jedem Codierschritt ergebenden Ausgangssequenzen stehen in der Form $(A_1\,A_2)$ neben dem jeweiligen Zweig.

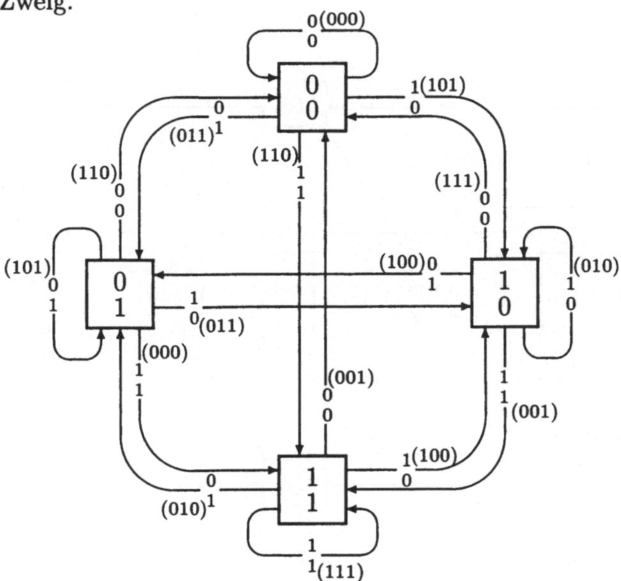

Abbildung 9.8: Zustandsdiagramm für den Codierer aus Abbildung 9.3

In Abbildung 9.8 ist das Zustandsdiagramm des Codierers aus Abbildung 9.3 dargestellt. Die $2^{k \cdot m} = 4$ Gedächtniszustände sind in diesem Diagramm in der Form $\boxed{\begin{smallmatrix}S_{1,1}\\S_{2,1}\end{smallmatrix}}$ eingetragen. Die Eingabesequenzen stehen in der Form $\begin{smallmatrix}E_1\\E_2\end{smallmatrix}$ auf jedem der

$2^k = 4$ aus einem Zustand abgehenden Zweige. Die bei einem Codierschritt von dem Codierer ausgegebene Ausgangssequenz steht in der Form $(A_1\ A_2\ A_3)$ neben jedem Zweig.

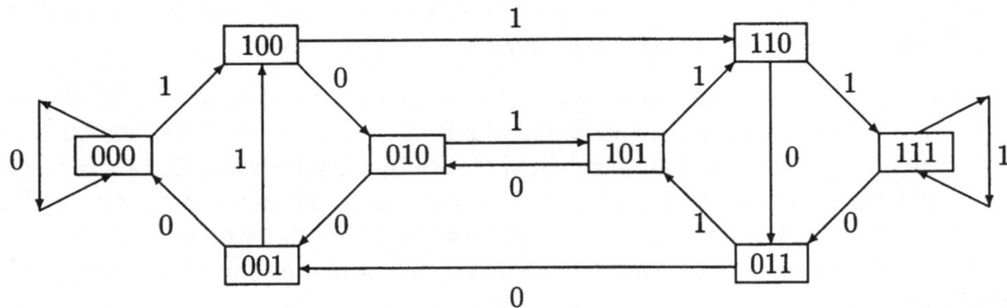

Abbildung 9.9: Zustandsdiagramm für einen $(k = 1, m = 3)$ Coder

Aus den bisher betrachteten Beispielen wird deutlich, daß die Stuktur des Zustandsdiagramms von der Gedächtnislänge m und der Anzahl der Eingänge bestimmt ist. Deshalb werden in den Abbildungen 9.9 und 9.10 die Strukturen jeweils für einen Eingang $(k = 1)$ für $m = 3$ und $m = 4$ angegeben.

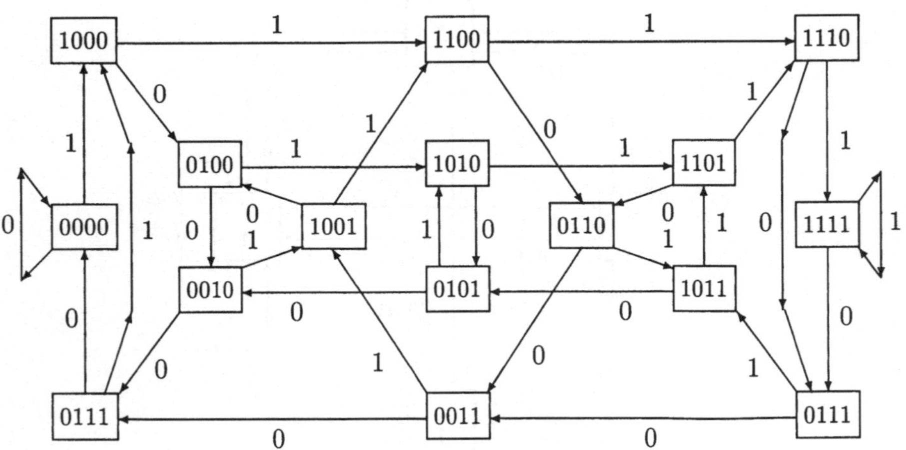

Abbildung 9.10: Zustandsdiagramm für einen $(k = 1, m = 4)$ Coder

Die Eingabe der Informationsbits erfolgt in den Abbildungen 9.9 und 9.10 jeweils wie in den vorangegangenen Beispielen von links.

9.2.3　Netzdiagramm

Eine weitere Beschreibungsmöglichkeit für Faltungscodes stellt das Netzdiagramm dar, das auch *Trellis* oder *Trellisdiagramm* genannt wird. Es zeigt vertikal alle möglichen Speicherzustände, die das Gedächtnis des Codierers annehmen kann. Jeder dieser Zustände wird, wie beim Codebaum, durch Knoten dargestellt. Horizontal kann in diesem Diagramm die Eindringtiefe Q abgelesen werden. Die Eindringtiefe gibt die Anzahl der mit dem Codierer verarbeiteten Informationssequenzen an. Als Startzustand wird beim Netzdiagramm ebenfalls der Null-Zustand gewählt. Dies ist aber nicht zwingend notwendig, da das Netzdiagramm auch jeden anderen Startzustand verarbeiten kann.

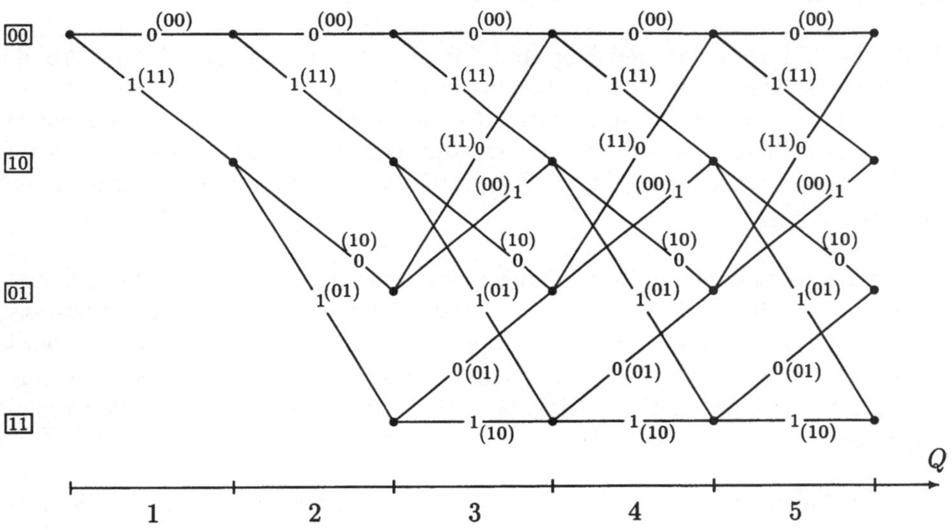

Abbildung 9.11: Netzdiagramm des Coders aus Abbildung 9.2

Beispiel 9.4 *Um vom Gedächtniszustand* $\boxed{10}$ *nach* $\boxed{01}$ *zu kommen, muß das Eingabezeichen eine Null gewesen sein.*

	Infobit	Gedächtnis
	0	$\boxed{10}$
nächstes Bit	*x*	$\boxed{01}$

Die rechtsstehende Null wird aus dem Gedächtnis herausgeschoben und durch die nachrückende Eins ersetzt.　　　　　　　　　　　　　　　　　　　　◇

Da in jedem Gedächtniszustand 2^k Eingabesequenzen möglich sind, gehen aus jedem möglichen Zustandsknoten jeweils 2^k Zweige ab. Jeder dieser Zweige stellt dabei eine eindeutige, in den Codierer eingegebene Informationssequenz dar. Die 2^k abgehenden Zweige laufen alle in unterschiedliche Folgeknoten. Der sich ergebende Folgezustand wird dabei durch den momentanen Gedächtniszustand und die aktuell eingegebene Informationssequenz festgelegt. Trotz der baumartigen Struktur der Codierwege bei den Tree-Codes zeigt das Netzdiagramm jeden Zustand bei vorgegebener Eindringtiefe Q nur ein einziges Mal an. Deshalb bleibt nach dem Anfangsbereich, im Unterschied zur Codebaumdarstellung, die Anzahl der abgehenden Zweige für einen Wechsel von Q nach $Q + 1$ konstant. Die Anzahl aller möglichen Gedächtniszustände ist durch $2^{k \cdot m}$ bestimmt. Jeder einzelne Gedächtniszustand $Z(Q + 1)$ kann aus dem vorangegangenen Gedächtniszustand $Z(Q)$ durch eine bestimmte Eingabesequenz erreicht werden. Aus diesem Grund beginnen und enden in jedem Zustandsknoten 2^k Zweige.

Abbildung 9.11 zeigt das Netzdiagramm für den (2,1,2)-Faltungscoder aus Abbildung 9.2. Da dieser Coder nur über insgesamt $k \cdot m = 1 \cdot 2 = 2$ Speicherstellen verfügt, kann das Gedächtnis dieses Codierers $2^{(k \cdot m)} = 2^{1 \cdot 2} = 4$ verschiedene Zustände annehmen. Diese vier unterschiedlichen Gedächtniszustände werden im Netzdiagramm vertikal eingetragen. Dargestellt werden diese Gedächtniszustände in der Form $\boxed{S_1\ S_2}$.

Es ist dabei nicht unbedingt erforderlich, eine bestimmte Reihenfolge bei der Anordnung dieser Zustände einzuhalten. Zweckmäßigerweise wird jedoch meistens als erster Zustand (oben) der Null-Zustand gewählt. Abgeschlossen (unten) wird das Netzdiagramm in der Regel mit dem Zustand, in dem alle Speicherbausteine den Wert $S_{e,i} = 1$ besitzen. Die dazwischenliegenden Gedächtniszustände werden entsprechend ihrer Binärdarstellung 2^0, 2^1, ..., 2^m durchnumeriert.

In diesem Netzdiagramm steht an jedem Zweig die Eingabesequenz E_1, die notwendig ist, um bei der Codierung diesen Zweig zu verwenden. Da wegen $k = 1$ in jedem Gedächtniszustand $2^k = 2$ unterschiedliche Eingabesequenzen möglich sind, gehen bei diesem Faltungscoder aus jedem vorhandenen Zustandsknoten jeweils zwei Zweige ab. Neben einem abgehenden Zweig steht jeweils die Ausgangssequenz, die aus dem Codierer ausgegeben wird, wenn der Codierweg diesen Pfad verwendet. Die Ausgangssequenzen werden hierbei in der Form $(A_1\ A_2)$ dargestellt.

Eine zu codierende Informationsfolge wird bei diesem Faltungscode, wegen $k = 1$, bitweise vom Netzdiagramm bzw. Coder verarbeitet. Jedes eingegebene Informationsbit entscheidet, welcher der zwei, in jedem Zustandsknoten, möglichen Zweige verwendet wird. Dieses codierte Bit legt gemeinsam mit dem momentanen Speicherzustand fest, welchen Folgezustand das Gedächtnis durch diesen Codierschritt annehmen wird. Mit jedem Codierschritt wird die neben dem verwendeten Zweig stehende Sequenz am Ausgang der Codierers mit dem gleichen Takt ausgegeben. Anhand des Netzdiagramms kann, wie auch bei der Codiertabelle, für jede Gedächtnis-Eingabe-Kombination die zugehörige Ausgangssequenz abgelesen werden.

Ein Nachteil bei der Darstellung einer Codierung mittels Netzdiagramm ist, daß der Codierweg nicht, wie beim Codebaum, eindeutig durch Start- und Endknoten festgelegt ist. Im Netzdiagramm ist dazu stets der vollständige Codierweg notwendig.

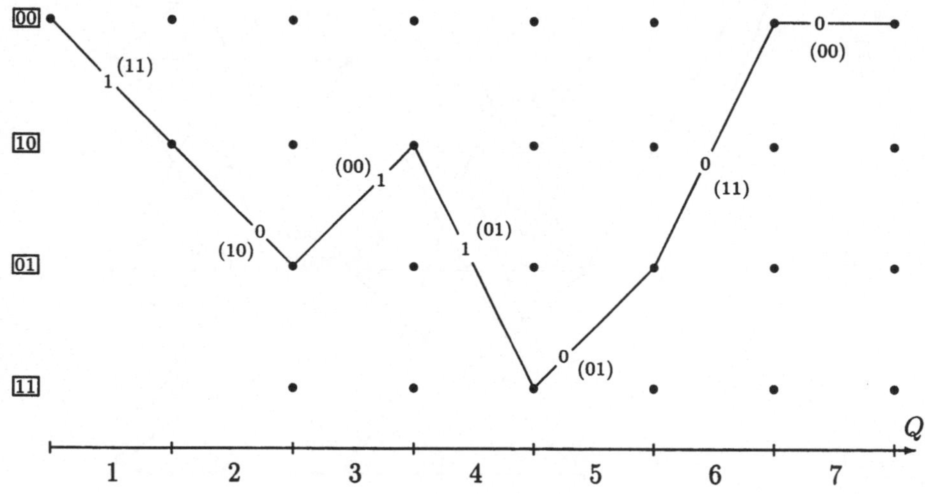

Abbildung 9.12: Codierung für $i = (1011000)$ nach Abbildung 9.2

Damit der Codierweg bei dieser Darstellung deutlich wird, wurden in der Abbildung 9.12 die an der Codierung nicht beteiligten Zweige weggelassen. Wegen der vertikal angeordneten Gedächtniszustände kann man bei der Betrachtung des Codierwegs sofort die während der Codierung durchlaufenen Speicherzustände und die codierten Ausgangsbits (11 10 00 01 01 11 00) ablesen.

In Abbildung 9.13 ist das Netzdiagramm für den (3,2,1)-Faltungscoder aus Abbildung 9.3 dargestellt. Dieser Codierer verfügt über $k \cdot m = 2 \cdot 1 = 2$ Speicherstellen. Deshalb kann sein Gedächtnis ebenfalls $2^2 = 4$ unterschiedliche Gedächtniszustände

annehmen. Diese vier möglichen Speicherzustände sind vertikal in der Form $\genfrac{}{}{0pt}{}{S_{1,1}}{S_{2,1}}$ im Netzdiagramm eingetragen. Wegen seiner $k = 2$ Eingänge sind bei diesem Faltungscoder $2^2 = 4$ unterschiedliche Eingabesequenzen möglich. Diese werden durch vier in jedem Zustandsknoten abgehende Zweige dargestellt. Auf jedem dieser Zweige steht die Eingabefolge, die jeweils nötig ist, um über diesen Zweig zum Folgezustand zu gelangen. Dargestellt werden die für den Zustandswechsel nötigen

Eingabesequenzen in diesem Netzdiagramm in der Form $\genfrac{}{}{0pt}{}{E_1}{E_2}$.

Die bei einem Codierschritt aus dem Codierer ausgegebene Ausgangssequenz steht in der Form $(A_1\ A_2\ A_3)$ neben jedem Zweig.

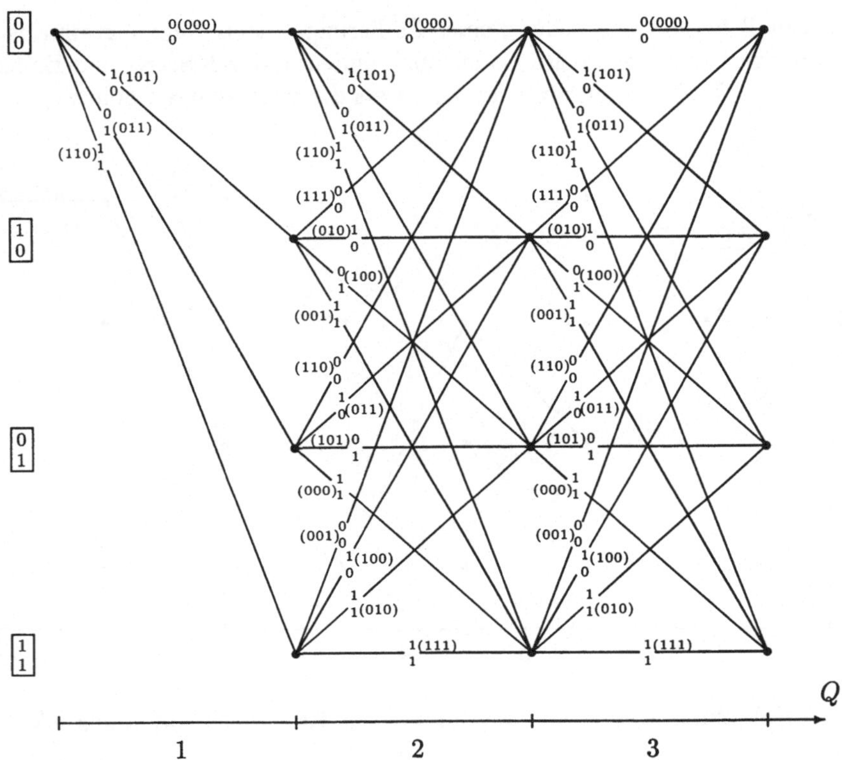

Abbildung 9.13: Netzdiagramm des Codierers aus Abbildung 9.3

Abbildung 9.14 zeigt das Netzdiagramm des (3,2,1)-Faltungscodes für die Codierung der Informationssequenz $i = (1\,0\,1\,1\,0\,0\,0\,0)$. Anhand des Netzdiagramms ergibt sich durch die Codierung dieser Eingangsfolge die Ausgangssequenz (101 001 001 000). In diesem Netzdiagramm ist zu erkennen, daß der Codierweg im Null-Zustand beginnt und auch im Null-Zustand endet. Auf diesen Sachverhalt wird im Abschnitt 9.3.8 auf Seite 293 näher eingegangen.

Ebenso wie bei der Codierung mittels Codebaum zeigt sich bei diesem Beispiel, daß der sich ergebende Folgezustand immer vollständig durch die aktuelle Eingabesequenz gebildet wird. Der Grund hierfür ist, daß dieser Faltungscode eine Gedächtnislänge von $m = 1$ hat, und deshalb der gesamte Speicherinhalt durch eine einzige Eingabesequenz festgelegt wird.

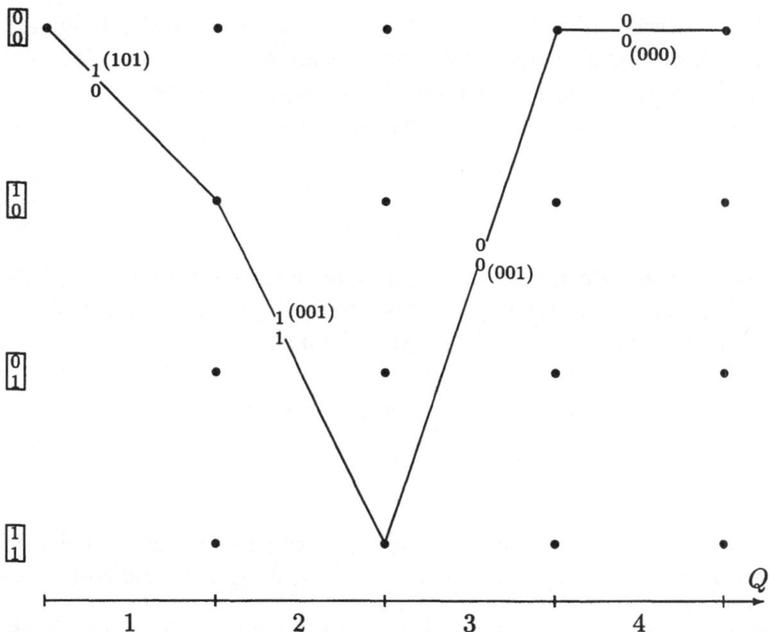

Abbildung 9.14: Codierung für $i = (1\,0\,1\,1\,0\,0\,0\,0)$, Coder nach Abbildung 9.3

Anhand des Netzdiagramms wird später die Vorgehensweise des Viterbi-Decodierers erklärt, deshalb kommt dieser Beschreibung eine besondere Bedeutung zu!

9.2.4 Generatorsequenz und Generatormatrix

Die Beschreibung der Faltungscodes auf der Grundlage von Schieberegisterschaltungen (vgl. Abschnitt 9.1) legt es nahe, diese Schaltungen durch Generatorpolynome festzulegen. Die Generatorpolynome spezifizieren die Verknüpfung von Aus- und Eingängen und legen die Gedächtnislänge der Faltungscoder fest. Man erhält zur Beschreibung der Verbindung von jedem Eingang zu jedem Ausgang ein Generatorpolynom. Formal schreibt man:

$$g_{Eingang}^{(Ausgang)}(x) = \cdots ,$$

wobei die Variable x lediglich eine Platzhalterfunktion besitzt. Vollständig dargestellt, ergibt sich für jedes Generatorpolynom folgender Aufbau:

$$g_e^{(a)} = g_{e,0}^{(a)} \cdot x^0 + g_{e,1}^{(a)} \cdot x^1 + g_{e,2}^{(a)} \cdot x^2 + \cdots + g_{e,m}^{(a)} \cdot x^m. \tag{9.4}$$

Hierbei stellt der Index e die Nummer des Eingangs und der Index a die Nummer das Ausgangs dar, deren Verknüpfung das Generatorpolynom beschreibt.

Aufgrund der etwas unhandlichen Polynomschreibweise wird häufig auf die Beschreibung durch Generatorsequenzen übergegangen. Diese basieren auf den Koeffizienten $g_{e,i}^{(a)} = g_i$ der Skalierelemente der FIR-Filter (s. Abb. 9.1). Die sich aus diesen Koeffizienten ergebenden Generatorsequenzen haben prinzipiell folgenden Aufbau:

$$g = (g_0, g_1, g_2, \ldots, g_m). \tag{9.5}$$

Um auch hier die einzelnen Sequenzen und Koeffizienten, für den Fall, daß mehrere Ein- bzw. Ausgänge vorhanden sind, unterscheiden zu können, sieht die allgemeine Form der Generatorsequenzen folgendermaßen aus:

$$g_e^{(a)} = (g_{e,0}^{(a)}, g_{e,1}^{(a)}, g_{e,2}^{(a)}, \ldots, g_{e,m}^{(a)}). \tag{9.6}$$

Für $g_{e,i}^{(a)} \in \{0, 1\}$ gilt:

Eins: Bedeutet die Verknüpfung eines Elementes eines Speichers i des Schieberegisters vom Eingang e kommend und zum Ausgang a gehend.

Null: Bedeutet keine Verknüpfung, d. h. ein Element des Schieberegisters gelangt vom Speicher i zum Speicher $i + 1$ ($i = 0, 1, \ldots, m$), ohne ein Ausgangsbit direkt zu beeinflussen.

Beispiel 9.5 *Die Generatorsequenzen für den Codierer aus Abbildung 9.2 lautet:*

$$\begin{aligned} g_1^{(1)} &= (111), \\ g_1^{(2)} &= (101). \end{aligned}$$

◇

Mit Hilfe der Generatorsequenz kann die Bildung von Faltungscodes mathematisch durch eine Faltungssumme beschrieben werden. Für eine Generatorsequenz, die das ausgangsseitige Verhalten zu einem Eingang beschreibt, gilt allgemein:

$$g^{(a)} = (g_0^{(a)}, g_1^{(a)}, \ldots, g_m^{(a)}). \tag{9.7}$$

Die Generatorsequenz für einen Coder kann auch als die aus der Systemtheorie bekannte Impulsantwort aufgefaßt werden. Sie stellt somit die Reaktion des Coders auf eine Eingangsinformation mit einer Eins am Anfang dar: $i = (1, 0, 0, \ldots, 0)$.

Besitzt ein Coder wie im Beispiel 9.5 zwei Ausgänge, so können die Ausgangssequenzen $c^{(1)}$ und $c^{(2)}$ durch FALTUNG bestimmt werden:

$$\begin{aligned} c^{(1)} &= i * g^{(1)}, \\ c^{(2)} &= i * g^{(2)}, \end{aligned} \tag{9.8}$$

wobei $*$ die bekannte diskrete Faltung unter Berücksichtigung der modulo-2 Addition repräsentiert. Besonders einfach wird die Darstellung, wenn die Ausgangsbits eines Ausgangs jeweils nur von den Eingangsbits eines Eingangs beeinflußt werden. Für eine Komponente der Ausgangssequenz gilt:

$$
\begin{aligned}
c_l^{(a)} &= \sum_{j=0}^{m} i_{l-j} \cdot g_j^{(a)} \quad \text{mod } 2, \\
&= i_l g_0^{(a)} \oplus i_{l-1} g_1^{(a)} \oplus \cdots \oplus i_{l-m} g_m^{(a)} \quad \text{für } l \geq 0,\ a = 1, 2, \ldots, n, \quad (9.9)
\end{aligned}
$$

wobei gilt: $i_{l-j} = 0$ wenn $l < j$ ist. Es entsteht eine Ausgangsfolge durch Sortieren der Ausgangsbits:

$$
c = (c_0^{(1)}, c_0^{(2)} \ldots, c_0^{(n)},\ c_1^{(1)}, c_1^{(2)} \ldots, c_1^{(n)},\ c_2^{(1)}, c_2^{(2)} \ldots, c_2^{(n)},\ \cdots). \quad (9.10)
$$

Für das obige Beispiel 9.5 gilt:

$$
\begin{aligned}
c_l^{(1)} &= i_{l-0} \cdot g_0^{(1)} \oplus i_{l-1} \cdot g_1^{(1)} \oplus i_{l-2} \cdot g_2^{(1)} = i_l \oplus i_{l-1} \oplus i_{l-2}, \\
c_l^{(2)} &= i_{l-0} \cdot g_0^{(2)} \oplus i_{l-1} \cdot g_1^{(2)} \oplus i_{l-2} \cdot g_2^{(2)} = i_l \qquad\quad \oplus i_{l-2}.
\end{aligned}
$$

Die so entstehenden Ausgangsfolgen werden zu einer Codefolge zusammengefaßt:

$$
c = (c_0^{(1)} c_0^{(2)},\ c_1^{(1)} c_1^{(2)},\ c_2^{(1)} c_2^{(2)}, \cdots). \quad (9.11)
$$

Beispiel 9.6 *Ein binärer Informationsvektor* $i = (1\,1\,0\,1\,0\,0\,0)$ *soll gemäß Gleichung* (9.8) codiert werden:

$$
\begin{aligned}
c^{(1)} &= (1101000) * (111) = (1000110), \quad (9.12) \\
c^{(2)} &= (1101000) * (101) = (1110010). \quad (9.13)
\end{aligned}
$$

Damit lautet das Codewort: $c = (11\,01\,01\,00\,10\,11\,00)$. $\quad\diamond$

Für einen Codierer mit mehr als einem Eingang ($k > 1$) kann die Faltungssumme folgendermaßen erweitert werden:

$$
c_l^{(a)} = \sum_{e=1}^{k} \sum_{j=0}^{m} i_{e,l-j} \cdot g_{e,j}^{(a)}, \qquad (l \geq 0,\ 1 \leq a \leq n). \quad (9.14)
$$

Hierzu muß die zu codierende Informationsfolge i in Sequenzen der Länge k zerlegt werden. Die Summenbildung erfolgt bei dieser Faltungssumme ebenfalls mittels modulo-2 Addition.

Für den ($n = 3, k = 2, m = 1$) Faltungscoder aus Abbildung 9.2 gilt:

$$
\begin{array}{ll}
\text{Eingang 1:} & \text{Eingang 2:} \\
g_1^{(1)} = (1\,1), & g_2^{(1)} = (0\,1), \\
g_1^{(2)} = (0\,1), & g_2^{(2)} = (1\,1), \\
g_1^{(3)} = (1\,1), & g_2^{(3)} = (1\,0).
\end{array}
$$

Für die Faltung folgt somit:

$$c_l^{(1)} = i_{1,l-0} \cdot g_{1,0}^{(1)} \oplus i_{1,l-1} \cdot g_{1,1}^{(1)} \oplus i_{2,l-0} \cdot g_{2,0}^{(1)} \oplus i_{2,l-1} \cdot g_{2,1}^{(1)},$$
$$c_l^{(2)} = i_{1,l-0} \cdot g_{1,0}^{(2)} \oplus i_{1,l-1} \cdot g_{1,1}^{(2)} \oplus i_{2,l-0} \cdot g_{2,0}^{(2)} \oplus i_{2,l-1} \cdot g_{2,1}^{(2)},$$
$$c_l^{(3)} = i_{1,l-0} \cdot g_{1,0}^{(3)} \oplus i_{1,l-1} \cdot g_{1,1}^{(3)} \oplus i_{2,l-0} \cdot g_{2,0}^{(3)} \oplus i_{2,l-1} \cdot g_{2,1}^{(3)}.$$

Durch Einsetzen der entsprechenden Generatorsequenzen erhält man schließlich:

$$c_l^{(1)} = i_{1,l} \oplus i_{1,l-1} \qquad\quad \oplus i_{2,l-1},$$
$$c_l^{(2)} = \qquad\quad i_{1,l-1} \oplus i_{2,l} \oplus i_{2,l-1},$$
$$c_l^{(3)} = i_{1,l} \oplus i_{1,l-1} \oplus i_{2,l}.$$

Wird wie in Beispiel 9.2 die Eingangsbitfolge $i = (11\,01\,00\,00)$ verwendet, so ergibt sich für die ersten Ausgangsbits:

$$c_0^{(1)} = 1 \oplus 0 \qquad\quad \oplus 0 = 1,$$
$$c_0^{(2)} = \qquad\quad 0 \oplus 1 \oplus 0 = 1,$$
$$c_0^{(3)} = 1 \oplus 0 \oplus 1 \qquad\quad = 0.$$

Entsprechend der Zusammenfassung der Ausgangsfolgen zu einem Codewort können auch die Generatorsequenzen zusammengefaßt und in Matrizenform angeordnet werden. Ein Codewort kann gemäß der bekannten Beziehung:

$$c = i \cdot G \tag{9.15}$$

berechnet werden. Die Matrix G ist die Generatormatrix des Faltungscodes. Für einen Coder mit einem Eingang, n Ausgängen und einem Register (Gedächtnis) der Länge m besitzt G die Form:

$$G = \begin{pmatrix} g_0 & g_1 & g_2 & \cdots & g_m & 0 & \cdots & 0 & 0 \\ 0 & g_0 & g_1 & g_2 & \cdots & g_m & 0 & \cdots & 0 \\ \vdots & \ddots & \ddots & \ddots & \ddots & \ddots & \ddots & & \vdots \\ 0 & \cdots & 0 & g_0 & g_1 & g_2 & \cdots & \cdots & g_m \\ 0 & \cdots & 0 & 0 & g_0 & g_1 & g_2 & \cdots & g_{m-1} \\ \vdots & \vdots & \vdots & \vdots & \ddots & & & \vdots & \vdots \\ 0 & \cdots & \cdots & \cdots & 0 & \cdots & \cdots & 0 & g_0 \end{pmatrix}, \tag{9.16}$$

Die Dimension von G ist von der Länge des Informationsvektors $i = (i_0, i_1, \ldots, i_{k-1})$ abhängig. G besitzt k Zeilen, bestehend aus den Vektoren g_i der Form:

$$g_i = (g_i^{(1)}, g_i^{(2)}, \ldots, g_i^{(n)}), \qquad (0 \leq i \leq m). \tag{9.17}$$

Beispiel 9.7 *Für den Codierer aus Abbildung 9.2 lautet die Generatormatrix:*

$$
G = \begin{pmatrix} 11 & 10 & 11 & 00 & 00 & \cdots \\ 00 & 11 & 10 & 11 & 00 & \ddots \\ \vdots & \ddots & \ddots & \ddots & \ddots & \ddots \end{pmatrix}.
$$

Soll nun der binäre Informationsvektor $i = (1\,1\,0\,1\,0\,0\,0)$ gemäß Gleichung (9.15) codiert werden, so besitzt G folgende Gestalt:

$$
G = \begin{pmatrix}
11 & 10 & 11 & 00 & 00 & 00 & 00 \\
00 & 11 & 10 & 11 & 00 & 00 & 00 \\
00 & 00 & 11 & 10 & 11 & 00 & 00 \\
00 & 00 & 00 & 11 & 10 & 11 & 00 \\
00 & 00 & 00 & 00 & 11 & 10 & 11 \\
00 & 00 & 00 & 00 & 00 & 11 & 10 \\
00 & 00 & 00 & 00 & 00 & 00 & 11
\end{pmatrix}.
$$

Die Generatormatrix hat sieben Zeilen, da sieben Informationsbits codiert werden sollen. Für die Codefolge c ergibt sich:

$$
\begin{aligned}
c &= (1101000) \cdot \begin{pmatrix}
11 & 10 & 11 & 00 & 00 & 00 & 00 \\
00 & 11 & 10 & 11 & 00 & 00 & 00 \\
00 & 00 & 11 & 10 & 11 & 00 & 00 \\
00 & 00 & 00 & 11 & 10 & 11 & 00 \\
00 & 00 & 00 & 00 & 11 & 10 & 11 \\
00 & 00 & 00 & 00 & 00 & 11 & 10 \\
00 & 00 & 00 & 00 & 00 & 00 & 11
\end{pmatrix}, \\[4pt]
&= (11\,01\,01\,00\,10\,11\,00).
\end{aligned}
$$

$\diamond$

Im folgenden soll die Codierung von Faltungscodes mit Hilfe der Generatormatrix noch auf Faltungscoder mit mehreren Eingängen, wie z. B. Abbildung 9.3 zeigt, verallgemeinert werden.

Die Struktur der Generatormatrix nach Gleichung (9.16) ändert sich nicht. Lediglich werden aus den Zeilenvektoren, die die Generatormatrix nach Gleichung (9.16) bilden, Matrizen:

$$
G = \begin{pmatrix}
G_0 & G_1 & G_2 & \cdots & G_m & 0 & \cdots & 0 & 0 \\
0 & G_0 & G_1 & G_2 & \cdots & G_m & 0 & \cdots & 0 \\
\vdots & \ddots & \ddots & \ddots & \ddots & \ddots & \ddots & & \vdots \\
0 & \cdots & 0 & G_0 & G_1 & G_2 & \cdots & \cdots & G_m \\
0 & \cdots & 0 & 0 & G_0 & G_1 & G_2 & \cdots & G_{m-1} \\
\vdots & \ddots & \ddots & \ddots & \ddots & & & \ddots & \vdots \\
0 & \cdots & \cdots & \cdots & 0 & \cdots & \cdots & 0 & G_0
\end{pmatrix}, \quad (9.18)
$$

wobei für die Teilmatrizen G_i gilt:

$$G_i = \begin{pmatrix} g_{1,i}^{(1)} & g_{1,i}^{(2)} & \cdots & g_{1,i}^{(n)} \\ g_{2,i}^{(1)} & g_{2,i}^{(2)} & \cdots & g_{2,i}^{(n)} \\ \vdots & \vdots & & \vdots \\ g_{k,i}^{(1)} & g_{k,i}^{(2)} & \cdots & g_{k,i}^{(n)} \end{pmatrix}, \qquad \text{für } (0 \le i \le m) . \qquad (9.19)$$

Die Größe der Generatormatrix G hängt von der Länge der Informationsfolge ab. Die Anzahl der Zeilen der Matrix entspricht der Anzahl der Informationsbits.

Beispiel 9.8 *Für den Codierer aus Abbildung 9.3 lauten die Generatorsequenzen:*

$$g_1^{(1)} = (g_{1,0}^{(1)}, g_{1,1}^{(1)}) = (11), \qquad\qquad g_2^{(1)} = (g_{2,0}^{(1)}, g_{2,1}^{(1)}) = (01),$$
$$g_1^{(2)} = (g_{1,0}^{(2)}, g_{1,1}^{(2)}) = (11), \quad \text{und} \quad g_2^{(2)} = (g_{2,0}^{(2)}, g_{2,1}^{(2)}) = (10),$$
$$g_1^{(3)} = (g_{1,0}^{(3)}, g_{1,1}^{(3)}) = (11), \qquad\qquad g_2^{(3)} = (g_{2,0}^{(3)}, g_{2,1}^{(3)}) = (10).$$

Wir erhalten so die Untermatrizen G_i :

$$G_0 = \begin{pmatrix} g_{1,0}^{(1)} & g_{1,0}^{(2)} & g_{1,0}^{(3)} \\ g_{2,0}^{(1)} & g_{2,0}^{(2)} & g_{2,0}^{(3)} \end{pmatrix} = \begin{pmatrix} 101 \\ 011 \end{pmatrix},$$

$$G_1 = \begin{pmatrix} g_{1,1}^{(1)} & g_{1,1}^{(2)} & g_{1,1}^{(3)} \\ g_{2,1}^{(1)} & g_{2,1}^{(2)} & g_{2,1}^{(3)} \end{pmatrix} = \begin{pmatrix} 111 \\ 110 \end{pmatrix}.$$

Für die Generatormatrix G ergibt sich für $i = (11\,01\,00\,00)$:

$$G = \begin{pmatrix}
101 & 111 & 000 & 000 \\
011 & 110 & 000 & 000 \\
000 & 101 & 111 & 000 \\
000 & 011 & 110 & 000 \\
000 & 000 & 101 & 111 \\
000 & 000 & 011 & 110 \\
000 & 000 & 000 & 101 \\
000 & 000 & 000 & 011
\end{pmatrix}.$$

Die Codefolge c berechnet sich durch Multiplikation:

$$c = (11010000) \cdot \begin{pmatrix}
101 & 111 & 000 & 000 \\
011 & 110 & 000 & 000 \\
000 & 101 & 111 & 000 \\
000 & 011 & 110 & 000 \\
000 & 000 & 101 & 111 \\
000 & 000 & 011 & 110 \\
000 & 000 & 000 & 101 \\
000 & 000 & 000 & 011
\end{pmatrix} = (110\,000\,100\,000).$$

$\diamond$

9.3 Eigenschaften von Faltungscodes

In diesem Abschnitt werden kurz einige Eigenschaften und Grundbegriffe von Faltungscodes erläutert. Sie entsprechen denen, die wir bereits bei den linearen Blockcodes kennengelernt haben, so daß es keine Schwierigkeiten gibt, sie auf Faltungscodes zu beziehen. Diese Eigenschaften und Grundbegriffe dienen auch der Beurteilung der Qualität von Faltungscodes.

9.3.1 Linearität

Das Codieren einer beliebigen Informationsfolge i zu einer Codefolge c kann allgemein nach Gleichung (9.15) mit der Rechenoperation $c = i \cdot G$ ausgedrückt werden. Hierbei beschreibt die Multiplikation mit der Matrix G den Codiervorgang eines Codierers, der beliebig viele Codierschritte beinhalten kann. Diese Nomenklatur findet sich z.B. in der Literatur [5]. Wenn ein Codierer die Informationen i_1 und i_2 in die Folgen c_1 und c_2 codiert, und er darüber hinaus noch die Kombination der beiden Informationen nach der Beziehung:

$$(a \cdot i_1 + b \cdot i_2) \cdot G = a \cdot (i_1 G) + b \cdot (i_2 G) = a \cdot c_1 + b \cdot c_2 \qquad (9.20)$$

codiert ($a \in GF(2)$ und $b \in GF(2)$ sind hierbei konstante Faktoren), so wird dieser Code LINEAR genannt. Faltungscodes, die diese Eigenschaft erfüllen, nennt man lineare Faltungscodes. Eine Folgerung für die linearen Faltungscodes ist, daß der Codierer mit linearen Verknüpfungen (z.B. EXOR-Gatter) aufgebaut werden kann. Faltungscodes sind eine Untergruppe der Trellis–Codes. Trellis–Codes können auch mit nichtlinearen Verknüpfungen der Registerinhalte (z.B. logisch UND anstelle EXOR) definiert werden.

9.3.2 Systematische und nichtsystematische Faltungscodes

Ein Faltungscode wird als systematisch bezeichnet, wenn die mit dem aktuellen Schritt codierte Informationsfolge (k Bits) immer in der Ausgangssequenz (n Bits) direkt enthalten ist. Dies ist der Fall, wenn die ersten oder die letzten k Bits der Ausgangssequenz durch die Eingangssequenz gebildet werden. Ein Code wird auch dann als systematisch bezeichnet, wenn die Eingangsfolge in der Mitte der Ausgangsfolge enthalten ist. Dies ist aber eine unübliche Anordnung für einen systematischen Code.

Ist die Informationsfolge nicht Teil der Ausgangsfolge, so wird er nichtsystematisch genannt. Nichtsystematische Faltungscodes können manchmal bei derselben Coderate mehr Fehler korrigieren. Die Codierer in den Abbildungen 9.2 und 9.3 sind nichtsystematische Faltungscodes.

Der Unterschied zwischen einem unsystematischen und einem systematischen Codierer wird deutlich, wenn der Codierer aus Abbildung 9.2 so verändert wird, daß er systematisch codiert. Hierzu kann z.B. die Generatorsequenz $g^{(2)}$ folgendermaßen geändert werden:

$$g^{(2)}_{\text{unsystematisch}} = (1\,0\,1) \Rightarrow g^{(2)}_{\text{systematisch}} = (1\,0\,0).$$

Die Schaltung eines derart modifizierten Encoders ist in Abbildung 9.15 dargestellt. Bei dieser Schaltung wurde die Generatorsequenz $g^{(1)}$ von Abbildung 9.2 unverändert übernommen.

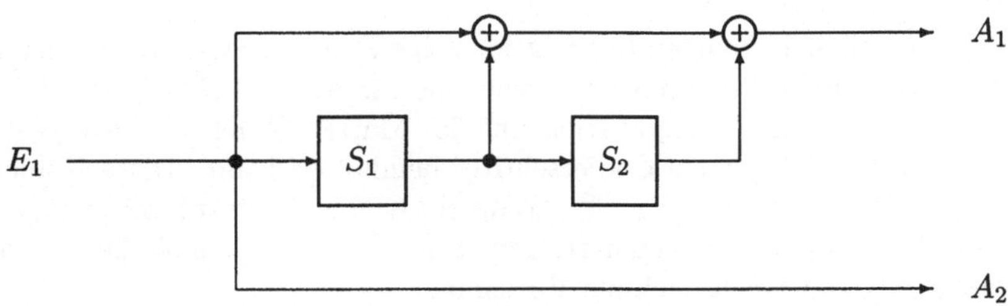

Abbildung 9.15: Systematischer Faltungscoder

Es ist zu erkennen, daß der Ausgang A_2 wegen der direkten Verbindung mit E_1, immer den gleichen Wert wie der Eingang annimmt. Formal kann für die Ein- und Ausgangsfolgen: $A_2 \equiv E_1$ geschrieben werden. Das folgende Codierbeispiel, das die Information $(1\,0\,1\,1\,0\,0\,0)$ codiert, zeigt, wie eine systematische Ausgangsfolge generiert wird.

Schritt	Eingabe	Gedächtnis	Ausgabe
i	E_1	S_1 S_2	A_1 A_2
1	1	0 0	1 1
2	0	1 0	1 0
3	1	0 1	0 1
4	1	1 0	0 1
5	0	1 1	0 0
6	0	0 1	1 0
7	0	0 0	0 0

Da für dieses Beispiel nur die Generatorsequenz $g^{(2)}$ geändert wurde, die ausschließlich den Ausgang A_2 bestimmmt, ändert sich an der Berechnung der Bitfolge vom Ausgang A_1 nichts. Die Speicherinhalte, die ebenfalls von den Generatorsequenzen unabhängig sind, zeigen deshalb ebenso ein unverändertes Verhalten. Bezüglich der Fehleranfälligkeit ist der systematische Codierer aus Abbildung 9.15 nicht so gut wie der unsystematische aus Abbildung 9.2.

9.3.3 Distanz von Codefolgen und die Distanzfunktion

Für die Fehlererkennungs- und Fehlerkorrektureigenschaften von Codes ist es wichtig zu bestimmen, in welchem Maße sich die, durch die Codierung erzeugten Ausgangsfolgen voneinander unterscheiden. Um den Unterschied zweier binärer Vektoren zueinander anzugeben, wird die Hamming-Distanz D (vgl. Abschnitt 4.1) verwendet. Sie gibt die Anzahl der Stellen an, in denen sich zwei Folgen voneinander unterscheiden. Berechnet wird die Hamming-Distanz für zwei Codefolgen $a = \{a_0, a_1, \ldots a_{n-1}\}$ und $b = \{b_0, b_1, \ldots b_{n-1}\}$ durch:

$$D(a, b) = \sum_{j=0}^{n-1} (a_j \oplus b_j),$$

wobei die Addition der Komponenten modulo-2 durchzuführen ist. Das Ergebnis von $(a_j \oplus b_j)$ ist entweder Null oder Eins, so daß die Summe die Anzahl der unterschiedlichen Stellen der beiden Codeworte angibt.

Das Hamming-Gewicht eines Codewortes $c = (c_0, c_1, \ldots c_{n-1})$:

$$w(c) = \sum_{i=0}^{n-1} c_i,$$

gibt die Anzahl der „1" in einem Codewort an.

Die minimale Distanz (vgl. Def. 4.4) eines Faltungscodes:

$$d_{min} = \min D(c_i, c_j) \quad c_i, c_j \in \mathcal{C}, \, i \neq j$$

ist schwer anzugeben, da ihre Definition von den Blockcodes herrührt, die immer Codeworte gleicher Länge besitzen. Faltungscodes hingegen können Codeworte nahezu beliebiger Länge aufweisen, und ein Vergleich von Codeworten unterschiedlicher Länge entspräche dem vielzitierten Vergleich von Äpfeln mit Birnen.

Einen Ausweg bietet die Einführung der sogenannten FREIEN DISTANZ eines Faltungscodes. Hierzu wird das Mindestgewicht[3] aller möglicher Codefolgen betrachtet.

Definition 9.1 *Die* FREIE DISTANZ d_f *eines Faltungscodes ist definiert durch das minimale Gewicht aller möglichen Codefolgen:*

$$d_f = \min \left\{ w(i \cdot G) \mid i(x) = \sum_{l=0}^{\infty} i_l x^l \neq 0 \right\}. \tag{9.21}$$

Ein Faltungscode wird OPTIMAL *genannt, wenn es keinen anderen Faltungscode gleicher Coderate und Gedächtnislänge gibt, der eine größere freie Distanz aufweist.*

---

[3]Mindestgewicht ist nach Satz 4.1 gleich der minimalen Distanz bei Blockcodes.

Eine Folgerung aus dieser Definition ist, daß zwei verschiedene Codefolgen sich um mindestens d_f Stelllen unterscheiden. In der Literatur wird d_f auch mit d_{free} und d_∞ bezeichnet.

Da der Faltungscode ein linearer Code ist, reicht es zur Bestimmmung der freien Distanz aus, die Distanz zur Nullfolge zu betrachten. Es genügt einen Codierweg zu betrachten, der den Startzustand (Null-Zustand) verläßt und auf einem Weg mit minimalstem Hamming-Gewicht wieder in diesen Zustand zurückkehrt. Durch weitere Eingabe von Nullen kann erreicht werden, daß die Ausgangsfolge unendlich lang wird, ohne daß das Hamming-Gewicht dieser Folge dabei weiter ansteigt.

Hierzu wird das Zustandsdiagramm im Zustand $\boxed{00}$ aufgeschnitten und untersucht, in wievielen Bits sich eine Folge von der Nullfolge unterscheidet, wenn der Zustand $\boxed{00}$ verlassen wird. An die möglichen Pfade werden die Distanzen der sich ergebenden Codefolgen geschrieben. Da die Distanz zur Nullfolge berechnet wird, ist diese identisch mit dem Gewicht der Ausgangsbitfolge.

Beispiel 9.9 *Ist die Codefolge 11, dann beträgt die Hamming-Distanz bezogen auf die Codefolge 00 (Nullfolge) gleich zwei, da sich die beiden Codefolgen in zwei Bits unterscheiden. Deshalb wird an den Pfad, der den Zustand $\boxed{00}$ mit $\boxed{10}$ verbindet, der Distanzzuwachs D^2 angemerkt.*

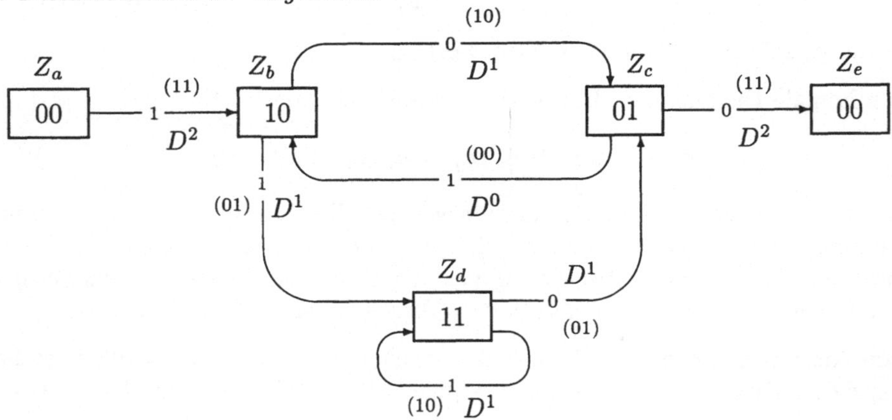

Abbildung 9.16: Aufgeschnittenes Zustandsdiagramm des Coders aus Abb. 9.2

Als formale Schreibweise benutzt man D^i, wobei i die Hamming-Distanz der Codefolge zur Nullfolge darstellt. Nun wird die Distanz einer gegebenen Codefolge durch Multiplikation der Distanzen der Einzelpfade (Addition der Exponenten) bestimmt.
◇

Im Bild 9.16 ist das aufgeschnittene Zustandsdiagramm des Codierers von Bild 9.2 dargestellt. Der kürzeste Pfad (Pfad mit minimalem Gewicht) vom Zustand $\boxed{00}$

zum Zustand $\boxed{00}$ hat die Distanz $D = 5$:

$$\text{von Zustand } \boxed{00} \xrightarrow{(11)} \boxed{10} \xrightarrow{(10)} \boxed{01} \xrightarrow{(11)} \boxed{00}.$$

Mit der Distanz $D = 6$ existieren 2 Pfade, die aber unterschiedliche Länge besitzen:

1. Pfad $\boxed{00} \xrightarrow{(11)} \boxed{10} \xrightarrow{(01)} \boxed{11} \xrightarrow{(01)} \boxed{01} \xrightarrow{(11)} \boxed{00}$,

2. Pfad $\boxed{00} \xrightarrow{(11)} \boxed{10} \xrightarrow{(10)} \boxed{01} \xrightarrow{(00)} \boxed{10} \xrightarrow{(10)} \boxed{01} \xrightarrow{(11)} \boxed{00}$.

Berechnet man alle möglichen Distanzen, unabhängig von der Länge der Pfade, so erhält man die Distanzfunktion.

Für Abbildung 9.16 erhält man mit Hilfe der Mason Formel[4] einen Pfad mit der Distanz 5, zwei mit der Distanz 6 usw.. Für die Distanzfunktion ergibt sich:

$$
\begin{aligned}
T(D) &= D^5 + 2D^6 + 4D^7 + \cdots + 2^k D^{k+5} + \cdots, \\
&= D^5 \cdot (1 + 2D + 4D^2 + \cdots + 2^k D^k + \cdots), \\
&= \frac{D^5}{(1 - 2D)}.
\end{aligned}
$$

Die Darstellung eines Faltungscodes mittels aufgeschnittenem Zustandsdiagramm kann als gerichteter Graph betrachtet werden. Beim Übergang in einen neuen Zustand wird die aktuelle Distanzpotenz, um den am jeweiligen Zweig stehenden Faktor D^i durch Multiplikation vergrößert. Dies hat eine Addition des entsprechenden Exponenten zur Folge. Die einzelnen Zustände Z_x können durch Formeln miteinander verknüpft werden. Hierbei wird ein neuer Zustand Z_n durch Übergang aus einem vorangegangenen Zustand Z_v erreicht. Die Aufstellung der Gleichung muß alle 2^k am neuen Zustand Z_n ankommenden Zweige berücksichtigen:

$$Z_n = Z_{v1} \cdot D_{v1 \to n} + Z_{v2} \cdot D_{v2 \to n} + \cdots + Z_{v2^k} \cdot D_{v2^k \to n}. \tag{9.22}$$

Ein Element $D_{vx \to n}$ gibt in dieser Formel die Hamming-Distanz der Ausgangsfolge zur Null-Folge, beim Übergang vom Zustand Z_{vx} in den Zustand Z_n, an. Die Zustandswechsel in Abbildung 9.16 können formelmäßig beschrieben werden. Es ergeben sich folgende Beziehungen:

$$
\begin{aligned}
Z_e &= Z_c D^2, \qquad \Longrightarrow Z_c = \frac{Z_e}{D^2}, \\
Z_b &= Z_a D^2 + Z_c D^0, \\
Z_c &= Z_b D + Z_d D, \\
Z_d &= Z_b D + Z_d D, \\
\Longrightarrow Z_c &= Z_d.
\end{aligned}
$$

---

[4]Siehe z.B. [41] Seite 295-297.

Durch entsprechendes Umformen dieser Gleichungen kann die DISTANZFUNKTI-ON $T(D)$ eines Faltungscoders angegeben werden, die auch als GEWICHTSVERTEI-LUNGSFUNKTION (engl. WEIGHT DISTRIBUTION FUNCTION) bezeichnet wird. Sie berechnet sich allgemein nach der Gleichung:

$$T(D) = \frac{\text{Endzustand im Zustandsdiagramm}}{\text{Anfangszustand im Zustandsdiagramm}} . \tag{9.23}$$

Löst man das obige Gleichungssystem für das aufgeschnittene Zustandsdiagramm aus Abbildung 9.16 nach Z_e/Z_a auf, so erhält man auch die Distanzfunktion:

$$Z_c = Z_d D + Z_c D \implies Z_b = \frac{Z_c(1-D)}{D},$$

$$\frac{Z_c(1-D)}{D} = Z_a D^2 + Z_c \implies Z_a = \frac{Z_c(1-2D)}{D^3},$$

$$Z_a = Z_e \frac{(1-2D)}{D^2 D^3},$$

$$T(D) = \frac{Z_e}{Z_a} = \frac{D^5}{(1-2D)}.$$

Mittels einer Reihenentwicklung läßt sich ein Polynom $(1-x)^{-1}$ auch als folgende Potenzreihe schreiben:

$$\frac{1}{1-x} = 1 + x + x^2 + x^3 + x^4 + \cdots \qquad \text{(Konvergenzbereich: } |x| < 1) \tag{9.24}$$

Mit Hilfe dieser Potenzreihe kann für $x = 2 \cdot D$ die zuvor aufgestellte Distanzfunktion folgendermaßen umgeschrieben werden:

$$T(D) = D^5 \cdot \frac{1}{1 - 2 \cdot D} = D^5 + 2 \cdot D^6 + 4 \cdot D^7 + 8 \cdot D^8 + 16 \cdot D^9 + \cdots$$

In dieser Form zeigt die Distanzfunktion die Anzahl aller, mit gleicher Distanz, existierenden Codierwege (evtl. unterschiedlicher Länge).

Es ist aus der oben dargestellten Berechnung ersichtlich, daß die Distanzfunktion $T(D)$ nur Auskunft darüber gibt, wieviele Pfade es mit welcher Distanz zur Nullfolge gibt. Um Informationen über die Länge eines Pfades und die Anzahl der Eingabe–Einsen für diesen Pfad zu bekommen, wird in Abschnitt 9.3.5 die Generatorfunktion eingeführt.

9.3.4 Das Distanzprofil und die freie Distanz

Im Unterschied zu den Blockcodes kann die Länge einer Ausgangsfolge bei den Faltungscodes variieren und sogar theoretisch unendlich lang werden. Aus diesem Grund erscheint es sinnvoll, für die Distanzbetrachtung bei den Faltungscodes die

Abhängigkeit der Codierschritte miteinzubeziehen. Eine Möglichkeit hierzu bietet das sogenannte DISTANZPROFIL, das die jeweils erreichte Mindestdistanz in Abhängigkeit der Anzahl (i) der Codierschritte angibt.

Für den (2,1,2)-Faltungscoder aus Abbildung 9.2 beträgt die Mindestdistanz bei $i = 1$ beispielsweise $d_{min}(1) = 2$, da durch die Codierung einer Eins (ausgehend vom Nullzustand) die Sequenz (11) vom Codierer ausgegeben wird. Das Distanzprofil für den (2,1,2)-Faltungscoder ist in Abbildung 9.17 dargestellt. Abhängig von der Anzahl (i) der codierten Informationssequenzen wird mit diesem Profil die jeweilige Mindestdistanz $d_{min}(i)$ angezeigt.

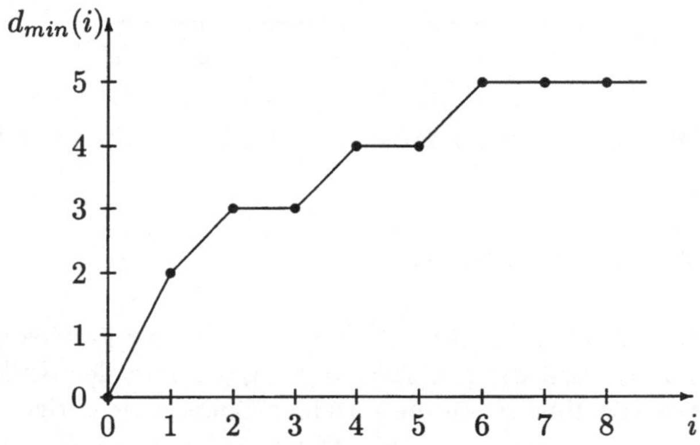

Abbildung 9.17: Distanzprofil für den (2,1,2)-Faltungscoder

Aufgrund der Tatsache, daß die Distanz zweier Codefolgen durch das Anfügen weiterer Symbole an diese Codefolgen niemals kleiner werden kann, muß das Distanzprofil immer einen steigenden oder gleichbleibenden Verlauf zeigen. Dies bedeutet formal ausgedrückt:

$$d_{min}(i+1) \geq d_{min}(i) \qquad (i \geq 0), \quad \text{mit } d_{min}(0) = 0. \tag{9.25}$$

Die wichtigste Aussage des Distanzprofils ist der Wert, der sich für $d_{min}(i \to \infty)$ ergibt. Dieser Wert entspricht der freien Distanz d_{free}. Das Distanzprofil für den (2,1,2)-Faltungscoder aus Abbildung 9.17 zeigt bereits nach $i = 6$ Codierschritten die freie Distanz von $d_{free} = 5$. Somit nehmen alle mit diesem Faltungscoder codierten Informationsfolgen, für $i \geq 6$ Codierschritte, eine Mindestdistanz von 5 ein.

Im allgemeinen weisen systematische Faltungscodes gegenüber unsystematischen, mit ansonsten gleichen Parametern, oftmals eine geringere freie Distanz auf. Der zum systematischen Codierer abgeänderte (2,1,2)-Faltungscoder aus Abbildung 9.15, hat im Gegensatz zum unsystematischen Faltungscoder nur eine freie Distanz von $d_{free} = 4$.

In Abbildung 9.18 ist das Distanzprofil für den Codierer aus Abbildung 9.3 dargestellt. Es ergibt sich für diesen (3,2,1)-Faltungscoder eine freie Distanz von $d_{free} = 3$.

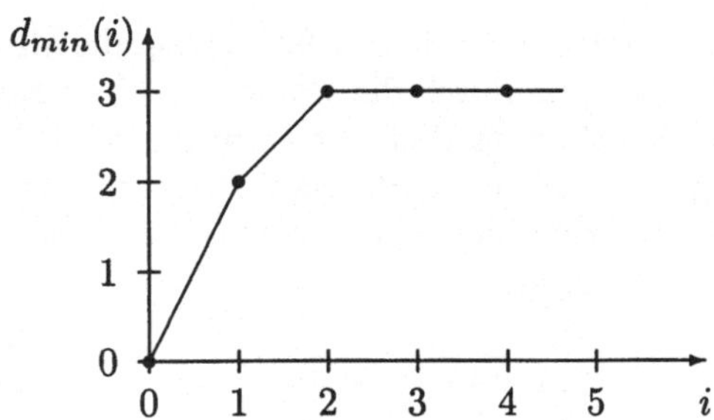

Abbildung 9.18: Distanzprofil für den (3,2,1)-Faltungscoder

9.3.5 Die Generatorfunktion

Die Distanzfunktion $T(D)$ läßt einige Wünsche offen. Sie gibt lediglich darüber Auskunft, welche Distanzen die Ausgangsfolgen gegenüber der Null-Folge haben. Sie macht keine Aussage über die für die einzelnen Codierwege nötigen Codierschritte und über die Anzahl der dabei codierten Einsen. Um diese beiden Informationen in die Funktion mit einfließen zu lassen, wird eine neue Funktion, die sogenannte GENERATORFUNKTION eingeführt, die in der englischen Literatur (z.B. [41]) als GENERATING FUNCTION bezeichnet wird.

Um die Generatorfunktion anzugeben, wird in das aufgeschnittene Zustandsdiagramm zusätzlich an jeden Zweig ein L^1 geschrieben, um damit einen Codierschritt zu kennzeichnen. Weiterhin wird an jeden Zweig die Anzahl l der für diesen Zweig nötigen Eingabe-Einsen in der Form N^l geschrieben.

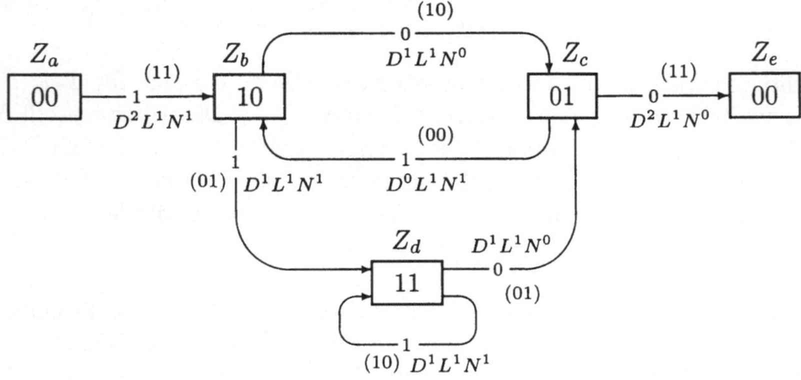

Abbildung 9.19: Zustandsdiagramm mit D,L und N Angaben

Ein derart ergänztes Zustandsdiagramm für den (2,1,2)-Faltungscoder ist in Abbildung 9.19 dargestellt. Hierzu wurden zusätzlich in das aufgeschnittene Zustandsdiagramm aus Abbildung 9.16 die Koeffizienten L^j und N^l eingetragen. Man erhält durch diese Ergänzung ein sogenanntes DLN-ZUSTANDSDIAGRAMM. L^1 kennzeichnet hier einen einzelnen Codierschritt. Für jeden Zustandswechsel, für den die Eingabe $E = 1$ nötig ist, steht in dem Diagramm ein N^1. Jeder Zustandswechsel, bei dem die Eingabe $E = 0$ eingegeben werden muß, wird durch ein N^0 dargestellt.

Ähnlich der Distanzfunktion $T(D)$ kann anhand der Faktoren D, L und N die Generatorfunktion $T(D, L, N)$ für den Faltungscoder aus Abbildung 9.2 aufgestellt werden. Hierzu werden alle möglichen Zustandswechsel formelmäßig beschrieben:

$$
\begin{aligned}
Z_b &= D^2 L^1 N^1 \cdot Z_a + D^0 L^1 N^1 \cdot Z_c, \\
Z_c &= D^1 L^1 N^0 \cdot Z_b + D^1 L^1 N^0 \cdot Z_d, \\
Z_d &= D^1 L^1 N^1 \cdot Z_b + D^1 L^1 N^1 \cdot Z_d = \tfrac{DLN \cdot Z_b}{1 - DLN}, \\
Z_e &= D^2 L^1 N^0 \cdot Z_c.
\end{aligned}
$$

Die Generatorfunktion kann wie die Distanzfunktion durch eine identische Beziehung gebildet werden:

$$
T(D, L, N) = \frac{\text{Endzustand im DLN-Zustandsdiagramm}}{\text{Anfangszustand im DLN-Zustandsdiagramm}} \cdot \tag{9.26}
$$

Durch Umstellen der Gleichungen wird nachfolgend die Berechnung der Generatorfunktion für den (2,1,2)-Faltungscoder beschrieben:

$$
\begin{aligned}
Z_c &= DL \cdot Z_b + DL \cdot \frac{DLN \cdot Z_b}{1 - DLN} = DL \cdot Z_b + \frac{D^2 L^2 N \cdot Z_b}{1 - DLN}, \\
&= Z_b \cdot \left(DL + \frac{D^2 L^2 N}{1 - DLN} \right) = Z_b \cdot \left(\frac{DL - D^2 L^2 N}{1 - DLN} + \frac{D^2 L^2 N}{1 - DLN} \right), \\
&= Z_b \cdot \frac{DL}{1 - DLN}.
\end{aligned}
$$

Daraus folgt:

$$
Z_b = Z_c \cdot \frac{1 - DLN}{DL}.
$$

Durch Gleichsetzung der Gleichungen für Z_b folgt:

$$
\begin{aligned}
D^2 LN \cdot Z_a + LN \cdot Z_c &= Z_c \cdot \frac{1 - DLN}{DL}, \\
D^2 LN \cdot Z_a &= Z_c \cdot \frac{1 - DLN}{DL} - LN \cdot Z_c = Z_c \cdot \left(\frac{1 - DLN}{DL} - LN \right), \\
&= Z_c \cdot \left(\frac{1 - DLN}{DL} - \frac{DL^2 N}{DL} \right),
\end{aligned}
$$

$$D^2 LN \cdot Z_a \;=\; Z_c \cdot \left(\frac{1 - DLN - DL^2 N}{DL} \right) \;=\; Z_c \cdot \left(\frac{1 - DLN \cdot (1 + L)}{DL} \right),$$

$$\Longrightarrow Z_a \;=\; Z_c \cdot \frac{1 - DLN \cdot (1 + L)}{D^3 L^2 N}.$$

Hieraus ergibt sich durch Einsetzen der Bedingung für Z_e die Generatorfunktion:

$$T(D, L, N) \;=\; \frac{Z_e}{Z_a} \;=\; \frac{D^2 L \cdot Z_c}{Z_c \cdot \frac{1 - DLN - DL^2 N}{D^3 L^2 N}} \;=\; \frac{D^5 L^3 N}{1 - DLN \cdot (1 + L)}.$$

Die Generatorfunktion kann wieder mit der Potenzreihe $(1 - x)^{-1}$ (Gleichung 9.24) und durch die Substitution von $x = DLN(1 + L)$ folgendermaßen umgeschrieben werden:

$$\begin{aligned}
T(D, L, N) \;&=\; D^5 L^3 N \cdot \big[1 + DLN \cdot (1 + L) + D^2 L^2 N^2 \cdot (1 + L)^2 + \\
&\qquad D^3 L^3 N^3 \cdot (1 + L)^3 + D^4 L^4 N^4 \cdot (1 + L)^4 + \cdots \big] \\
&=\; D^5 L^3 N + D^6 L^4 N^2 \cdot (1 + L) + D^7 L^5 N^3 \cdot (1 + L)^2 + \\
&\qquad D^8 L^6 N^4 \cdot (1 + L)^3 + D^9 L^7 N^5 \cdot (1 + L)^4 + \cdots \\
&=\; D^5 L^3 N \;+\; D^6 L^4 N^2 \;+\; D^6 L^5 N^2 \;+ \\
&\qquad D^7 L^5 N^3 \;+\; 2 \cdot D^7 L^6 N^3 \;+\; D^7 L^7 N^3 \;+\; \cdots
\end{aligned}$$

Wird z.B. der Term $D^6 L^4 N^2$ aus der letzten Gleichung betrachtet – er stellt einen Codierpfad mit der Distanz 6 dar – so sind zur Codierung 4 Codierschritte nötig. Bei diesen vier Eingabesequenzen, bzw. Eingabebits (in diesem Beispiel ist $k = 1$) sind 2 Einsen vorhanden. Die verbleibenden 2 Bits werden somit durch Nullen am Eingang gebildet. Dieser Codierpfad ergibt sich durch die Codierung der Folge (1 1 0 0). Die dabei ausgegebene Folge lautet (11 01 01 11).

Der Term mit der geringsten Distanz (hier $D^5 L^3 N$) legt, wie auch bei der Distanzfunktion, die freie Distanz des Codierers fest. Bei der Generatorfunktion gibt dieser Term darüber hinaus noch Auskunft über die Anzahl der nötigen Codierschritte, und der Anzahl der darin enthaltenen Eingabe-Einsen. Der Codierweg $D^5 L^3 N$ wird durch die Eingabefolge $i = (1\,0\,0)$ beschrieben, da in dieser Folge eine Eins enthalten sein muß, und am Ende der Eingabefolge zwei Nullen stehen müssen, um das Gedächtnis wieder in den Nullzustand zurück zu setzen. Bei dieser Codierung wird die Codefolge $c = (11\,10\,11)$ ausgegeben.

An der Funktion $T(D, L, N)$ ist zu erkennen, daß die Generatorfunktion die Anzahl aller Codierwege mit ihren Distanzen, Codierschritten und Eingabe-Einsen angibt. Somit kann die Generatorfunktion auch allgemein als folgende Summe dargestellt werden:

$$T(D) \;=\; \sum_{i,j,l} t_{i,j,l} \cdot D^i L^j N^l. \tag{9.27}$$

Aus der Funktion $T(D, L, N)$ kann die Distanzfunktion $T(D)$ abgeleitet werden. Hierzu müssen lediglich die Koeffizienten L und N gleich 1 gesetzt werden. Für die zuvor aufgestellte Generatorfunktion $T(D, L, N)$ ergibt sich dadurch folgende Vereinfachung:

$$T(D, L = 1, N = 1) \;=\; \frac{D^5 L^3 N}{1 - DLN \cdot (1 + L)} = \frac{D^5}{1 - D \cdot (1 + 1)},$$
$$=\; \frac{D^5}{1 - 2 \cdot D} \;=\; T(D).$$

Für Zustandsdiagramme mit mehr als vier Speicherzuständen wird die Berechnung der Generatorfunktion sehr aufwendig. Eine Vereinfachung bietet hier die Methode nach Mason (siehe z.B. [41] Seite 297ff). Sie nutzt aus, daß das aufgeschnittene Zustandsdiagramm als *Signal-Fluß-Graph* betrachtet werden kann, für den bekannte Lösungsverfahren existieren.

9.3.6 Einflußlängen von Faltungscodes

Die Einflußlängen von Faltungscodes (*constraint lengths*) besitzen große Bedeutung für die Decodierung von Faltungscodes. Bei der Codierung werden die Ausgangsbits durch das aktuell eingegebene Informationsbit und durch die m vorangegangenen Informationsbits aus dem Gedächtnis des Codierers beeinflußt. Jedes einzelne der n Ausgangsbits wird somit, bei $k = 1$ Eingängen, aus insgesamt $m + 1$ Informationsbits gebildet. Für den Fall, daß mehr als ein Eingang existiert ($k > 1$), nimmt auch die Anzahl der für die Berechnung eines Ausgangsbits zuständigen Eingangs- und Gedächtnisbits um den Faktor k zu. Die sogenannte Eingangs-Beeinflussungslänge k_a berechnet sich wie folgt:

$$k_a = k \cdot (m + 1). \tag{9.28}$$

Die Eingangs-Beeinflussungslänge gibt den Maximalwert der Informationsbits an, die an der Berechnung eines einzelnen Ausgangsbits beteiligt sein können. Die Formel gibt deshalb einen Maximalwert an, weil ein Informationsbit nur dann an der Berechnung eines Ausgangsbits beteiligt sein kann, wenn an der entsprechenden Speicherstelle ein Abgriff ($g_i = 1$) erfolgt. Wenn an der Speicherstelle kein Abgriff erfolgt ($g_i = 0$), so kann das Informationsbit während diesem Takt keinen Einfluß auf das Ausgangsbit nehmen.

Um anzugeben wie viele Ausgangsbits maximal durch ein einzelnes Eingangsbit beeinflußt werden können, verwendet man die Ausgangs-Beeinflussungslänge (engl. *output constraint length*). Da jedes eingegebene Bit noch für m weitere Takte an der Berechnung der Ausgangssequenzen beteiligt ist, und eine Ausgangssequenz stets aus n Bits besteht, wird die Ausgangs-Beeinflussungslänge wie folgt berechnet:

$$n_a = n \cdot (m + 1). \tag{9.29}$$

Die Ausgangs-Beeinflussungslänge gibt die Anzahl aller Ausgangsbits an, die durch ein einzelnes Eingangsbit beeinflußt werden können. Auch bei dieser Einflußlänge handelt es sich um einen Maximalwert, da ein Informationsbit nur dann Einfluß auf die Berechnung eines Ausgangsbits nehmen kann, wenn der entsprechende Koeffizient g_i der Generatorsequenz gleich eins ist.

9.3.7 Katastrophale Fehlerfortpflanzung

Nicht jeder Faltungscodierer ist geeignet, zum Fehlerschutz in Übertragungssystemen eingesetzt zu werden. Wenn eine endliche Anzahl an Übertragungsfehlern eine unendliche Anzahl an Decodierfehlern zur Folge haben kann, so spricht man von katastrophaler Fehlerfortpflanzung. Diese ist selbstverständlich eine Eigenschaft, die nicht wünschenswert ist.

Unendlich viele Decodierfehler können sich dadurch ergeben, daß sich zwei Ausgangsfolgen eines Coders nur in wenigen Bits unterscheiden, obwohl die Eingangsfolgen i_1 und i_2 , ganz unterschiedlich sind ($d(i_1 , i_2) \to \infty$). In diesem Fall kann durch Übertragungsfehler in diesen wenigen Stellen die Ausgangsfolge c_1 in die Ausgangsfolge c_2 verfälscht werden, ohne daß dies erkannt werden kann. Die Folge hiervon ist, daß nach der Decodierung in der Informationsfolge unendlich viele Fehler enthalten, obwohl nur endlich viele Fehler bei der Übertragung aufgetreten sind.

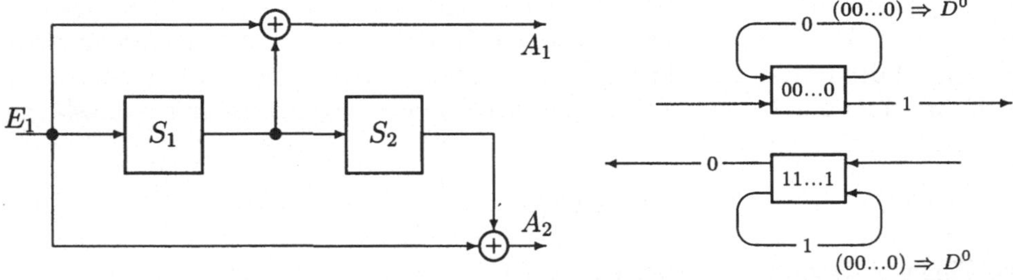

Abbildung 9.20: Codierer mit katastrophaler Fehlerfortpflanzung

Eine katastrophale Fehlerfortpflanzung ist immer dann möglich, wenn es im Zustandsdiagramm mindestens zweimal die Situation gibt, daß ein Gedächtniszustand durch das Codieren einer gleichbleibenden Information niemals verlassen wird, und die in diesen beiden Situationen jeweils ausgegebenen Folgen die Distanz null zueinander haben.

Beispiel 9.10 *Der Codierer in Abbildung 9.20 generiert durch Codieren der Eins-Sequenz (111 . . . 1) im Eins-Zustand eine Ausgangsfolge mit dem Hamming-Gewicht null. In Abbildung 9.20 ist rechts der relevante Teil des Zustandsdiagramms für einen solchen Codierer dargestellt. Dieser Codierer verfügt über k=1 Eingänge.*

Die Anzahl der Ausgänge und die Speichertiefe sind in diesem Beispiel ganz ähnlich dem Codierer aus Abbildung 9.2.

◇

Der (2,1,2)-Faltungscoder aus Abbildung 9.2 wurde durch Ändern der Generatorsequenz von $g^{(1)} = (1\,1\,1)$ auf $g^{(1)} = (1\,1\,0)$ zum katastrophalen Codierer.

9.3.8 Terminierte Faltungscodes

Bedingt durch systemische Anforderungen kann es notwendig sein, einen Faltungscode mit fester Blocklänge zu konstruieren. Eine Möglichkeit hierzu besteht im periodischen Einfügen von empfangsseitig bekannten Datenbits (meist Nullen), die jeden Informationsblock abschließen. Diese Bits werden Tail-Bits genannt. Eine Blockung ergibt sich dadurch, daß die Tail-Bits das Gedächtnis des Coders in einen fest definierten Zustand überführen. Dieser Vorgang wird mit TERMINIEREN bezeichnet.

Als Tail-Bits werden üblicherweise Nullen verwendet, so daß das Codierergedächtnis an jedem Blockende wieder in den Null-Zustand rückgeführt wird. Hierzu werden am Ende jedes Informationsblocks m Null-Sequenzen angehängt, damit die zuletzt eingegebene Informationssequenz vollständig durch das Gedächtnis geschoben wird. Durch das Terminieren wird auch erreicht, daß der Einfluß von Übertragungsfehlern auf den jeweils übertragenen Block beschränkt bleibt. Im GSM-System[5] werden zum Fehlerschutz weitgehend terminierte Faltungscodes eingesetzt.

Das Einfügen von bekannten Datenbits in den Informationsstrom hat jedoch eine Reduzierung der Coderate R zur Folge. Diese Reduzierung ist vernachlässigbar klein, wenn das Verhältnis der Anzahl der Informationsbits eines Blocks, zur Anzahl der eingefügten Tail-Bits sehr groß ist. Ein weiterer wichtiger Effekt der Terminierung ist die geringere Restbitfehlerwahrscheinlichkeit der Informationsbits, die nahe an den beiden bekannten Zuständen (Anfangs- und Endzustand) im Informationsbitstrom positioniert sind. Hierdurch gelingt es auf besonders einfache (natürliche) Weise, einen unterschiedlichen Fehlerschutz von wichtigen und weniger wichtigen Bits zu bewerkstelligen (unequal error protection).

Eine zu codierende Informationsfolge der Länge l wird durch einen nichtterminierten Faltungscode in eine Codefolge der Länge $\frac{l}{k} \cdot n$ überführt. Daraus ergibt sich die bekannte Coderate:

$$R_{\text{nichtterminiert}} = \frac{l}{\frac{l}{k} \cdot n} = \frac{l \cdot k}{l \cdot n} = \frac{k}{n}.$$

---

[5]GSM steht für *Global System for Mobile Communications* und ist ein weltweit eingesetztes digitales Mobilfunksystem.

Durch die Terminierung verlängert sich die ausgegebene Codefolge bei Codierung einer Informationsfolge der Länge l zu $(\frac{l}{k} + m) \cdot n$. Daraus ergibt sich die folgende Coderate für terminierte Codes:

$$R_{\text{terminiert}} = \frac{l}{(\frac{l}{k} + m) \cdot n} \, . \tag{9.30}$$

Für Coder mit einem Eingang ergibt sich für die Gleichung (9.30) die Vereinfachung:

$$R_{(k=1)} = \frac{l}{(l + m) \cdot n} \, . \tag{9.31}$$

Terminierte Faltungscodes können mit einer gewissen Berechtigung bei einer konstanten Codewortlänge von $(\frac{l}{k} + m) \cdot n$ auch als Blockcodes bezeichnet werden.

9.3.9   Punktierte Faltungscodes

Eine wichtige Möglichkeit zur Beeinflussung des Fehlerschutzes und der Coderate ist die Punktierung von Faltungscodes. Hierbei werden Bits in bestimmten, periodisch wiederkehrenden, Positionen der Ausgangsfolge nicht übertragen. Dadurch wird erreicht, daß die Coderate R, und damit die Stärke des Fehlerschutzes, an den vorhandenen Übertragungskanal angepaßt werden kann. Die Vorschrift, nach der die einzelnen Bits aus der Ausgangsbitfolge entfernt werden, wird als PUNKTIERUNGSSCHEMA bezeichnet.

Beispiel 9.11 *Für den $(2, 1, 2)$ Faltungscoder aus Abbildung 9.2 mit $R = \frac{1}{2}$ werden nachfolgend alle Punktierungsmatrizen mit den sich ergebender Coderaten R_p dargestellt. Bei diesem Beispiel wurde eine Punktierungsperiode von $a = 4$ verwendet. Aus diesem Grund werden die Matrizen nur bis $t = 3$ (vgl. Gl. 9.33) aufgestellt.*

R_p	Punktierungsmatrix $b(t)$	t
$\frac{4}{8}$	$b(0) = \begin{pmatrix} 1 & 1 & 1 & 1 \\ 1 & 1 & 1 & 1 \end{pmatrix}$	0
$\frac{4}{7}$	$b(1) = \begin{pmatrix} 1 & 1 & 1 & 1 \\ 1 & 1 & 0 & 1 \end{pmatrix}$	1
$\frac{4}{6}$	$b(2) = \begin{pmatrix} 1 & 1 & 1 & 0 \\ 1 & 1 & 0 & 1 \end{pmatrix}$	2
$\frac{4}{5}$	$b(3) = \begin{pmatrix} 1 & 1 & 1 & 0 \\ 1 & 0 & 0 & 1 \end{pmatrix}$	3

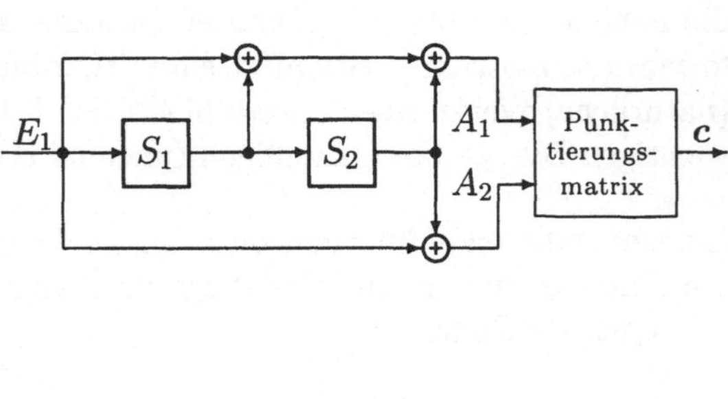

Für die Codierung der Informationsfolge $i = (1\,0\,1\,1\,0\,0\,0)$ aus Beispiel 9.1 mit der Punktierungsmatrix $b(3)$ ergibt sich statt der Ausgangsfolge $c = (1\,1\,1\,0\,0\,0\,0\,1\,0\,1\,1\,1\,0\,0)$ die punktierte Folge $c_{punktiert} = (1\,1\,1\,0\,1\,0\,1\,1\,0)$. $\diamond$

Ein weiteres wichtiges Einsatzgebiet der Punktierung ist der unterschiedliche Informationsschutz, wie er auch schon im Abschnitt 9.3.8 angesprochen wurde. Hierbei wird eine Information entsprechend ihrer Wichtigkeit mit einer eigenen Coderate geschützt. Durch die Punktierung werden vom ursprünglichen Code, dem sogenannten MUTTERCODE mit der Coderate $R = \frac{k}{n}$, je nach dem verwendeten Punktierungsschema weitere Codes mit höheren Coderaten abgeleitet. Die abgeleiteten höherratigen Codes einschließlich des Muttercodes gehören zu einer CODEFAMILIE. Diese Codefamilien werden auch als RCPC-Codes[6] bezeichnet. Die RCPC-Codes wurden erstmalig 1988 von J. Hagenauer, Sundberg und und Seshadri [30] vorgestellt.

Zur Punktierung eines Codes werden jeweils a Ausgangssequenzen zu einem Block zusammengefaßt. In jedem der Blöcke sind dadurch $n \cdot a$ Ausgangsbits enthalten. Von diesen $n \cdot a$ Ausgangsbits werden jeweils t Bits punktiert. Nach der Punktierung müssen nur noch $n \cdot a - t$ Bits pro Block übertragen werden. Für die Coderate bedeutet dies, daß sich bei der Codierung von $k \cdot a$ Informationsbits die Coderate R_p ergibt:

$$R_p = \frac{k \cdot a}{n \cdot a - t}.$$

(9.32)

Um bei jeder Coderate R_p zu gewährleisten, daß niemals eine Rate $R \geq 1$ entsteht, muß für die Anzahl der pro Block punktierten Bits die Bedingung:

$$t < a \cdot (n - k)$$

(9.33)

erfüllt sein. Das Punktierungsschema kann mittels einer Matrix der Dimension $(n \times a)$ dargestellt werden. In dieser PUNKTIERUNGSMATRIX steht für ein zu übertragendes Bit eine Eins und für ein zu punktierendes Bit eine Null. Mit jedem Takt entscheidet jeweils eine Spalte der Punktierungsmatrix, welche der n Bits einer Ausgangssequenz übertragen werden und welche nicht. Die Punktierungsmatrix wird zyklisch mit der Periode a durchlaufen. Abhängig von der Anzahl der pro Block punktierten Bits t wird die Punktierungsmatrix formelmäßig mit $b(t)$ bezeichnet. In [30] werden die Punktierungsmatrizen ausführlicher behandelt, und z.B. auch für einen $R = \frac{1}{4}$ Muttercode angegeben.

---

[6]RCPC-Codes steht für Rate Compatible Punctured Concolutional Codes.

9.4 Decodierung von Faltungscodes

Bereits 1967 zeigte Viterbi [66] einen Algorithmus zur Decodierung von Faltungscodes auf. Dieser Algorithmus wurde dann später unter dem Namen Viterbi-Algorithmus bekannt. 1973 und 1974 veröffentlichte G.D. Forney seine grundlegenden Arbeiten [20, 21] zum Viterbi-Algorithmus, in denen er auch nachwies, daß dieser Algorithmus eine Maximum Likelihood Decodierung von Faltungscodes vollzieht. Es war auch Forney [22], der es erkannte, daß der Viterbi-Algorithmus zur Sequenzschätzung auf bandbegrenzten Kanälen mit Symbolinterferenzen und damit zur Demodulation, verwendet werden kann.

Außer der Viterbi-Decodierung von Faltungscodes sind noch die Verfahren der Sequentiellen Decodierung und der Algebraischen Decodierung bekannt. Letztere geht auf J. Massey (1963) zurück und besitzt heute keine praktische Bedeutung mehr. Die Viterbi-Decodierung und die Sequentielle Decodierung werden im folgenden gegenübergestellt.

- Die VITERBI-DECODIERUNG ist eine sehr aufwandsgünstige und heute weit verbreitete Decodierung von Faltungscodes. Ihre praktische Bedeutung basiert auf der universellen Einsetzbarkeit zur Sequenzschätzung in allen Systemen mit Gedächtnis. Bis zu einer Gedächtnislänge von $m = 10$ ist die Viterbi-Decodierung heute technisch realisierbar. Jede Vergrößerung des Gedächtnisses ($m \rightarrow m + 1$) verdoppelt den Aufwand. Der Viterbi-Algorithmus ist ohne großen Mehraufwand in der Lage, Zuverlässigkeitsinformationen (Soft-Decision Informationen) zu verarbeiten und auch wieder als Output abzugeben.

- Die SEQUENTIELLE-DECODIERUNG ermöglicht die Verarbeitung von größeren Gedächtnislängen bis $m = 100$. Es wird immer nur der Pfad verfolgt, der aktuell am wahrscheinlichsten erscheint. Dies bedeutet, daß der Speicherplatzbedarf wesentlich geringer ist als beim Viterbi-Decoder. Hierbei wächst der Rechenaufwand mit der Anzahl der aufgetretenen Fehler an. Die Sequentielle-Decodierung erlaubt auch eine Vorgabe des Rechenaufwandes und damit eine Steuerung des Codiergewinnes. Sie geht auf Arbeiten von Wozenkraft (1957) zurück und wird heute entweder durch den Fano-Algorithmus (Fano 1963) oder den Stack-Algorithmus (Zigangirow 1966, Jelinek 1969) implementiert.

Die beiden zuletzt genannten Algorithmen sollen nur kurz erläutert werden.

Stack Decoder: Es werden alle Pfade ihrer Metrik nach geordnet in einem Stapel (stack) abgelegt. Der Pfad mit der größten Metrik steht ganz oben in diesem Stapel. Die Vorgehensweise des Stack Decoders ist folgende:

1. Schritt: Oberster Pfad entnehmen.

2. Schritt: Nachfolgende Zweige vom Endknoten dieses Pfades berechnen.

3. Schritt: Pfad wieder in den Stapel einordnen.

Fano Decoder: Der Fano Decoder kann am einfachsten anhand des Codebaumes erklärt werden. Es wird beim Fano Decoder nur ein Pfad gespeichert. Der Decoder berechnet einen variablen Metrikschwellenwert und durchsucht derart die Pfade des Codebaumes, daß dieser Metrikschwellenwert nicht unterschritten wird. Die Zweige eines Knotens, die der Decoder bereits ausprobiert hat, muß er sich dabei merken. Die Bestimmung der Metrik erfolgt anders als bei dem Viterbi–Algorithmus (vgl. z.B. [8]).

Im folgenden wird der Schwerpunkt auf die Maximum Likelihood Decodierung mittels des Viterbi-Algorithmusses gelegt.

9.4.1 Viterbi-Metrik

In diesem Abschnitt soll angenommen werden, daß eine Informationsfolge $i = (i_0, i_1, \ldots, i_{l-1})$ in eine terminierte Codefolge c der Länge N (vgl. Abschnitt 9.3.8) überführt wird, und daß eine Empfangsfolge r empfangen wird. Aufgabe des Decoders ist es, aus der empfangenen Folge r eine Folge $\hat{c}$ zu schätzen, die der gesendeten Folge c möglichst entspricht. Ein MAXIMUM LIKELIHOOD DECODER (MLD) wählt die Folge $\hat{c}$ aus, die die Log-Likelihood-Funktion $\log P(r|c = \hat{c})$ maximiert. Für jede Codefolge c gilt demnach:

$$P(r|\hat{c}) \geq P(r|c) \iff \log P(r|\hat{c}) \geq \log P(r|c). \tag{9.34}$$

Für den gedächtnislosen Übertragungskanal kann die Übergangswahrscheinlichkeit $P(r|c)$ für die Folgen durch das Produkt der Übergangswahrscheinlichkeiten der einzelnen Symbole $P(r_i|c_i)$ ersetzt werden:

$$P(r|c) = \prod_{i=0}^{N-1} P(r_i|c_i). \tag{9.35}$$

Für die Log-Likelihood-Funktion $\log P(r|c)$ folgt somit:

$$\log P(r|c) = \sum_{i=0}^{N-1} \log P(r_i|c_i). \tag{9.36}$$

Die Log-Likelihood-Funktion $\log P(r|c)$ wird als Metrik $\mathbf{M}(r|c)$ der Folge r bezeichnet. $\mathbf{M}(r|c)$ wird auch Pfad-Metrik im Unterschied zur Bit-Metrik $\mathbf{M}(r_i|c_i)$ genannt:

$$\mathbf{M}(r|c) = \sum_{i=0}^{N-1} \mathbf{M}(r_i|c_i). \tag{9.37}$$

$\mathbf{M}(r_i|c_i)$ wird auch als Zuwachs der Metrik oder Metrik-Inkrement bezeichnet. Die Gleichung (9.37) kann für eine Implementierung des Viterbi-Algorithmusses durch eine Skalierung mit α und β_i so umgeformt werden, daß mit positiven ganzen Zahlen gerechnet werden kann:

$$\mathbf{M}(r|c) \to \mathcal{M}(r|c) = \sum_{i=0}^{N-1} (\alpha \log P(r_i|c_i) + \beta_i), \tag{9.38}$$

$$= \sum_{i=0}^{N-1} \mathcal{M}(r_i|c_i).$$

Mit Gleichung (9.38) kann nun für die Kanalmodelle BSC und AWGN (Additive White Gaussian Noise) gezeigt werden, daß das Metrik-Inkrement die einfache Form: $\mathcal{M}(r_i|c_i) = r_i \cdot c_i$ annimmt.

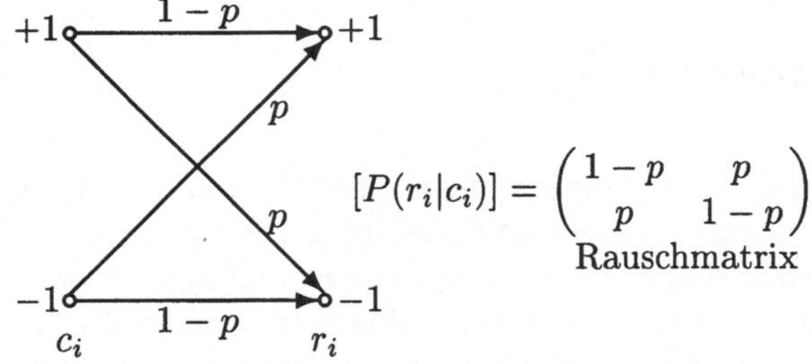

Abbildung 9.21: Der gedächtnislose symmetrische Binärkanal, $c_i, r_i \in \{+1, -1\}$

Für $c_i = r_i$ gilt: $c_i r_i = +1$. Stimmen c_i und r_i nicht überein, gilt: $c_i r_i = -1$. Mit den Konstanten $\alpha = 2/\log[(1-p)/p]$ und $\beta = -1 - \alpha \log p$ folgt:

$\mathcal{M}(r_i\|c_i) = \alpha \log P(r_i\|c_i) + \beta$	
$c_i r_i = +1$	$c_i r_i = -1$
$\begin{aligned}\mathcal{M}(r_i\|c_i) &= \alpha\log(1-p) + \beta \\ &= \alpha\log(1-p) + (-1 - \alpha\log p) \\ &= \alpha\log[(1-p)/p] - 1 \\ &= 2 - 1 = +1\end{aligned}$	$\begin{aligned}\mathcal{M}(r_i\|c_i) &= \alpha\log p + \beta \\ &= \alpha\log p + (-\alpha\log p - 1) \\ &= -1\end{aligned}$

Die Maximierung der Viterbi-Metrik entspricht einer Minimierung der Hamming-distanz zwischen decodierter Codefolge c und der Empfangsfolge r, denn:

$$D(c_i, r_i) = \left\{ \begin{array}{llll} 0 & \text{für} & r_i = c_i & \to \quad c_i r_i = +1 \\ 1 & \text{für} & r_i \neq c_i & \to \quad c_i r_i = -1 \end{array} \right\} = \frac{1 - c_i r_i}{2}. \tag{9.39}$$

Nun soll ein Kanal mit additivem weißen Gaußschen Rauschen (AWGN-Kanal) betrachtet werden. Es wird angenommen, daß „entgegengesetzte" (antipodale) Modulation, wie z.B. BPSK (binary phase shift keying) verwendet wird. Bei BPSK wird die Information in die Phasenlage des Signals $x(t)$ eingeprägt:

$$c_i = +1 \rightarrow x_1(t) = \cos(\omega t) \quad \text{bzw.} \quad c_i = -1 \rightarrow x_2(t) = -\cos(\omega t).$$

Dem Empfänger ist es so möglich, für jedes Bit nicht nur ein Vorzeichen sondern auch eine Zuverlässigkeit zu generieren:

$$y_i = \log \frac{P(r_i|c_i = +1)}{P(r_i|c_i = -1)}, \qquad \hat{c}_i = \begin{cases} +1 & \text{für} \quad y_i > 0, \\ -1 & \text{für} \quad y_i < 0. \end{cases} \tag{9.40}$$

Ist $P(r_i|c_i = +1)$ im Verhältnis zu $P(r_i|c_i = -1)$ groß, so wird $|y_i|$ ebenfalls groß. Im anderen Fall wird $|y_i|$ entsprechend klein. Das Vorzeichen von y_i gibt das jeweils wahrscheinlichere Bit an. Diese Zuverlässigkeitsinformation ist geeignet, den Decodiervorgang erheblich zu verbessern. E_s ist die mittlere, pro Symbol empfangene Energie und N_0 die einseitige Rauschleistungsdichte des AWGN-Kanals, so ist der Erwartungswert für den Signalanteil $\pm\sqrt{E_s}$. Üblicherweise normiert man diesen Erwartungswert auf ± 1 und erhält damit für den empfangenen Wert r_i eine Gaußverteilung mit der Varianz $\sigma_r^2 = N_0/(2E_s)$.

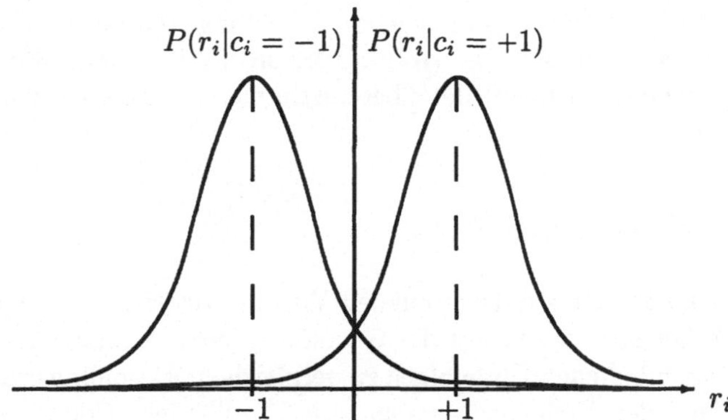

Abbildung 9.22: Wahrscheinlichkeitsdichtefunktion $P(r_i|c_i)$

Entsprechend der Wahrscheinlichkeitsdichte $P(r_i|c_i)$ werden die gesendeten Zeichen $c_i \in \{-1, +1\}$ (binär 0, 1) mit einer bestimmten Zuverlässigkeit als $y_i \in \mathbb{R}$ empfangen. Für die Likelihoodfunktion gilt:

$$P(r_i|c_i) = \frac{1}{\sqrt{\pi N_0}} \cdot e^{\frac{-(r_i - \sqrt{E_s}c_i)^2}{N_0}}. \tag{9.41}$$

Für das Metrik-Inkrement $\mathcal{M}(r_i|c_i) = \alpha \log P(r_i|c_i) + \beta$ folgt:

$$\mathcal{M}(r_i|c_i) = \alpha \left(ln\frac{1}{\sqrt{\pi N_0}} - \frac{r_i^2}{N_0} + \frac{2r_i c_i \sqrt{E_s}}{N_0} - \frac{E_s c_i^2}{N_0} \right) + \beta. \tag{9.42}$$

Es gilt für die Codesymbole immer $c_i^2 = 1$. Wird $E_s = 1$ gewählt so ergibt sich für $\alpha = N_0/2$ mit einem wählbaren β:

$$\mathcal{M}(r_i|c_i) = \frac{N_0}{2} \left(ln\frac{1}{\sqrt{\pi N_0}} - \frac{r_i^2}{N_0} - \frac{1}{N_0} \right) + \beta + c_i r_i = c_i r_i. \qquad (9.43)$$

Somit gibt es sowohl für den BSC als auch für den AWGN-Kanal eine einfache Möglichkeit, das Metrik-Inkrement $\mathcal{M}(r_i|c_i) = c_i r_i$ zu berechnen. Soll eine Zuverlässigkeitsinformation verwendet werden, so berechnet sich das Metrik-Inkrement durch $\mathcal{M}(r_i|c_i) = c_i y_i$.

Die Ermittlung der Zuverlässigkeitsinformation nach Gleichung (9.40) kann auch über die Berechnung der Wahrscheinlichkeit erfolgen, daß ein empfangener Wert r_i im Intervall $r_u \leq r_i \leq r_o$ liegt:

$$p(r_u < r_i \leq r_o|c_i = +1) \quad = \quad \int_{r_u}^{r_o} P(r_i|c_i = +1)dr_i, \qquad (9.44)$$

$$p(r_u < r_i \leq r_o|c_i = -1) \quad = \quad \int_{r_u}^{r_o} P(r_i|c_i = -1)dr_i. \qquad (9.45)$$

Durch das logarithmierte Verhältnis der beiden Wahrscheinlichkeiten erhält man die Zuverlässigkeitsinformation und damit die Möglichkeit einer gewichteten Entscheidung (SOFT DECISION). Für eine Entscheidung, die nur das Vorzeichen des Empfangssymbols berücksichtigt (HARD DECISION), kann das Metrik-Inkrement auch einfach durch die Anzahl der übereinstimmenden Bits (Vorzeichen) $r_i = c_i$ gebildet werden.

9.4.2   Viterbi-Decodierung

In diesem Abschnitt wird zunächst auf den Viterbi–Algorithmus eingegangen. Eine optimale Decodierung basiert auf der Grundlage, eine empfangene Codefolge mit allen theoretisch möglichen Codefolgen zu vergleichen. Deshalb werden im Viterbi-Algorithmus für jeden Gedächtniszustand alle 2^k zulässigen Codesequenzen c_j mit der aktuellen Empfangssequenz r verglichen. Besonders wichtig für das Verständnis des Algorithmusses ist das Netzdiagramm (siehe Abschnitt 9.2.3, Abbildung 9.11). Es besteht aus Knoten und Zweigen, wobei an jeden Zweig eine mögliche Codefolge ablesbar ist. Die Knoten repräsentieren die Zustände, die das Gedächtnis annehmen kann.

Vorgehensweise des Viterbi–Algorithmuses:

1. Schritt: In jedem möglichen Zustand j des Netzdiagramms werden alle 2^k zulässigen Eingabesequenzen betrachtet. Die daraus resultierenden Codesequenzen c_j werden mit der aktuellen Empfangssequenz r_j (vgl. Gl. 9.43) verglichen. Die sich hierbei für jedes Wertepaar ergebende Metrik $\mathcal{M}(r_i|c_i)$ wird zu der bereits vorhandenen Metrik dieses Speicherzustands addiert.

2. Schritt: Von allen 2^k am Folgezustand ankommenden Pfaden wird derjenige Pfad beibehalten, der in diesem Zustand die größte Metrik aufweist. Alle anderen $2^k - 1$ Pfade werden verworfen, da sie nie eine größere Metrik erreichen können als der überlebende Pfad. Im Falle, daß zwei Pfade mit gleicher Metrik in den selben Zustand laufen, wird per Zufall entschieden. Da dies jedoch häufig bei einer technischen Realisierung zu aufwendig ist, wird meistens der zuerst betrachtete Pfad verwendet.

3. Schritt: Es erfolgt durch Wiederholen der Schritte eins und zwei die Abarbeitung der empfangenen Folge. Da für jeden der $2^{k \cdot m}$ möglichen Gedächtniszustände ein kompletter Pfad gespeichert werden muß, ist einzusehen, daß je nach Länge der zu decodierenden Folge, die Entscheidung über den letztendlich überlebenden (decodierten) Pfad nicht erst nach der Verarbeitung der gesamten Empfangsfolge erfolgen kann. Aus diesem Grund beschränkt man die Länge der gespeicherten Pfade auf $5 \cdot k \cdot m$. Diese Beschränkung stellt einen Erfahrungswert dar.

Erreichen die gespeicherten Pfade die Länge $5 \cdot k \cdot m$, so wird mit dem nächsten und mit allen folgenden Decodierschritten jeweils eine k-Bit lange Sequenz vom Decoder ausgegeben. Die Sequenz, die dabei ausgegeben wird, ist durch den Pfad mit der momentan größten Metrik bestimmt. Durch die Ausgabe dieser Sequenz kann die Anzahl der zu speichernden Pfade reduziert werden. Alle Pfade, die nicht durch den Ausgabezustand gehen, können gelöscht werden.

Bis man eine endgültige Entscheidung über den „richtigen Pfad", also über die wahrscheinlichste Sendefolge fällen kann, müssen alle Pfade mit ihrer Metrik gespeichert werden. Die damit verbundenen Speicherplatzprobleme beschränken die gespeicherte Pfadlänge auf den Erfahrungswert $5 \cdot k \cdot m$.

Der Viterbi-Algorithmus arbeitet unabhängig von hard/soft decision. Ein Nachteil des Viterbi–Algorithmuses ist, daß der Decodieraufwand exponentiell mit der Anzahl der Zustände anwächst. Daher sind Realisierungen des Viterbi–Algorithmus zur Zeit auf $m \leq 10$ beschränkt.

Beispiel 9.12 *Anhand dieses Beispiels – des $(2,1,2)$ Faltungscoders aus Abbildung 9.2 – wird der Viterbi–Algorithmus unter Verwendung von Zuverlässigkeitsinformationen veranschaulicht.*

Die Informationsfolge $i = (1, 0, 1, 1, 0, 0, 0)$ wird in die Codefolge $c = (11, 10, 00, 01, 01, 11, 00)$ bzw. in $x = (+1+1, +1-1, -1-1, -1+1, -1+1, +1+1, -1-1)$ codiert und gesendet. Empfangen wird die verfälschte Folge $r = (+0.8-0.1+0.1+0.2-0.4+0.3-0.5+0.2-0.8+0.6+0.4+0.9-0.7-0.9)$.

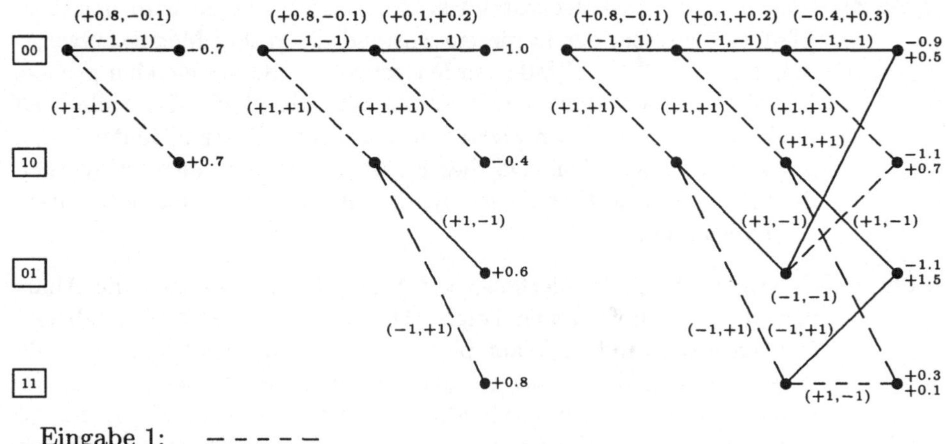

Eingabe 1:   − − − − −
Eingabe 0:   ————

Abbildung 9.23: Die ersten drei Schritte des Viterbi-Algorithmusses

Die Abbildung 9.23 zeigt die ersten drei Schritte des Viterbi Algorithmusses. Zunächst werden im ersten Schritt (linkes Bild) die beiden ersten Empfangsbits mit den beiden möglichen Codebits verglichen und so das Metrik-Inkrement berechnet. Für den oberen Zweig ergibt sich: $(+0.8)(-1) + (-0.1)(-1) = -0.7$ und für den unteren Zweig: $(+0.8)(+1) + (-0.1)(+1) = +0.7$.

Im zweiten Schritt (mittleres Bild) werden die neuen Metrik-Inkremente berechnet: $(+0.1)(-1) + (+0.2)(-1) = -0.3$, $(+0.1)(+1) + (+0.2)(+1) = +0.3$, $(+0.1)(+1) + (+0.2)(-1) = -0.1$ und $(+0.1)(-1) + (+0.2)(+1) = +0.1$ und dann zu der bisherigen Metrik addiert. In den weiteren Schritten wird dieses Verfahren beibehalten.

Im dritten Schritt (rechtes Bild) laufen in diesem Beispiel erstmalig zwei Zweige in einem Knoten zusammen. Im Knoten ⎡00⎤ laufen die Zweige mit der Metrik −0.9 und +0.5 zusammen. Der Zweig mit der größeren Metrik (hier +0.5) wird gespeichert, während der andere Zweig entfallen kann. Im Knoten ⎡10⎤ laufen die Zweige mit der Metrik −1.1 und +0.7 zusammen. Auch hier kann der Zweig mit der Metrik −1.1 entfallen.

In Abbildung 9.24 sind die Konsequenzen des Streichens einzelner Zweige zu erkennen. Im dritten Schritt konnten die beiden Zweige (rückwärts betrachtet), vom Knoten ⎡10⎤ und vom Knoten ⎡00⎤ ausgehend zum Knoten ⎡00⎤ hinlaufend, entfallen. Folglich besitzt der im zweiten Schritt aufgebaute Zweig, der den Knoten ⎡00⎤ mit ⎡00⎤ verbindet, keinen Folgeknoten mehr und kann bis zum ersten Schritt entfallen. Hierdurch entsteht eine Lücke im oberen Bild um den Knoten ⎡00⎤.

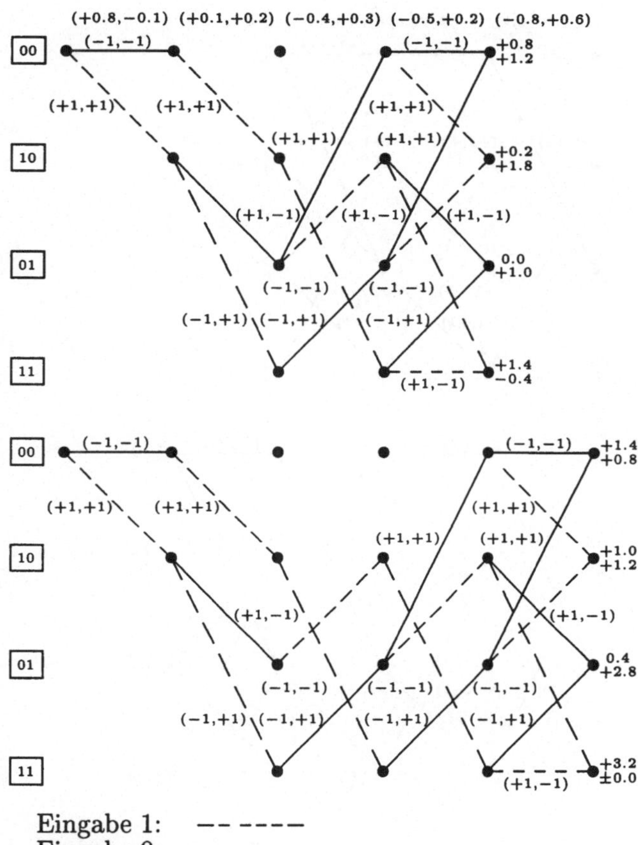

Eingabe 1: — — — — — —
Eingabe 0: ————————

Abbildung 9.24: Der vierte und fünfte Schritt des Viterbi-Algorithmusses

Im unteren Bild von Abbildung 9.24 ist zu erkennen, daß die entstandene Lücke größer wird. Dennoch kann das zuerst codierte Informationsbit noch nicht eindeutig bestimmt werden, da es vom Ausgangsknoten `00` *immer noch zwei abgehende Pfade gibt. Vor die Aufgabe gestellt, nach dem fünften Decodierschritt das erste Informationsbit zu bestimmen, müßte zunächt der Knoten mit der größten Metrik gesucht werden. Dies ist der Knoten* `11`*, der die Metrik 3.2 aufweist. Hiervon, durch den Trellis zurückgehend, würde der Ursprungsknoten* `00` *über den Knoten* `10` *erreicht. Damit wäre das erste Informationsbit zu Eins bestimmt.*

Diese Entscheidung ist aber nach dem fünften Decodierschritt noch sehr unsicher, da sich nach weiteren Decodierschritten ein Pfad mit größerer Metrik ergeben kann, der nicht durch den Knoten `11` *im fünften Decodierschritt läuft.*

In Abbildung 9.25 ist im oberen Bild der sechste und im unteren Bild der siebte Decodierschritt dargestellt. Nunmehr ist die Entscheidung für das erste Informationsbit eindeutig geworden, weil es vom Ausgangsknoten `00` *nur noch einen abgehenden Pfad gibt.*

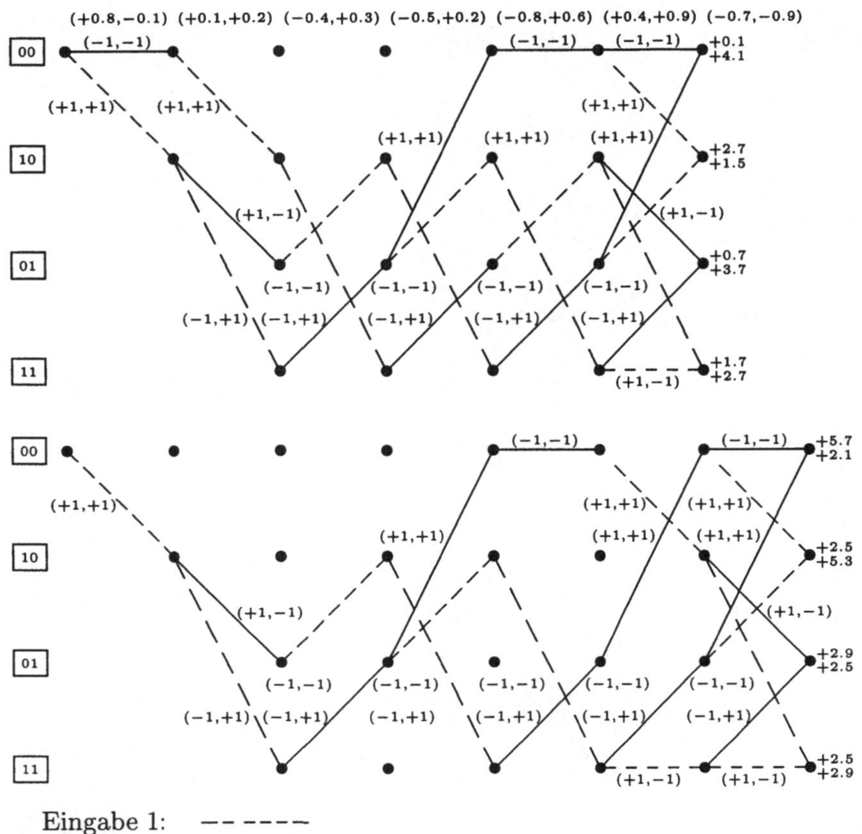

Abbildung 9.25: Der sechste und siebte Schritt des Viterbi-Algorithmusses

Für die restlichen Informationsbits gibt es noch Unsicherheiten. Diese Bits werden aber immer im letzten Decodierschritt nach dem Pfad mit der größten Metrik entschieden.   ◇

Beispiel 9.13 *Ein weiteres Beispiel erläutert die Vorgehensweise eines Decodierers, der mit harten Bit-Entscheidungen arbeitet. Es wird mit dem Codierer aus Abbildung 9.2 die Informationsfolge* $(1\,1\,0\,1\,0\,0\,0)$ *codiert. Wie bekannt, wird die Codefolge* $c = (11\,01\,01\,00\,10\,11\,00)$ *generiert. Auf der Übertragungsstrecke wird die Codefolge gestört, so daß die Folge* $r = (11\,11\,01\,00\,11\,11\,00)$ *empfangen wird.*

In der Abbildung 9.26 sind wieder die sieben notwendigen Schritte zur Decodierung dargestellt. Wie aus dem untersten Teil der Abbildung ersichtlich, ist der Pfad mit der größten Metrik der Pfad mit der Metrik 12. Diesem Pfad entsprechend wird die Informationsfolge (1101000) *decodiert. Im fehlerfreien Fall hätte die Metrik den Wert 14 angenommen. Die Differenz zwischen der maximalen und der erzielten Metrik gibt die Anzahl der korrigierten Bits an.*   ◇

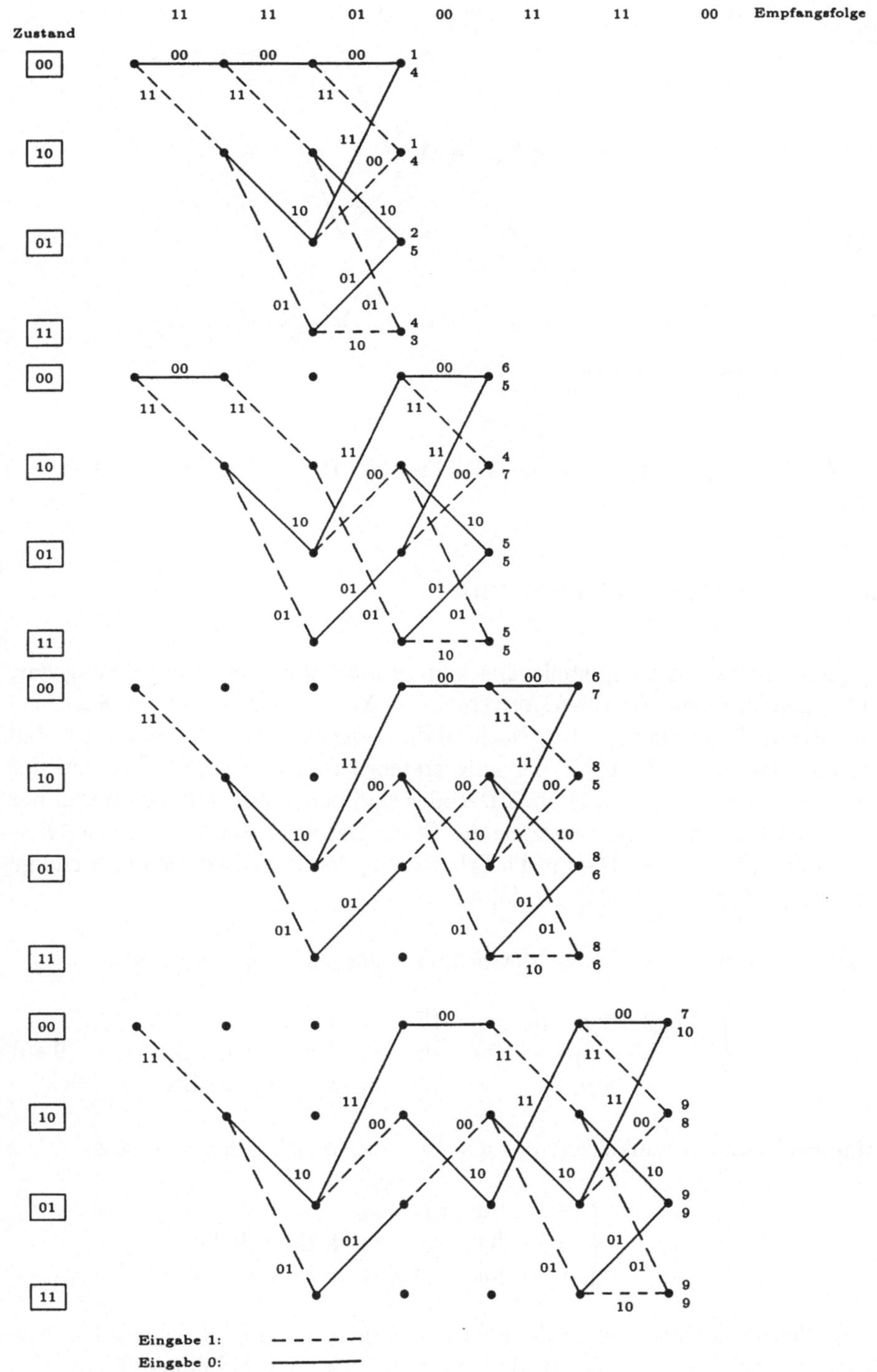

Abbildung 9.26: Vorgehensweise des Viterbi–Algorithmus (Hard decision)

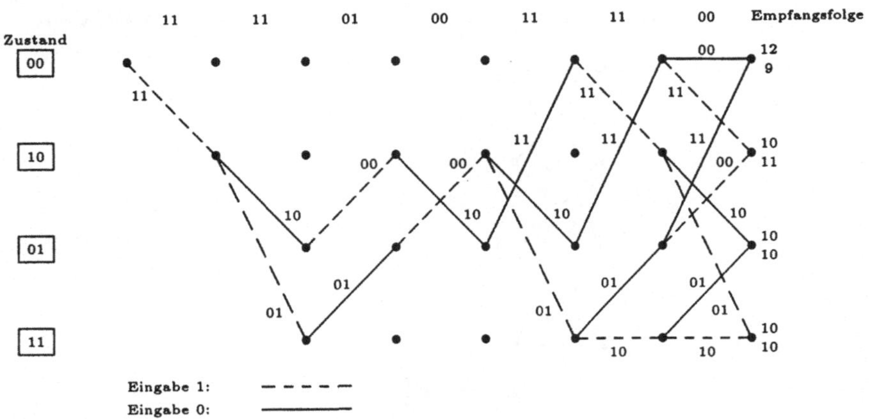

Abbildung 9.27: Fortsetzung: Viterbi–Algorithmus (Hard decision)

9.4.3 Sequentielle Decodierung

Die sequentielle Decodierung stellt eine weitere Möglichkeit der Decodierung dar. Sie hat gegenüber dem Viterbi-Algorithmus den Vorteil, daß bei ihr der Speicherbedarf wesentlich geringer ist. Der Nachteil der sequentiellen Decodierung ist, daß die Decodierzeit von der Anzahl der aufgetretenen Fehler abhängt. Zwei auf der sequentiellen Decodierung basierende Decoder sind der STACK DECODER und der FANO DECODER. Die Vorgehensweise des Stack Decoders soll anhand eines Beispiels verdeutlicht werden. Die für die Erläuterung des Stack Decoders notwendige Nomenklatur lehnt sich an [41] und [8] an.

Der Stack Decoder verwendet als Metrik-Inkrement die Fano-Metrik $\mathcal{M}_i$:

$$\mathcal{M}_i(r_i\,,c_i\,) = \begin{cases} 1 + 2\cdot\mathrm{ld}(1-p) & \text{für} \quad r_i = c_i\,, \\ 1 + \mathrm{ld}(1-p) + \mathrm{ld}(p) & \text{für} \quad r_i \neq c_i \text{ in einer Stelle,} \\ 1 + 2\cdot\mathrm{ld}(p) & \text{für} \quad r_i \neq c_i \text{ in zwei Stellen.} \end{cases} \tag{9.46}$$

Für eine Fehlerwahrscheinlichkeit von $p = 10^{-5}$ ergibt sich näherungsweise:

$$\mathcal{M}_i(r_i\,,c_i\,) = \begin{cases} +1 & \text{für} \quad r_i = c_i\,, \\ -4 & \text{für} \quad r_i \neq c_i \text{ in einer Stelle,} \\ -9 & \text{für} \quad r_i \neq c_i \text{ in zwei Stellen.} \end{cases}$$

Für das folgende Beispiel gelten die gleichen Vorgaben wie in Beispiel 9.13. Aus der Informationsfolge $(1\,1\,0\,1\,0\,0\,0)$ wird mit dem Coder aus Abbildung 9.2 die Codefolge $c = (11\,01\,01\,00\,10\,11\,00)$ generiert. Auf der Übertragungsstrecke wird die Codefolge gestört, so daß die Folge $r = (11\,11\,01\,00\,11\,11\,00)$ empfangen wird.

1. Schritt				
i	$c_1 c_2$	$r_1 r_2$	$\mathcal{M}_i$	$\mathcal{M}$
1	11	11	$+1$	$+1$
0	00	11	-9	-9

2. Schritt				
i	$c_1 c_2$	$r_1 r_2$	$\mathcal{M}_i$	$\mathcal{M}$
10	10	11	-4	-3
11	01	11	-4	-3
0				-9

Im ersten Schritt werden – ähnlich dem Viterbi-Algorithmus – die Codefolgen, die sich für die möglichen Informationsbits ergeben, mit den Empfangsbits verglichen. Nach der Berechnung der Metrik erfolgt ein Sortieren der möglichen Informationsbits nach Größe der Metrik. Im zweiten Schritt wird der an oberster Stelle stehender Eintrag um $k = 1$ Bit verlängert. Dann erfolgt wieder die Berechnung der Metrik und das Einsortieren.

3. Schritt				
i	$c_1 c_2$	$r_1 r_2$	$\mathcal{M}_i$	$\mathcal{M}$
11				-3
100	00	01	-4	-7
101	11	01	-4	-7
0				-9

4. Schritt				
i	$c_1 c_2$	$r_1 r_2$	$\mathcal{M}_i$	$\mathcal{M}$
110	01	01	$+1$	-2
100				-7
101				-7
0				-9
111	10	01	-9	-12

Im dritten Schritt zeigt sich, daß die Informationsfolge mit größter Metrik kein weiteres Bit hinzubekommen hat. Sie ist kürzer als die nachfolgenden Informationsfolgen.

5. Schritt				
i	$c_1 c_2$	$r_1 r_2$	$\mathcal{M}_i$	$\mathcal{M}$
1101	00	00	$+1$	-1
100				-7
101				-7
0				-9
1100	11	00	-9	-11
111				-12

6. Schritt				
i	$c_1 c_2$	$r_1 r_2$	$\mathcal{M}_i$	$\mathcal{M}$
11010	10	11	-4	-5
11011	01	11	-4	-5
100				-7
101				-7
0				-9
1100				-11
111				-12

7. Schritt				
i	$c_1 c_2$	$r_1 r_2$	$\mathcal{M}_i$	$\mathcal{M}$
110100	11	11	$+1$	-4
11011				-5
100				-7
101				-7
0				-9
1100				-11
111				-12
110101	00	11	-9	-14

8. Schritt				
i	$c_1 c_2$	$r_1 r_2$	$\mathcal{M}_i$	$\mathcal{M}$
1101000	00	00	$+1$	-3
11011				-5
100				-7
101				-7
0				-9
1100				-11
111				-12
1101001	11	00	-9	-13
110101				-14

Auch der Stack-Algorithmus hat aus der Empfangsfolge, die zwei Fehler enthält, die gesendete Informationsfolge decodieren können. Er benötigte in diesem Beispiel für sieben Informationsbits acht Decodierschritte. Das verdeutlicht einen wesentlichen Unterschied zwischen dem Stack-Algorithmus und dem Viterbi-Algorithmus. Während die Anzahl der benötigten Rechenschritte beim Viterbi-Algorithmus nur von der Länge der Empfangsfolge abhängig ist, zeigt sich beim Stack-Algorithmus auch eine Abhängigkeit von der Anzahl der aufgetretenen Fehler.

Anhang A

Herleitungen und Tabellen

Dieser Anhang enthält einige Herleitungen auf die im fortlaufenden Text zu Gunsten einer übersichtlichen Darstellung verzichtet wurde, sowie eine Tabelle der irreduzieblen Polynome über $GF(2)$.

A.1   Mittelwert und Varianz der Binomialverteilung

Der Mittelwert berechnet sich aus $E\{i\} = \sum_{i=0}^{n} i \cdot P(i)$ unter Berücksichtigung von

$$\sum_{i=0}^{n} \binom{n}{i} \cdot p^i \cdot (1-p)^{n-i} = 1 \quad \text{und} \quad i \cdot \binom{n}{i} = n \cdot \binom{n-1}{i-1}$$

wie folgt:

$$
\begin{aligned}
E\{i\} &= \sum_{i=0}^{n} i \cdot \binom{n}{i} \cdot p^i \cdot (1-p)^{n-i} \\
&= \sum_{i=1}^{n} i \cdot \binom{n}{i} \cdot p^i \cdot (1-p)^{n-i} \\
&= n \cdot \sum_{i=1}^{n} \binom{n-1}{i-1} \cdot p^i \cdot (1-p)^{n-i} \quad \text{mit} \quad j = i-1 \\
&= n \cdot \sum_{j=0}^{n-1} \binom{n-1}{j} \cdot p^{j+1} \cdot (1-p)^{n-1-j} \\
&= np \cdot \sum_{j=0}^{n-1} \binom{n-1}{j} \cdot p^j \cdot (1-p)^{n-1-j} = np.
\end{aligned}
$$

$$(A.1)$$

Ganz entsprechend berechnet sich das zweite Moment

$$
\begin{aligned}
E\{i^2\} \;=\;& \sum_{i=0}^{n} i^2 \cdot P(i) \\[2mm]
=\;& \sum_{i=0}^{n} i^2 \cdot \binom{n}{i} \cdot p^i \cdot (1-p)^{n-i} \\[2mm]
=\;& n \sum_{i=1}^{n} i \cdot \binom{n-1}{i-1} \cdot p^i \cdot (1-p)^{n-i} \\
& \text{mit} \quad i-1 \longrightarrow j \\[2mm]
=\;& n \cdot p \sum_{j=0}^{n-1} (j+1) \cdot \binom{n-1}{j} \cdot p^j \cdot (1-p)^{n-1-j} \\[2mm]
=\;& n \cdot p \underbrace{\sum_{j=0}^{n-1} \binom{n-1}{j} \cdot p^j \cdot (1-p)^{n-1-j}}_{=1} + \sum_{j=0}^{n-1} j \cdot \binom{n-1}{j} \cdot p^j \cdot (1-p)^{n-1-j} \\[2mm]
=\;& n \cdot p \left(1 + (n-1) \sum_{j=1}^{n-1} \binom{n-2}{j-1} \cdot p^j \cdot (1-p)^{n-1-j} \right) \\
& \text{mit} \quad j-1 \longrightarrow i \\[2mm]
=\;& n \cdot p \left(1 + (n-1) \sum_{i=0}^{n-2} \binom{n-2}{i} \cdot p^{i+1} \cdot (1-p)^{n-2-i} \right) \\[2mm]
=\;& n \cdot p (1 + (n-1) \cdot p) \\
=\;& n \cdot p + n(n-1)p^2 . \tag{A.2}
\end{aligned}
$$

Somit folgt für die Varianz

$$
\begin{aligned}
\sigma^2 \;=\;& E\{i^2\} - (E\{i\})^2 \tag{A.3} \\
=\;& np(1-p)
\end{aligned}
$$

und die Streuung σ

$$
\sigma \;=\; \sqrt{np(1-p)} \tag{A.4}
$$

A.2   Tabelle der irreduziblen Polynome

Bis zum Grad 11 sind in Tabelle A.1 alle über $GF(2)$ irreduziblen Polynome aufgelistet. Die Polynome sind in Oktaldarstellung angegeben:

$$
\begin{array}{cccccccc}
0 & 000 & 1 & 001 & 2 & 010 & 3 & 011 \\
4 & 100 & 5 & 101 & 6 & 110 & 7 & 111
\end{array}
$$

Vor den Polynomen steht eine Zahl, und nach den Polynomen steht ein Buchstabe. Die vor dem Polynom stehende Zahl gibt den kleinsten Exponenten einer Wurzel α des Polynoms an. Diese Zahl j ist somit identisch mit der ersten Zahl einer Kreisteilungsklasse K_j. Hierdurch sind einige Minimalpolynome, die zur Bildung des Generatorpolynoms eines primitiven BCH-Codes benötigt werden, direkt ablesbar.

Die den Polynomen nachstehenden Buchstaben weisen auf unterschiedliche Eigenschaften der irreduziblen Polynome hin:

A,B,C,D:	nicht primitiv
E,F,G,H:	primitiv
A,B,E,F:	die Wurzeln sind linear abhängig
C,D,G,H:	die Wurzeln sind linear unabhängig
A,C,E,G:	die Wurzeln des reziproken Polynoms sind linear abhängig
B,D,F,H:	die Wurzeln des reziproken Polynoms sind linear unabhängig

Nicht enthalten sind in der Tabelle A.1 die jeweiligen reziproken Polynome (vgl. Definition A.1), da sie aus den aufgelisteten Polynomem leicht gebildet werden können.

j	Irreduzible Polynome in $GF(2^j)$													
2	1	7H												
3	1	13F												
4	1	23F	3	37D	5	07								
5	1	45E	3	75G	5	67H								
6	1	103F	3	127B	5	147H	7	111A	9	015				
7	1	211E	3	217E	5	235E	7	367H	9	277E	11	325G	13	203F
	19	313H	21	345G										
8	1	435E	3	567B	5	763D	7	551E	9	675C	11	747H	13	453F
	15	727D	17	023	19	545E	21	613D	23	543F	25	433B	27	477B
	37	537F	43	703H	45	471A	51	037	85	007				
9	1	1021E	3	1131E	5	1461G	7	1231A	9	1423G	11	1055E	13	1167F
	15	1541E	17	1333F	19	1605G	21	1027A	23	1751E	25	1743H	27	1617H
	29	1553H	35	1401C	37	1157F	39	1715E	41	1563H	43	1713H	45	1175E
	51	1725G	53	1225E	55	1275E	73	0013	75	1773G	77	1511C	83	1425G
	85	1267E												
10	1	2011E	3	2017B	5	2415E	7	3771G	9	2257B	11	2065A	13	2157F
	15	2653B	17	3515G	19	2773F	21	3753D	23	2033F	25	2443F	27	3573D
	29	2461E	31	3043D	33	0075C	35	3023H	37	3543F	39	2107B	41	2745E
	43	2431E	45	3061C	47	3177H	49	3525G	51	2547B	53	2617F	55	3453D
	57	3121C	59	3471G	69	2701A	71	3323H	73	3507H	75	2437B	77	2413B
	83	3623H	85	2707E	87	2311A	89	2327F	91	3265G	93	3777D	99	0067
	101	2055E	103	3575G	105	3607C	107	3171G	109	2047F	147	2355A	149	3025G
	155	2251A	165	0051	171	3315C	173	3337H	179	3211G	341	0007		
11	1	4005E	3	4445E	5	4215E	7	4055E	9	6015G	11	7413H	13	4143F
	15	4563F	17	4053F	19	5023F	21	5623F	23	4757B	25	4577F	27	6233H
	29	6673H	31	7237H	33	7335G	35	4505E	37	5337F	39	5263F	41	5361E
	43	5171E	45	6637H	47	7173H	49	5711E	51	5221E	53	6307H	55	6211G
	55	6211G	57	5747F	59	4533F	61	4341E	67	6711G	69	6777D	71	7715G
	73	6343H	75	6227H	77	6263H	79	5235E	81	7431G	83	6455G	85	5247F
	87	5265E	89	5343B	91	4767F	93	5607F	99	4603F	101	6561G	103	7107H
	105	7041G	107	4251E	109	5675E	111	4173F	113	4707F	115	7311C	117	5463F
	119	5755E	137	6675G	139	7655G	141	5531E	147	7243H	149	7621G	151	7161G
	153	4731E	155	4451E	157	6557H	163	7745G	165	7317H	167	5205E	169	4565E
	171	6765G	173	7535G	179	4653F	181	5411E	183	5545E	185	7565G	199	6543H
	201	5613F	203	6013H	205	7647H	211	6507H	213	6037H	215	7363H	217	7201G
	219	7273H	293	7723H	299	4303B	301	5007F	307	755G	309	4261E	331	6447H
	333	5141E	339	7461G	341	5253F								

j	Fortsetzung Irreduzible Polynome in $GF(2^j)$													
12	1	10123F	3	12133B	5	10115A	7	12153B	9	11765A	11	15647E	13	12513B
13	1	20033F	3	23261E	5	24623F	7	23517F	9	30741G	11	21643F	13	30171G
14	1	42103F	3	40547B	5	43333E	7	51761E	9	54055A	11	40503F	13	77141G
15	1	100003F	3	102043F	5	110013F	7	125253B	9	102067F	11	104307F	13	100317F
16	1	210013F	3	215435A	5	227215A	7	234313F	9	225657B	11	233303F	13	307107H
17	1	400011E	3	400017F	5	400431E	7	525215E	9	410117F	11	400731E	13	411335E
18	1	1000201E	3	1010301A	5	1002241E	7	1000377B	9	1200205A	11	1703601G	13	1025711E
19	1	2000047F	3	2020471E	5	2013211E	7	2570103F	9	2561427F	11	2227023F	13	2001711E
20	1	4000011E	3	4000017B	5	4200031A	7	4001051E	9	4040217B	11	4030071A	13	4004515E

Tabelle A.1: Irreduzible Polynome über $GF(2)$

Definition A.1 *Ein Polynom $F^*(x)$ heißt reziprok zu $F(x)$, wenn gilt:*

$$F^*(x) = x^{\text{grad } F(x)} \cdot F\left(\frac{1}{x}\right) .$$

Beispiel A.1 *Sei*

$$F(x) = F_0 + F_1 x + \ldots + F_{N-1} x^{N-1} ,$$

so ist $F^*(x)$ durch

$$F^*(x) = F_0 x^{N-1} + F_1 x^{N-2} + \ldots + F_{N-1}$$

gegeben.

Manchmal wird $F^*(x)$ auch als Spiegelpolynom von $F(x)$ bezeichnet.

Beispiel A.2 *Irreduzible Polynome vom Grad 4*

$$23 \,\hat{=}\, 010\,011 \,\hat{=}\, p(x) = x^4 + x + 1$$

$p(x)$ ist ein primitives Polynom mit den Wurzeln $\alpha^1, \alpha^2, \alpha^4, \alpha^8$ entsprechend der Kreisteilungsklasse K_1. Das zu $p(x)$ reziproke Polynom $p^*(x)$ berechnet sich entsprechend der Definition A.1

$$p^*(x) \;=\; x^4 \cdot (x^{-4} + x^{-1} + 1) \;=\; 1 + x^3 + x^4$$

$p^*(x)$ ist ebenfalls ein primitives Polynom und besitzt entsprechend der Kreisteilungsklasse $K_{-1} = K_7 = \{7, 11, 13, 14\}$ die Wurzeln $\alpha^7, \alpha^{11}, \alpha^{13}, \alpha^{14}$.

$$37 \,\hat{=}\, 011\,111 \,\hat{=}\, p(x) = x^4 + x^3 + x^2 + x + 1$$

$p(x)$ ist kein primitives Polynom mit den Wurzeln $\alpha^3, \alpha^6, \alpha^9, \alpha^{12}$ entsprechend der Kreisteilungsklasse K_3. Für das zu $p(x)$ reziproke Polynom gilt $p^*(x) = p(x)$.

$$07 \,\hat{=}\, 000\,111 \,\hat{=}\, p(x) = x^2 + x + 1$$

$p(x)$ ist das Minimalpolynom $m_5(x)$ mit den Wurzeln α^5, α^{10} entsprechend der Kreisteilungsklasse K_5. Für das zu $p(x)$ reziproke Polynom gilt $p^*(x) = p(x)$. Da in den Kreisteilungsklassen K_1, K_3, K_5 und K_7 bereits alle Wurzel α^j, $j \neq 0$ aus $GF(2^4)$ enthalten sind, gibt es keine weiteren irreduziblen Polynome.

Eine Tabelle mit irreduziblen Polynomen bis zum Grad 34 findet sich in [52].

Wichtige Abkürzungen und Symbole

Verwendete Abkürzungen:

ARQ	Automatic Repeat Request
BMA	Berlekamp-Massey-Algorithmus
CRT	Chinesische Restetransformation
DLR	Deutsche Forschungsanstalt für Luft und Raumfahrt
DPSK	Differential Phase Shift Keying
EDA	Euklidscher-Divisions-Algorithmus
FEC	Forward Error Correction
GE–Modell	Kanalmodell von Gilbert und Elliott
MDS	maximum distance separable
SNR	Signal–Noise–Ratio

Kenngrößen der Kanalmodelle:

P	Wahrscheinlichkeit
P_g	Bitfehlerwahrscheinlichkeit im guten Zustand
P_b	Bitfehlerwahrscheinlichkeit im schlechten Zustand
$P(\underline{X} \mid \underline{Y})$	bedingte Übergangswahrscheinlichkeit
q	Übergangswahrscheinlichkeit des GE–Modells
r	Übergangswahrscheinlichkeit des GE–Modells
$\underline{V}$	Übergangsmatrix des GE–Modells
$\mathcal{X}(\zeta)$	Zufallsprozess
$\mathcal{Y}(\zeta)$	Zufallsprozess

Kenngrößen der Codes:

α	Primitives Element eines Erweiterungskörpers
$a(x)$	Codewortpolynom im Zeitbereich
$\boldsymbol{a}$	Codewortvektor im Zeitbereich
$A(x)$	Codewortpolynom im Frequenzbereich
$\boldsymbol{A}$	Codewortvektor im Frequenzbereich
$\mathcal{C}(n,k)$	(n,k)–Code
c	Codewortvektor eines Binärcodes
$C(x)$	Fehlerstellenpolynom im Frequenzbereich
D	Distanz zweier Vektoren
d	Mindestdistanz des Codes
e	Anzahl der Fehler

$f(x)$	Fehlerpolynom im Zeitbereich
f	Fehlervektor im Zeitbereich
$F(x)$	Fehlerpolynom im Frequenzbereich
F	Fehlervektor im Frequenzbereich
$F^*(x)$	Reziprokes Polynom zu $F(x)$
$g(x)$	Generatorpolynom im Zeitbereich
g	Generatorvektor im Zeitbereich
$G(x)$	Generatorpolynom im Frequenzbereich
G	Generatormatrix
GGT	Größte gemeinsame Teiler
$GF(p)$	Endlicher Primzahlkörper mit p-Elementen
$GF(p^s)$	Erweiterungskörper mit p^s-Elementen
$h(x)$	Prüfpolynom im Zeitbereich
$H(x)$	Prüfpolynom im Frequenzbereich
H	Prüfmatrix
k	Dimension des Codes Anzahl der Informationssymbole
K_j	Kreisteilungsklasse, die mit j beginnt
m	Anzahl der Prüfstellen
mod	modulo
n	Codewortlänge
$r(x)$	Empfangspolynom im Zeitbereich
r	Empfangsvektor im Zeitbereich
$R(x)$	Empfangspolynom im Frequenzbereich
R	Empfangsvektor im Frequenzbereich
$\overline{R}$	Mittlere Coderate
$S(x)$	Syndrom im Frequenzbereich
S	Syndromvektor im Frequenzbereich
$w(c)$	Gewicht eines Vektors c
w^*	Minimalgewicht eines Codes
z	Primitives Element eines Primzahlkörpers

Programmbeschreibung CASI

Das Programm CASI (Computer Aided Simulation) ist ein Lernprogramm zur Kanalcodierung und als Ergänzung zu diesem Buch erhältlich. Es ist in einer Reihe von Diplomarbeiten an der Fachhochschule Wiesbaden entstanden, deren Inhalt unterschiedliche Praktikumsversuche zur Kanalcodierung darstellen. In diesem Sinne wird es auch weiterentwickelt und aktualisiert. Der Autor dankt allen Beteiligten für Ihr Engagement.

Das Rahmenprogramm CASI beinhaltet eine Reihe von Programmmodulen zur Codierung und Decodierung von linearen Block- und Faltungscodes. Es ist durch einfaches Editieren des Files CASI.ini bis auf zwanzig Module erweiterbar. Diese Module müssen als ausführbares Programm vorliegen. Jedes Programm-Modul beinhaltet eine Kurzanleitung zu seinem Gebrauch. Das Programm CASI erlaubt außer der Verwaltung von ausführbaren Programmen, das Lesen, Editieren und Drucken von Protokolldateien, die während einer Simulationssitzung erstellt wurden. Durch betätigen der Taste *Print Screen* wird eine Hardcopy des Bildschirminhalts erstellt und in eine *.txt oder *.pcx Datei gespeichert. Unter Win/95 befindet sich diese Datei in der Zwischenablage.

Die Programme zur *Rechnung auf endlichen Zahlenkörpern mit linearen Schieberegistern* ermöglichen durch Definition zweier Polynome die Multiplikation, Division und Modulo-Rechnung dieser Polynome. Die Rechnung kann in übersichtlicher Tabellenform oder durch graphische Darstellung des Schieberegisters erfolgen. Das Modul *Zyklische Codes* erlaubt für einige Beispiele die Decodierung der Codes durch Error-Trapping, die ebenfalls durch graphische Animation unterstützt wird. Programme zur *Codierung von RS- und BCH-Codes* im Zeit- und Frequenzbereich runden den Bereich der zyklischen Codes ab.

Die *algebraische Decodierung von RS- und BCH-Codes* kann sowohl mit Hilfe des BMA als auch mittels EDA durchgeführt werden. Durch diese Module wird es möglich RS- und BCH-Codes unterschiedlicher Länge zu definieren, zu codieren und zu decodieren. Die notwendigen Rechenschritte sind im Detail dargestellt und entsprechen der Vorgehensweise in den jeweiligen Kapiteln des Buches. Der Lernstoff kann so ohne aufwendige Rechnung nachvollzogen werden.

Besonders hervorzuheben ist das Modul zur *Codierung und Decodierung von Faltungscodes*, das durch geschickte Animation sowohl die Codierung durch FIR-Filter als auch die Decodierung mittels Viterbi-Algorithmus transparent werden läßt. Nach der Eingabe der Generatorsequenzen ist eine Vorschau auf den definierten Coder möglich. Nach Eingabe der Informationsbits zeigt die Schaltung durch Einfärben der Leitungen den Zustand des Coders. Eine codierte Folge kann für die Decodierung übernommen und gezielt verfälscht werden. Das Programm beinhaltet auch ein BSC-Kanalmodell, das es erlaubt, durch Textübertragung die Wirksamkeit der Kanalcodierung zu überprüfen.

Literaturverzeichnis

[1] Abramson, N.: *A Class of Systematic Codes for Non-independent Errors*, *IRE Transactions on Information Theory*, 1959.

[2] Ammon, U.v., Tröndle, K.: *Mathematische Grundlagen der Codierung*, R. Oldenbourg, München, Wien, 1974.

[3] Anthoni, F.: *Erarbeitung eines statistischen Modells für die Übertragung digitaler Daten auf VHF - Funkkanälen*, Diplomarbeit, *Lehrstuhl für Angewandte Informatik, Transport und Verkehrssysteme*, Karlsruhe, 1982.

[4] Berlekamp, E.R.: *Algebraic Coding Theory*, McGraw-Hill, London u.a., 1968.

[5] Blahut, R. E.: *Theory and Practice of Error Control Codes*, Addison–Wesley, Reading u.a., 1984.

[6] Blahut, R. E.: *Transform Techniques for Error Control Codes*, *IBM Journal of Research and Development*, Vol. 23, No. 3, 1979, S. 299–315.

[7] Bose, R.C., Ray–Chaudhuri, D.K., Hocquenghem, A.: *On a Class of Error-Correcting Binay Group Codes*, Inf. and Control 3, 1960, S. 68–79, S. 279–290.

[8] Bossert, M.: *Kanalcodierung*, Teubner Verlag, Stuttgart, 1992.

[9] Chang, S.C., Wolf, J.K.: A simple proof of the MacWilliams identity for linear Codes, *IEEE Transactions on Information Theory*, 1980.

[10] Clark, G.C.C., Cain, J.B.: *Error-Correction Coding for Digital Communications*, Plenum Press, New York, London, 1982.

[11] Cox, D.C.: *Multipath Propagation at 910 MHz in New York City*, *IEEE Transactions on Vehicular Technology*, November, 1973.

[12] Dorsch, B. : *Vorwärtskorrektur bei zeitvarianten Störungen*, Frequenz 35, 1981, S. 96-105.

[13] Dorsch, B.: *Successive Check Digits rather than Information Repetition*, *IEEE International Conference on Communications*, Boston, 1983, S. 323-327.

[14] Dorsch, B., Schneider, H.: *Adaptive Kanalkodierung und Kanalkapazität*, *9. DFG–Kolloquium: Digitale Signalverarbeitung*, Stuttgart, 1986.

[15] Dorsch, B.: *Some Coding/Decoding Aspects with Chinese Remainders*, *International Workshop*, Varna, Bulgarien, 18-24 Sept., 1988.

[16] Drees, V.: *Codierung und Decodierung von Faltungscodes*, Diplomarbeit, *Fachhochschule Wiesbaden, Nachrichten- und Informationstechnik*, Rüsselsheim, 1997.

[17] Elias, P.: *Coding for Noisy Channels*, IRE Conv. Rec., Part 4 pp. 37–47, 1955.

[18] Elliott, E.O.: *Estimates of Error Rates for Codes on Burst-Noise Channels*, *B.S.T.J.* 42, 1963, S. 1977-1998.

[19] Fire, P.: *A Class of Multiple-Error-Correcting Binary Codes for Nonindependent Errors*, *Sylvania Report No. RSL-E2*, , Sylvania Electronic Defence Laboratory, 1959.

[20] Forney, G.D.: The Viterbi Algorithm, *Proceedings IEEE*, 61, S. 268-278, 1973.

[21] Forney, G.D.: Convolutional Codes II: Maximum Likelihood Decoding, *Information Control*, 25, 1974.

[22] Forney, G.D.: Maximum Likelihood Sequence Estimation of Digital Sequences in the Presence of Intersymbol Interference, *IEEE Transactions on Information Theory*, 1972.

[23] Fritchmann, B.B.: *A channel characterization using partitioned Markov Chains, IEEE Transactions on Information Theory* 11-13, 1967, S. 221-227.

[24] Fritzsche, G.: *Theoretische Grundlagen der Nachrichtentechnik Bd. 1 u. 2*, UTB Verlag, Pullach, 1973.

[25] Gallager R. G.: *Information Theory and Reliable Communication* John Wiley, New York, 1968.

[26] Gilbert, E.N.: *Capacity of a Burst-Noise Channel, B.S.T.J.* 39, 1960, S. 1253-1265.

[27] Gorenstein, D., Zierler, N.: *A Class of Error-Correcting Codes in p^m Symbols, Journal SIAM*, Vol. 9, No. 3, 1961, S. 207-214.

[28] Hänsler, E.: *Grundlagen der Theorie statistischer Signale*, Springer-Verlag, Berlin u.a., 1983.

[29] Hagenauer, J.: *Zur Kanalkapazität bei Nachrichtenkanälen mit Fading und gebündelten Fehlern*, AEÜ, Vol. 34, No. 6, 1980, S. 229-237.

[30] Hagenauer, F., Seshadri, N., Sundberg, C-E.W.: *The Performance of Rate-Compatible Punctured Convolutional Codes for Future Digital Mobile Radio*, Proceedings of 38th IEEE Vehicular Technology Conference, Philadelphia 1988.

[31] Hagenauer, F.: *Rate-Compatible Punctured Convolutional Codes (RCPC-Codes) and their Applications*, IEEE Transactions on Communications, Vol. 36, No.4, 1988.

[32] Hamming, R.W.: *Numerical Methods for Scientists and Engineers*, Dover, New York, 1986.

[33] Heise, W. Quattrocchi, P.: *Informations- und Codierungstheorie*, Springer Verlag, Berlin 1995.

[34] Henkel, W.: *Zur Decodierung algebraischer Blockcodes über komplexen Alphabeten*, VDI Verlag, Düsseldorf, 1989.

[35] Henkel, W.: *Multiple Error Correction with Analog Codes, 6th International Conference on Applied Algebra, Algebraic Algorithms and Error Correcting Codes (AAECC-6)*, Rom, 1988.

[36] Hsueh, C.T., Lee, J.Y., Wang, J.F.: *Using Lagrange's Interpolation Formula to Construct Reed-Solomon Codes over GF(p)*, Electronics Letters, Vol. 24, No. 3, 1988, S. 174-175.

[37] Huber, J.: *Codierung für gedächtnisbehaftete Kanäle*, Fachbereich Elektrotechnik der Hochschule der Bundeswehr München, München, 1982, (Diss.).

[38] Janssen, A.J.E.M., Veldhuis, R.N.J., Vries, L.B.: *Adaptive Interpolation of Discrete-Time Signals That Can Be Modeled as Autoregressive Processes, IEEE Transactions on Acoustics, Speech, and Signal Processing*, Vol. ASSP-34, No. 2, 1986, S. 317-330.

[39] Kasami, T.: *A Decoding Procedure For Multiple-Error-Correktion Cyclic Codes, IEEE Transactions on Information Theory*, 1964.

[40] Kasami, T.: *Weight Distributions of BCH-Codes*, Conference Combinatorial Mathematics and its Applications, University of North Carolina Press, 1968.

[41] Lin, S.,Costello J.: *Error Control Coding*, Prentice-Hall, New York, 1983.

[42] van Lint, J.H.: *Introduction to Coding Theory*, Springer-Verlag, Berlin, Heidelberg, New York, 1982.

[43] Lorenz, R.W.: *Theoretische Verteilungsfunktionen von Mehrwegeschwund-prozessen im beweglichen Funk und die Bestimmungen ihrer Parameter aus Messungen*, Deutsche Bundespost, Forschungsinstitut beim FTZ, 455 TBr 66, 1979.

[44] Mahr, Ch.: *Zur Codierung von RS-, BCH-, und Goppa-Codes*, VDI-Verlag, Düsseldorf, 1988, (Diss.).

[45] Mandelbaum, D.M.: *An Adaptive-Feedback Coding Scheme Using Incremental Redundancy*, IEEE Transactions on Information Theory, 1974, S. 388-389.

[46] Mandelbaum, D.M.: *Construction of Error Correcting Codes by Interpolation*, IEEE Transactions on Information Theory, Vol. IT-25, No. 1, 1979, S. 27-35.

[47] Massey, J.L.: *Shift-Register Synthesis and BCH Decoding*, IEEE Transactions on Information Theory, Vol. IT-15, No. 1, 1969, S. 122-127.

[48] Mildenberger, O.: *Übertragungstechnik, Grundlagen analog und dgital*, Vieweg-Verlag, Wiesbaden, 1997.

[49] NTG-Empfehlung 0104: *Codierung, Grundbegriffe*, November, 1977.

[50] Oetken, G.: *Ein Beitrag zur Interpolation mit digitalen Filtern*, Ausgewählte Arbeiten über Nachrichtensysteme, hrsg. von H.W. Schüssler, Universität Erlangen-Nürnberg, Nr. 33, 1978.

[51] Papoulis, A.: *Probability, Random Variables, and Stochastic Processes*, McGraw-Hill, Singapore, 1965.

[52] Peterson, W.W., Weldon, E.J.: *Error-Correcting Codes*, MIT Press, Cambridge, London, 1972.

[53] Proakis, J.G.: *Digital Communications*, McGraw-Hill, Hamburg u.a., 1985.

[54] Reed, I.S.M, Solomon, G.: *Polynomial Codes over Certain Finite Fields*, Journal SIAM, Vol. 8, No. 2, 1960.

[55] Rieger, S.H.: *Codes for the Correction of Clusterd Errors,, IRE Transactions on Information Theory*, 1960.

[56] Schneider, H.: *Adaptive Datensicherung mit algebraischer Blockcodierung für digitale Mobilfunkkanäle, Dissertation TH Darmstadt 1989*, VDI Verlag, Reihe 10, Nr. 112.

[57] Shannon, C.E.: *A Mathematical Theory of Communikation*, Bell Syst. J., 27 pp. 379-423 (Part I), 623–656 (Part II), July 1948.

[58] Swoboda, J.: *Ein statistisches Modell für die Fehler bei binärer Datenübertragung auf Fernsprechkanälen*, AEÜ, Vol. 23, No. 6, 1969, S. 313-322.

[59] Swoboda, J.: *Datenübertragung auf Fernsprechkanälen*, AEÜ, Vol. 2, No. 8, 1969, S. 403-412.

[60] Törnig, W.: *Numerische Mathematik für Ingenieure und Physiker*, Band 1 und 2, Springer–Verlag, Berlin, 1979.

[61] van Trees, H. C.: *Detection, Estimation, and Modulation Theory*, John Wiley, London u.a., 1968.

[62] Tröndle, K.: *Signalkorrektur, eine Methode zur Beseitigung von Bündelstörungen bei analogen und digitalen Signalübertragungen, NTG Fachtagung Codierung*, Berlin, 1978.

[63] Tzschach H.: *Codes für störungssicheren Datentransfer*, Oldenbourg–Verlag, München, 1993.

[64] Ungerböck, G.: *Channel Coding with Multilevel/Phase Signals, IEEE Transactions on Information Theory*, Vol. IT-28, No. 1, 1982, S. 55-67.

[65] Ungerböck, G.: *Trellis-Coded Modulation with Redundant Signal Sets, IEEE Communications Magazine*, Vol. 25, No. 2, 1987, S. 5-21.

[66] Viterbi, A.J.: Error Bounds for Convolutional Codes and Asymptotically Optimum Decoding Algorithm, *IEEE Transactions on Information Theory*, 1967.

[67] MacWilliams, F. J. *A theorem on the distribution of weights in a systematic code*, Bell Systems Technical Journal, 1969.

[68] MacWilliams, F. J., Sloane, N. J. A.: *The Theory of Error–Correcting Codes*, North–Holland, Amsterdam, 1977.

[69] Zinoviev, V.A., Zyablow, V.V., Portnoy, S.L.: *Concatenated Methods for Construction and Decoding of Codes in Euclidean Space, Preprint USSR Academy of Science, Institute for Problems of Information Transmission*, 1987.

Sachwortverzeichnis

Die Seitenzahlen der nachfolgenden Sachwörter verweisen die Stellen im Text, an denen der Begriff vorkommt.

Übertragungstechnik

Grundlagen analog und digital

von Otto Mildenberger

1997. XIII, 357 S. mit 172 Abb.
(Studium Technik) Kart. DM 49,80
ISBN 3-528-03855-1

Aus dem Inhalt: Klassifizierung von Signalen - Signalbeschreibung im Frequenzbereich - Diskontinuierliche Signale - Übertragungssysteme - Zufallsprozesse - Digitale Basisbandsignale - Pulsmodulationsverfahren - Analoge Modulationsverfahren - Digitale Modulationsverfahren

Schwerpunkt des Buches ist eine saubere Darstellung
der theoretischen Grundlagen moderner Übertragungstechnik.

Über den Autor:
Prof. Dr.-Ing. Otto Mildenberger lehrt an der Fachhochschule
Wiesbaden in den Fachbereichen Elektrotechnik und Informatik.

Abraham-Lincoln-Str. 46
Postfach 1547
65005 Wiesbaden
Fax: (06 11) 78 78-4 00
http://www.vieweg.de

vieweg